Praktikum der Pflanzenanatomie

Von

Dr. Richard Biebl und Dr. **Hermann Germ**

o. Professor und Vorstand
des Pflanzenphysiologischen
Instituts an der Universität Wien

Bundesanstalt für Pflanzenbau
und Samenprüfung, Wien
tit. a. o. Professor
an der Universität Wien

Zweite, neubearbeitete und erweiterte Auflage

Mit 272 Textabbildungen

1967

Springer-Verlag

Wien · New York

ISBN-13: 978-3-7091-8161-4   e-ISBN-13: 978-3-7091-8160-7
DOI: 10.1007/978-3-7091-8160-7

Softcover reprint of the hardcover 2nd edition 1967
Library of Congress Catalog Card Number 67-18157

Titel-Nr. 8079

Vorwort zur zweiten Auflage

Wenn auch in den letzten zwei Jahrzehnten elektronenmikroskopische Untersuchungen in der Pflanzenanatomie im Vordergrund gestanden sind und in der Erforschung der Feinstruktur von Zellwand, Cytoplasma, Organellen und sonstigen Zelleinschlüssen bedeutende Fortschritte gebracht haben, so bleibt die klassische Pflanzenanatomie doch weiter fester Bestand der Ausbildung in Allgemeiner Botanik und auch Grundlage für die elektronenmikroskopische Analyse.

Die vorliegende Neuauflage beschränkt sich wie die 1. Auflage auf die Anatomie der vegetativen Organe. Da heute Phasenkontrast-Mikroskope schon zur Ausrüstung eines Anfängerpraktikums gehören, konnten auch die Kleinorganellen im Cytoplasma in das Arbeitsprogramm einbezogen werden. Einzelne Abschnitte (Vitalfärbung, Zellkern, Kleinorganellen, Zellsaft, Zellwand) wurden neu gefaßt, andere ergänzt oder verbessert. Dadurch hat sich der Text um 26 Seiten vermehrt. 72 Abbildungen wurden von Frau Prof. Dr. Annemarie *Ziegler* neu gezeichnet. Die Nomenklatur folgt einheitlich der 9. Auflage des Handwörterbuches der Pflanzennamen von *Zander, Encke* und *Buchheim* (Verlag E. Ulmer, 1964).

Mängel der ersten, in rascher Arbeit nach dem Zweiten Weltkrieg entstandenen Auflage dürften beseitigt sein, sodaß wir hoffen, daß die nunmehr vorliegende, neubearbeitete 2. Auflage, für deren ausgezeichnete Ausstattung wir dem *Springer-Verlag*, Wien, zu besonderem Dank verpflichtet sind, bei Fachkollegen wohlwollende Aufnahme findet und den Studierenden der Botanik und den Freunden der Pflanzenanatomie, für die sie geschrieben ist, eine willkommene und brauchbare Arbeitsgrundlage bietet.

Frau Prof. Dr. Annemarie *Ziegler* danken wir für die schöne Ausführung der zahlreichen Neuzeichnungen und ihr, sowie Frau Prof. Dr. Maria *Luhan* für die sorgfältige Revision des Sachverzeichnisses und die Unterstützung bei der Durchsicht der Druckkorrekturen.

Wien, im April 1967. **R. Biebl   H. Germ**

Vorwort zur ersten Auflage

Die *Pflanzenanatomie* ist heute gegenüber der sich stetig weiterentwickelnden und neue Gebiete der Lebensforschung erschließenden *Pflanzenphysiologie* in den Hintergrund getreten. Trotzdem hat sich ihr Wert als selbständige Disziplin der Allgemeinen Botanik nicht verringert. Als Wohnkammern des Lebens sind die einzelnen Zellen in ihrer Form und Anordnung so innig mit dem physiologischen Geschehen verbunden, daß letztlich fast jede physiologische Fragestellung auch irgendwie in eine morphologisch-anatomische ausmündet.

Pflanzenanatomie ist mikroskopische Morphologie und untersucht als solche die inneren Gestaltverhältnisse der Pflanze. Die *beschreibende Anatomie* gibt Aufschluß über Form und Bau der Zellen und deren Anordnung zu Geweben und Organen. Sie zeigt uns die weit über die Zahl ihrer Funktionen hinausgehende Formenmannigfaltigkeit dieser Bausteine des pflanzlichen Körpers und enthüllt uns in der Zusammenfügung der Zellen oft Bilder von großer Schönheit. Die dabei zu beobachtende Vielfalt des anatomischen Baues bei verschiedenen Pflanzen machte die *vergleichende Anatomie* zu einer wichtigen Hilfswissenschaft für die Systematik und Entwicklungsgeschichte der Pflanzen. Als vielverwendbar erwies sich die *angewandte Anatomie* bei der Untersuchung von Nahrungsmitteln, Drogen, technischen pflanzlichen Rohstoffen, Hölzern usw. Die *physiologische Pflanzenanatomie* sucht die verschiedenartigen inneren Baueigentümlichkeiten mit den Leistungen der Pflanzen in Übereinstimmung zu bringen und die *protoplasmatische Anatomie* als jüngste Forschungsrichtung studiert die lebenden Protoplaste, die sich in ihren Eigenschaften in äußerlich ganz gleichartig erscheinenden Zellen oft wesentlich unterscheiden.

Der fühlbare Mangel eines neueren Hilfsbuches für pflanzenanatomische Übungen, ja das fast vollständige Fehlen auch älterer Auflagen bestehender Werke auf dem Büchermarkt, hat uns zur Herausgabe eines neuen „*Praktikums der Pflanzenanatomie*" veranlaßt. Der Grundstock der gewählten Objekte entstammt der seit *Wiesner* und *Molisch* am Pflanzenphysiologischen Institut der Universität Wien gepflegten Tradition. Er wurde jedoch nach den verschiedensten Richtungen hin durch physiologisch, pflanzengeographisch, ökologisch oder protoplasmatisch interessante Objekte wesentlich erweitert.

Die notwendigen *mikrotechnischen* Hinweise und Methoden, ebenso wie die wichtigsten *histochemischen* Reaktionen, sind jeweils bei den betreffenden Objekten angeführt. Durch eine Zusammenstellung in einem besonderen Register wird es jedoch möglich, diese Angaben nach Bedarf im Buch zu finden.

Die Stoffanordnung folgt dem üblichen Aufbau einer Anatomievorlesung, beginnt also mit der Zellenlehre, behandelt hierauf deren Anordnungen zu Geweben und endet mit der vergleichenden Anatomie der Organe. Besonderen Wert haben wir darauf gelegt, unsere Übungsobjekte in *Originalzeichnungen* darzustellen. Jedem stofflich abgegrenzten Abschnitt ist ein einleitender Vortrag vorangesetzt, der es dem Benützer des Buches auch im Selbststudium ermöglicht, das Praktikum erfolgreich durchzuarbeiten. Die Zahl der Objekte wurde reichlich bemessen, so daß es in einzelnen Fällen, bei Mangel eines oder des anderen Materials, möglich ist, eine Auswahl zu treffen.

Es ist uns an dieser Stelle eine angenehme Pflicht, den Damen Dr. Maria *Luhan* und Dr. Annemarie *Toth* zu danken für ihre Mithilfe bei der Zusammenstellung des Registers und der Durchsicht der Druckkorrekturen, sowie dem *Springer-Verlag*, Wien, Herrn Otto *Lange*, unseren besonderen Dank auszusprechen für die trotz schwieriger Zeitumstände durchgeführte Drucklegung und vorzügliche Ausstattung dieses Buches.

Wien, im März 1950.   **R. Biebl   H. Germ**

Inhaltsverzeichnis

Methodische Vorbemerkungen

Der Teilnehmer an einem pflanzenanatomischen Praktikum steht vor **drei Aufgaben:** 1. muß er *Präparate herstellen*, 2. muß er *mikroskopieren* und 3. muß er *zeichnen*.

Es soll im folgenden nicht ausführlich auf die verschiedenen mikrotechnischen Methoden und die Theorie des Mikroskops eingegangen werden. Dies bleibt einschlägigen Fachbüchern vorbehalten. Als solche seien die mikrotechnischen Angaben in dem Standardwerk STRASBURGER-KOERNICKE „Das botanische Praktikum", Fischer, Jena und KISSER „Leitfaden der botanischen Mikrotechnik", Fischer, Jena, genannt. Es sollen hier nur die notwendigsten Hilfsmittel und einfachsten Handgriffe, wie sie für jede mikroskopische Arbeit notwendig sind, angeführt werden.

1. Die Herstellung des Präparates

Hiezu sind notwendig: Objektträger, Deckgläser, Pinzette, 2 Präpariernadeln, Scherchen, Rasiermesser oder Rasierklinge, Filterpapierstreifen, Pipetten, Einschlußdreieck, Einschlußlack, kleiner Pinsel, Holundermark, Reinigungstuch.

Zur *Untersuchung kleiner Objekte*, die als Ganzes beobachtet werden können, wie Stärke, Pollenkörner, Sporen usw. ist es nur notwendig, einen Tropfen Wassers, verdünnten Glyzerins (2 Teile Glyzerin + 1 Teil Wasser) oder einer anderen Untersuchungsflüssigkeit auf den Objektträger zu setzen, die betreffenden Objekte einzubringen und mit dem *Deckglas* zu bedecken. Dabei wird dieses seitlich auf den Objektträger aufgesetzt, mit dem Finger einer Hand gestützt und allmählich auf den Tropfen niedergesenkt. Ein direktes Fallenlassen des Gläschens auf die Flüssigkeit würde zum Auftreten störender Luftblasen führen. Besteht Gefahr, daß das Objekt bei seitlichem Auflegen des Deckglases aus der Mitte des Tropfens wegschwimmt, so kann man auch an die Unterseite des Deckgläschens einen kleinen Tropfen der Einbettungsflüssigkeit bringen und dieses dann vorsichtig flach von oben auf den Objektträger auflegen.

Der *Einbettungstropfen* darf nicht zu groß und nicht zu klein sein. Wird zuviel Wasser oder Glyzerin auf den Objektträger gebracht, so quillt es unter dem Deckglasrand hervor und tritt unter Umständen auf seine Oberseite über. Auch zittern kleine Objekte in zu reichlicher Flüssigkeit. Ein Zuviel kann durch einen Filterpapierstreifen abgesaugt werden. — Wurde der Tropfen zu klein gewählt, so erfüllt er nicht zur Gänze den Raum unterhalb des Deckglases, es entstehen Luftblasen, bzw. das Deckglas zieht sich kapillar so fest an den Objektträger heran, daß zarte Objekte dadurch gequetscht und zerstört werden. Das seitliche Zusetzen eines kleinen Tropfens der Einbettungsflüssigkeit an den Rand des Deckglases, der sich dann unter dieses hinein ausbreitet, wird in den meisten Fällen das Präparat retten können. — In Fällen wo es sich um die Beobachtung besonders druckempfindlicher Objekte handelt, muß das Deckglas durch kleine Deckglassplitter oder durch Wachsfüßchen gestützt werden. Der Tropfen der Einbettungsflüssigkeit ist dann entsprechend größer zu nehmen.

Um das Präparat genau in die *Mitte des Objektträgers* zu bringen, was bei Dauerpräparaten aus Schönheitsgründen notwendig ist, legt man den Objektträger auf ein Papier, auf dem durch Eintragung der Diagonalen in eine Umrißzeichnung des Objektträgers dessen Mittelpunkt angezeigt ist.

Handelt es sich um die *Untersuchung eines Gewebeschnittes* — über die Anfertigung derselben wird an Hand der betreffenden Objekte gesprochen werden — so ist die Herstellung des Präparates grundsätzlich die gleiche. Es ist nur darauf zu achten, daß der Schnitt beim Auflegen des Deckgläschens die Mitte des Objektträgers nicht verläßt und gegen den Rand schwimmt.

Enthalten die Gewebe sehr viel *Luft* und erscheinen die Interzellularen daher infolge Totalreflexion des Lichtes dunkel, so ist es notwendig die Luft zu entfernen. Dies geschieht am einfachsten in folgender Weise:

Die Schnitte oder die Organstückchen, die geschnitten werden sollen, werden in ein weithalsiges, zur Hälfte mit Wasser gefülltes Fläschchen gelegt, dessen Stoppel von einem nach unten verjüngten Glasröhrchen durchbohrt ist, das mittels eines Vakuumschlauches an eine Wasserstrahlpumpe angeschlossen wird. Wird diese in Betrieb gesetzt, so beginnen aus den Geweben Luftblasen aufzuperlen und die ehemals luftgefüllten Räume füllen sich mit Wasser. Hört diese Blasenbildung auf, so ist die *Entlüftung* beendet, die Gewebe sind mit Wasser infiltriert. Nun muß zuerst der Schlauch von dem Fläschchen abgezogen und dann erst das Wasser abgedreht werden, da sonst Wasser aus der Pumpe in den luftverdünnten Raum des Fläschchens zurückgesaugt wird.

Die Interzellularen können auf gleiche Weise auch mit Reagenzien oder Farbstofflösungen *infiltriert* werden. Die Entlüftung muß dann nur statt in Wasser in der entsprechenden Lösung durchgeführt werden.

Sollen **Dauerpräparate** hergestellt werden, so sind bei Objekten, die nach Abtötung in Alkohol und Auswaschen in dest. Wasser in *Glyzerin* (2 Teile Glyzerin, 1 Teil Wasser) liegen, die Deckgläser mit einem festen Einschlußmittel, am besten mit sogenanntem „*Einschlußlack*" (Venetianerterpentin = Lärchenharz), zu umranden. Dabei muß der Objektträger außerhalb des Deckglases vollkommen trocken und fettfrei sein. Das metallene Einschlußdreieck wird in einer Flamme erhitzt, in den leicht schmelzenden Einschlußlack gesenkt und dann wird mittels dem auf der Schneide des Dreiecks verbleibenden verflüssigten Lack die Grenze zwischen Deckglas und Objektträger verschlossen. Es ist zweckmäßig, das Deckglas zuerst an allen vier Seiten mit dem Einschlußlack leicht zu fixieren und dann erst sorgfältig seine Ränder in der Weise zu verschließen, daß der Lack die Kanten des Deckglases nach beiden Seiten um etwa 2 mm übergreift.

Noch einfacher ist die Verwendung des im Handel erhältlichen zäh-flüssigen „*Eukitt*", der ohne Erwärmen entweder wie der vorhin erwähnte Lack mit einem Einschlußdreieck oder aber mit einem Pinsel über dem Deckglasrand aufgetragen werden kann.

An Stelle des dauerhaften Lacks ist es, besonders für Präparate, die man nur einige Zeit vor dem Verdunsten schützen will, hinreichend, die Deckgläser mit *Wachs* oder *Paraffin* zu umranden. Paraffin hat auch den Vorteil, von Säuren nicht angegriffen zu werden.

Runde Deckgläser werden mit Hilfe einer kleinen metallenen Drehscheibe umrandet. Der Objektträger mit dem fertigen Präparat wird auf der Dreh-

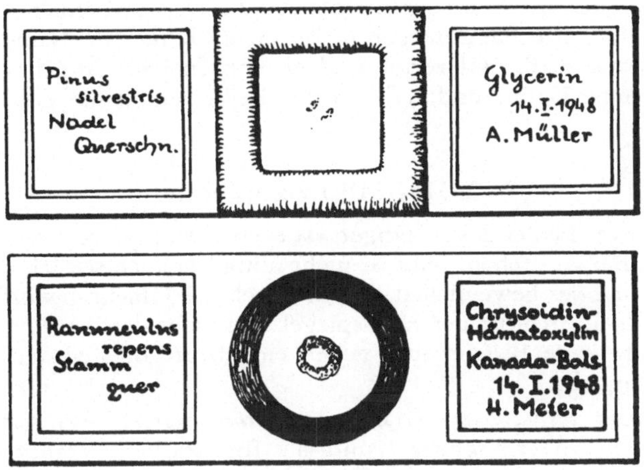

Abb. 1. Dauerpräparate

scheibe mittels Klammern befestigt und in rasche Umdrehung gebracht. Ein Pinsel mit dem flüssigen Einschlußmittel (verflüssigtes Wachs, flüssiger Lack) wird an den Deckglasrand angesetzt und dieser durch die rasche Umdrehung gleichmäßig eingeschlossen.

Bei Einschluß in *Kanadabalsam* ist eine besondere Umrandung nicht mehr nötig. Die Objekte werden vorher in Alkohol entwässert und etwa 15 Minuten mit Nelkenöl oder Terpineol durchtränkt, da sich Alkohol mit Kanadabalsam nicht mischt. Darauf werden sie auf dem Objektträger in einen Tropfen Kanadabalsam eingetragen, mit dem Deckglas bedeckt, dieses durch leichten Druck angepreßt und das Ganze in horizontaler Lage erstarren gelassen. Zur Beschleunigung des Eintrocknens können die Objektträger in einen auf 30° C erwärmten Thermostaten gebracht werden.

Auch *Glyzeringelatine* kann man als Einbettungsmittel benützen. Man bereitet dieses in folgender Weise: 7 g feinster Gelatine läßt man in 42 cm³ dest. H_2O etwa 2 Stunden quellen. Dazu fügt man 50 g reinstes Glyzerin und 1 g Karbolsäure, erwärmt 10—15 Minuten unter Umrühren und filtriert heiß durch Glaswolle. Diese bei Zimmertemperatur erstarrende Flüssigkeit bewahrt man in sogenannten Kanadabalsamfläschchen auf. Zum Gebrauch verflüssigt man sie im Wasserbad bei etwa 50—60° C und bringt einen Tropfen auf den Objektträger. In diesen legt man das Objekt nach gleicher Vorbehandlung wie für Einschluß in Glyzerin, bedeckt mit dem Deckglas und läßt erstarren. Nach etwa 1 Monat ist es jedoch zweckmäßig, auch diese Präparate noch mit Einschlußlack zu umranden.

Über die *Herstellungstechnik* einzelner Schnitte, über *Einbettungsarten* und einige *Färbemethoden* wird bei Behandlung der in Frage kommenden Objekte gesprochen werden.

Beschriftet werden die fertigen Dauerpräparate in der Weise, daß beiderseits des Deckglases gegen den Rand des Objektträgers zu zwei Etiketten aufgeklebt werden, von denen die linke den Namen der Pflanze und die Bezeichnung des im besonderen untersuchten Teiles enthält, z. B. „*Zea mays*, Stärke", die rechte hingegen in der ersten Reihe den Namen des Einbettungsmittels, z. B. „Glyzerin" und gegebenen Falls Angabe des Färbemittels, darunter Datum und in der dritten Reihe den Namen des Herstellers, Abb. 1.

2. Das Mikroskopieren

Ein häufiger Fehler des Anfängers ist es, das Mikroskop jeweils nach der Lichtquelle hin zu drehen. Dies ist nicht nötig, da auch seitlich einfallendes Licht mit Hilfe des beweglichen *Spiegels* durch das Objekt geworfen werden kann. Im allgemeinen ist der Hohlspiegel und nicht der Planspiegel zu verwenden. Sehr gute Beleuchtung geben eingebaute oder ansteckbare elektrische Lichtquellen.

Das Objekt wird immer zuerst bei schwacher Vergrößerung eingestellt, um eine Übersicht zu ermöglichen und die für stärkere Vergrößerung gewünschte Stelle in die Mitte des Blickfeldes zu bringen. Auf größere Entfernungen hin ist der Tubus des Mikroskops stets mit der großen Schraube, der Makrometerschraube, zu verstellen und nur die Feineinstellung darf mit der Mikrometerschraube erfolgen.

Für den Anfänger ist es ratsam, die *Einstellung von „unten nach oben"* durchzuführen, d. h. das Objektiv zuerst unter seitlicher Kontrolle möglichst tief zu senken und dann beim Blick durch das Okular langsam bis zur Scharfeinstellung zu heben. Im anderen Fall kann es dem Ungeübten leicht widerfahren, daß er den Augenblick der Scharfeinstellung des Objektes übersieht und, besonders bei Verwendung starker Vergrößerungen, gegen das Deckglas preßt und dadurch das Objekt quetscht, das Deckglas zerdrückt oder gar die Frontlinse des Objektivs beschädigt. Besondere Gefahren drohen dann dem Objektiv, wenn der Schnitt in ätzenden Flüssigkeiten untersucht wird.

Beim Mikroskopieren gewöhne man sich von Anfang daran, *beide Augen offen* zu halten. Dadurch ermüden sie bei längerer Arbeit weniger und es ist auch möglich, durch bloße Änderung der Blickrichtung mit dem freien Auge die zeichnende Hand zu kontrollieren. Das Zeichenblatt liegt zu diesem Zweck beim Rechtshänder rechts vom Mikroskop. Beobachtet wird mit dem linken Auge.

Je stärker die Vergrößerung, umso geringer ist ihre *Raumtiefe*. Es ist daher notwendig, daß die freie linke Hand während des Mikroskopierens und Zeichnens ständig an der Mikrometerschraube (Feineinstellung) liegt und durch Heben und Senken des Tubus die verschiedenen Tiefen des Objektes zu durchmustern ermöglicht. Im allgemeinen ist es ja erwünscht, in der Zeichnung die Einzelbeobachtungen aus den verschiedenen optischen Ebenen des Objektes zu einem Gesamtbild zu vereinigen. Näheres hierüber sei im folgenden Abschnitt über das Zeichnen selbst gesagt.

Durch verschieden hohe Einstellung des Objektivs lassen sich auch manche Aussagen über die *Beschaffenheit von Inhaltskörpern* der Zelle machen. Im allgemeinen sieht man stark lichtbrechende Körper, die in schwächer lichtbrechenden Medien liegen, beim Heben des Tubus heller als die Umgebung aufleuchten, beim Senken desselben hingegen dunkler als die Umgebung werden. Ähnlich verhalten sich auch Erhöhungen und Vertiefungen auf einem stark lichtbrechenden Objekt. Zeigt die in Frage stehende Stelle ihren lebhaftesten Glanz beim Heben des Objektivs, so handelt es sich um eine Erhöhung, wird sie heller leuchtend beim Senken des Tubus, so haben wir eine Vertiefung der betrachteten Oberfläche vor uns.

Inhaltskörper und Strukturen der Zelle, die im normalen Lichtmikroskop infolge zu geringer Unterschiede in der Lichtbrechung kaum erkennbar sind, können im *Phasenkontrast* gut sichtbar gemacht werden. Der Kondensor und das Objektiv des Mikroskops sind für diesen Zweck so eingerichtet, daß die beim Durchfall des Lichtes durch verschiedene Körper auftretenden, dem Auge nicht wahrnehmbaren Phasenunterschiede der Wellenlänge in deutlich erkennbare Helligkeitsunterschiede umgewandelt werden. Je nach der Konstruktion des Objektivs kann dabei das Objekt oder die Struktur dunkler oder heller als die Umgebung erscheinen (positiver, bzw. negativer Phasenkontrast). Um gute Bilder zu bekommen, müssen die Präparate dünn sein und sollen außer den interessierenden Details möglichst wenig andere Strukturen enthalten. Objekte, die Licht stark absorbieren, z. B. gefärbte Schnitte, sind für Phasenkontrastuntersuchungen nicht geeignet.

Das *Elektronenmikroskop* und die mit seiner Hilfe erzielten reichen Erkenntnisse hinsichtlich Feinstruktur von Zellwand, Cytoplasma und Plasmaorganellen fallen außerhalb des Rahmens dieses Praktikums.

3. Das Zeichnen

Auf richtiges Zeichnen ist größter Wert und größte Sorgfalt zu legen. Nur was richtig gesehen und verstanden ist, kann auch richtig gezeichnet werden. Dabei sind alle Übergänge von höchster Naturtreue bis zur schematischen, begrifflichen Zeichnung möglich.

Handelt es sich nicht um einen ganz dünnen Schnitt, von dem wir nur die in einer Ebene liegenden Konturen der Zellen abbilden wollen, sondern um eine Zelle von größerer Dicke mit verschiedenen Inhaltskörpern, um kugelige Sporen, um Pollenkörner, um röhrenförmige Gefäße usw., so haben wir es mit jener Schwierigkeit zu tun, von der schon oben beim Mikroskopieren die Rede war. Je stärker die Vergrößerung, die wir verwenden, umso geringer ist die Schärfentiefe des Bildes. Wir sehen immer nur eine optische Ebene und können uns nun entweder darauf beschränken, nur diese *eine*

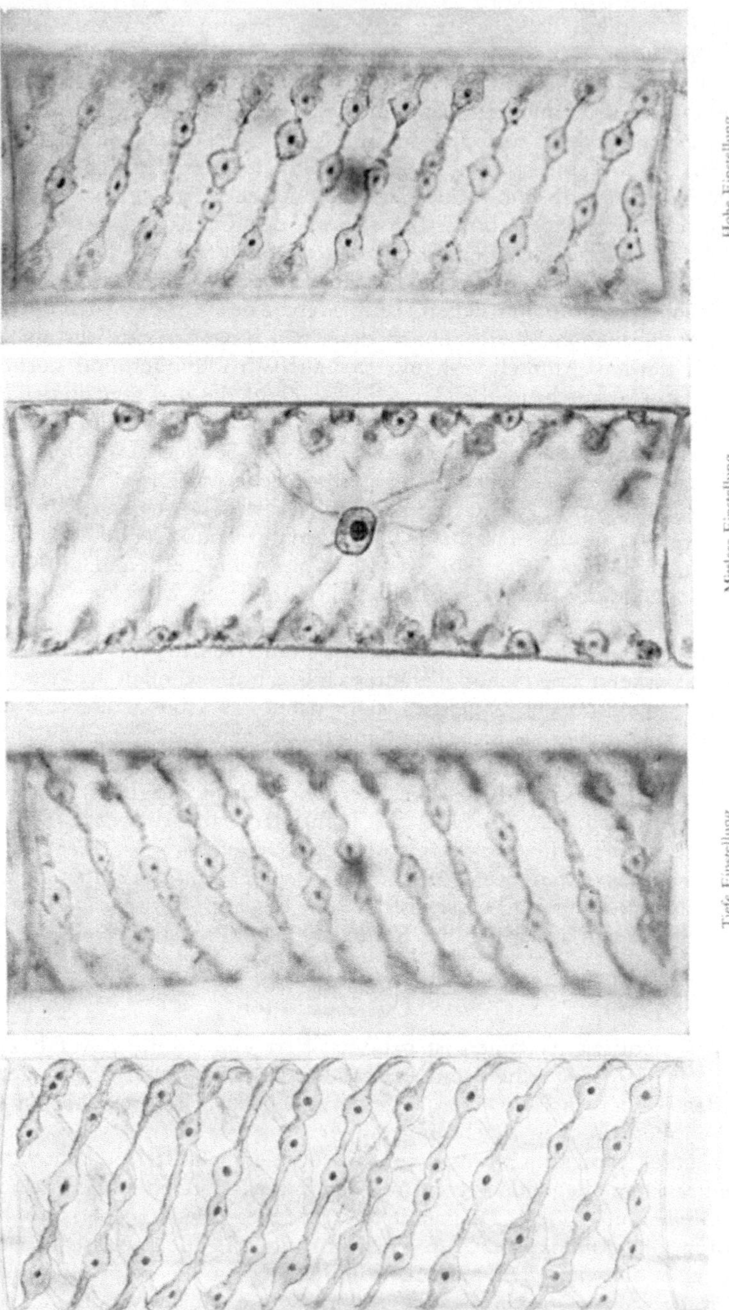

Abb. 2. *Spirogyra* (nach einem Dauerpräparat)

Ebene zu zeichnen, bzw. Zeichnungen von verschiedenen optischen Ebenen getrennt anzufertigen oder aber durch ständiges Heben und Senken des Tubus die einzelnen sich verändernden Bilder auf unserer Zeichnung *zu einer Gesamtdarstellung zu kombinieren.* Im allgemeinen werden wir diesen zweiten Weg wählen.

Abb. 2 zeigt am Beispiel der Schraubenalge *Spirogyra* diese beiden Möglichkeiten an Hand von drei mikroskopischen Einstellungen, einer hohen, einer mittleren und einer tiefen, die in drei Mikrophotographien

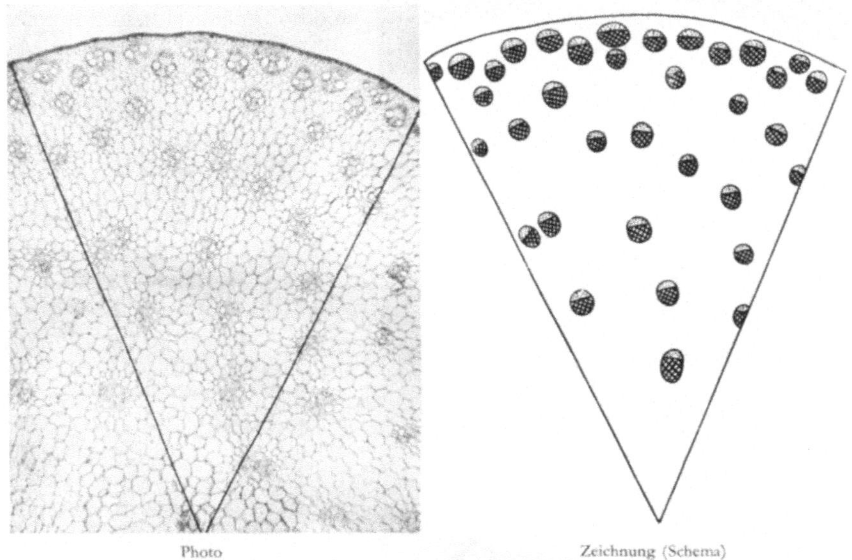

Abb. 3. Stengelquerschnitt von *Zea mays*

festgehalten sind. In der Zeichnung können wir diese drei Bildebenen zu einer räumlichen Darstellung der Zelle kombinieren.

Bei derartigen *Kombinationszeichnungen* wird es manchmal zweckmäßig sein, nicht alle optischen Ebenen in der Zeichnung zu vereinen, sondern die Wiedergabe auf die oberen Schichten zu beschränken. Dies trifft besonders bei gewölbten Objekten, etwa bei Gefäßen oder kugeligen Pollenkörnern zu. Hier wird man die bei mittlerer Einstellung zu beobachtende größte Breite der Röhre oder den Umkreis des Pollenkornes zeichnen und dann nur die Strukturen der oberhalb befindlichen Wölbung eintragen, da die Zeichnung sonst durch zu viel Einzelheiten unübersichtlich würde.

Bei dünnen, gefärbten Mikrotomschnitten, etwa einem Stengelquerschnitt von *Zea mays*, fallen die Schwierigkeiten einer räumlichen Betrachtung weg. Dafür kommt hier als neue Erschwerung die verwirrende Fülle der darzustellenden Zellen hinzu. Um eine Übersicht über die Anordnung der Gefäßbündel zeichnerisch festzuhalten, wird man sich mit einer *schematischen Darstellung* begnügen und auf eine Wiedergabe von Einzelheiten verzichten. Abb. 3.

Eine genaue Darstellung der zahlreichen im Stengelquerschnitt getroffenen Gefäßbündel, sowie aller Grund- und Hautgewebszellen zu geben, wäre eine überflüssige Vergeudung von Zeit und Arbeitskraft. Es genügt, ein einziges Gefäßbündel mit allen seinen Einzelheiten möglichst naturgetreu herauszuzeichnen. In der nachfolgenden Beschriftung muß sich der Beobachter Rechenschaft über alle Einzelheiten seiner Zeichnung ablegen, was wieder nur auf Grund eines genauen Verständnisses des dargestellten Objektes möglich ist. So wird die Zeichnung zum wichtigsten methodischen Hilfsmittel eines sorgfältigen Anatomiestudiums. Abb. 4a, b.

Als allgemeine **Richtlinie für das Zeichnen** selbst sei noch gesagt: Die Zeichnungen sollen möglichst *groß* sein. Nur dadurch wird es möglich, Einzelheiten im Bau oder im Inhalt der einzelnen Zellen festzuhalten. Am zweckmäßigsten ist es, lose Blätter eines viertel Schreibpapierbogens (DIN A 5) zu verwenden und diese in einer Mappe zu sammeln. Die Blätter sind nur einseitig zu bezeichnen und wenn es sich nicht um besonders kleine Objekte handelt, so ist für jedes Objekt ein Blatt zu verwenden.

Zellwände, die ja eine gewisse Dicke besitzen, sind im allgemeinen *doppelt konturiert* zu zeichnen. Um eine gewisse plastische Wirkung zu erzielen,

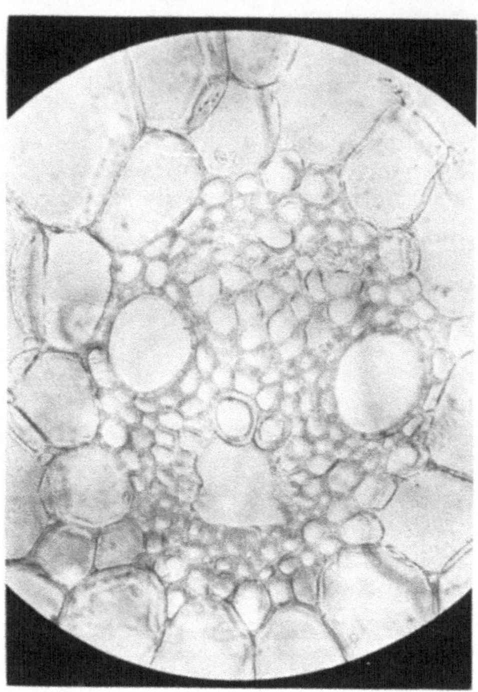

Abb. 4a. Gefäßbündelquerschnitt von *Zea mays* (Photo)

kann man auf einer Seite die Innenwände stärker ausziehen. Nur bei sehr zellenreichen Übersichtsbildern wird man sich begnügen, die Zellwände durch einfache Linien darzustellen.

Die einzelnen Linien sollen mit einem nicht zu harten Bleistift *klar und deutlich* gezogen und nicht aus einzelnen Teilstrichen zusammengesetzt sein.

Es ist auch darauf zu achten, daß die einzelnen Objekte in einem *richtigen Größenverhältnis* zueinander abgebildet werden, besonders wenn verschiedene Beispiele gleichartiger Objekte auf einem Zeichenblatt vereint werden sollen. Handelt es sich z. B. um die Darstellung verschiedener Stärkesorten, so darf, entsprechend ihrer verschiedenen natürlichen Größe, nicht die Maisstärke so groß wie die größere Weizenstärke und diese nicht gleich groß wie die fast doppelt so große Bohnenstärke und jene wieder nicht im Ausmaß der besonders großen Kartoffelstärke gezeichnet werden.

Einzelheiten im Innern der Zelle werden meist zarter zu zeichnen sein, als die Zellwände. Schraffierungen und Schummerungen sind im allgemeinen zu vermeiden. Die Zeichnungen sollen *bei möglichster Naturtreue* in einfachen klaren Strichen *das Wesentliche* der Zelle und ihrer Inhaltskörper erfassen. Zarte Plasmastränge oder Plasmaansammlungen, die bei der mikroskopischen Betrachtung häufig nur durch ihren feinkörneligen Inhalt erkennbar sind, wird man auch in der Zeichnung nicht durch scharf gezogene Linien umgrenzen, sondern durch feine Pünktchen andeuten.

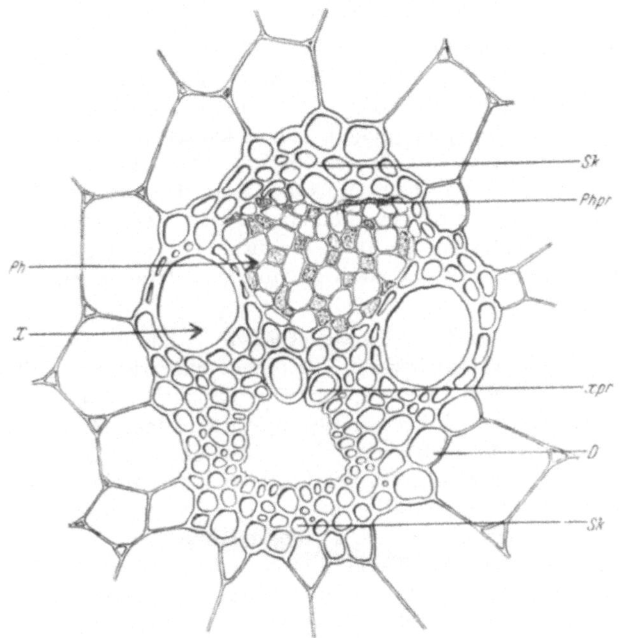

Abb. 4b. Gefäßbündelquerschnitt von *Zea mays* (Zeichnung)

X = Xylem, *Ph* = Phloem, *xpr* = Xylemprimanen, *Phpr* = Phloemprimanen, *Sk* = Sklerenchym, *D* = Durchlaßstreifen. Text hiezu siehe Seite 141

Beim **Zeichnen mit Tusche** gibt es zwei Möglichkeiten: 1. die Schwarzweißzeichnung, 2. die getönte Zeichnung.

1. Die *Schwarzweißzeichnung*: Nur mit unverdünnter Tusche. Alle Details müssen durch Striche und Punkte dargestellt werden. Auch ganz dunkle Flächen werden durch Nebeneinandersetzen von Punkten erreicht. Ein Auftragen von Tusche mit dem Pinsel soll nur ausnahmsweise stattfinden. Ebenso wird man eine Schraffierung nur bei schematischen Bildern anwenden.

2. Die *getönte Zeichnung*: Sie wird mit verdünnter Tusche hergestellt. Einzelne Striche und Punkte werden ebenfalls mit verdünnter Tusche oder mit dem Bleistift gezeichnet. Es ist zu vermeiden, Striche und Punkte mit unverdünnter Tusche zu arbeiten. Zuerst die Tönung auftragen, dann erst Striche und Punkte zeichnen! Z. B. Abb. 51.

Ausbesserungen von Fehlern in Tuschzeichnungen können, insbesondere

wenn sie für Reproduktionen bestimmt sind, mit weißer Tusche oder Deck-
weiß durchgeführt werden.

Bisher war nur von *Freihandzeichnungen* die Rede, bei denen die Größen-
verhältnisse der einzelnen Teile des Objekts zueinander geschätzt werden
und keine Rücksicht auf die absolute Vergrößerung genommen wird. Im Verlauf unseres Praktikums werden wir mit dieser Methode das Auslangen
finden.

Für genaueres Zeichnen können verschiedene **Hilfsmittel** verwendet
werden.

1. *Der Raster* : In das Okular wird ein Glasplättchen eingelegt, das durch
fein eingeritzte Striche in kleine Quadrate geteilt ist. Ein entsprechend
vergrößerter Raster wird unter das in diesem Fall am besten zu verwendende
durchsichtige Zeichenpapier gelegt. Man kann aber auch auf weißem
Zeichenpapier den Raster in feinen Linien vorzeichnen. Beim Zeichnen
können dann die einzelnen Teile des Objekts in der gleichen Weise, wie sie
im Okularraster angeordnet erscheinen, in den vergrößerten Raster des
Zeichenpapiers eingetragen werden. Dadurch ist es möglich, Größenver-
hältnisse wesentlich richtiger und genauer wiederzugeben als bei einer
bloßen Freihandzeichnung.

2. *Das Okularmikrometer* : In das Okular kann an Stelle des Raster-
plättchens auch ein Glasplättchen mit einem eingeritzten Maßstab gelegt
werden. Durch Vergleich mit einem unter das Objektiv gebrachten „Objektiv-
mikrometer", das eine in Einheiten des absoluten Maßsystems geteilte Skala
trägt, ist es möglich, die Entfernung der Teilstriche des Okularmikrometers,
so wie sie dem Betrachter bei Verwendung der betreffenden Optik erscheint,
auf Tausendstelmillimeter (0.001 mm = 1 μ) zu bestimmen. Wird an Stelle
des Objektivmikrometers dann das Präparat betrachtet, so können nunmehr
mit Hilfe der darüber erscheinenden Okularmikrometerskala seine Größen-
maße genau festgestellt und in entsprechender Vergrößerung in der Zeichnung wiedergegeben werden. Für die Zeichnung wird es meist genügen, mit
dem Okularmikrometer nur die relativen Größenunterschiede festzustellen,
ohne die absoluten Größen zu bestimmen.

3. *Der Abbe'sche Zeichenapparat* : Dieser Apparat wird auf das Okular
aufgesetzt. Er besteht aus zwei ober dem Okular liegenden Glasprismen
und einem horizontal abstehenden Arm mit einem großen Spiegel, der in
verschiedener Weise geneigt werden kann. Die beiden Glasprismen sind mit
ihren großen Basisflächen aneinandergekittet und an dieser Berührungsfläche
nach oben zu versilbert. Dieser Silberspiegel ist durch eine runde, zentral
gelegene Aussparung durchbrochen, durch die man von oben her durch den
Tubus des Mikroskops auf das Präparat blicken kann. Der Spiegel ist unter
45° geneigt und wirft ein Bild des darunterliegenden Zeichenpapiers horizontal hinüber auf die spiegelnde Fläche der Prismen und von hier senkrecht
nach oben ins Auge des Betrachters. Dieser sieht somit zwei Bilder: Durch
das Loch der Spiegelfläche das zu untersuchende Objekt, und, reflektiert
von der spiegelnden Prismenfläche, das Bild des Zeichenpapiers, bzw. des
darauf ruhenden Zeichenstiftes. Es wird dadurch möglich, anscheinend
direkt die Konturen des Präparates nachzuziehen. Dadurch ist eine größt-

mögliche Genauigkeit der Wiedergabe von Größen- und Lageverhältnissen im untersuchten Präparat gewährleistet.

4. *Der Zeichenspiegel oder Bildwerfer :* Er besteht aus einer Fassung, die um das Okular an den Tubus geschraubt werden kann, und dem an einem kurzen beweglichen Arm befestigten Spiegel. Das Mikroskop muß in die 45°-Lage gebracht und das Präparat von unten her kräftig durchleuchtet werden. Durch geeignete Spiegelstellung kann im abgedunkelten Raum ein direktes Bild auf die Zeichenfläche projiziert und hier mit einem Bleistift nachgezeichnet werden.

5. *Das Mikroskop als Bildwerfer :* Es läßt sich auch das Mikroskop selbst als Bildwerfer benützen, wenn man es unter Ausschaltung des Spiegels von unten her direkt durch den Kondensor durchleuchtet und das durch das Mikroskop entworfene reale Bild an eine Wand projiziert. Am besten ist es, sich hierzu ein einfaches Gestell aufzubauen, auf dem das Mikroskop mit dem Tubus nach unten (Okular festklemmen!) aufgehängt und von oben her mit einer starken Mikroskopierlampe durchleuchtet werden kann. Das Seitenlicht ist durch eine entsprechende Verkleidung abzuhalten. Dadurch wird das Bild auf die Tischplatte geworfen und kann hier bequem nachgezeichnet werden.

6. *Die Zeichnung im Photo :* Schließlich ist es auch möglich, in einer von dem in Frage stehenden Präparat aufgenommenen Mikrophotographie durch einfache Linien Einzelheiten nachzuzeichnen und sie dadurch deutlicher hervorzuheben.

Für die **Reproduktion von Zeichnungen** stehen zwei Möglichkeiten offen: die Strichätzung und das Rasterverfahren.

Für eine *Strichätzung* ist eine klare Schwarz-Weiß-Zeichnung notwendig. Jede Tönung ist ausgeschlossen, bzw. kann nur durch Punktierung oder Schraffierung angedeutet werden. Bei Anwendung des *Rasterverfahrens* (Autotypie), wie es auch zur Wiedergabe von Photographien benützt wird, ist es hingegen möglich, die Zeichnung oder einzelne Teile darin anzulegen und Tönungen und Schattierungen mit verschieden verdünnter Tusche oder mit Bleistift auszuführen (z. B. Abb. 2 und 51).

A. Die Zelle

Das entwicklungsgeschichtliche, anatomische und physiologische Grundelement der Pflanze ist die **Zelle**. Sie besteht in der Regel aus einem von der *Zellwand* gebildeten Gehäuse und dem darin lebenden Zellenleib, dem *Protoplast*. Der Protoplast wird gebildet durch das Cytoplasma mit seinen lebenden und toten Inhaltskörpern und die von diesem umgebenen, mit Zellsaft gefüllten Vakuolen.

Die *Vielzelligkeit* kann sich im einfachsten Fall, wie z. B. bei manchen Algen, in einer bloßen Aneinanderreihung von Zellen, also in einer Bildung von *Zellfäden* äußern. Die Zellen können sich aber auch nach zwei Dimensionen hin aneinanderschließen und *Zellflächen* bilden, wie dies bei vielen Meeresalgen und Moosblättchen der Fall ist. Schließlich können sie bei den

höher entwickelten Pflanzen nach drei Richtungen im Raum aneinandergefügt sein und dann ausgesprochene *Zellkörper* aufbauen. Bei ihnen ist die
Differenzierung und Spezialisierung der einzelnen Zellen am weitesten fort-
geschritten.

Dauernde Vereinigung von Zellen zu einer funktionellen Einheit bezeichnet man als **Gewebe**. Die einfachste Einteilung unterscheidet *Bildungs-
und Dauergewebe* und unter diesen *Haut-, Strang-* und *Grundgewebe*. Das erste
bildet die Oberfläche der Pflanze, das zweite die der Leitung und Festigung
dienenden Stränge langgestreckter Zellen und das dritte erfüllt den Raum
zwischen Haut- und Stranggewebe.

Der Ausdruck „*Zelle*", der ursprünglich nur für die aus starren Zellwänden gebildeten Kämmerchen geprägt wurde, übertrug sich später auch auf
jene Protoplaste, denen eine feste Zellwand fehlt. Derartige „*nackte Zellen*"
finden wir im Pflanzenreich nicht allzu häufig (Schleimpilze, Schwärmsporen, Spermatozoiden niederer Pflanzen), für den Aufbau des tierischen
Körpers sind sie jedoch charakteristisch.

Allgemeine Beobachtungen an Zellen

Der Nachweis des zelligen Aufbaues der Pflanze läßt sich *synthetisch* und
analytisch führen. Im ersten Fall beobachten wir, wie sich durch fortlaufende
Zellteilungen einer Ei- oder Sporenzelle allmählich ein vielzelliges Gebilde
aufbaut, im zweiten zerlegen wir eine Pflanze in ihre Teile, fertigen Schnitte
an oder lösen die Gewebe direkt in einzelne Zellen auf. Diesen zweiten
Weg geht die *Pflanzenanatomie*.

Die *Form der Zellen* kann je nach ihrer Lage oder Funktion im Pflanzenkörper recht verschieden sein. Neben den häufigsten Zelltypen, den annähernd allseitig ausgebildeten rundlichen, dünnwandigen *Parenchymzellen*
und den langgestreckten, faserförmigen, verdickten oder unverdickten
Prosenchymzellen, stehen plattenförmige, prismenförmige, vieleckige und verzweigte Formen. Ebenso vielfältig wie die Formen der Zellen ist auch der
Aufbau ihrer Wandungen und die Zusammensetzung ihrer Inhalte.

Die Auflösung einer bestehenden Zellvereinigung in einzelne Zellen
nennt man **Mazeration**. Dabei treten die Zellen durch Lösung der sie ver-
kittenden Mittellamellen (Näheres Seite 106) aus dem Verband. Dadurch
wird es möglich, Form- und Struktureigentümlichkeiten der einzelnen
Zellen besonders eingehend zu studieren.

Man unterscheidet eine *natürliche* und eine *künstliche* Mazeration. Im
ersten Fall tritt der Zerfall in einzelne Zellen im natürlichen Entwicklungs-
ablauf der Pflanze ein, im anderen wird er durch besondere Kunstgriffe
herbeigeführt.

Natürliche Mazerationen können streng lokal eintreten, wie z. B. bei
der Ausbildung von Trennungsschichten am Grunde der Blätter beim *Laubfall*, an den Ansatzstellen abfallender Blüten und Früchte, im *Narbenbrei* der
Orchideen oder im Füllgewebe der *Lentizellen*. Die Mazeration kann aber auch
ganze Pflanzenteile erfassen, wie dies beim Fruchtfleisch reifender *Früchte*
geschieht. Das Weich- und Mehligwerden der Früchte (z. B. von *Pirus-*

und *Sorbus*-Arten) erklärt sich aus der vollkommenen Auflockerung des Gewebes.

Interessante Beispiele für leichtes Auseinanderweichen und Zerfall in lebensfähige Zellen bieten auch die chlorophyllführenden Grundgewebe im Inneren der dicken Keimblätter von *Glycine max*, der Hochblätter der Blütenstände von *Prunella vulgaris*, oder in den grünen, nadelförmigen Phyllokladien (Flachsprossen) von *Asparagus*-Arten.

Eine Mazeration, bei der sich die gesamten Zellwände auflösen, wobei „*nackte Protoplaste*" frei werden, findet man in den Früchten von *Solanaceen* (*Solanum alatum, Lycopersicon esculentum*).

Künstliche Mazerationen sind je nach den Objekten mit verschiedenen Mitteln zu erreichen, wie *Kochen in Wasser* (Kartoffelknolle), in verdünnter *Essig- oder Oxalsäure* (saftige Früchte), in anderen *verdünnten Säuren*, in *Ammoniak* (Kartoffel, Rüben) oder 50% *Kalilauge* (Korkgewebe, Rinden). Bei Verwendung kalter Lösungen ist eine entprechend längere Einwir-

kungszeit notwendig. In allen Fällen sind möglichst kleine Stücke des Objekts zur Mazeration zu verwenden und nach entsprechender Behandlung auf dem Objektträger mit zwei Präpariernadeln zu zerzupfen.

Eine vorzügliche Mazeration parenchymatischer Gewebe (Wurzel, Stamm und Blatt) bei vollständiger Erhaltung des Zellinhaltes erreicht man nach KISSER, wenn man die Gewebe vorher mit konz. wäßr. *Pikrinsäure* oder mit CARNOYSCHEM Gemisch (3 Teile Alkohol + 1 Teil Eisessig) durch 24 Stunden *fixiert* und dann etwa 10 Stunden in einem Thermostaten bei 45—50° C

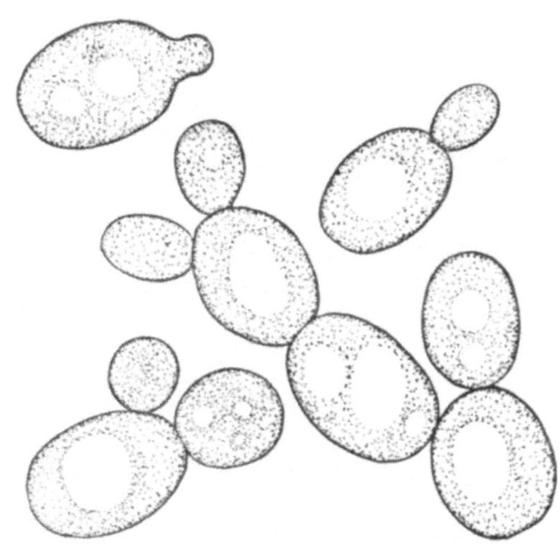

Abb. 5. *Saccharomyces cerevisiae*

in 3% wäßrige oder alkoholische *Schwefelsäure* oder noch besser 3% wäßriges oder alkoholisches *Wasserstoffsuperoxyd* einlegt. Die Gewebe können dann meist durch gelinden Druck auf das Deckglas in ihre Zellen zerlegt werden. Manchmal zerfallen sie von selbst, manchmal ist auch ein Zerfasern mit der Nadel notwendig.

Holz wird am besten mit dem SCHULZESCHEN *Gemisch* mazeriert. In ein Reagenzglas mit ungefähr 5 cm³ konz. Salpetersäure werden einige Körnchen von Kaliumchlorat gebracht und dazu kleine Späne des zu mazerierenden Holzes eingelegt. Hierauf wird über einer Flamme vorsichtig erwärmt. Dies muß der sich entwickelnden Dämpfe wegen unter einem Abzug oder am offenen Fenster geschehen. Nach einigen Minuten gießt man die Flüssigkeit ab und ersetzt sie mehrmals durch Wasser oder schüttet das dampfende Gemisch direkt in ein Gefäß mit Wasser und fischt die halb aufgelösten Holzfasern heraus. Schon durch bloßes Schütteln im Wasser, besonders aber durch Zerfasern auf dem Objektträger, lassen sich dann die einzelnen Elemente des Holzes voneinander isolieren. Praktisch wird die chemische Mazeration des Holzes in der Papierindustrie angewandt (z. B. Einwirkung von Kalziumsulfit unter hohem Druck und Temperatur auf die zerkleinerten Holzstückchen).

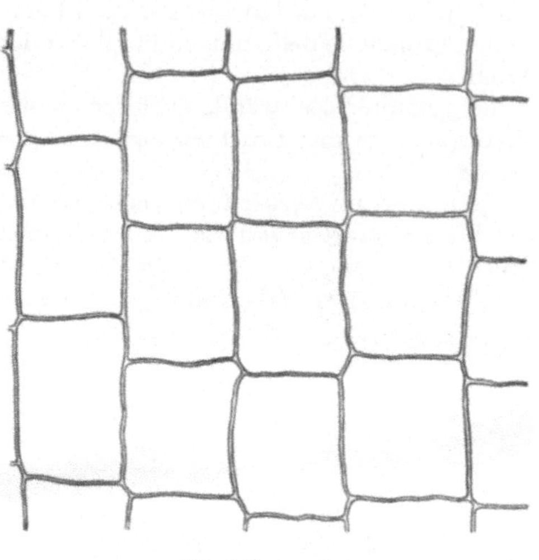

Abb. 6. *Quercus suber*

in einer 5%igen Zuckerlösung aufgeschwemmt und in den Thermostaten oder an einen warmen Ort gestellt. Die Zellen beginnen sich durch Sprossung zu vermehren und bleiben dabei zum Teil untereinander in Verbindung. Diese Zellvereinigungen, in denen jede Zelle noch ein selbständiges Individuum darstellt, bezeichnet man als *Zellkolonie*. Abb. 5.

Objekte

Saccharomyces cerevisiae, Bierhefe *(Fungi, Ascomycetes)* :

Kleinste Kulturpflanze. — Gewöhnliche Preßhefe wird

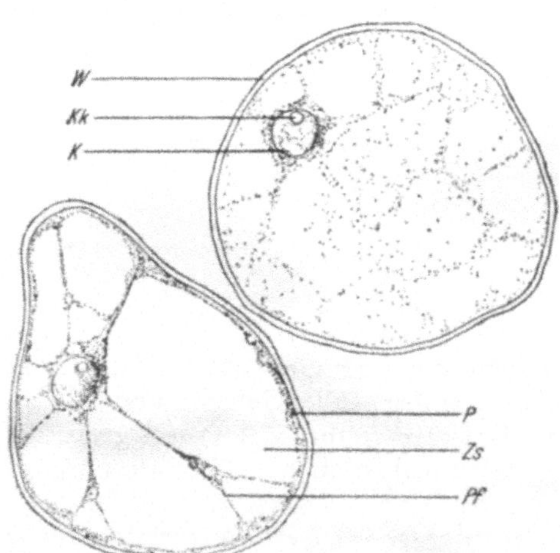

Abb. 7. *Symphoricarpus racemosus*

Quercus suber, Korkeiche *(Fagaceae)* :

Westliche Mittelmeerländer. — Mit einer Rasierklinge wird ein dünner Querschnitt durch einen Flaschenkork hergestellt. Die lückenlos aneinander grenzenden toten Kämmerchen, die von Hooke (1667) erstmalig als „cellulae" bezeichnet wurden, stellen ein echtes vielzelliges *Gewebe* dar. Abb. 6.

Beispiele für natürliche Mazeration

Symphoricarpus racemosus, Schneebeere *(Caprifoliaceae)* : Fruchtfleisch.

Zierstrauch. Heimat: Nordamerika. — Eine Beere wird aufgebrochen und

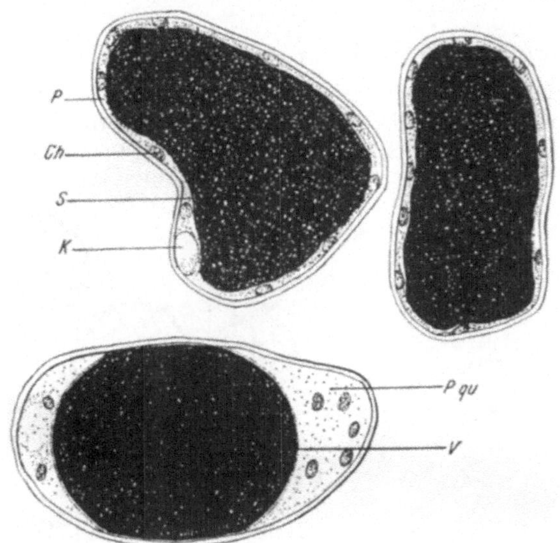

Abb. 8. *Ligustrum vulgare*

ihr mit der Pinzette eine kleine Probe des lockeren Fruchtfleisches entnommen. Dieses wird in einem Tropfen Wasser auf dem Objektträger verteilt und mit dem Deckglas bedeckt. Besonders gut zerfallen die Gewebe von Beeren, die schon einmal dem Frost ausgesetzt waren. Die Zellen leben und lassen deutlich unterscheiden: Zellwand (W), Cytoplasma (P), Zellkern oder Nucleus (K), Kernkörperchen oder Nucleolus (Kk) und Zellsaft-Vakuole (Zs). Sehr schön gelingen die Präparate, wenn man die aufgebrochenen Beeren vor Entnahme der Zellen entlüftet (vgl. S. 2). Abb. 7.

Ligustrum vulgare, Rainweide *(Oleaceae)* : Fruchtfleisch.

Europa, N-Afrika, W-Asien. — Präparation wie oben. Hier ist der Zellsaft (S) durch Anthocyan violett gefärbt. In geschädigten und toten Zellen ist durch das aus der Vakuole austretende Anthocyan häufig der Zellkern (K) blau gefärbt. Das Cytoplasma (P) zeigt neben dem Zellkern als

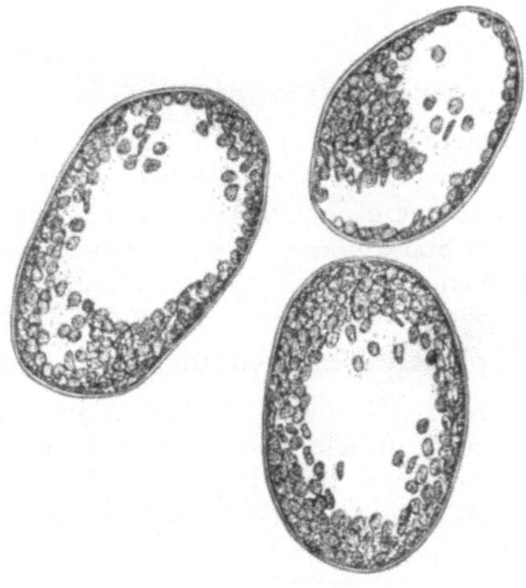

Abb. 9. *Lycium halimifolium*

weitere lebende Inhaltskörper Chloroplasten (Chlorophyllkörner, Ch). In Wasser quillt das Plasma (Pqu = gequollenes Plasma, V = Vakuolenhäutchen) bei diesen Zellen leicht auf und engt dadurch die Vakuole ein („Vakuolenkontraktion"). Abb. 8.

Lycium halimifolium, Bocksdorn *(Solanaceae) :* Fruchtfleisch.

Europa. — Das Fruchtfleisch der roten Beeren zeigt ebenfalls Mazeration der Zellen. Außer dem Zellkern liegen im Plasma rötliche Farbstoffkörper (Chromoplasten), die den Zellkern verdecken. Abb. 9.

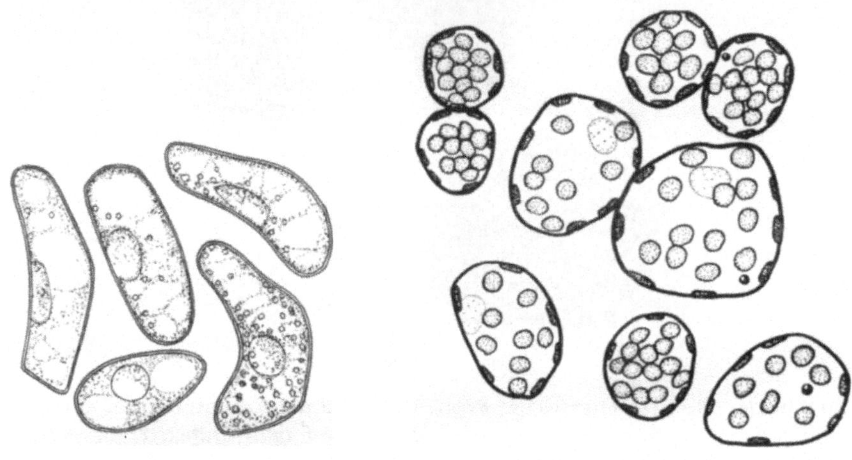

Abb. 10. *Cephalanthera ensifolia*   Abb. 11. *Prunella vulgaris*

Musa sapientium, Banane *(Musaceae) :* Fruchtfleisch.

Tropen der Alten Welt. — Das dem Fruchtfleisch der Banane entnommene Gewebe läßt sich mittels zweier Nadeln in einem Tropfen Wasser gleichfalls leicht in einzelne Zellen zerteilen. Sie zeigen im Cytoplasma neben dem Zellkern Stärkekörner, die sich bei Zugabe von einem Tropfen Jodwasser blau färben.

Cephalanthera ensifolia, Waldvöglein *(Orchidaceae) :* Narbenbrei.

Europa, SW-Asien, N-Afrika. In Wäldern. — Narbe der Länge nach halbieren, mit dem Rasiermesser dünne Längsschnitte herstellen und in Wasser untersuchen. Aus der eingedellten Narbe treten einzelne mazerierte Zellen ins Wasser über. Gleiches läßt sich an den Narben der meisten heimischen Orchideen beobachten. Abb. 10.

Prunella vulgaris, Gemeine Brunelle *(Labiatae) :* Hochblatt, Mesophyll.

Europa. Wiesen und Wälder. — Zieht man mit einer Pinzette die obere oder untere Epidermis eines Hochblattes ab und tupft das Blatt mit der

Wundfläche nach unten auf einem Objektträger in einen Tropfen Wasser aus, so finden sich in diesem eine große Zahl herausgefallener, isolierter, lebender Zellen aus dem Innern des Blattes mit relativ großen Chloroplasten. Abb. 11.

Ein leichtes Auseinanderweichen der chlorophyllführenden Grundgewebszellen findet man auch häufig im Inneren der dicken Keimblätter von **Glycine max,** Sojabohne *(Papilionaceae).*

Asparagus officinalis,
Spargel *(Liliaceae) :* Phyllokladium.

Kulturpflanze. Heimat Mittel- u. S-Europa, N-Afrika, W-Asien. — Reißt oder schneidet man eines der grünen, nadelförmigen, in Büscheln zu 4 oder 7 in den Achseln spiralig angeordneter farbloser Schuppenblätter stehenden Phyllokladien auseinander und tupft mit der Wundfläche auf den mit einem Wassertropfen versehenen Objektträger, so treten in großer Zahl lebende Zellen aus dem chlorophyllreichen Grundgewebe aus. Eine noch größere Ausbeute an isolierten Zellen erhält man, wenn man das angeschnittene Phyllokladium auf den Objektträ-

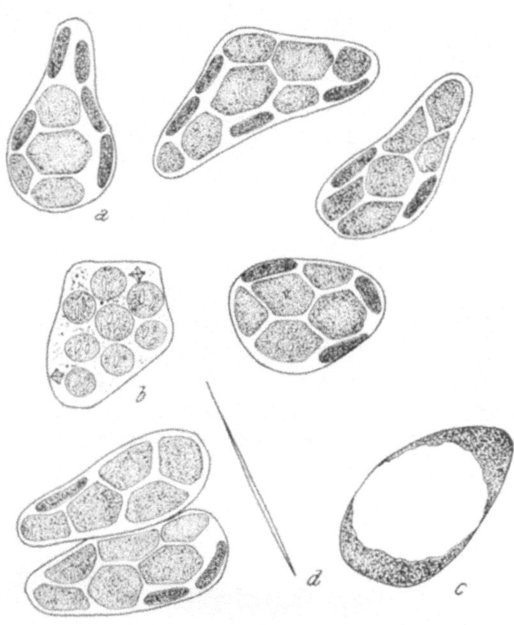

Abb. 12. *Asparagus officinalis*

ger legt und seinen Inhalt mit einer Nadel in den Wassertropfen ausstreift. (a) lebende, (b) absterbende, (c) tote Zelle, (d) Kristallnadel. Abb. 12.

Asparagus sprengeri und **A. plumosus** lassen sich in gleicher Weise verwenden.

Lycopersicon esculentum, Tomate, Paradiesfrucht *(Solanaceae) :* Fruchtfleisch.

Kulturpflanze. Heimat tropisches Amerika. — Aus einer vollreifen Frucht wird mit der Pinzette ein kleines Tröpfchen des in Auflösung befindlichen Fruchtfleisches entnommen und auf den Objektträger in Wasser übertragen; neben mazerierten Zellen schwimmen völlig wandlose Protoplaste, deren „Nacktheit" insbesondere dann in Erscheinung tritt, wenn sie sich in kleinen Strömchen zwischen starren umhäuteten Zellen hindurchzwängen.

Beispiele für künstliche Mazeration

Solanum tuberosum, Kartoffel *(Solanaceae)* : Knolle.

Kulturpflanze. Heimat: Anden von Chile und Peru. — Aus einer gekochten Kartoffelknolle wird eine kleine Probe entnommen und auf dem Objekt-

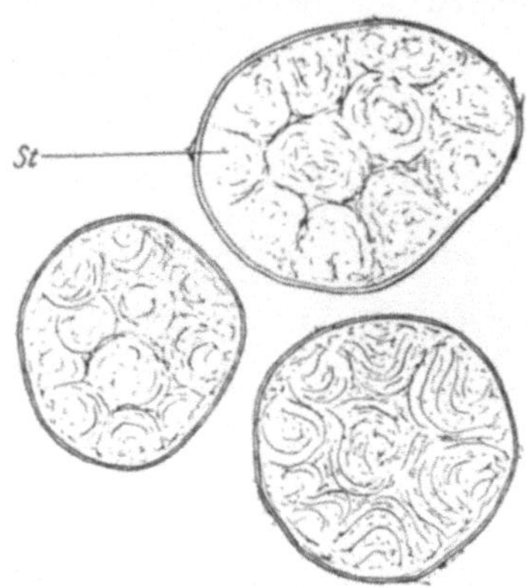

Abb. 13. *Solanum tuberosum*

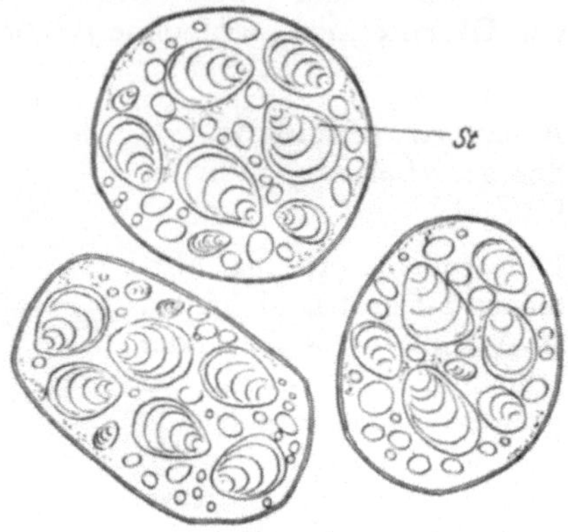

Abb. 14. *Solanum tuberosum*

träger in einem Tropfen Wasser verteilt. Die einzelnen Zellen fallen auseinander. Sie enthalten stark aufgequollene, oft kaum mehr kenntliche Stärkekörner (St), die die Zellen vollkommen erfüllen. Abb. 13.

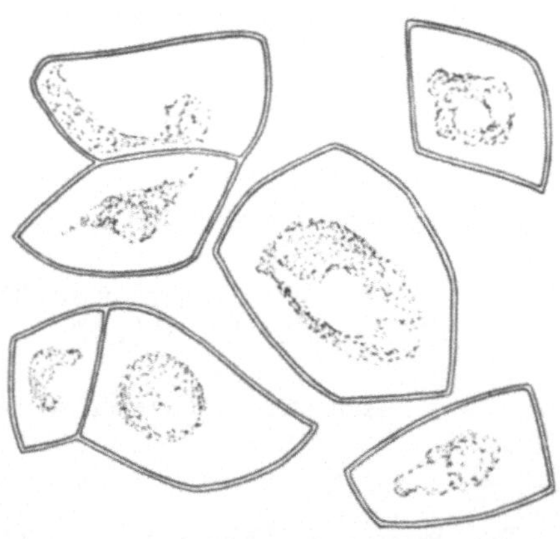

Abb. 15. *Daucus carota*

Solanum tuberosum, Kartoffel *(Solanaceae)* : Knolle.

Kleine Stückchen aus einer rohen Kartoffelknolle werden über Nacht in konz. NH_3-Lösung gelegt und dann in einer Proberöhre fest geschüttelt. Die zerfallenden Zellen enthalten die geschichteten Stärkekörner (St) fast unverändert. Zwischen den Stärkekörnern koaguliertes, totes Protoplasma. Abb. 14.

Daucus carota, Karotte, Mohrrübe *(Umbelliferae)* : Rübenwurzel.

Gemüsepflanze. Europa, Asien. — Kleine Stückchen der Rübenwurzel werden in 5—10%ige Salpetersäure- oder in 2%ige Schwefelsäurelösung eingelegt. Der Zellinhalt in den auseinanderweichenden Zellen ist durch die Säure zerstört und häufig zu körneligen Klumpen zusammengeballt, die totes Plasma und Chromatophorenreste enthalten. Abb. 15.

Pinus silvestris, Rotföhre *(Pinaceae)* : Holz.

Europa, Asien. — Kleine, etwa 1 cm lange Späne werden mit Schulze'schem Gemisch (vgl. S. 13) behandelt. Unter den auseinanderfallenden faserförmigen Zellen sind nach sorgfältigem Zerzupfen auf dem Objektträger alle Elemente des Coniferenholzes zu finden: Frühholztracheiden mit Hoftüpfeln (a), Spätholztracheiden (b), Holzparenchymzellen (c). Abb. 16.

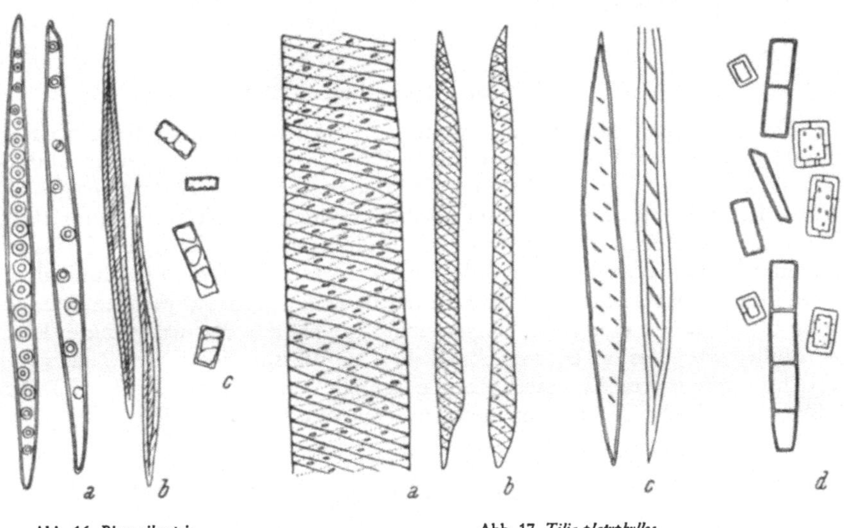

Abb. 16. *Pinus silvestris*   Abb. 17. *Tilia platyphyllos*

Tilia platyphyllos, Sommerlinde *(Tiliaceae)* : Holz.

In Europa verbreitet. — Behandelt wie Pinus mit Schulze'schem Gemisch. Die mazerierten Holzelemente bestehen aus röhrenförmigen Gefäßen (a), Tracheiden (b), Libriformfasern (c) und Holzparenchymzellen (d). Abb. 17.

Die Bestandteile der Zelle

I. Der Protoplast

Obwohl schon 1844 HUGO VON MOHL den zähflüssigen Inhalt der Zelle, den er als „*Protoplasma*" bezeichnete, als den eigentlichen Lebensträger erkannt hatte, war noch ein weiter Weg bis zur eigentlichen *Protoplasmaforschung* mit ihren verschiedenen Methoden zur Untersuchung der Morphologie des gesunden und geschädigten Plasmas, der Bewegungen des Plasmas und seiner Inhaltskörper, sowie der physiko-chemischen Grundlagen seiner Viskositäts- und Permeabilitätseigenschaften.

Die klassische Pflanzenanatomie begnügte sich damit, den *toten* Pflanzenkörper zu studieren. Fixierung, Härtung, Schneiden und Färben sind ihre wichtigsten Hilfsmittel. Die meisten Angaben über bestimmte Strukturen des Plasmas, wie fibrilläre oder wabige Strukturen, gehen auf Beobachtungen an totem und dadurch verändertem Plasma zurück.

Als **Protoplast** bezeichnet man den gesamten lebenden Zelleib: das *Cytoplasma*, auch kurz *Plasma* genannt, mit seinen *lebenden* (Zellkern, Plastiden, Mitochondrien (Chondriosomen), Golgikörper und vielleicht auch Sphärosomen) und *leblosen Inhaltskörpern* (Stärke, Aleuron, Kristalle u. a.) und die von ihm umgebenen, mit Zellsaft gefüllten *Vakuolen*.

1. Das Protoplasma

Totes Plasma ist leicht zu sehen. Es ist körnelig, koaguliert, vielfach zusammengeballt. Anders das lebende Cytoplasma. Infolge seiner Durchsichtigkeit ist es schwer zu beobachten, besonders in Zellen mit einer großen Vakuole, in denen es nur in einer dünnen Schichte die Zellwand auskleidet. Aber auch in Zellen, in denen es sich in dickeren oder dünneren Strängen, Fäden oder Lamellen zwischen oder durch einzelne Vakuolen hindurchzieht, ist es infolge seiner Lichtbrechungsverhältnisse der mikroskopischen Betrachtung nur schwer zugänglich. Besser sichtbar wird das Plasma, wenn es stark aufquillt, wie dies z. B. manchmal bei in Wasser liegenden Zellen des Fruchtfleisches von Ligusterbeeren geschieht (siehe Abb. 8, S. 15). Gut sichtbar wird lebendes Plasma meist im Phasenkontrast.

Plasmaströmung

Bei manchen Pflanzen ist die Eigenschaft der Bewegungsfähigkeit des lebenden Cytoplasmas besonders deutlich ausgeprägt. In ihren Zellen sieht man kleine Körnchen oder größere Inhaltskörper wie Zellkern und Plastiden sich entlang der Zellwände oder innerhalb frei verlaufender Plasmafäden verschieben, ja manchmal sich förmlich in einem Plasmastrom fortwälzen. Hier ist der Eindruck des lebenden Plasmas unmittelbar und anschaulich gegeben.

Die Bewegung des Cytoplasmas kann bei niederen Pflanzen, in erster Linie bei Einzellern, zu *Ortsveränderungen* führen. Dies ist z. B. der Fall bei den amöboiden Bewegungen der Plasmodien der Schleimpilze.

Wir wollen uns im folgenden nur auf die innerhalb der Zellwand höherer Pflanzen verlaufende **Plasmaströmung** beschränken. Sie ist nicht bei allen Pflanzen gleich gut zu beobachten. In vielen Fällen scheint überhaupt keine Plasmabewegung vorhanden zu sein oder sie ist jedenfalls so langsam, daß sie sich unserer Beobachtung entzieht. Treten Plasmaströmungen schon in den Zellen frischer, unbehandelter Pflanzen auf, so spricht man von *„spontaner Strömung"*, werden die Bewegungen erst durch irgendwelche physikalische oder chemische Einwirkungen ausgelöst, bzw. so verstärkt, daß sie sichtbar werden, dann nennt man sie *„induzierte Strömungen"*. Die Auslösung solcher Strömungen bezeichnet FITTING als *Dinesen*.

Im einfachsten Fall wirkt schon der Wundreiz strömungsauslösend oder -beschleunigend wie er durch bloßes Abschneiden der Blättchen von *Elodea* oder durch Zerschneiden der langen schmalen Blätter von *Vallisneria* gegeben ist *(„Traumatodinesen")*. Manchmal steigert starke Belichtung die Strömung *(„Photodinesen")*. Als chemische Mittel der Strömungsbeschleunigung wurden von FITTING besonders Aminosäuren erkannt. Histidin bedingt z. B. bei *Vallisneria* noch in einer Verdünnung von 1 : 30—80 Millionen starke Plasmaströmung. Auch menschlicher Speichel, Vitalfärbung mit Neutralrot oder Einwirkung einiger Tropfen konz. Schwefelsäure in einem Liter Wasser wirken strömungsauslösend *(„Chemodinesen")*.

Die *Strömungsgeschwindigkeiten* erscheinen dem Beobachter manchmal außerordentlich groß. Die Plastiden scheinen oft fieberhaft in der Zelle zu kreisen. Dieser Eindruck erwächst jedoch aus der Verwendung der starken Vergrößerung. In Wirklichkeit entspricht die Geschwindigkeit der schnellsten Plasmaströmung in der Zelle etwa der Geschwindigkeit eines sich bewegenden Minutenzeigers einer Taschenuhr. Wie die Vergrößerung eine erhöhte Geschwindigkeit vortäuscht, kann man sehen, wenn man die Bewegung des Minutenzeigers einer Taschenuhr mit der schwachen Vergrößerung eines Mikroskops beobachtet.

Am bekanntesten und häufigsten untersucht sind die Plasmaströmungen bei verschiedenen großzelligen Wasser- und Sumpfpflanzen: *Elodea, Vallisneria, Nitella, Chara, Hydrocharis, Limnobium.* Schöne Plasmaströmungen finden sich aber auch in den Zellen vieler Landpflanzen wie z. B. in den Staubfadenhaaren von *Tradescantia,* in den Brennhaaren von *Urtica,* in den Haaren am Grund der Blumenkronblätter von manchen *Lamium*-Arten oder von *Viola tricolor,* in den Stengelhaaren von *Cucurbita pepo* und vielen anderen Objekten mehr. Besonders schön zu beobachten ist im Phasenkontrast die Zirkulationsströmung in den Zellen der Innenepidermis der Zwiebelschuppen von *Allium cepa* und in den mazerierten Fruchtfleischzellen von *Symphoricarpus racemosus.*

Die an den Zellwänden anliegende Plasmaschicht *(Hyaloplasma)* verharrt meist, auch bei stärkerer Plasmabewegung, in Ruhe. So bleiben bei den Characeen die in dieser Schichte liegenden Chloroplasten vollkommen unbewegt, während darunter kleine, in tieferen Plasmaschichten *(Polioplasma* oder Körnerplasma) befindliche Inhaltskörper in rascher Strömung dahinfließen. Bewegt sich das ganze Plasma kreisend in gleichförmigem Strom entlang der Zellwand, so spricht man von *Rotationsströmung* (z. B. *Elodea, Vallisneria, Chara).* Sehr oft ist aber nicht das ganze Plasma in einheitlicher Strömung, sondern es sind innerhalb des Plasmamantels kleine, gegensätzlich zueinander verlaufende lokale Strömungen ausgebildet, die besonders deutlich werden, wenn Fäden und Stränge von bewegtem Cytoplasma quer durch den Zellsaftraum gespannt sind. Man bezeichnet diese Strömung als *Zirkulationsströmung* (z. B. *Tradescantia).* Ein wesentlicher Unterschied dieser beiden Strömungsarten ist, daß die Rotationsströmung in ein und derselben Zelle immer in der gleichen Richtung verläuft, während sich bei der Zirkulationsströmung die Strömungsrichtung in den einzelnen Plasmasträngen ändert. Die Strömung nimmt an Geschwindigkeit ab, kommt vorübergehend zum Stillstand und setzt dann nach der anderen Richtung wieder ein. Unmittelbar benachbarte Plasmastränge können entgegengesetzte Strömungsrichtungen aufweisen.

Eine dritte Strömungsart findet sich in Zellen, in denen der Zellsaftraum nur in der Längsrichtung von einem dicken Plasmastrang durchzogen ist, in welchem das Plasma nach aufwärts strömt, um am oberen Zellende wieder in den Wandbelag übergehend in diesem nach abwärts zu fließen. Man nennt diese seltenere Strömungsart (eine Abart der Rotationsströmung) *„Springbrunnenbewegung"* (z. B. *Trianea*).

In den Plasmodien der Schleimpilze kann man eine besonders schnelle Bewegung des dünnflüssigen Plasmas beobachten, die Geschwindigkeiten bis zu 1 mm in der Sekunde und darüber erreichen kann. Merkwürdig ist, daß die Bewegungsrichtung oft in regelmäßigem Rhythmus (z. B. etwa 1 Minute) wechselt.

Objekte

Elodea canadensis, Wasserpest *(Hydrocharitaceae)* : Blättchen.

Nordamerikanische Wasserpflanze, seit 1836 in Europa eingeschleppt. — Vom Sproß abgeschnittene Blättchen werden in einem großen Wassertropfen, vom Deckglas bedeckt, untersucht. Deutliche Strömung tritt in der Regel erst 5—10 Minuten nach dem Abtrennen der Blätter ein (Traumatodinese). Sie beginnt in den langgestreckten Zellen der Mittelrippe und breitet sich allmählich nach den Seiten auf die Zellen der Blattfläche aus. *Rotationsströmung.* Bei Kälte unterbleibt

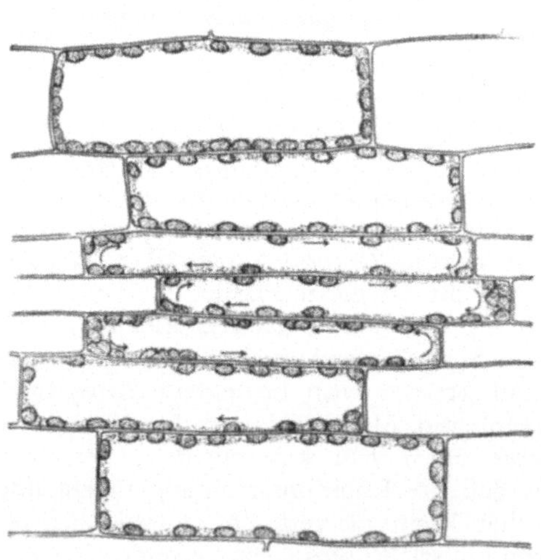

Abb. 18. *Elodea canadensis*

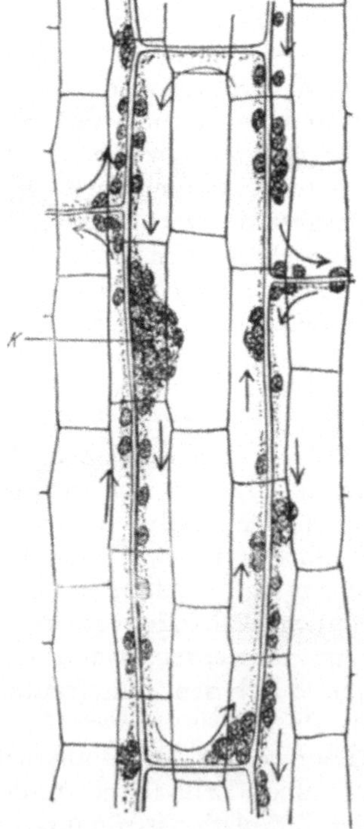

Abb. 19. *Vallisneria spiralis*

oft die Strömung. Man kann durch Bestrahlung mit einer Schreibtischlampe nachhelfen. Abb. 18.

Vallisneria spiralis *(Hydrocharitaceae)* : Blättchen.

Eine tropische und subtropische, aber auch schon in Südeuropa heimische Wasserpflanze mit grasähnlichen Blättern. — Flächenschnitte des Blattes werden mit der Wundseite nach oben auf den Objektträger in einen Tropfen Wasser gelegt und mit dem Deckglas bedeckt.

Wir finden *Rotationsströmung* in den unter der Epidermis gelegenen großen, langgestreckten Parenchymzellen. Auslösung der Strömung durch den Wundreiz oder verstärkt durch vorhergehende Infiltration (= Entlüftung, vgl. S. 2) der zur Schnittherstellung verwendeten Blattstücke mit destilliertem Wasser. Häufig werden mit dem Zellkern (K) größere Klumpen von Plasma und Chloroplasten mitgeschleppt. Abb. 19.

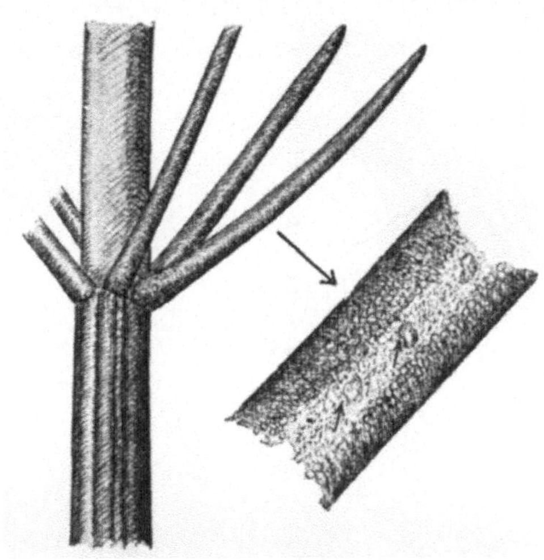

Abb. 20. *Chara fragilis*

Chara fragilis, Armleuchteralge *(Characeae)* : Blattartige Ästchen.

Die Characeen sind in süßem und brackischem Wasser auf der ganzen Erde verbreitet. — Fadenförmige, bis 1 Meter lange Stengel mit nadelförmigen blattähnlichen Ästchen. Häufig durch Ausscheidung von Kalk inkrustiert. Die Internodialzellen sind von langgestreckten „Rindenzellen" umgeben. Die unberindeten Spitzenzellen der Stengel und Äste, sowie die quirlig angeordneten Ästchen zeigen spontane *Rotationsströmung* der inneren, dünnflüssigen Plasmaschichte. Die im äußeren, der Zellwand anliegenden Hyaloplasma dicht gelagerten Chloroplasten nehmen an der Strömung nicht teil. Abb. 20.

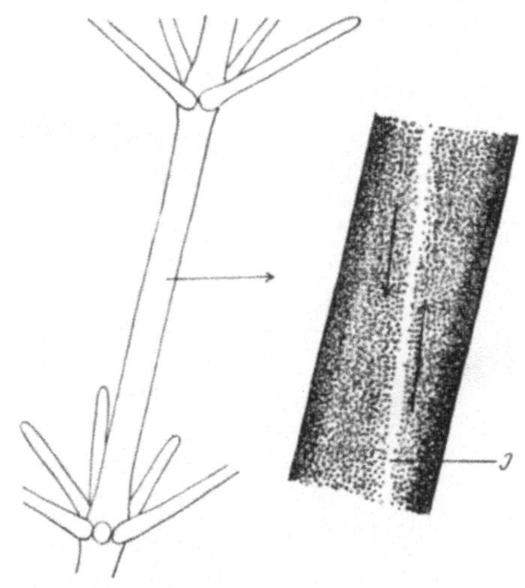

Nitella mucronata *(Characeae)* : Unberindetes Internodium.

Abb. 21. *Nitella mucronata*

Gleicher Strömungstyp wie bei *Chara*. Auch hier strömen nur die tieferen Plasmaschichten, die Chloroplasten bleiben in Ruhe. Zur Beobachtung noch besser geeignet, da auch die langen

Internodialzellen unberindet sind. Besonders günstig sind die im Schlamm gewachsenen, chlorophyllarmen Internodien. Dort, wo in der Zelle der auf- und der absteigende Plasmastrom aneinander vorübergleiten, liegt eine chlorophyllfreie Zone, der sogenannte „Indifferenzstreifen" (I). Abb. 21.

Gleiches zeigen auch alle anderen *Nitella*-Arten.

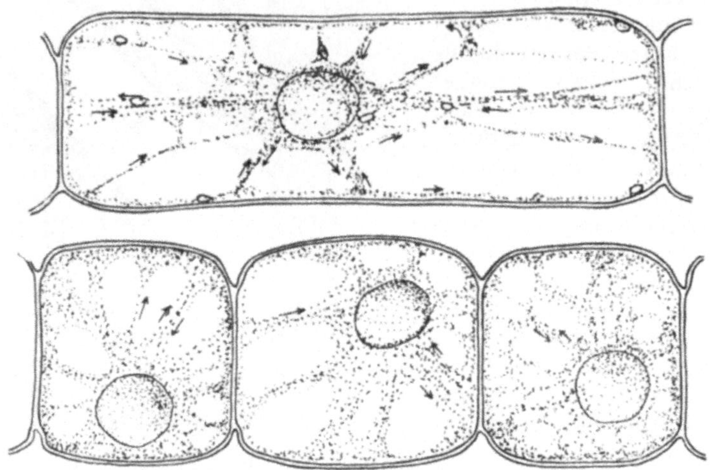

Abb. 22. *Tradescantia virginiana*

Tradescantia virginiana *(Commelinaceae)* : Staubfadenhaar.

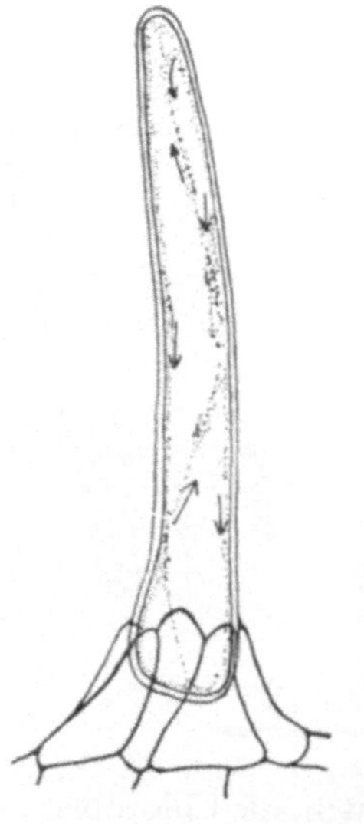

Abb. 23. *Lamium maculatum*

Zierpflanze. Heimat: Vereinigte Staaten von Nordamerika. — Die Staubfadenhaare werden der Blüte mit einer Pinzette entnommen und in Wasser untersucht. Sie zeigen spontane, in ihrer Richtung wechselnde Zirkulationsströmung. Abb. 22. Unten junge mit Plasma fast vollkommen erfüllte Zellen, oben erwachsene Zelle.

Staubfadenhaare von **Zebrina pendula, Z. purpusii, Tradescantia albiflora** oder anderen **Tradescantia**-Arten zeigen dasselbe.

Lamium maculatum, Gefleckte Taubnessel *(Labiatae)* : Haare der Blumenkronröhre.

Die Haare am Grunde der Blumenkronblätter zeigen schöne spontane *Zirkulationsströmung*. Präparation: Staubgefäße mit einer Pinzette erfassen und diese nach abwärts ziehend losreißen. An der Ansatzstelle der Staubfäden finden sich reichlich Haare mit Plasmaströmung. Abb. 23.

Cucurbita pepo *(Cucurbitaceae)* : Stengelhaar.

Kulturpflanze. Heimisch im tropischen Amerika, O-Asien. — *Zirkulationsströmung* in den Plasmasträngen der Zellen der Stengelhaare. Stengellängsschnitte herstellen oder wie bei *Urtica* Epidermisstreifen abziehen.

Gleichartige Plasmaströmung zeigen auch die Stengel- und Blatthaare von **Chelidonium majus,** Schöllkraut *(Papaveraceae).*

Sedum spectabile, Fetthenne *(Crassulaceae)* : Stengel, Epidermis.

In Steingärten häufig kultiviert. — Wir stellen Stengelflächenschnitte her und untersuchen die langgestreckten Epidermiszellen. Ihr Plasma zeigt

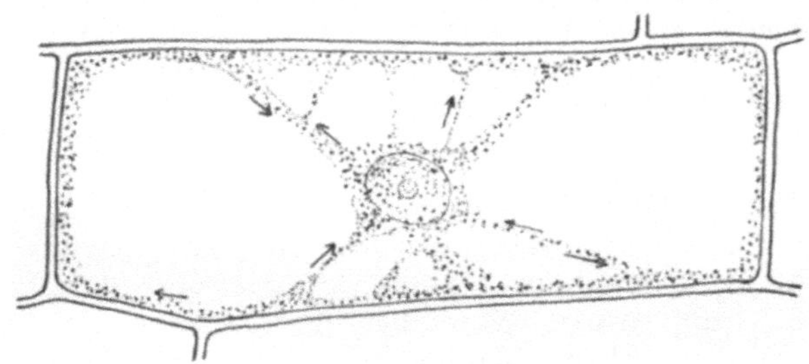

Abb. 24. *Sedum spectabile*

rege spontane *Zirkulationsströmung.* Abb. 24. Auch in den Epidermiszellen über der Blattrippe ist sie sehr gut zu beobachten.

Urtica dioica, Brennessel *(Urticaceae)* : Brennhaar.

Weit verbreitete Ruderalpflanze. — Die langen Brennhaare der verschiedenen Brennesselarten zeigen spontane *Zirkulationsströmung.* Einfachste Präparation: Anschneiden einer Blattrippe, Erfassen der Epidermis mit einer Pinzette und Herabziehen eines schmalen Epidermisstreifens, auf dem Brennhaare stehen. Beobachtung unter Deckglas in Wasser. Die feinen Körnchen in den Plasmasträngen zeigen lebhaft strömende Bewegung.

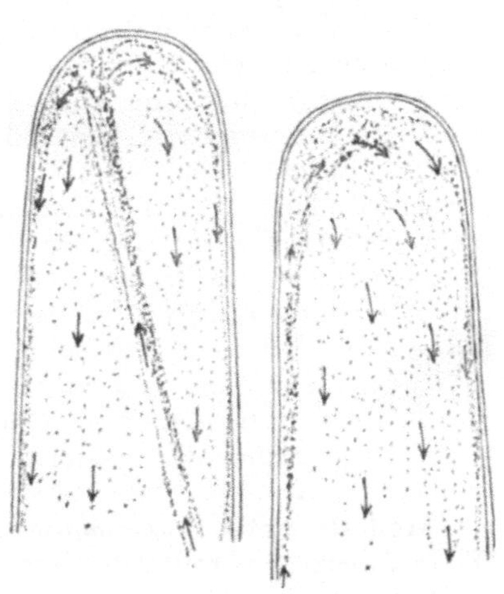

Abb. 25. *Limnobium stoloniferum*

Limnobium stoloniferum, syn. *Trianea bogotensis (Hydrocharitaceae)* : Wurzelhaar.

Heimat: Von Mexiko bis Südbrasilien. — In den Wurzelhaaren dieser Wasserpflanze strömt das Plasma nach dem *Springbrunnentyp.* An den Wänden fließt es nach unten und in einem dicken zentralen, bzw. an einer Seite der Zelle angelehnten Plasmastrang bewegt es sich wieder nach oben. Es wird ein Stückchen Wurzel mit jüngeren Wurzelhaaren unter Deckglas in einem Tropfen Wasser beobachtet. Die jüngsten Haare weisen noch eine typische Rotationsströmung auf. Die an der Grenze gegen das ruhende Außenplasma gelagerten Mikrosomen lassen deutlich eine verlangsamte Bewegung erkennen. Abb. 25, links ein älteres Haar (Springbrunnentypus), rechts ein jüngeres, Übergang zur Rotationsströmung.

Hydrocharis morsus ranae, Froschbiß *(Hydrocharitaceae) :* Wurzelhaar.

Süßwasserpflanze in Europa und Asien mit nierenförmigen, schwimmenden Blättern. — Untersucht werden die Wurzelhaare wie bei *Trianea.* Gleichfalls *Springbrunnenbewegung.* Der aufsteigende Plasmastrang ist zentral gelegen.

Plasmolyse

In physikalisch-chemischer Hinsicht ist das *Cytoplasma* eine zähflüssige, wasserreiche kolloidale Substanz. An ihrer Zusammensetzung nehmen vor allem Eiweißkörper, fettähnliche Stoffe (Lipoide) und Phosphatide (Cholesterin und Lezithin) Anteil. Wesentlich für die lebende Substanz ist die Anordnung dieser stofflichen Komponenten, d. h. die Cytoplasmastruktur, um deren Erkenntnis sich die moderne Plasmaforschung noch bemüht.

Junge Zellen sind vom Plasma vollkommen erfüllt, in heranwachsenden scheiden sich Entmischungsflüssigkeiten ab, die sich in Vakuolen oder Zellsafträumen sammeln. Das Plasma selbst ist mit dieser Zellsaftflüssigkeit ebensowenig wie mit Wasser mischbar.

Der *Zellsaft* ist eine mehr oder weniger konzentrierte Lösung von verschiedenen anorganischen und organischen Stoffen in Wasser. Legen wir einen Gewebeschnitt oder auch ein ganzes Blatt einer Pflanze in Wasser, so wird nicht, entsprechend dem Konzentrationsgefälle, der Inhalt des konzentrierten Zellsaftes ins Wasser austreten, sondern die Zellen werden im Gegenteil noch Wasser aufnehmen bis die prall gespannten Zellwände dem weiteren Eintritt eine Grenze setzen. Diese Erscheinung der leichten Durchlässigkeit für Wasser und der schweren Durchlässigkeit oder überhaupt Undurchlässigkeit für darin gelöste Stoffe bezeichnet man als *Semipermeabilität* oder *Halbdurchlässigkeit.* Sie ist eine Grundeigenschaft des lebenden Plasmas und wesentlich für die Wasser- und Nährstoffversorgung der Zelle. Beim Absterben schwindet sie. Gekochte Kirschen, Rotkraut oder Rote Rüben färben das Wasser durch austretende Zellsaftfarbstoffe (Anthocyane).

Modelle für die *Wasseraufnahme der lebenden Zelle* durch das semipermeable Plasma bieten uns folgende Versuche:

1. Das *Osmometer* (Abb. 26): Eine unten birnenförmig erweiterte und mit einer Schweinsblase verschlossene Glasröhre wird mit Zuckerlösung gefüllt und in ein Gefäß mit Wasser gehalten. Wasser dringt durch die Schweinsblase ein, die Lösung steigt im Glasrohr. Den Stoffaustausch durch derartige semipermeable Trennungswände bezeichnet man als *Osmose.*

2. Die Traubesche *Zelle* (Abb. 27): Ein Kupferchloridkristall ($CuCl_2$) wird in eine mit 5%iger Ferrocyankaliumlösung K_4 [Fe (CN_6)] gefüllte Eprouvette geworfen. Er umgibt sich sofort mit einer semipermeablen Niederschlagsmembran aus Ferrocyankupfer. Die innerhalb derselben befindliche konzentrierte Lösung saugt Wasser an und dehnt die immer neues Ferrocyankupfer zwischenlagernde und dadurch wachsende „künstliche Zelle".

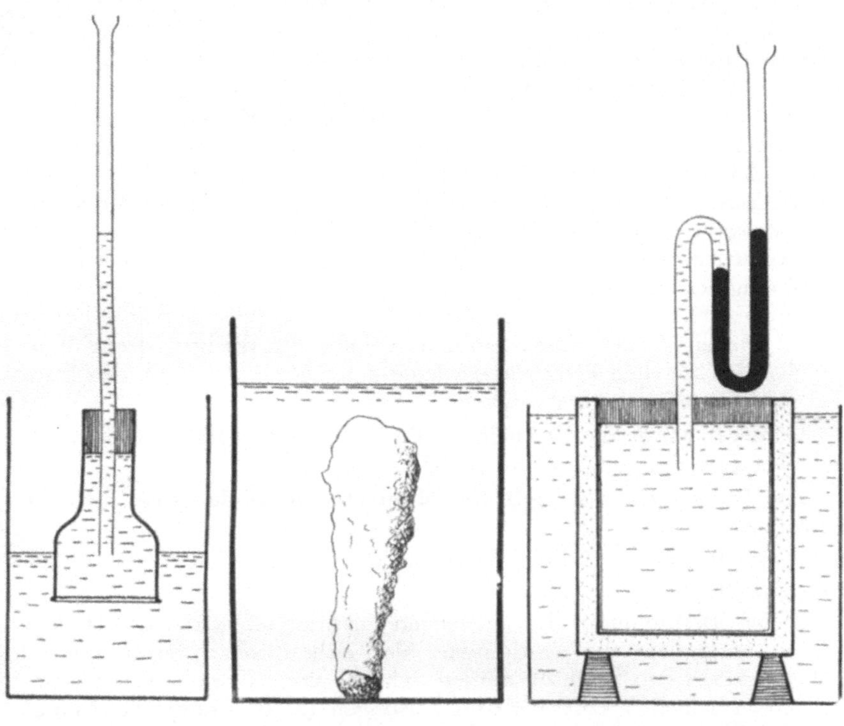

Abb. 26. Osmometer   Abb. 27. Traube'sche Zelle   Abb. 28. Pfeffer'sche Zelle

3. Die Pfeffersche *Zelle* (Abb. 28): Ein poröser Tonzylinder wird mit $CuCl_2$-Lösung gefüllt und in eine gelbe Blutlaugensalzlösung gehalten. Die Poren kleiden sich mit der halbdurchlässigen Ferrocyankupfer-Niederschlagsmembran aus. Jetzt kann der Tonzylinder entleert, mit einem Quecksilbermanometer versehen und mit beliebigen Lösungen, z. B. einer Rohrzuckerlösung, gefüllt werden. Wird dieses Gefäß in Wasser getaucht, so wird osmotisch so viel Wasser aufgenommen werden bis der Gegendruck der Quecksilbersäule dem „osmotischen Druck" der Lösung das Gleichgewicht hält. Dieser beträgt z. B. für eine 17% (= 0.5 mol) Rohrzuckerlösung 14.313 Atmosphären bei $+20°$ C.

Der halbdurchlässigen Schweinsblase, bzw. der Ferrocyankupferhaut in diesen Versuchen entsprechen in der lebenden Pflanze vor allem die äußeren und inneren **Grenzschichten des Cytoplasmas**. Nach außen ist der Protoplast durch das *Plasmalemma* begrenzt, dann folgt das *Binnenplasma* mit seinen verschiedenen Einschlüssen, das schließlich nach innen durch den *Tonoplast* vom Zellsaftraum getrennt ist. Möglicherweise hat auch das Binnenplasma einen gewissen Anteil an den Permeabilitätswiderständen. Im einzelnen zeigen die beiden Grenzschichten hinsichtlich ihrer Permeabilitäts- und Resistenzeigenschaften oft große Unterschiede.

Durch die halbdurchlässigen Plasmagrenzschichten ist der Pflanze eine osmotische Wasseraufnahme möglich. Steht kein Wasser zur Verfügung, so welkt die Pflanze. Wird sie bewässert, so werden die Zellen wieder prall gespannt, turgeszent. Der Innendruck gegen die Zellwand, der *Turgordruck*, steigt infolge der Wasseraufnahme.

Im Versuch kann man die Verhältnisse auch umkehren: Legt man ein Gewebe lebender Zellen, einen Schnitt, ein Moosblättchen, einen Algenfaden oder auch einzellige Pflanzen in eine Lösung, die konzentrierter ist als der Zellsaft, etwa in eine 10%ige Rohrzuckerlösung, dann wird dem Zellsaft Wasser entzogen. Das flüssige Plasma muß der sich verkleinernden Vakuole nachfolgen und sich schließlich von der Zellwand ablösen. Diese Abhebung des lebenden Plasmas von der Zellwand durch wasserentziehende Mittel bezeichnet man als *Plasmolyse*. Fügt man solchen plasmolysierten Zellen wieder frisches Wasser zu, dann dehnen sich die im Extremfall vollständig abgekugelten Protoplaste wieder aus, bis sie wiederum den ganzen Zellenraum ausfüllen: *Deplasmolyse*.

Entdeckt wurde die Erscheinung der Plasmolyse durch NÄGELI (1855), eingehend studiert von DE VRIES (1877).

Die *Plasmolyse* hat als **zellphysiologische Methode** große Bedeutung gewonnen:

1. Die Plasmolyse ist ein *Lebensreagens*. Nur lebende Zellen sind plasmolysierbar.

2. Die Bestimmung der niedersten plasmolysebewirkenden Konzentration ermöglicht die Bestimmung der Zellsaftkonzentration oder des „*Osmotischen Wertes*". Hiezu werden Schnitte der zu prüfenden Pflanze in Reihen verschieden konzentrierter Lösungen (z. B. Rohrzuckerlösungen) gelegt. Diejenige Konzentration, bei der die ersten Plasmaabhebungen („Grenzplasmolyse") eintreten, gilt als Vergleichswert für die Konzentration des Zellsaftes. Ist z. B. in 0,3 und 0,4 Mol Rohrzucker noch keine Plasmolyse aufgetreten, finden sich in 0,5 Mol die ersten Plasmaabhebungen und sind in 0,6 Mol bereits alle Zellen plasmolysiert, so sagt man „der osmotische Wert der untersuchten Zellen entspricht einer 0,5 molaren Rohrzuckerlösung" (1 Mol = Zahl des Molekulargewichtes in Gramm, gelöst in einem Liter Wasser). Molekulargewicht von Rohrzucker 342, KNO_3 101, KCl 74.

3. Die Plasmolyseform erlaubt — wie WEBER gezeigt hat — wichtige Aussagen über die *Zähigkeit des Plasmas* (Viskosität). Ist das Plasma dünnflüssig, so kommt es leicht zu einer vollständigen Rundung des abgehobenen Protoplasten („*Konvexplasmolyse*" = a), ist es zäher, so hebt es sich nur in langen konkaven Buchten von den Zellwänden ab („*Konkavplasmolyse*" = b). Ist es schließlich ganz zähe, so bleibt es klebrig an den Zellwänden haften und löst sich nur schwer und stellenweise von ihnen ab („*Krampfplasmolyse*" = c) (Abb. 29a, b, c).

4. Die Beobachtung der Rückgangsgeschwindigkeit der Plasmolyse ermöglicht Bestimmungen der *Permeabilitätseigenschaften* des Cytoplasmas. Lassen wir nämlich plasmolysierte Zellen im Plasmolyticum liegen, so bleibt der anfangs erreichte Plasmolysegrad meist nicht erhalten, sondern je nach den Durchlässigkeitseigenschaften des Plasmas gegenüber den verwendeten Lösungen dehnt sich der abgehobene Protoplast entsprechend dem Tempo des Eindringens der Außenlösung verschieden schnell wieder aus.

Im einfachsten Fall wird es für Vergleichszwecke genügen, die *Deplasmolysezeit*, d. i. die Zeit bis zur vollständigen Rückdehnung der Protoplasten, in den verschiedenen Lösungen zu bestimmen.

Für genauere Untersuchungen bestimmt man in aufeinanderfolgenden

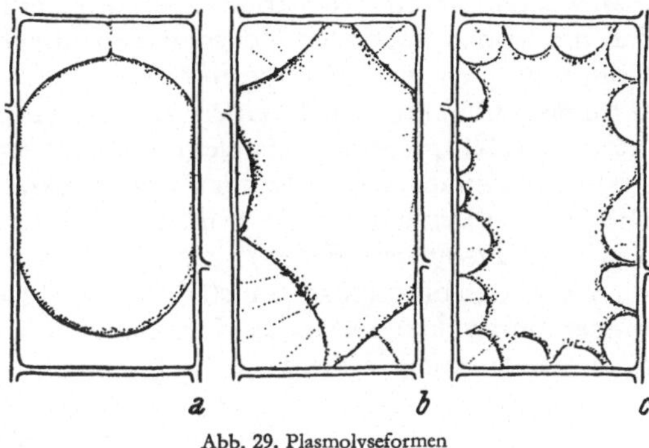

Abb. 29. Plasmolyseformen

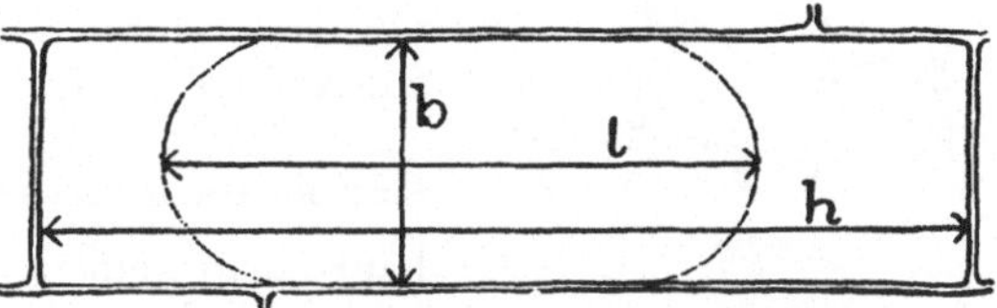

Abb. 30. Messungen zur plasmometrischen Methode

Zeiten die Volumvergrößerung des sich rückdehnenden Protoplasten. Hiezu wird mit Hilfe eines Okularmikrometers an geeignetem, regelmäßig gebautem Zellmaterial die Länge der Zelle (h) und die des abgehobenen, beiderseits konvex gerundeten Protoplasten (l), sowie die Zellbreite (b) gemessen (*Plasmometrische Methode* nach HÖFLER, hiezu Abb. 30).

Der nach Plasmolyse eingetretene Plasmolysegrad G entspricht dem Verhältnis des Volumens des Protoplasten zu dem der Zelle $G = \dfrac{V_P}{V_Z}$ und errechnet sich nach der Formel $G = \dfrac{1 - \dfrac{b}{3}}{h}$. Wurde eine Zelle in einer Lösung von der Konzentration C plasmolysiert, so ergibt sich ihr *osmotischer Wert* aus der Gleichung $O = C \cdot G$. Dehnt sich in einer gewissen Zeit infolge *Eindringens* der Außenlösung der Protoplast wieder aus, so läßt die damit verbundene osmotische Wertzunahme der Zelle $O_2 - O_1 = C (G_2 - G_1)$ die Menge des eingedrungenen Plasmolytikums erschließen. Man rechnet diese dann um auf Stundenaufnahme $M = C \cdot \Delta G$.

$$\Delta G = \frac{G_2 - G_1}{t_2 - t_1} \times 60 \cdot (t_1 = 1., \; t_2 = 2. \text{ Beobachtungszeit}).$$

Versuche

Plasmolyse und Deplasmolyse:

Mit dem Rasiermesser oder einer Rasierklinge werden von der äußeren, glänzenden Epidermis der 2. oder 3. Schuppe einer Küchenzwiebel (*Allium cepa*, wenn möglich rote Varietät) Schnitte hergestellt, die so dick sein müssen, daß die beiden äußersten Zellschichten unverletzt bleiben. Beim Schneiden Klinge und Zwiebelschuppe mit Wasser befeuchten! Die Schnitte werden auf einem Objektträger in einen großen Tropfen 0,8 Mol Rohrzucker oder 0,6 Mol KNO_3-Lösung eingelegt und mit einem Deckglas bedeckt. In bestimmten Zeitabständen ist der *Plasmolyseverlauf* in einer Zelle zu skizzieren. Die feinen Plasmafäden, die vom Protoplasten zur Zellwand gespannt sind, beachten (*Hecht*'sche Fäden)!

Wenn das bikonvexe Endstadium der Plasmolyse erreicht ist, Leitungswasser unter dem Deckglas durchsaugen. Der Protoplast dehnt sich sehr rasch wieder aus (*Deplasmolyse*).

Für den gleichen Versuch sind ebenso gut einschichtige Moosblättchen (*Bryum*, *Mnium*, *Hookeria*), *Spirogyrafäden*, abziehbare Epidermen von monokotylen Pflanzen oder verschiedenste andere Epidermisschnitte geeignet.

Kappenplasmolyse:

Läßt man einen plasmolysierten Zwiebelepidermisschnitt 6 Stunden oder länger in einem Fläschchen in einer 0,6 molaren KNO_3-Lösung liegen, so quillt das Plasma besonders in den schnittrandnahen Zellen sehr stark auf. Jetzt lassen sich Plasmalemma (L) und Binnenplasma (P) mit gleichfalls stark gequollenem Zellkern (K) und Tonoplast (T) deutlich unterscheiden. Die Plasmaquellung kommt dadurch zustande, daß das Plasmalemma für Kaliumnitrat leichter durchlässig ist als der Tonoplast. Das ins Binnenplasma dringende KNO_3 bewirkt dessen Aufquellung (Abb. 31). Wenn eine Lösung, nur bis ins Plasma

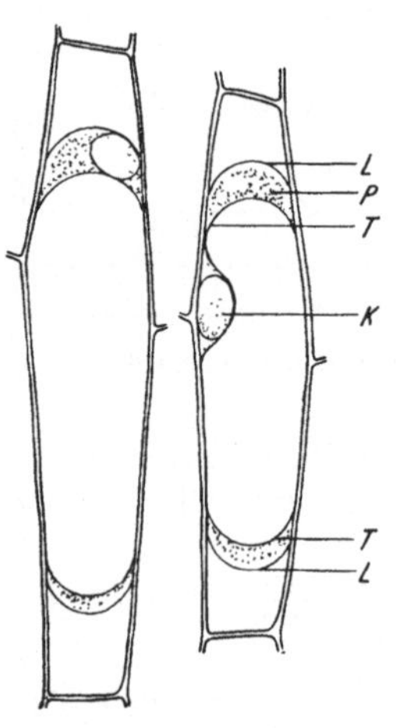

Abb. 31. *Allium cepa*, Kappenplasmolyse

und nicht durch dieses bis in die Vakuole eindringt, so spricht man mit HÖFLER von „*Intrabilität*". „*Permeabilität*" besteht demgegenüber für einen Stoff, wenn er von außen durch das Plasma bis in den Zellsaftraum einzudringen vermag.

Tonoplastenbildung:

Die innere Plasmagrenzschichte kann nicht nur durch eine verschiedene Durchlässigkeit, sondern auch durch eine andere Resistenz gegen äußere Einflüsse vom Plasmalemma unterschieden sein. Legt man *Spirogyra*-Fäden in eine 1,5 Mol KNO_3- oder KCl-Lösung, so wird durch diese konzentrierte Lösung das Plasmalemma und das Binnenplasma samt dem Chlorophyllband nach kurzer Plasmolyse getötet. Die Vakuolenhüllen bleiben jedoch erhalten und zunächst auch noch halbdurchlässig. Man pflegt auch diese verbleibenden, zellsaftgefüllten Vakuolenkugeln als Ganzes als Tonoplasten zu bezeichnen (Abb. 32).

Sehr schöne „*Tonoplastenplasmolysen*" können durch stark hypertonische Kaliumrhodanidlösungen (1,5 mol KSCN) in den Zellen der Blättchen des

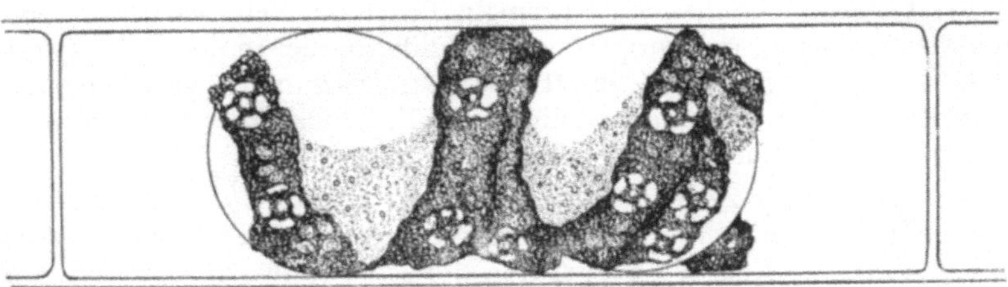

Abb. 32. *Spirogyra*, Tonoplastenbildung

Lebermooses *Plagiochila asplenioides* hervorgerufen werden. Auch hier „überleben" die kugelförmig abgehobenen Tonoplasten, während Plasmalemma und Binnenplasma absterben.

Protoplasmatische Anatomie

Vergleichende Untersuchungen der osmotischen Werte und der Plasmaeigenschaften verschiedener Zellen, wie ihrer Plasmolyseformen, Permeabilitäts- und Viskositätsverhältnisse, ihrer vitalen Färbbarkeit oder ihrer Widerstandsfähigkeit gegen verschiedenste schädliche Einwirkungen, haben gezeigt, *daß nicht nur die Protoplasten verschiedener Pflanzenarten, sondern auch die verschiedener Gewebesorten ein und derselben Pflanze große Unterschiede in ihren Eigenschaften aufweisen können.* Diese sind oft nicht weniger kennzeichnend als die Unterschiede im anatomischen Bau. *Ja selbst Zellen eines morphologisch gleichartigen und einheitlichen Gewebes können in den Eigenschaften ihres lebenden Zellleibes recht verschiedenartig sein.* In diesem Fall erweist sich die protoplasmatische Kennzeichnung der Zellen der Zellwandbeschreibung weitaus überlegen. Fr. WEBER hat 1929 Bedeutung und Aufgabe dieses neuen Arbeitsgebietes vergleichender beschreibender Protoplasmaforschung erstmalig zusammenfassend dargelegt und ihm den Namen „*Protoplasmatische Anatomie*" gegeben.

Bei vergleichend-protoplasmatischen Untersuchungen ist als wesentlich zu beachten, *daß auch das Plasma einer bestimmten Zelle nicht während des ganzen Entwicklungsverlaufes der Pflanze in seinen Eigenschaften gleich bleiben muß*, sondern z. B. im Frühjahr andere Eigenschaften zeigen kann als im Sommer. Solche Veränderungen scheinen für das betreffende Plasma charakteristisch zu sein und sich unter gleichen inneren oder äußeren Bedingungen regelmäßig zu wiederholen. Das gilt sowohl für Eigenschaften der Permeabilität, wie der Viskosität oder der Resistenz. Es darf daher nicht wundernehmen, wenn auch die protoplasmatisch-anatomischen Unterschiede in den Geweben mancher Objekte nicht in jeder Entwicklungsstufe gleichartig oder gleich deutlich in Erscheinung treten.

Für **Vitalfärbungen** der Zelle eignen sich besonders basische Farbstoffe, wie Neutralrot, Toluidinblau, Methylenblau, Nilblau, Chrysoidin, Akridinorange, Rhodamin B. Alle diese Farbstoffe können gelöst in Leitungs- oder dest. Wasser 1 : 5000 bis 1 : 10000 verwendet werden. Bei einigen von ihnen empfiehlt sich eine schwach alkalische Reaktion (Phosphatpuffer!).

Die Farbstoffe können in bestimmten Teilen der Zelle *angereichert* werden, so in der Zellwand, im Cytoplasma, im Zellkern oder in der Zellsaftvakuole. Im letzten Fall kann es im Zellsaft zu diffusen Färbungen, zu Krümelniederschlägen oder zur Bildung mannigfacher Tröpfchen-Fällungen, bzw. halbflüssiger Entmischungskugeln kommen.

Welcher Teil der Zelle gefärbt wird, hängt sowohl von der Eigenart des Farbstoffes ab, wie auch von den Bedingungen die in der Lösung herrschen. So liegt z. B. das Neutralrot im sauren Bereich bis etwa pH 7 vorwiegend in ionisierter Form vor, wobei die Kationen der färbende Bestandteil sind. Diese werden von den gegenüber Wasser schwach negativ aufgeladenen Zellulosewänden gebunden *(„elektroadsorptive Färbung")*. Oberhalb von pH 7 beginnen sich die Kationen des Neutralrotes in die elektroneutralen Farbbasenmoleküle zu verwandeln, was mit einem Farbumschlag von Rot nach Gelb verbunden ist. Diese Farbbase ist schwer in Wasser, leicht hingegen in Lipoiden löslich.

Da das lebende Plasma in gewisser Hinsicht die Eigenschaften eines Lipoids besitzt, können solche lipoidlösliche Substanzen dasselbe leicht durchdringen (permeieren). Der Farbstoff kann auf diese Weise in die Vakuole gelangen, dort bei vielen Pflanzen mit zellsafteigenen Stoffen (z. B. Flavonglykosiden und Gerbstoffen) *gefärbte Verbindungen* bilden und auf diese Weise gespeichert werden *(„volle Zellsäfte"* nach HÖFLER). Fehlen der Vakuole solche farbstoffbindende Substanzen *(„leere Zellsäfte")* und reagiert der Zellsaft sauer, so verwandeln sich die eingedrungenen Farbstoffmoleküle in diesen wieder zu Ionen, denen infolge ihrer Unlöslichkeit in Lipoiden der Rückweg durch das Plasma versperrt ist *(„Ionenfalle")* [1].

Diese Anreicherung von Farbstoffionen im Zellsaft kann somit auch zu einer vitalen Vakuolenfärbung führen.

Bei manchen Farbstoffen lassen sich diese 2 Mechanismen der Speicherung im Farbton unterscheiden. So erscheint z. B. *Neutralrot* bei chemischer Bindung rotviolett, bei Ionenfärbung gelblichrot oder *Akridinorange*, im ultravioletten Licht betrachtet, bei chemischer Bindung gelbgrün, bei Ionenspeicherung kupferrot.

Manche Farbstoffe färben unter gewissen Bedingungen auch *lebendes Plasma* an, so von basischen Farbstoffen das *Chrysoidin, Prune pure* und *Akridinorange*, von den sauren Farbstoffen das *Eosin, Erythrosin* und der Fluoreszenzfarbstoff *Uranin* (= Na-Fluoreszein).

---

[1] Eine Alternative zum „*Lipoidweg*" durch das Plasma gibt es bekanntlich nur für sehr kleine Moleküle (H_2O, $HCONH_2$ u. a.). Von ihnen wird angenommen, daß sie einen „*Porenweg*" durch das Plasma benützen können. Größeren Molekülen ist jedoch eine Permeation durch das Plasma nur dann möglich, wenn sie gut lipoidlöslich sind.

Objekte

Allium cepa, Küchenzwiebel *(Liliaceae)* : Zwiebelschuppe.

Von der äußeren konvexen Seite einer lebenden (fleischigen) Schuppe einer gelben Küchenzwiebel wird ein Flächenschnitt abgetragen und dann parallel zu diesem ein weiterer nicht zu dünner Schnitt geführt, an dem am Rand des Schnittes Epidermiszellen und gegen innen zu große, rundliche Grundgewebszellen nebeneinander zu sehen sind. Dieser Schnitt wird 10 Minuten in eine Neutralrotlösung (1 : 10000 in Leitungswasser) eingelegt und dann in einem Tropfen Leitungswasser untersucht. Sollte das zur Verfügung stehende Leitungswasser extrem kalkarm sein, sodaß es einen pH-Wert unter 7 zeigt, dann müßte die Farbstofflösung durch Zusatz von Phosphatpuffer auf 7—8 eingestellt werden.

Das Ergebnis der Färbung ist folgendes:

Die „leeren Zellsäfte" der Grundgewebszellen zeigen eine gelblichrote Ionenfärbung, die „vollen Zellsäfte" der Epidermis hingegen eine durch chemische Bindung des Farbstoffes hervorgebrachte rotviolette Färbung. Die Zellwände toter Epidermiszellen sind elektroadsorptiv durch Farbstoffionen gefärbt und zeigen fast den gleichen Farbton wie die Grundgewebszellen.

Ähnliche Farbunterschiede lassen sich auch mit vielen anderen Farbstoffen erzielen. So z. B. mit Brillantchresylblau, das gleichfalls 1 : 5000 in Leitungswasser gelöst verwendet werden kann und die Grundgewebszellen kornblumenblau, die Epidermiszellen hingegen grünblau färbt.

Elodea canadensis, Wasserpest *(Hydrocharitaceae)* : Blättchen.

Die Zellen des zweischichtigen Blattes von *Elodea* zeigen bei nur geringfügiger morphologischer Differenzierung sowohl was ihren osmotischen Wert, ihre Vitalfärbbarkeit, ihr Permeabilitätsverhalten oder ihre Resistenz gegen verschiedenste chemische Einwirkungen anlangt, auffallende regionäre Unterschiede.

Wir beobachten die *verschiedene Säureresistenz* der einzelnen Blattzellen und legen dazu einen Sproß in ein durch Essigsäure schwach angesäuertes dest. Wasser (zu 100 cm³ Wasser 2—4 Tropfen Normal-Essigsäure). Die Sprosse bleiben 10—20 Minuten darinnen und werden dann in frisches Leitungswasser übertragen. Schon unmittelbar nach der Behandlung, verstärkt noch nach mehreren Stunden, sind ganz bestimmte Teile des Blätt-

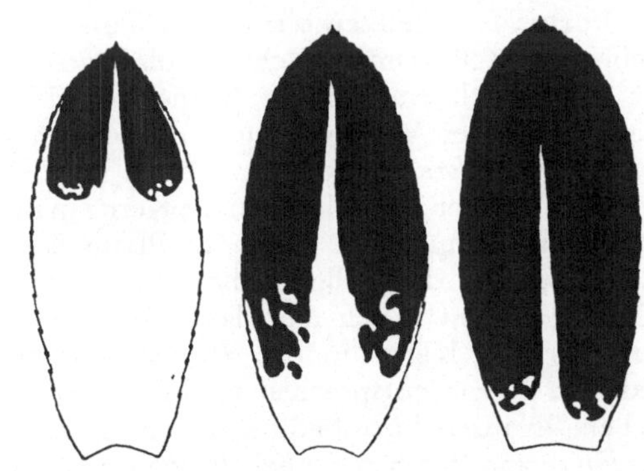

Abb. 33. *Elodea,* Säureresistenz

chens abgestorben. Am resistentesten sind die Zellen der Blattmittelrippe, der Blattbasis und des Blattrandes, wesentlich empfindlicher sind demgegenüber die übrigen Zellen der Blattfläche und die Blattzähne. In der Abb. 33 sind die toten Zellpartien schwarz gehalten. Die Größe der abgestorbenen Zellflächen hängt vom Alter und sonstigen Zuständen des Blättchens ab.

Auch die Zellen von *Moosblättchen* (z. B. *Bryum capillare*) zeigen vielfach ähnliche protoplasmatische Unterschiede.

2. Lebende Inhaltskörper des Protoplasmas

Der Zellkern

Vorkommen: Der Zellkern oder Nucleus wurde 1828 von ROBERT BROWN in den Zellen der Staubfadenhaare von *Tradescantia* entdeckt. Heute sind Zellkerne im Protoplasma aller pflanzlichen Zellen mit Ausnahme jener der Bakterien und Cyanophyceen (Akaryobionte) nachgewiesen. Bei diesen konnte man aber mit verschiedenen Färbemethoden einen nicht mit scharfer Grenze vom umliegenden Plasma abgesetzten *„Zentralkörper"* beobachten, der chemisch und entwicklungsgeschichtlich dem Zellkern ähnlich ist.

Sichtbarmachung: Die Zellkerne sind in ihrer Lichtbrechung häufig nicht stark von dem umgebenden Cytoplasma unterschieden und dann schlecht sichtbar. In absterbenden Zellen treten sie jedoch im koagulierenden Plasma meist deutlich hervor. Optimale Sichtbarmachung erfolgt durch *Fixierung* und *Färbung*. Die toten Kerne speichern manche Farbstoffe wesentlich besser als das umliegende Plasma.

Fixierungsmittel: Alkohol, 1% Essigsäure, 1% Osmiumsäure, Pikrinsäure u. a.,

Färbemittel: Hämatoxylin, Methylgrün, Karmin, Safranin, Kernschwarz u. a.

Form: Die Zellkerne sind annähernd flüssige, aber nicht mit dem umgebenden Zellplasma mischbare plasmatische Gebilde. Als solche streben sie zur Kugelform. *Kugelige* Kerne sind daher auch am häufigsten. Durch den Druck der Vakuole gegen die Zellwand gepreßt, können sie *Linsen-* oder *Scheibenform* annehmen. Auch feste Inhaltskörper im Cytoplasma, wie z. B. Stärkekörner, können die Kerne in mannigfacher Weise deformieren. Manchmal hängen die Kerne an Plasmafäden oder -lamellen inmitten der Zelle. Wächst die Zelle in die Länge, so kann dadurch eine *Zerrung* der Kerne erfolgen. Auch die Plasmaströmung scheint manchmal eine *Längsstreckung* der Kerne in der Strömungsrichtung zu bewirken. Die toten, fixierten Kerne entsprechen in ihrer Form vielfach nicht mehr der natürlichen. In ihren Formbildungen schwerer deutbar sind die langen, dünnen *Fadenkerne* in den Schleimbehältern von *Galanthus, Aloe* oder *Lycoris*.

Zahl und Größe: In der Regel besitzt jede Zelle nur *einen* Kern. Dabei gilt im allgemeinen, daß je größer die Zelle, umso größer auch der Zellkern ist (*„Kern-Plasmarelation"*).

Die Milchsaftröhren der Wolfsmilcharten, Pilzhyphen und manche Algen können mehrere bis zahlreiche Kerne enthalten. So vor allem Algen mit siphonocladialem Bau *(Cladophora)* oder siphonalem Bau *(Vaucheria, Caulerpa)*. Hier entspricht vermutlich jedem Kern ein gewisser Wirkungsbereich *("Energide")* im Cytoplasma.

Die *Größe* der Kerne schwankt von 0,5 bis 1 μ kleinen Kernen vieler Pilze bis zu den Riesenkernen von 40 bis 80 μ in Schleimzellen von Aloearten oder sogar 500 bis 600 μ großen Eizellenkernen mancher Gymnospermen *(Cycadeen)*. Die Monokotylen und Gymnospermen haben im allgemeinen größere Kerne als die Dikotylen. Die Epidermiszellen enthalten bisweilen größere Kerne als die darunterliegenden Gewebe. Relativ groß sind die Kerne vieler Scheitelzellen und Bildungsgewebe, wie auch die von Sekretzellen oder Kallusgeweben, kurz von Zellen mit lebhaften Stoffwechselvorgängen.

Bau: Der Zellkern ist kein homogener Körper. An dem nicht in Teilung befindlichen Kern (Ruhekern, Interphasenkern, Arbeitskern) kann man unterscheiden:

1. eine den Kern umhüllende *Kernhaut*, 2. ein zartes, im lebenden Objekt oft kaum mikroskopisch sichtbares *Kerngerüst*, 3. ein oder mehrere in der Kernmasse eingelagerte *Kernkörperchen* oder *Nucleolen* und 4. die alle Hohlräume des Gerüstwerkes ausfüllende *Kerngrundsubstanz (Kernsaft, Karyolymphe)*.

Die *Kernhaut* oder *Kernmembran* ist nicht immer gleich derb ausgebildet. Elektronenmikroskopische Untersuchungen haben gezeigt, daß es sich bei ihr um eine Doppelmembran handelt, die mit einem im Cytoplasma vorhandenen Membransystem *(endoplasmatisches Reticulum)* in Verbindung steht und durch kleine Poren einen Stoffaustausch zwischen dem Kerninneren und dem umgebenden Cytoplasma ermöglicht. Bei den normalen Kernteilungsvorgängen weicht die Kernhülle auseinander, hebt sich ab und die Grenze zwischen Cytoplasma und Kerninhalt verschwindet vorübergehend. Bei Endomitosen (Teilung der Chromosomen ohne Kernteilung) bleibt sie erhalten.

Das sogenannte *„Kerngerüst"* ist im lebenden Interphasenkern oft kaum sichtbar, bzw. erscheint als feine Granulation oder als zartes Fadenwerk. Es besteht aus den verknäulten, durch Auflockerung und Entspiralisierung (Entschraubung) ihrer Bauelemente fädig gewordenen Chromosomen. Wegen ihrer Fähigkeit basische Farbstoffe zum Teil intensiv zu speichern, bezeichnet man die Chromosomensubstanz auch als Chromatin. Durch Fixierung erfolgt eine Vergröberung der Struktur.

Nucleolen sind in den meisten Kernen in der Ein- oder Mehrzahl vorhanden. Es gibt aber auch spezialisierte Zellkerne ohne Kernkörperchen. Es sind tote, stark lichtbrechende Gebilde, die unter Umständen zusammenfließen können. Jungen, eben erst durch Teilung entstandenen Kernen kommt meist eine charakteristische Nucleolenzahl zu. In Embryosackbelägen, in Endosperm- und Tapetumzellen und oft auch in pathologisch veränderten Zellen sind die Kerne besonders nucleolenreich. Bei der Kernteilung lösen sich die Nucleolen im allgemeinen auf und werden nach Abschluß dieser an bestimmten Stellen der Chromosomen wiederum neu gebildet. Die Nucleolen scheinen als Lieferanten von Ribonucleinsäure für die Eiweißsynthese im Cytoplasma von Bedeutung zu sein. Sie werden auch als Träger von Reserveeiweiß angesehen.

Chemie: Das „*Kerngerüst*" wird im wesentlichen von Nucleoproteiden aufgebaut, deren eiweißfremde Komponente aus Desoxyribonucleinsäure (DNS, früher Thymonucleinsäure genannt) besteht. Sie bildet den leicht färbbaren Anteil der Chromosomensubstanz und gibt positive Feulgen-Reaktion (Rotfärbung mit schwefligsaurem Fuchsin nach hydrolytischer Spaltung durch Salzsäure). DNS ist auf den Zellkern und die kernähnlichen Strukturen bei Blaualgen und Bakterien beschränkt. Sie ist Träger der genetischen Information (Erbanlagen).

Die *Nucleolensubstanz* besteht überwiegend aus Protein und zu etwa 18% aus einem Nucleoproteid mit Ribonucleinsäure (RNS) als prosthetische Gruppe. Diese ist feulgen-negativ. RNS kommt auch im Cytoplasma vor. Mit Methylgrünessigsäure färben sich die Nucleolen nicht an, speichern aber die meisten basischen Farbstoffe stark.

Die *Kerngrundsubstanz* (Karyolymphe) enthält vor allem nichtbasische Eiweißstoffe. Sie färbt sich daher mit sauren Farbstoffen meist gut an.

Lage des Zellkerns: Die Zellkerne liegen *stets im Cytoplasma*. In wachsenden Zellen (Rhizoiden, Wurzelhaare) sind sie häufig dem wachsenden Pol genähert. In Spaltöffnungen und den sie umgebenden Nebenzellen liegen sie sehr oft der der Spalte zugewandten Zellwand an. Ohne Kern kein Wachstum. In der Regel, wenn auch nicht immer, ist er an jene Stellen der Zelle herangerückt, an der eine Zellwandbildung vor sich geht. Die Ortsveränderungen des Kernes sind wohl stets passiv durch Bewegungen des Plasmas bedingt.

Pathologische Veränderungen des Zellkernes: In Abhängigkeit vom Wassergehalt kann der Kern quellen, schrumpfen oder vakuolisieren. Eine *Quellung* läßt sich durch experimentelle Eingriffe verschiedenster Art, z. B. durch KJ, KNO_3, KSCN, durch elektrische Reizung oder auch durch Erwärmung erzielen. *Schrumpfung* durch Wasserabgabe ist die häufigste Veränderung, die sowohl bei Tötung durch Fixierungsmittel wie auch beim natürlichen Tod eintritt. Die *vakuolige Degeneration* schließlich beruht auf Entmischungsvorgängen. Es entstehen konzentrierte Saftbläschen, die durch ihre semipermeable Vakuolenhülle aus der umgebenden Kernmasse Wasser aufnehmen. Vakuolige Degeneration findet sich sowohl in alternden, wie in durch extreme Außenbedingungen beeinflußten Geweben. Auch Behandlung mit Alkalien macht den Zellkern vakuolig.

Verschiedene andere Einwirkungen (Wirkung von Eosinlösungen, Behandlung mit ultravioletten oder ionisierenden Strahlen usw.) können eine *Erstarrung* des Kernes zur Folge haben. Auch *Zerfall* oder *Kontraktion* und *Ballung* der chromatischen Substanzen oder der Nucleolen sind gelegentlich zu beobachten.

Vermehrung der Zellkerne: Der normale Kernteilungsvorgang in somatischen Zellen, der meist unmittelbar von der Zellteilung gefolgt ist, wird als *Mitose* bezeichnet. Seine Aufgabe ist es, die Chromatinmenge in quantitativ und qualitativ gleicher Weise auf die Tochterkerne aufzuteilen (*Äquationsteilung*).

Die Mitose spielt sich in *vier Phasen* ab (Abb. 34):

In der *Prophase* verkürzen sich die im Arbeitskern kaum sichtbaren fädigen *Chromosomen* durch zunehmende Spiralisierung (Schraubung) und Entquellung. Schon deutlich erkennbar liegen sie als lockerer Knäuel im Inneren des Zellkernes. An gegenüberliegenden Seiten des Kerns bilden sich hyaline Plasmazonen *(Polkappen)*. Die Phase endet mit der Auflösung der Nucleolen und dem Verschwinden der Kernmembran.

In der *Metaphase* erreichen die Chromosomen ihre typischen Formen, ordnen sich in der Äquatorialebene und spalten sich der Länge nach. Die in den Polkappen angelegten Fasermassen schieben sich an die Chromosomen heran und heften sich teils an diese an, teils treten sie untereinander in Verbindung und bilden so die „*Kernspindel*".

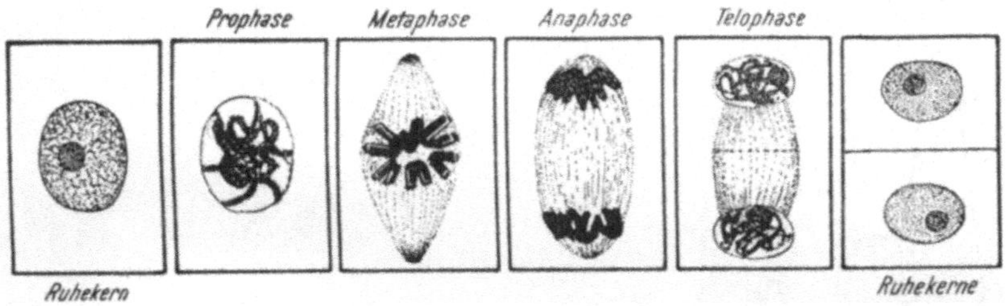

Abb. 34. *Mitose*

Die Anheftungsstelle für die Spindelfasern ist an der Knickstelle der gleich- oder ungleichschenkeligen Chromosomen als eine wenig färbbare, eingeschnürte Stelle *(Centromer)* vorgegeben. Manchmal weisen die Chromosomen auch an einem ihrer Enden sekundäre Einschnürungen auf, durch die ein *Satellit* oder *Trabant* abgegliedert wird. Auch diese Verbindungsstelle ist infolge geringen Nucleinsäuregehaltes wenig färbbar. Der Name „*SAT-Chromosomen*" für solche Chromosomen mit einem Trabanten (SAT = sine acido thymonucleinico) deutet darauf hin. Die während der Kernteilung aufgelösten Nucleolen werden in der Telophase an diesen Einschnürungsstellen der SAT-Chromosomen neu gebildet.

Das *Chromosom* ist ein äußerst kompliziert gebautes Gebilde, das im wesentlichen aus zwei schraubig gewundenen Fäden *(Chromonemen)* besteht, in die stark farbstoffspeichernde, DNS-reiche Stellen *(Chromomeren)* eingebettet sind. Das Ganze ist bei dem dicken Metaphase-Chromosom, in dem die Chromonemen eng geschraubt sind, von einer einheitlichen Grundmasse *(Matrix)* umhüllt.

In der *Anaphase* kontrahieren sich die an den Chromosomen haftenden Spindelfasern und ziehen jeweils einen Teilungspartner nach oben und einen nach unten zu den ehemaligen Kernpolen.

In der *Telophase* entstehen neuerlich Kernhülle und Nucleolen, während die Chromosomen durch weitgehende Entspiralisierung (Entschraubung) ihrer Chromonemen immer undeutlicher werden. Durch starke Quellung dieser kann es dazu kommen, daß sie sich in ihrem Brechungsindex nicht mehr von der Kerngrundsubstanz unterscheiden und scheinbar verschwinden. Die „Transportform" der Chromosomen ist wieder in ihre „Funktionsform" übergegangen.

Im Äquatorbereich entsteht in der Telophase unter Auflösung der Spindelreste eine relativ dichte Plasmazone *(Phragmoplast)*, in der sich die sogenannte *„Zellplatte"* bildet, die schließlich zur neuen Zellwand wird.

Objekte

Allium cepa, Küchenzwiebel *(Liliaceae)* : Innenepidermis.

Ein Stückchen der inneren (oberen) Epidermis einer Zwiebelschuppe wird auf dem Objektträger in einem Tropfen Methylgrünessigsäure (in etwa 2% Essigsäure soviel Methylgrün gelöst, bis die Lösung tiefblau erscheint)

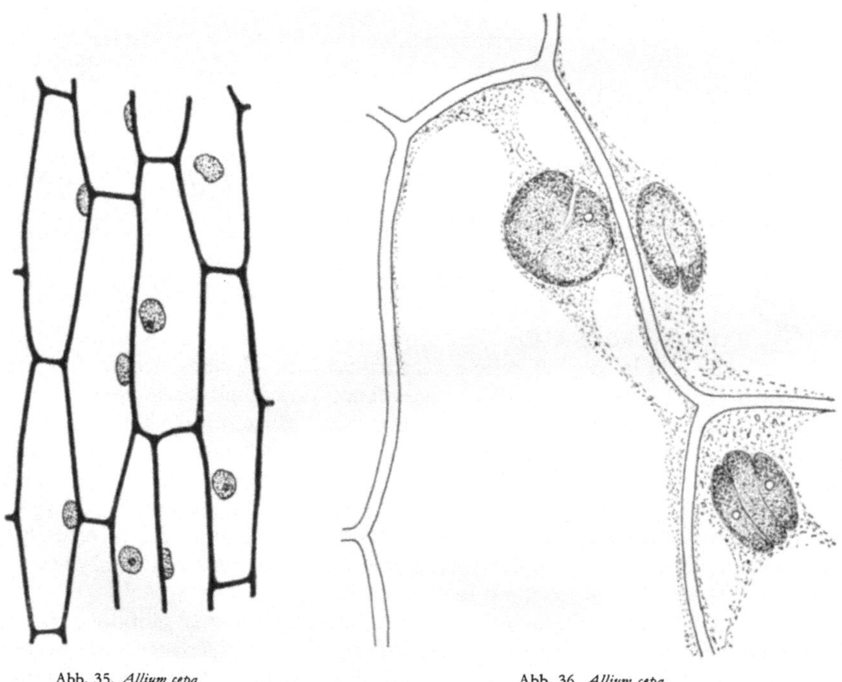

Abb. 35. *Allium cepa*   Abb. 36. *Allium cepa*

eingelegt. Dadurch wird der Kern gleichzeitig fixiert und gefärbt. Nach wenigen Minuten ist er blaugrün.

Die *Präparation der zarten Zwiebelepidermishäutchen* erfolgt am besten in folgender Weise: Eine Küchenzwiebel wird mit einem scharfen Messer in vier Teile geteilt, eine fleischige Schuppe abgehoben und die zarte Epidermis der Konkavseite mit einer Rasierklinge durch Längs- und Quereinschnitte in kleine Rechteckchen geteilt. Die so entstandenen Epidermisstückchen können mit einer Pinzette abgehoben werden. Zur schonenderen Loslösung, besonders für Lebenduntersuchungen, empfiehlt es sich, die mit den Einschnitten versehenen Zwiebelschuppen in ein weithalsiges Fläschchen mit Wasser zu stecken, mit diesem zu infiltrieren (vgl. S. 2) und dann erst die Epidermisstückchen abzuheben. Abb. 35. Die starke Vergrößerung läßt Einkerbungen und Falten im Kern erkennen. Abb. 36.

Gut zu beobachten sind Kerne auch in den Oberhautzellen der Blätter von **Agapanthus umbellatus,** Schmucklilie *(Liliaceae)*, wo sich die Epidermen leicht in Streifen abziehen lassen. In der unteren Epidermis der Blätter von **Vicia faba,** Saubohne *(Leguminosae)* finden sich verschieden geformte Kerne: In den Schließzellen längliche, über den Blattrippen spindelförmige, in der Blattfläche rundliche.

Picea excelsa, Fichte *(Pinaceae)* : Samenflügel.

Wir ziehen vom Grund des Samenflügels an dessen Innenseite einen Epidermisstreifen ab und beobachten in Wasser. In den absterbenden und toten Zellen sind die Kerne durch das aus den Vakuolen austretende Anthocyan rot gefärbt. Das Kerngerüst tritt deutlich hervor. Das feinkoagulierte Plasma läßt um den toten Kern einen hellen Hof („Kernhof") frei. Abb. 37.

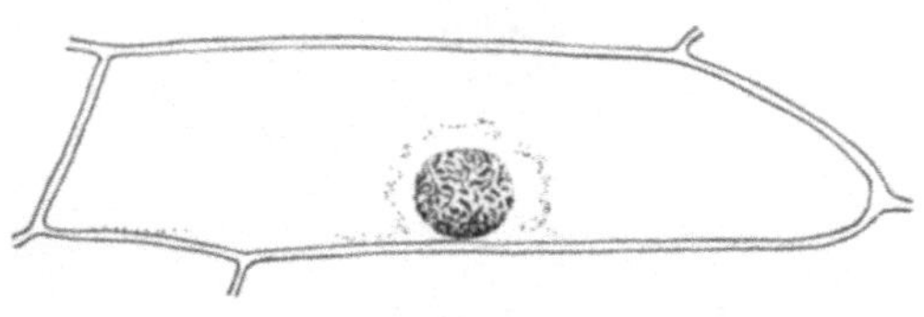

Abb. 37. *Picea excelsa*

Haemanthus albiflos, Blutblume *(Amaryllidaceae)* : Pollen.

Häufig in Glashäusern gezogene südafrikanische Pflanze. — Pollenkörner werden den Staubbeuteln der geöffneten Blüte entnommen und auf dem Objektträger in Methylgrünessigsäure eingelegt. Die kleinen rundlichen vegetativen und die großen langgestreckten generativen Kerne sind blaugrün gefärbt.

Aloe saponaria *(Liliaceae)* : Schleimsaft.

Die Schleimzellen des Grundgewebes enthalten sehr große Kerne. Zur Präparation wird ein Blatt abgebrochen, der austretende Schleimsaft, der Plasma und Zellkerne mitreißt, auf einen Objektträger ausgestrichen und mit einem Tropfen Methylgrünessigsäure oder Karminessigsäure (siehe S. 44) gefärbt.

Allium cepa, Küchenzwiebel *(Liliaceae)* : Wurzelspitze.

Zur Beobachtung der *Kernteilungen* eignen sich besonders gut Wurzelspitzen (z. B. von *Allium, Pisum, Vicia faba, Phaseolus* u. a.). Die Nachtstunden sind im allgemeinen die von den Kernteilungen bevorzugte Zeit. Küchenzwiebeln werden in Tulpengläsern zum Austreiben der Wurzeln gebracht, die Wurzelspitzen abgeschnitten und in *Carnoy*'schem Gemisch (6 Teile 96% Alkohol + 1 Teil Eisessig + 3 Teile Chloroform) etwa 24 Stunden eingelegt. Die so fixierten Objekte können dann in Alkohol aufbewahrt oder nach Auswaschen in Alkohol gleich in Paraffin eingebettet, mit dem

Mikrotom geschnitten und gefärbt werden (mit Methylgrün, Hämatoxylin, wäßrigem Methylenblau, Kernschwarz, Karmin u. a.). In den kleinen plasma-reichen Zellen der Wurzel-spitze finden sich neben ge-färbten Ruhekernen fast stets auch alle Stadien der Mitose. Abb. 38.

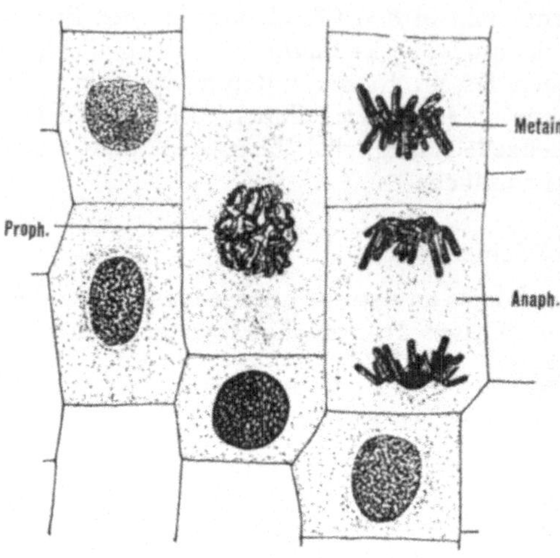

Abb. 38. *Allium cepa*

Paraffinmethode (nach KIS-SER, Leitfaden der botanischen Mikrotechnik, Jena, 1926):

1. *Durchtränken mit einem Zwischenmedium*: Aus den fixier-ten und in 96% Alkohol lie-genden Objekten ist vorerst der Alkohol zu entfernen und durch eine Zwischenflüssigkeit zu ersetzen. Diese muß mit Alkohol mischbar und ein gutes Lösungsmittel für Pa-raffin sein. Solche Medien sind Benzol, Xylol, Schwefelkoh-lenstoff, Zedernholzöl u. a. Die Übertragung muß allmählich erfolgen, da sonst Schrumpfungen eintreten. Man bringt daher die Objekte nacheinan-der in

   a) 3 Teile abs. Alkohol + 1 Teil Benzol,
   b) 2 Teile abs. Alkohol + 2 Teile Benzol,
   c) 1 Teil abs. Alkohol + 3 Teile Benzol und
   d) reines Benzol (1—2 mal wechseln!)

Die Einwirkungsdauer der einzelnen Lösungen beträgt bei kleinen Objekten 2—5 Minuten, bei größeren 1—12 Stunden.

2. *Durchtränken mit Paraffin*: Je nach der Härte des zu schneidenden Objektes muß Paraffin von verschiedenem Schmelzpunkt verwendet werden, meist solches von 42—56° C. Auch die Temperatur, bei der geschnitten werden soll, ist für die Wahl des Paraffins zu berücksichtigen. Das Paraffin muß ganz rein sein (Heißwasserfilter!). Die mit dem Zwischenmedium durchtränkten Objekte werden mit so viel dieser Flüssigkeit in ein Glas- oder Porzellanschälchen gebracht, daß dieses etwa zu ⅓ gefüllt ist. Nun wird bis zum Schälchenrand feingeschabtes Paraffin zugegeben. Das ganze bleibt einige Zeit bei Zimmertemperatur, wird dann auf den warmen Thermostaten und schließlich in einen solchen gestellt, dessen Temperatur die des Schmelz-punktes des Paraffins um etwa 3—5° C übersteigt. Hier verbleibt das Schäl-chen mit den Objekten so lange, bis die Zwischenflüssigkeit restlos verdampft ist. Das kann bei großen Objekten 3—4 Tage dauern. Die Durchtränkung mit Paraffin ist beendet, wenn im Thermostaten kein Geruch der Zwischen-flüssigkeit mehr wahrzunehmen ist, und wenn nach Eintauchen einer er-hitzten Nadel in das Paraffin keine Gasblasen mehr aufsteigen.

3. *Einbettung in Paraffin*: Die paraffindurchtränkten Objekte überträgt man in ein Schälchen oder Pappschächtelchen mit reinem, geschmolzenem Paraffin. Dies geschieht am besten auf einer „Wärmebank", die aus einem zweimal U-förmig gebogenen Eisenblechstreifen besteht, der an dem oberen überstehenden Ende durch eine Spiritusflamme erwärmt wird und nun in verschiedener Entfernung von der Flamme eine verschiedene Temperatur besitzt (Abb. 39). Durch Auflegen von Stückchen des verwendeten Paraffins sucht man die Stelle, wo dieses eben zu schmelzen beginnt. Dorthin stellt man das Schälchen mit den einzubettenden Objekten. Das Paraffin muß etwa 1 cm hoch stehen. Mit einer erhitzten Nadel orientiert man die auf dem

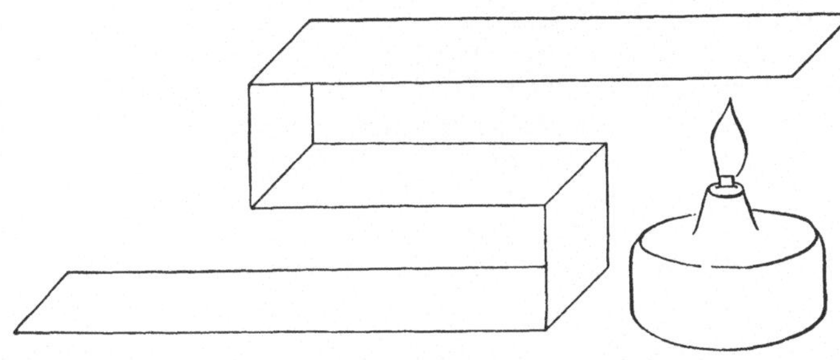

Abb. 39. Wärmebank

ebenen Schälchenboden liegenden Objekte. Nun wird die Flamme entfernt und das Paraffin erstarren gelassen. Sobald sich ein dünnes Häutchen zu bilden beginnt, taucht man das ganze Schälchen in eine Schüssel mit kaltem Wasser, u. zw. so, daß dieses gleichzeitig von allen Seiten über das Paraffin läuft. Beim Abkühlen zieht sich das Paraffin etwas zusammen und kann leicht aus dem Schälchen herausgenommen werden. Der Block wird den Präparaten entsprechend geritzt und gebrochen (nicht geschnitten!). Diese Blöckchen sind dann fertig für das Schneiden.

4. *Anfertigung von Schnittbändern*: Die Paraffinblöckchen mit den eingebetteten Objekten werden mit etwas erwärmtem Paraffin auf Holzklötzchen aufgeklebt, mit einer Rasierklinge regelmäßig zugeschnitten und in das Mikrotom eingespannt. Geschnitten wird mit quergestelltem Messer (also hobelartig!). Der erste Schnitt bleibt auf dem Messer haften. Bei der Herstellung des nächsten entsteht durch den Anprall an den Paraffinblock so viel Wärme, daß dieser zweite Schnitt an dem ersten hängen bleibt und ihn auf dem breiten Messer weiterschiebt; dies wiederholt sich mit den folgenden Schnitten ebenso, so daß lange Schnittbänder aus serienweise aneinanderhängenden Einzelschnitten entstehen. Die abgenommenen Bänder werden vorsichtig auf dunkles Papier aufgelegt.

5. *Aufkleben der Schnitte*: Ein Objektträger wird mit dem Daumenballen mit Eiweißglyzerin hauchdünn eingerieben. (Herstellung des Eiweißglyzerins: Das Weiße eines Hühnereies wird mit einem gleichen Teil Glyzerin gut durchgeschüttelt und filtriert. Um Faulen zu verhindern ist etwas Karbolsäure, Thymol oder Kampfer zuzusetzen. Das Filtrieren kann einige Tage

dauern.) Auf den eingeriebenen Objektträger kommt reichlich destilliertes Wasser und darin werden mit einem Pinsel in richtiger Reihenfolge und der Größe des Deckglases entsprechender Länge Streifen des Schnittbandes aufgelegt. Die Oberseite des Bandes ist matt, die Unterseite glänzend! Luftblasen unter dem Band lassen sich mit einer erwärmten Nadel durch Anstechen entfernen. Zur Streckung der meist etwas geschrumpften Paraffinbänder wird der Objektträger über einer kleinen Flamme vorsichtig erwärmt. Das Paraffin darf dabei noch nicht schmelzen. Dann saugt man das überschüssige Wasser ab und legt die Objektträger an einen staubfreien Ort zum Trocknen.

6. *Entfernung des Paraffins und Überführung in Wasser* : Die Objektträger mit den angetrockneten Schnittbändern werden nun über einer kleinen Flamme so lange erwärmt, bis das ganze Paraffin aufgeschmolzen ist. Gleichzeitig koaguliert das Eiweiß und hält die Schnitte fest. Die Weiterbehandlung erfolgt in sogenannten Färbegläsern in aufeinanderfolgenden Lösungen von: Xylol I, Xylol II, Xylol+Alkohol (1 : 1), Alkohol 96%, Alkohol 85%, Alkohol 50%, destilliertes Wasser. In jeder Lösung verbleibt der Objektträger unter mehrmaligem Umschwenken 2—3 Minuten und im dest. H_2O so lange, bis keine Mischungsschlieren mehr auftreten.

7. *Färbung* : Nach Durchlaufen der Xylol-Alkohol-Reihe können verschiedene Färbungen ausgeführt werden. Eine der besten Kernfärbungen ist die mit Hämatoxylin*. Dabei ist folgender Färbegang einzuhalten:

3% Eisenalaun (½—1 Stunde)
dest. H_2O (3mal eintauchen)
Hämatoxylin (½ Stunde)*
dest. H_2O
3% Eisenalaun (2—3 Minuten)
dest. H_2O
Alkohol 96% I
Alkohol 96% II
Nelkenöl oder Terpineol, etwa ¼ Stunde, vollkommen durchtränken lassen bis keine Schlieren mehr zu sehen sind.
Kanadabalsam

Ein anderer für *Kernfärbung* geeigneter Färbegang ist folgender:
Xylolreihe bis dest. H_2O
Safranin (1—2 Stunden)**
dest. H_2O
Alkohol 96%
Salzsäurealkohol, schwach***

---

* Man stellt eine 10% alkoholische Stammlösung von Hämatoxylin her, die mindestens 4 Wochen im Dunkeln reifen muß und zum Gebrauch 1 Teil mit 9 Teilen dest. H_2O verdünnt wird.

** Zwei Gramm Safranin in 100 cm³ 50%igem Alkohol lösen und 2 cm³ Anilinwasser (hergestellt durch Schütteln einiger Tropfen Anilin in dest. H_2O) hinzufügen.

*** 2 bis 3 Tropfen HCl auf 100 cm³ Alkohol. Mit dieser Lösung wird die Überfärbung durch Safranin differenziert. Kontrollieren, damit nicht zu starke Entfärbung eintritt!

Alkohol 96% I
Alkohol 96% II
Nelkenöl oder Terpineol
Kanadabalsam

Als ausgezeichnete *Kernfarbstoffe* bewähren sich weiters Methylgrün, Malachitgrün, Fuchsin und Gentianaviolett. Zur *Färbung des fixierten Plasmas* eignen sich besonders Anilinblau, Eosin, Säurefuchsin, Lichtgrün SF und Orange G.

Im Anschluß an die Paraffinmethode sei noch eine zweite Einbettungsmethode beschrieben, und zwar die **Zelloidinmethode** (nach Kisser, Leitfaden der botan. Mikrotechnik):

Das käufliche Zelloidin wird in kleine Würfelchen geschnitten und an der Luft hornartig eintrocknen gelassen. Aus ihnen stellt man in einem Gemisch von Alkohol und Äther 1 : 1 (beide wasserfrei! Gebrannten Kalk in den Alkohol werfen, etwa 2 Tage stehenlassen und dann filtrieren!) 3 Lösungen her, und zwar eine 2-, 4- und 8%ige Lösung.

Vorbereitung der Objekte zur Einbettung : Alkohol 96% (entwässern)
    Alkohol+Äther 1 : 1 (mindestens 12 Stunden, einmal wechseln!)
    2% Zelloidinlösung (je nach der Größe des Objektes 1 bis mehrere
                Tage, dann abgießen und ersetzen durch die
                nächste Lösung)
    4% Zelloidinlösung (wie bei 2%)
    8% Zelloidinlösung (wie bei 2%)

Einbettung : Die durchtränkten Objekte werden in eine kleine Glasschale mit flachem Boden und senkrechten Wänden übertragen, die mit 8%iger Zelloidinlösung gefüllt ist und darin mit einer Nadel richtig orientiert. Entstehen dabei Luftblasen, bedeckt man mit einem Deckel und läßt einige Stunden stehen. Hierauf in einem Exsikkator oder in einer gut schließenden Glasdose neben konz. H_2SO_4 eindicken lassen. Ein gleichmäßiges Eindicken wird durch zeitweises Bedecken des Schälchens mit einer Glasplatte erreicht. Ist das Zelloidin so hart geworden, daß es dem Fingerdruck nicht mehr nachgibt, dann 80—85%igen Alkohol zwecks weiterer Härtung durch etwa 12 Stunden zusetzen, hierauf entsprechend den Objekten kleine Blöckchen herausschneiden und wieder 12 Stunden in Alkohol liegenlassen. Schließlich bis zum Zeitpunkt des Schneidens in 70%igem Alkohol aufbewahren.

Schneiden : Die Zelloidinblöckchen werden oberflächlich abgetrocknet und mit einer dicken Zelloidinlösung auf ein Holzklötzchen aufgekittet. Nach einigen Minuten Lufttrocknung kommt das Ganze noch einmal kurz in 70% Alkohol. Der Holzsockel wird hierauf zwischen den Halteklammern des Mikrotoms festgeschraubt. Während des Schneidens Zelloidinblöckchen und Messer stets mit 70—80%igem Alkohol feucht halten!

Aufkleben der Schnitte : Ein kleines Stück Gelatine wird mit dem Finger fest auf dem Objektträger verrieben. Darauf werden die Zelloidinschnitte gelegt, mit einem glatten Filterpapier fest niedergedrückt und über Formoldämpfen gehärtet. Hierauf überträgt man den Objektträger samt dem Präparat in Wasser oder, wenn das Zelloidin entfernt werden soll, nach Waschen mit Wasser über Alkohol in ein Alkohol-Äther-Gemisch (1 : 1) und aus diesem dann nach Lösung des Zelloidins und nachfolgendem gründlichem Abwaschen in Alkohol wieder in Wasser. Von hier aus ist dann jeder beliebige Färbegang möglich.

Einschließen : Will man ohne Färbung einschließen, so legt man den Objektträger mit den Schnitten gleich einige Zeit in 96%igen Alkohol, saugt dann diesen ab, bedeckt die Schnitte mit einem großen Tropfen Nelkenöl oder Terpineol, entfernt dieses nach Durchsichtigwerden der Schnitte wieder, setzt einen Tropfen Kanadabalsam darauf und bedeckt mit dem Deckglas (vgl. S. 3).

Pisum sativum, Saaterbse *(Papilionaceae)* : Wurzelspitze.

Wurzelspitzen lassen sich für Kern- und Kernteilungsuntersuchungen auch nach wesentlich einfacherer Methode präparieren.

Heitz'sche Karminessigsäure-Kochmethode: Wurzelspitzen (oder auch andere Pflanzenteile, wie Vegetationspunkte, Blütenknospen, ev. Handschnitte derselben) werden ungefähr 2 Minuten lang in heißem Carnoy (vgl. S. 39) oder Alkohol-Eisessig (3 Teile Alkohol + 1 Teil Eisessig)

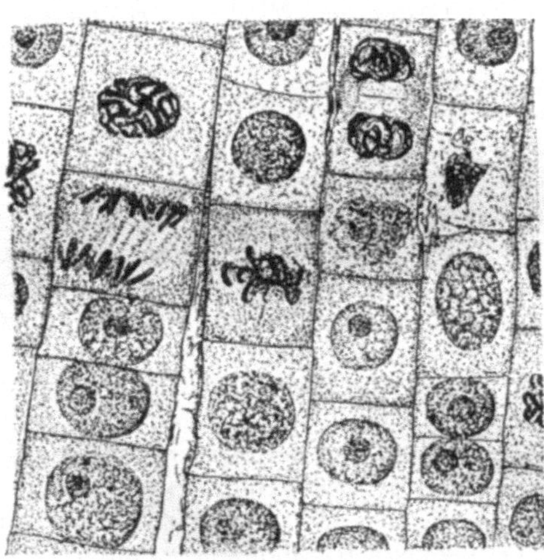

Abb. 40. *Pisum sativum*

fixiert und hierauf eine bis mehrere Minuten in Karminessigsäure gekocht. (*Bereitung der Karminessigsäure :* Karmin bis zur Sättigung in heißer Essigsäure, u. zw. 1 Teil Eisessig und 1 Teil dest. H_2O, lösen und nach dem Erkalten filtrieren; unbegrenzt haltbar.) Nach dem Kochen bringt man das Präparat auf einem Objektträger in einen Tropfen Karminessigsäure, legt das Deckglas auf und drückt es, ohne es dabei seitlich zu verschieben, so fest an, daß die durch das Kochen erweichten Gewebe auseinanderweichen und die Zellen in einer Schichte ausgebreitet liegen.

Man kann auch die fixierten Objekte direkt *auf dem Objektträger* in einem großen Tropfen Karminessigsäure mit 2 Nadeln *zerzupfen,* das Deckglas auflegen und nunmehr über der Mikroflamme eines Bunsenbrenners so lange bis zum Auftreten von Bläschen erhitzen, bis die Gewebe rot gefärbt sind. Dann werden sie wieder durch senkrechtes Aufpressen des Deckglases vorsichtig auseinandergedrückt *(„Heitz*'sche *Schnellfärbemethode").*

Der große *Vorteil dieser Methode* ist neben ihrer Schnelligkeit der, daß die Chromosomen nicht durch Schneiden verletzt werden. Während des Kochens auf dem Objektträger muß dem Präparat nötigenfalls frische Karminessigsäure zugefügt werden.

Eine verstärkte Färbung bei kürzerem Aufkochen wird erreicht, wenn man die Wurzelspitzen oder sonstige zu färbende Objekte über Nacht in *Kernschwarz* einlegt (Stückfärbung) und dann erst auf dem Objektträger zerzupft, kurz in *Karminessigsäure* aufkocht und schließlich flachdrückt.

Zur Herstellung von *Dauerpräparaten* wird zuerst 45% Essigsäure, darauf Wasser und schließlich verdünntes Glyzerin unter dem Deckglas durchgesaugt (Tropfen auf der einen Seite an den Deckglasrand ansetzen und von der anderen mit einem Filterpapierstreifen wegsaugen!) und mit Einschlußlack umrandet. Abb. 40.

Tradescantia albiflora *(Commelinaceae)* : Blattgrund.

Aus Nordamerika stammende Hängepflanze. — Am besten eignen sich zur Beobachtung von Kernteilungsstadien die jüngsten Blättchen frisch gesetzter Stecklinge. Dieses Material kann im Glashaus Winter und Sommer zur Verfügung stehen. Das jüngste, noch tütenförmige Blättchen eines Sprosses wird durch vorsichtiges Herabziehen losgelöst. Aus der *chlorophyllarmen Blattbasis* schneidet man mit einer Rasierklinge ein etwa 2 mm langes Stück ab, überträgt es auf einen Objektträger in einen großen Tropfen Karminessigsäure, legt ein Deckglas auf und bringt den Tropfen über der Mikroflamme eines Bunsenbrenners mehrere Male zum Aufkochen. Anschließend wird das Präparat durch Aufpressen des stumpfen Endes eines Bleistiftes auf das Deckglas auseinandergedrückt *(Heitz'sche Schnellfärbemethode)*. Neben gefärbten Interphasenkernen (Ruhekernen) finden sich stets eine Reihe verschiedener Kernteilungsstadien.

Sehr gut eignet sich für diesen Zweck auch die Basis der Blättchen von Winterknospen von **Tradescantia virginiana.** Hier sind die Chromosomen sogar noch etwas größer.

Zur *Färbung* eignet sich auch hier ausgezeichnet die *Heitz'sche Schnellfärbemethode*. Stückchen der Blattbasis werden mit Carnoy fixiert, in einen Tropfen Karminessigsäure eingelegt, dann über dem Mikrobrenner erhitzt bis der Tropfen einige Male aufkocht, mit dem Deckglas bedeckt und leicht auseinandergequetscht.

Plastiden

Neben dem Zellkern finden sich im Protoplasma sehr häufig noch andere lebende plasmatische, charakteristisch geformte Gebilde, die stets nur durch Teilung aus ihresgleichen entstehen, meist Farbstoffe eingelagert haben und, sofern sie Chlorophyll enthalten, zur Kohlendioxydassimilation befähigt sind: die *Plastiden.*

Schon in den embryonalen Zellen sind die Plastiden als winzig kleine, unscheinbare farblose Gebilde (*„Proplastiden"*) von kugeliger, gestreckter oder gebogener Gestalt vorhanden, die meist erst im fixierten Zustand nach Färbung sichtbar werden. In der ausgewachsenen Zelle entwickeln sie sich zu farblosen *Leukoplasten* oder zu gefärbten „Chromatophoren", u. zw. zu grünen *Chloroplasten* oder gelben und roten *Chromoplasten*. Diese Einteilung der Plastiden bezieht sich auf deren augenblickliche Erscheinungsform. Es können sich nämlich Leukoplasten durch Farbstoffbildung in Chromatophoren verwandeln und es können Chloroplasten durch Chlorophyllverlust oder durch vermehrte Einlagerung von gelbroten Pigmenten zu Chromoplasten werden.

Die **Leukoplasten** sind meist sehr klein, kugelig, eiförmig oder durch Einschluß eines Eiweißkristalloids langgestreckt. Die *Leukoplasten* sind keine einheitliche Plastidengruppe. Es gibt solche die, oft schwer wahrnehmbar, ohne Befähigung zur Farbstoffbildung dauernd farblos im umgebenden Cytoplasma liegen, bei Präparation leicht verfallen und über deren Funktion man nichts Sicheres weiß. Solche finden sich in den Epidermen vieler Monokotylen (*Tradescantia, Colchicum,* Orchideen, *Iris, Agave americana* u. s. w.) oder auch in manchen Haaren, wie z. B. in den Staubfadenhaaren von *Tradescantia* u. s. w. Nicht zu Farbstoffbildung befähigte, kleine amöboid formveränderliche Leukoplasten finden sich in den Zellen der Innenepidermis von Zwiebelschuppen von *Allium cepa* oder in den Zellen des Fruchtfleisches von *Symphoricarpus racemosus.* Anderen Plastiden ist durch äußere oder innere Bedingungen die Fähigkeit Farbstoffe zu bilden verlorengegangen (Lichtmangel, Albinos, Panachure) und wieder andere erfüllen als farblose *Amyloplasten* oder *Stärkebildner* in Reservestoffbehältern (Kartoffelknolle, Samen) die Aufgabe, aus zugewanderten Zuckern Reservestärke aufzubauen.

Die **Chloroplasten** sind gekennzeichnet durch ihren Gehalt an grünem Farbstoff (Chlorophyll) und die damit verbundene Befähigung zur Kohlendioxydassimilation. Bei nieder organisierten Pflanzen, besonders bei Algen, sind sie oft in geringer, konstanter Zahl vorhanden. Manchmal nur in der Ein- oder Zweizahl. Ihre Formenmannigfaltigkeit ist dabei sehr groß. Stern-, platten-, band-, netzförmige oder gitterartig durchbrochene Chloroplasten treten hier auf. Der größte Formenreichtum findet sich bei den Conjugaten (*Spirogyra, Zygnema, Mougeotia,* Desmidiaceen).

In den Plastiden der Algen, besonders wieder der Conjugaten, sind sehr häufig rundliche oder unregelmäßig kantige, eiweißreiche Gebilde eingelagert, die wegen ihrer kernähnlichen Form als *Pyrenoide* ($\pi \upsilon \rho \acute{\eta} \nu$ = Kern) bezeichnet werden. Sie stehen insofern mit den photosynthetischen Prozessen im Chloroplasten in Zusammenhang, als sich die entstehenden Assimilate vorzugsweise oder ausschließlich an ihnen niederschlagen („Stärkeherde"). Vermutlich sind besondere physikalisch-chemische Verhältnisse ihrer Oberfläche hiefür maßgebend. Auch das phylogenetisch alte Lebermoos *Anthoceros* enthält in seinen Zellen noch je einen großen gelappten Chloroplasten mit einem Pyrenoid.

Abgesehen von den Conjugaten, wo die Chloroplasten häufig zentral im Plasma gelagert sind (z. B. *Zygnema*), liegen die Plastiden fast immer im Plasmawandbelag. So besonders bei den höheren Pflanzen, wo sie in großer Zahl kugelig bis scheibenförmig ausgebildet sind. Diese „Chlorophyllkörner" sind meist klein, durchschnittlich 4—6 μ groß.

Als Folge verschiedenster äußerer und innerer Einflüsse (Licht, Temperatur, Turgoränderungen, Altern der Plastiden usw.) können auch Lageveränderungen der Chromatophoren eintreten. Ansammlung um den Zellkern wird als *Systrophe,* gleichmäßige Verteilung im Plasmawandbelag als *Peristrophe,* Ansammlung an der an das Außenmedium grenzenden Zellwand als *Epistrophe* und solche an den senkrecht stehenden Flanken als *Parastrophe* bezeichnet.

Als tote Einschlüsse sind in den Plastiden neben Stärkekörnern gelegentlich auch feste kristallinische oder amorphe Eiweißkörper, fettähnliche Stoffe und Vakuolen anzutreffen.

Die *Chloroplasten* der höheren Pflanzen enthalten zwei Gruppen von Farbstoffen: zwei nahe verwandte grüne Farbstoffe (Chlorophyll a $C_{55}H_{72}O_5N_4Mg$ und Chlorophyll b $C_{55}H_{70}O_6N_4Mg$) und rötliche oder gelbe Karotinoide (Karotin $C_{40}H_{56}$ und Xanthophyll $C_{40}H_{56}O_2$). Zahlreichen Algen, z. B. den Rotalgen und Braunalgen, fehlt das Chlorophyll b.

Morphologisch und physiologisch entsprechen den Chloroplasten die noch durch weitere Pigmente (Fucoxanthin) gefärbten braunen *Phaeoplasten* der Peridineen, Diatomeen und Braunalgen sowie die durch Phycoerythrin roten *Rhodoplasten* der Rotalgen.

Die **Chromoplasten** schließlich sind chlorophyllfrei und daher zur Kohlendioxydassimilation nicht geeignet. Sie enthalten nur gelbe oder rötliche Karotinoide und entstehen entweder direkt aus Leukoplasten oder durch Schwund des Chlorophylls aus Chloroplasten. Sehr häufig finden sie sich in Blüten (Ranunculaceen, Compositen) und Früchten (Solanaceen, Rosaceen), seltener in Wurzeln *(Daucus carota)*. Die Karotinoide können so angehäuft sein, daß sie im Inneren ihrer plasmatischen Umhüllung in Kristallform ausfallen, wie z. B. in den Wurzeln von *Daucus carota* oder in den Früchten von *Sorbus aucuparia*. Manche Chromoplasten enthalten neben Farbstoffkristallen auch Eiweißkristalloide *(Neottia nidus avis*, Früchte von *Lonicera xylosteum)*.

Bezüglich der **Struktur der Plastiden** hat heute die schon Ende des vorigen Jahrhunderts von A. F. W. Schimper und Arthur Meyer vertretene Ansicht fast allgemeine Anerkennung erfahren: In einer farblosen plasmatischen Grundsubstanz *(Stroma)* sind die Farbstoffe in rundlichen Gebilden *(Grana)* eingelagert. Dies gilt für Chloro- und Chromoplasten in gleicher Weise. Die Größe der Grana liegt meist an der Grenze des mikroskopischen Auflösungsvermögens. Verhältnismäßig gut sind sie als feine grüne Punkte bei Anwendung starker Vergrößerungen in den Chloroplasten verschiedener Moose *(Physcomitrium, Mnium, Funaria)*, bei *Hymenophyllum* und *Selaginella* wie auch bei manchen monokotylen und dikotylen Pflanzen zu sehen. Bei Lichtpflanzen sind die Grana kleiner als bei Schattenpflanzen, im Palisadengewebe der Blattoberseite kleiner als im darunter liegenden Schwammgewebe. Besonders groß sind die Grana in den Chloroplasten der grünen Früchte von *Polygonatum*. Im Fluoreszenzmikroskop leuchten die fluoreszierenden, chlorophyllhaltigen Grana tiefrot auf, während das Stroma dunkel bleibt. Im Profil der flachen Chlorophyllscheibchen erscheinen die Grana als Striche. Sie haben demnach nicht Kugel- sondern Linsenform und sind häufig geldrollenartig übereinandergelagert. Im Elektronenmikroskop erweisen sich sowohl Stroma wie Grana aus annähernd parallel zur Plastidenoberfläche verlaufenden Membransystemen (*Thylakoide*, Lamellen) aufgebaut.

Das Plastiden-Stroma ist reicher an Eiweiß als das Cytoplasma und enthält wie dieses auch Lipoide. Die Lamellen im Granabereich bestehen aus

Lipoproteiden, die vermutlich vom Chlorophyll in einem monomolekularen Film überzogen sind.

Die Plastiden können beim Altern oder als Folge schädlicher Außeneinwirkungen *pathologische Veränderungen* erfahren. Zu den wichtigsten zählen die *lipoide* Degeneration, bei der es durch Entmischung von Lipoiden und Proteiden zu auffallenden Granulationen kommt und die *vakuolige* Degeneration, bei der in den Plastiden Vakuolen entstehen, die Wasser ansaugen, die gefärbte Masse nach den Seiten zurückdrängen und die Plastiden oft gewaltig auftreiben können.

Als plastidenähnliche Bildungen bezeichnet man schließlich auch die **Elaioplasten,** wie sie in der Epidermis des Fruchtknotens von *Ornithogalum umbellatum* oder *Ornithogalum caudatum*, in Perianthblättern von *Hosta ventricosa*, in der Epidermis junger Blätter von *Vanilla planifolia* oder in der Blattstielepidermis von *Botrychium ternatum* zu finden sind. Meist liegt in den Zellen ein großes rundliches oder unregelmäßig geformtes ölhältiges plasmatisches Gebilde.

Leukoplasten

Zebrina pendula, *(Commelinaceae)* : Blattunterseite, Fläche.

Von einem mit der Unterseite nach oben über den Zeigefinger der linken Hand gelegten Blättchen wird mit dem Rasiermesser oder der Rasierklinge ein dünner Flächenschnitt hergestellt. Blattfläche und Rasierklinge sind mit Wasser zu befeuchten. — In den Epidermiszellen, besonders den Nebenzellen der Spaltöffnungen, sind die Zellkerne (K) von kleinen farblosen Kügelchen, den *Leukoplasten* (L), umgeben. Oft ist die Lage des unsichtbaren Zellkernes nur durch einen Kranz von Leukoplasten angedeutet. Abb. 41.

Auch die Blätter der verschiedenen *Tradescantia*-Arten eignen sich für diese Beobachtung.

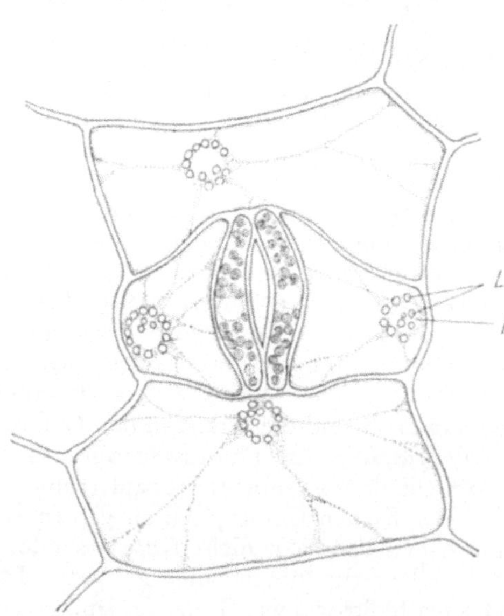

Abb. 41. *Zebrina pendula*

Solanum tuberosum, Kartoffel *(Solanaceae)* : Knolle.

Die braune Schale (Periderm) der Knolle wird vorsichtig abgeschabt und von dem unmittelbar darunter liegenden Gewebe mit dem Rasiermesser ein dünner Flächenschnitt hergestellt. In den stärkearmen

Zellen unterhalb der braunen Schale sind, vor allem um den Zellkern, *Leukoplasten* (L) zu sehen. Manchmal enthalten diese Plastiden auch Chlorophyll, wodurch die Kartoffeln grünliche Farbe annehmen können.

Neben den zarten Leukoplasten liegen auch kleine *Stärkekörner* (St), die bei gleicher Größe, oft schwer von ihnen zu unterscheiden sind. Setzt man etwas Alkohol zu, so werden die Leukoplasten zerstört, während die Stärkekörner erhalten bleiben. Gleichzeitig treten die Konturen des Zellkernes schärfer hervor. Jod färbt die Stärkekörner blau. Abb. 42.

In den Epidermiszellen von *Kartoffeltrieben* sind Leukoplasten, ähnlich wie bei *Tradescantia*, um den Zellkern gelagert.

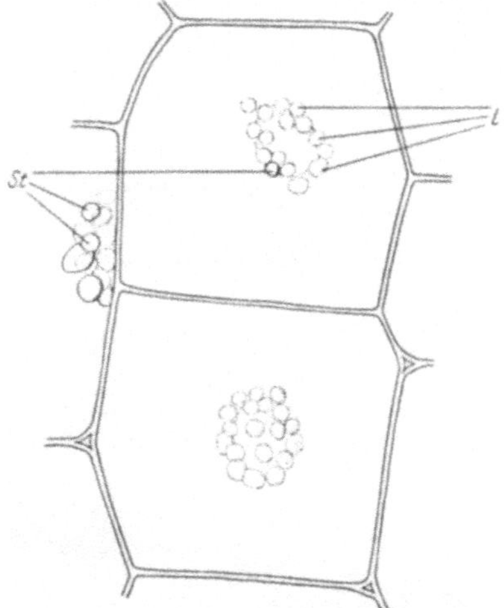

Abb. 42. *Solanum tuberosum*

Tetrastigma voinierianum *(Vitaceae)* : Stengel, quer.

In den Stengelparenchymzellen finden sich sehr häufig grüne Plastiden mit je einem großen Stärkekorn, dem der Hauptteil der Plastidenmasse als grüne Kappe ansitzt. Die Stärke dürfte in diesen Plastiden zum überwiegenden Teil nicht durch eigene Assimilation, sondern aus zugewanderten Zuckern gebildet werden, so daß diese grünen Plastiden in ihrer Funktion den farblosen Amyloplasten ähnlich sind. Abb. 43.

Gleichartig geformte stärkehaltige Plastiden finden wir auch in den Parenchymzellen der Stengelquerschnitte von **Pellionia daveauana** *(Urticaceae)*.

Orchis maculata, Geflecktes Knabenkraut *(Orchidaceae)* : Blatt, Fläche.

Von der Blattunterseite werden Flächenschnitte hergestellt. In den Epidermiszellen sind die Leukoplasten oft um den Kern geballt. Abb. 44.

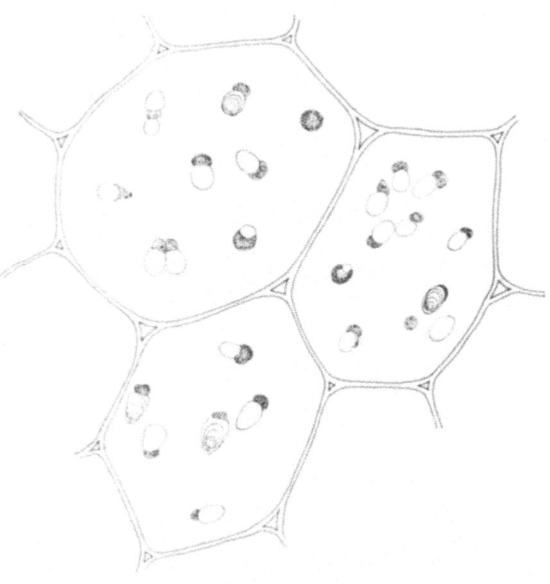

Abb. 43. *Tetrastigma voinierianum*

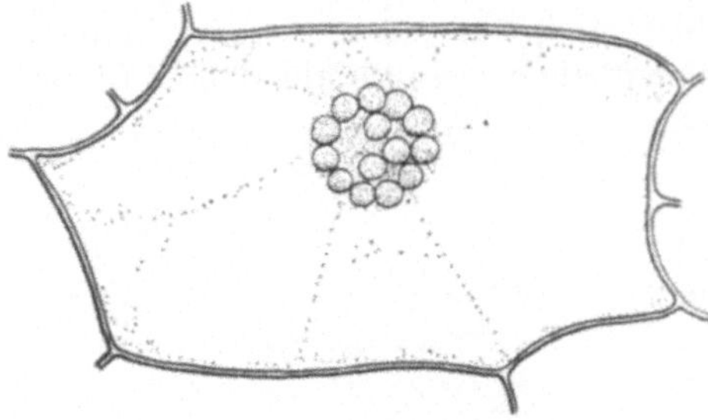

Abb. 44. *Orchis maculata*

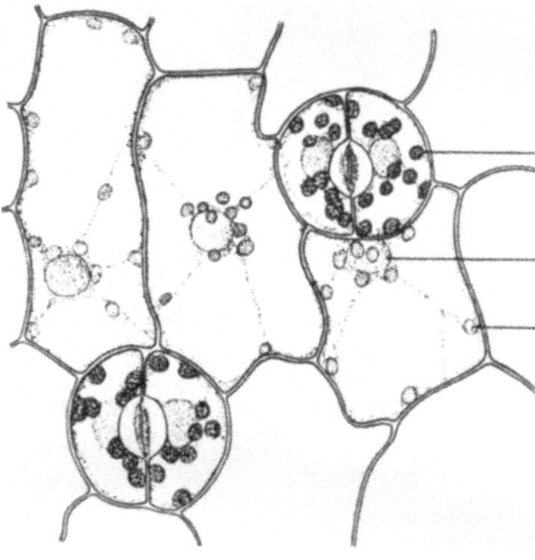

Abb. 45. *Listera cordata*

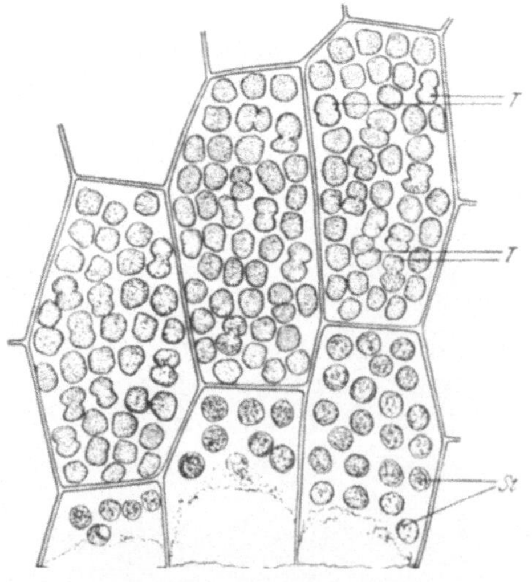

Abb. 46. *Mnium punctatum*

Auch viele andere heimische Orchideen eignen sich gut zur Beobachtung von Leukoplasten, so z. B. *Listera cordata*.

Listera cordata, Herzblätteriges Zweiblatt *(Orchidaceae)* : Blatt, Fläche.

Flächenschnitte von der Blattunterseite zeigen in den Epidermiszellen die Leukoplasten (L) ebenfalls oft in größerer Zahl um den Zellkern (N) gesammelt. Die Schließzellen sind von grünen Chloroplasten (Ch) erfüllt. Abb. 45.

Chloroplasten

Mnium punctatum, Sternmoos *(Mniaceae)* : Blättchen.

Von dem Sproß wird ein Blättchen abgeschnitten und in Wasser untersucht. In den unverletzten Zellen sind die Chloroplasten meist polygonal abgerundet und mosaikartig angeordnet. Bisquitförmige *Teilungsstadien* (T) sind häufig zu beobachten. In den verletzten Zellen sind die Plastiden gerundet, etwas geschrumpft und die in den gesunden und frischen Chloroplasten kaum hervortretenden spindelförmigen autochthonen Stärkekörner (St) deutlich zu sehen. Abrundung der Chloroplasten ist meist als ein erstes Anzeichen einer leichten Zellschädigung zu werten. Abb. 46.

Gleiches läßt sich auch an den Chloroplasten in den Blättchen von **Bryum capillare** beobachten. Auch hier finden sich Teilungsstadien der Chloroplasten. Abb. 47.

Chlorophytum comosum, Grünlilie *(Liliaceae)* : Luftwurzel, quer.

In Südafrika beheimatete, in Gärtnereien gezogene „Ampelpflanze". — Die Parenchymzellen des Luftwurzelquerschnittes enthalten stets Chloroplasten in Teilung (T). Der *Teilungsmodus* ist hier etwas anders als bei *Mnium* oder *Bryum*. Die Plastidenmasse rückt während des Teilungsvorganges auseinander und läßt so in der Mitte eine farblose Verbindungsbrücke entstehen. Abb. 48.

Selaginella martensii, Mooskraut *(Selaginellaceae)* :

a) Von einem Blättchen wird ein Flächen- und Querschnitt hergestellt. In jeder Epidermiszelle liegt ein großer, becherförmiger Chloroplast. Abb. 49.

b) Längsschnitte durch den Stengel zeigen in den langgestreckten, unter der Epidermis liegenden Parenchymzellen perlschnurartig angeordnete Chloroplasten, die infolge unvoll-

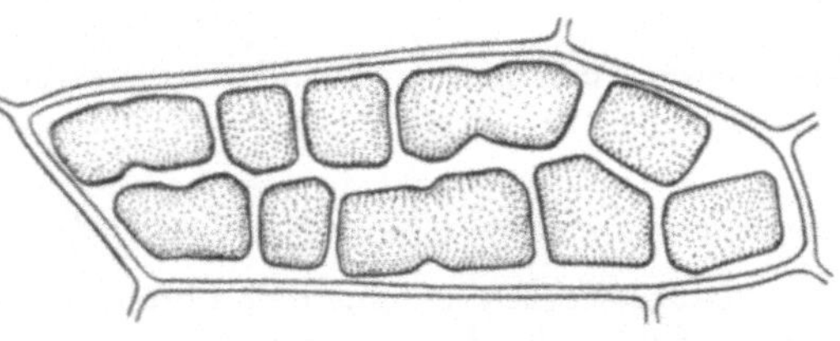

Abb. 47. *Bryum capillare*

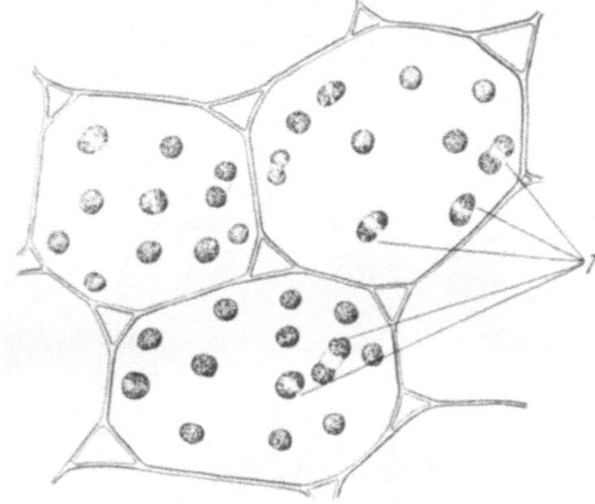

Abb. 48. *Chlorophytum comosum*

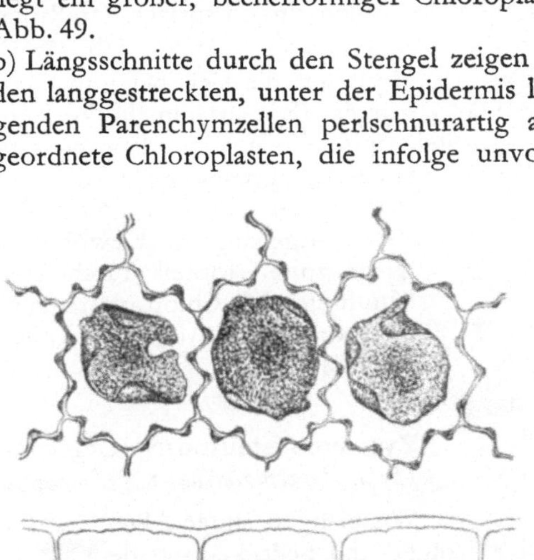

Abb. 49. *Selaginella martensii*

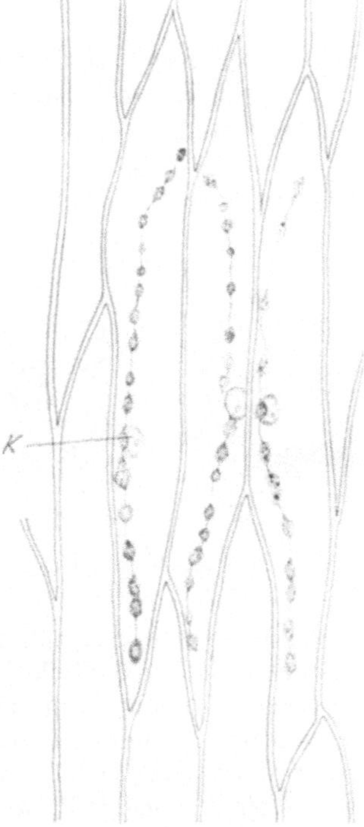

Abb. 50. *Selaginella martensii*

4*

kommener Teilung untereinander in Verbindung stehen. Abb. 50, K =
Zellkern.

Spirogyra varians, Schraubenalge *(Conjugatophyta, Zygnemataceae)* :

Algenfäden werden in einem Tropfen Wasser beobachtet. Die *Spirogyra-*
Arten besitzen bandartige, stets rechtswindende, im Plasmawandbelag der
zylindrischen Zellen schraubig gewundene Chloroplasten. Neben Arten
mit 1 Schraubenband gibt es solche mit 2—15 Bändern. Die *Chloroplasten-
bänder* sind meist an den Rändern stark ausgezackt. Schwarzfärbung der
Zacken in verd. AgNO$_3$-Lösung zeigt, daß dies Stellen mit besonders hohem Reduktionsvermögen sind. Die Bänder liegen nicht flach, sondern sind rinnenförmig eingekrümmt und von sogenanntem „*Rinnen-plasma*" erfüllt. Die Rinne ist am besten an den Wendepunkten der Schraubengänge, dort wo das Chlorophyllband

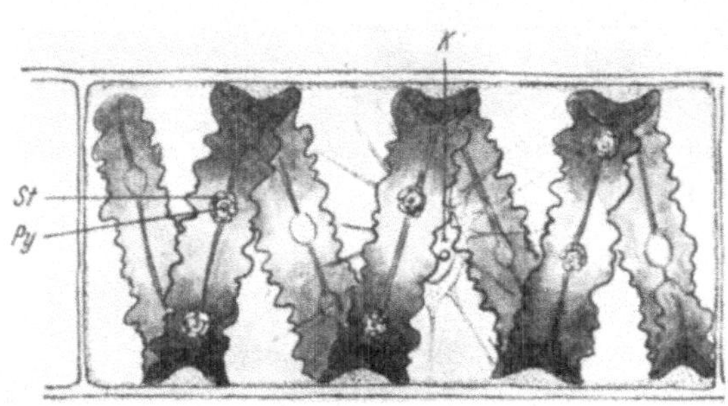

Abb. 51. *Spirogyra varians*

sein Profil zeigt, zu beobachten. An der Innenseite entspricht der Rinne
meist eine dickere Leiste (Kiel).

Die Bänder enthalten stets *Pyrenoide* (Py), um die sich bei günstigen
Assimilationsbedingungen große Stärkemengen (St) ansammeln können.
Der *Zellkern* (K) ist rund oder quergestellt spindelförmig und liegt stets in
einer „Plasmatasche", die an Plasmafäden in der Mitte der Zelle aufgehängt ist. Gewöhnlich ist er zum Großteil durch eine Windung des Chloroplastenbandes verdeckt. Abb. 51 (auch Abb. 2).

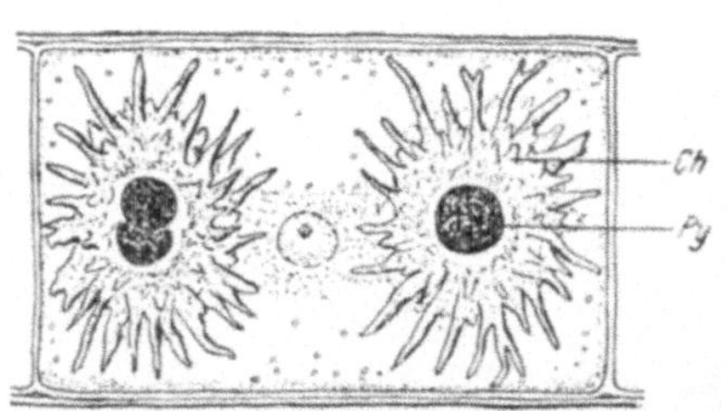

Abb. 52. *Zygnema stellinum*

Zygnema stellinum *(Conjugato-phyta, Zygnemataceae)* :

Wir bringen einige Algenfäden in
einen Wassertropfen auf den Objektträger und bedecken mit dem Deckgläschen. In jeder Zelle liegen 2 große sternförmige Chloroplasten (Ch).
Sie liegen in der Längsachse der Zelle und stellen rundliche Ballen dar,
von denen pseudopodienartig zarte grüne Fortsätze zu den Zellwänden
ausstrahlen. Jeder Chloroplast enthält auch ein bis mehrere Pyrenoide (Py).
Zwischen den beiden Plastiden liegt der Zellkern. Die Vakuole enthält häufig
zahlreiche *Gerbstofftröpfchen*. Abb. 52.

Mougeotia sp. *(Conjugatophyta, Zygnemataceae)* :

a) In jeder Zelle dieser Alge liegt ein großer plattenförmiger Chloroplast mit einer Anzahl von Pyrenoiden (Py).

b) Der Chromatophor hat die Fähigkeit, bei starker Belichtung seine Lage zu ändern und seine Schmalseite dem Licht zuzuwenden. Abb. 53, a, b.

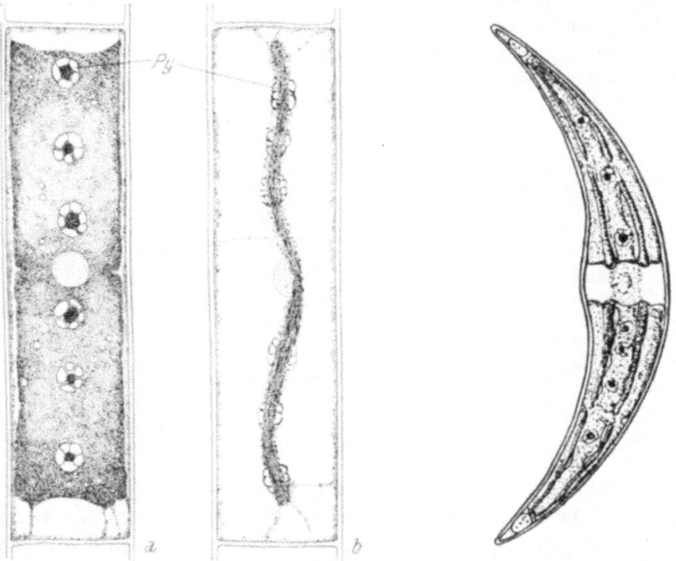

Abb. 53. *Mougeotia sp.*

Abb. 54. *Closterium moniliferum*

Closterium moniliferum *(Conjugatophyta, Desmidiaceae)* :

Desmidiaceen, wegen ihrer mannigfachen, zierlichen Formen auch „*Zieralgen*" genannt, finden sich besonders in kleinen, kalkarmen Wasseransammlungen, z. B. in Torfmooren. Sie enthalten durchwegs, ähnlich wie *Zygnema*, 2 große Chloroplasten, die zwischen sich den Zellkern einschließen. Die Chloroplasten enthalten Pyrenoide. Bei *Closterium* sind die beiden Plastiden kegelförmig mit längsverlaufenden Rippen, so daß sie im Querschnitt sternförmig erscheinen. An den beiden Zellenden liegt je eine kleine Vakuole, in der *Gipskriställchen* in BROWNscher Molekularbewegung zittern. Abb. 54.

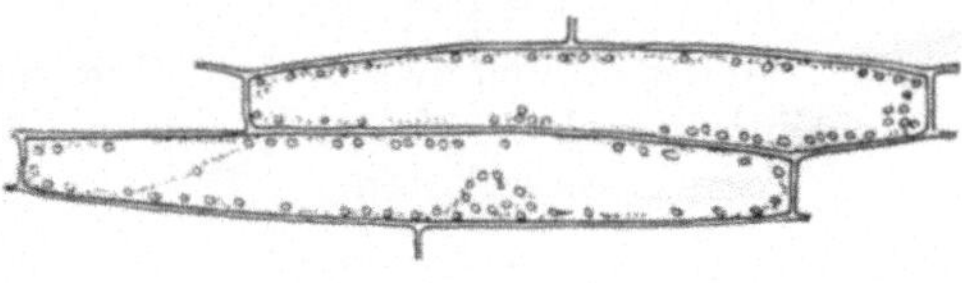

Abb. 55. *Taraxacum officinale*

Chromoplasten

Taraxacum officinale, Maiblume *(Compositae)* : Blütenblatt.

Flächenschnitt vom Grund der gelben Strahlblüte (Innenseite). In den Epidermiszellen kugelige, gelbe Chromoplasten. Abb. 55.

Ranunculus bulbosus, Knolliger Hahnenfuß *(Ranunculaceae)* : Blütenblatt.

Flächenschnitte durch das Blütenblatt zeigen gelbe, spindelige bis ovale Chromoplasten. Die Epidermis des Blütenblattes, sowohl der Ober- wie der Unterseite, läßt sich, besonders am Blattgrund, mit einer Pinzette abziehen. Wegen leichter Hinfälligkeit der Plastiden in Wasser, besser in $1,5\%$ KNO_3 untersuchen! In geschädigten Zellen (obere Zelle der Abb. 56) kugeln sich die Chromoplasten ab. In älteren Blütenblättern bildet sich in den gelben Chromoplasten reichlich Stärke in Form kleiner Körnchen aus, jedoch nur in der oberen Blatthälfte. Die untere bleibt stärkefrei. Mit Chloraljod [1]

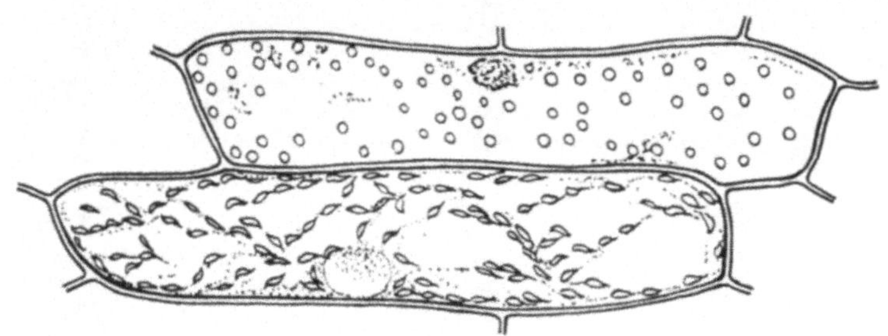

Abb. 56. *Ranunculus bulbosus*

behandelte Blütenblätter werden transparent und in der oberen Hälfte intensiv blau. Die Stärke wird nur in den Chromoplasten des Parenchyms, nicht der Epidermis gebildet. Der „*Stärkespiegel*" erhöht die Kraft der Blütenfärbung, indem er die auffallenden Lichtstrahlen reflektiert.

Ähnliches zeigen die Blütenblätter von **Ranunculus ficaria, R. acer, R. repens** oder **Caltha palustris.**

Gelbe Chrysanthemum-Sorte *(Compositae)* : Blütenblatt.

Mit dem Rasiermesser hergestellte Längsschnitte durch Strahlenblüten gelber Varietäten der in zahllosen Formen kultivierten Chrysanthemen (Stammform *Chrysanthemum sinense*, Heimat: China, Japan) zeigen in wellig konturierten Zellen kleine, kugelige, gelb gefärbte Chromoplasten.

Die dünnen Blütenblätter von **Forsythia-**Arten *(Oleaceae)* oder von gelber **Viola tricolor** *(Violaceae)* eignen sich gleichfalls sehr gut zur Beobachtung von Chromoplasten.

Tropaeolum majus, Kapuzinerkresse *(Tropaeolaceae)* : Blüten- oder Kelchblatt.

Vom Grund des Blütenblattes einer jungen Blüte stellt man von der Innenseite Flächenschnitte her und beobachtet in Wasser. Die Chromatophoren

---

[1] Chloraljod: Chloralhydratlösung (5 Teile Chloralhydrat + 2 Teile H_2O) wird mit einem Überschuß von feinpulverisiertem Jod stehen gelassen. Vor dem Gebrauch wird umgeschüttelt, so daß etwas festes Jod mit ins Präparat gelangt.

sind gelb oder etwas rötlich gefärbt und erscheinen rund, spindelförmig oder drei- bis viereckig. Letztere Formen sind bedingt durch in den Plastiden auskristallisierenden Farbstoff (Karotinoide). Abb. 57.

Gleiches zeigen auch Flächenschnitte oder abgezogene Epidermisstreifen der gelb gefärbten Kelchblätter.

Daucus carota, Karotte, Mohrrübe *(Umbelliferae)* : Wurzel.

Die äußerste Rindenschichte eines Stückchens der rübenförmigen Wurzel wird abge-

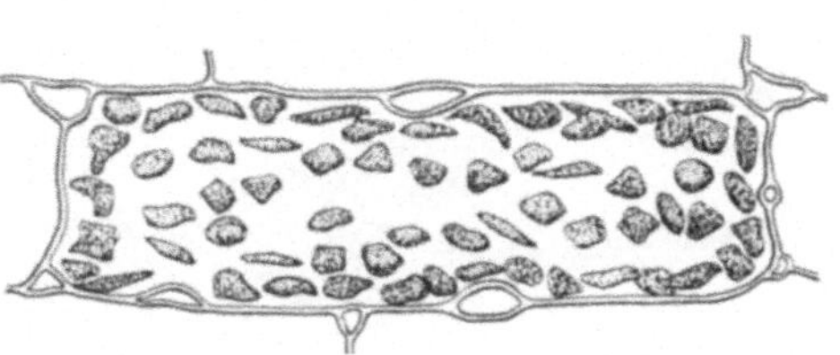

Abb. 57. *Tropaeolum majus*

tragen und von dem darunterliegenden, intensiv gefärbten Gewebe ein dünner Längsschnitt hergestellt. In den einzelnen Zellen liegen orangerote kristalline Gebilde, manchmal hobelspanartig, manchmal annähernd

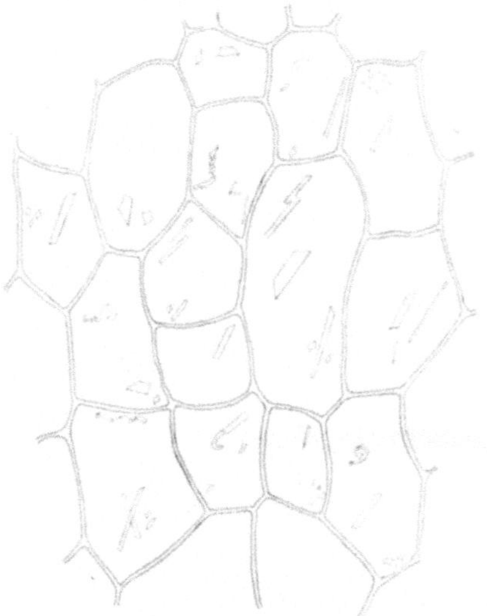

Abb. 58. *Daucus carota*

Abb. 59. *Rosa canina*

rechteckig oder in Form rhombischer Täfelchen. Den Kristallen sitzen meist nur mehr geringe Mengen der ursprünglichen Plastidensubstanz, innerhalb der die Farbstoffe auskristallisiert waren, an. Abb. 58.

Rosa canina, Hundsrose *(Rosaceae)* : Frucht quer.

In den großen Zellen des roten Fruchtfleisches einer quergeschnittenen Hagebutte liegen mannigfach geformte, meist spindelförmige Chromoplasten, bzw. Karotinkriställchen. Abb. 59.

Physalis alkekengi, Judenkirsche *(Solanaceae)* : Fruchtstielepidermis.

Europa, Asien, in Nordamerika eingeschleppt. — Epidermisstreifen mit der Pinzette vom Fruchtstiel abgezogen zeigen Haare mit besonders großen, intensiv orangerot gefärbten, spindeligen Chromoplasten. Abb. 60.

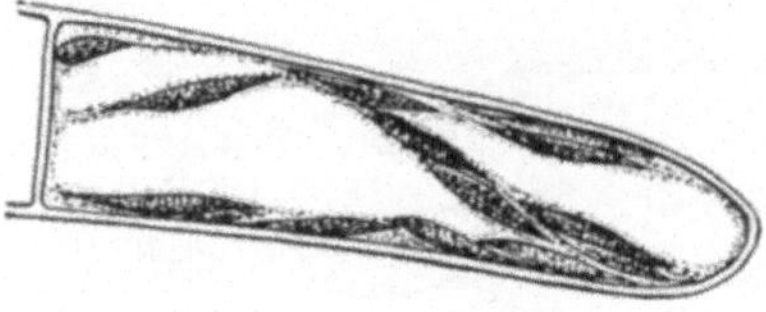

Abb. 60. *Physalis alkekengi*

Lycopersicon esculentum, Tomate *(Solanaceae)* : Fruchtfleisch.

Eine kleine Probe dunkelrot gefärbten Fruchtfleisches wird den Randpartien der Frucht entnommen und auf dem Objektträger in einem Tropfen Wasser verteilt. Die großen, natürlich mazerierten Parenchymzellen enthalten rotgefärbte bläschenförmige Chromatophoren und viele Karotin-Kristalle. Abb. 61.

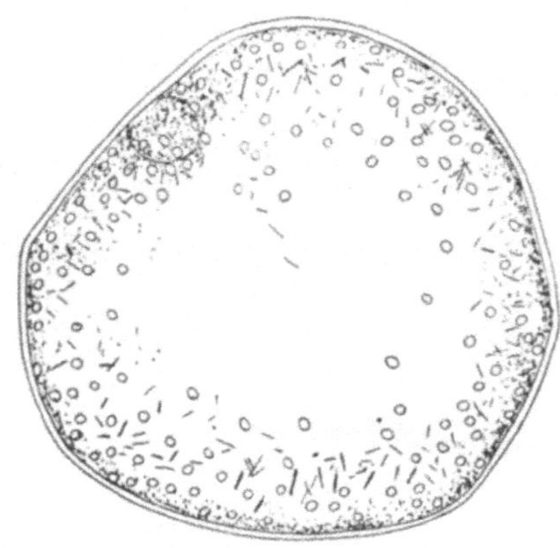

Abb. 61. *Lycopersicon esculentum*

Abb. 62. *Lycium halimifolium*

Lycium halimifolium, Bocksdorn *(Solanaceae)* : Fruchtfleisch.

Verwildert an Hecken und Mauern. Heimisch: Mediterrangebiet. — Das rotgefärbte Fruchtfleisch der Beere enthält in seinen natürlich mazerierten Zellen spindelige und runde Formen von Chromoplasten. Abb. 62.

Kleinorganellen

Unter diesem Sammelbegriff sollen als weitere Einschlüsse des Cytoplasmas zusammengefaßt werden: *Mitochondrien (Chondriosomen), Golgi-Körper (Golgi-Apparat, Dictyosomen)* und *Sphärosomen.* Das nur im Elektronenmikroskop mit Sicherheit erkennbare *endoplasmatische Retikulum* (vgl. S. 35) soll außerhalb unserer lichtmikroskopischen Betrachtungen bleiben. Auf die in die gleiche Größenordnung fallenden *Proplastiden* wurde schon S. 45 hingewiesen.

Die **Mitrochondrien** (Chondriosomen) erscheinen im Lichtmikroskop als rundovale, kurzstäbchen- bis biskotenförmige oder auch langgestreckte, sich im strömenden Plasma schlängelnd bewegende Gebilde. Je lebhafter der Stoff- und Energiewechsel einer Zelle, desto reichlicher sind sie vorhanden. Ihre Feinstruktur ist nur im Elektronenmikroskop zu sehen. Als Stätten von Oxydationsvorgängen stehen sie im Dienste der Atmung. Sie wurden als Träger von Atmungsenzymen erkannt. Sie sind überwiegend aus Proteinen und Lipoiden aufgebaut.

Die **Golgi-Körper** (Dictyosomen) sind im Phasenkontrastmikroskop als schwach kontrastierte Scheibchen von meist weniger als 1 μ Durchmesser erkennbar. In der Desmidiacee *Micrasterias rotata* wurden die größten bisher in Pflanzenzellen beobachteten Golgi-Körper mit Durchmessern von 2—5,5 μ gefunden. Auch die schon lange beschriebenen „*Doppelplättchen*" der Diatomeen wurden als große Golgi-Körper erkannt. Im Elektronenmikroskop erscheinen sie als Pakete abgeflachter, häufig hufeisenförmig gebogener Doppelmembranen (Zisternen), deren Hohlräume gegen die Enden zu etwas erweitert sind und kleine Bläschen (Vesikel) abschnüren können. Sie werden für die Bildung von Sekreten und Pflanzenschleimen verantwortlich gemacht. Sie spielen auch bei der Zellplattenbildung (vgl. S. 38) eine entscheidende Rolle.

Die **Sphärosomen** schließlich sind kugelige, stark lichtbrechende, lipoidreiche Gebilde mit Durchmessern von 0,2—1,5 μ. Im Dunkelfeld leuchten sie hell auf. Im Elektronenmikroskop erscheinen sie strukturlos. Über ihre Funktion ist nichts Sicheres bekannt. In absterbenden Zellen bleiben sie meist lange unverändert im koagulierenden Plasma sichtbar.

Objekte

Allium cepa, Zwiebelschuppe, Innenepidermis:

Eine größere Zwiebel wird der Länge nach in mehrere Teile zerlegt. In die Innenseite der zweiten oder dritten fleischigen Schuppe werden durch leichte Längs- und Querschnitte etwa 1,5 cm lange und ½ cm breite Felder eingeschnitten. Darauf wird die ganze Schuppe in ein weithalsiges, zur Hälfte mit Wasser gefülltes Fläschchen gelegt und mittels einer Wasserstrahlpumpe entlüftet (vgl. S. 38). Dann werden Epidermisstückchen aus der Äquatorialgegend der Schuppe abgehoben.

Da durch den Präparationsreiz manche Organellen vorübergehend ihre Form ändern (vor allem Verkürzung der Mitochondrien) und auch die Plasmaströmung verlangsamt wird, ist es empfehlenswert, die Schnitte für einige Stunden mit der Außenseite (Perlmutterseite) nach oben auf Leitungswasser schwimmen zu lassen. Hier erreichen die Organellen wieder ihre ursprüngliche Form und auch die Plasmaströmung kommt wieder voll in Gang.

In den horizontal auf dem Wasser schwimmenden Epidermisschnitten sinken die Organellen an die Unterseite des Plasmabelages. Sie sind daher besser zu beobachten, wenn man den Schnitt vor dem Mikroskopieren umdreht und von der Unterseite her betrachtet.

Beobachtet man nun bei starker Vergrößerung im Phasenkontrast, so erscheinen die *Mitochondrien* (M) häufig als lange, sich schlängelnd im strömenden Plasma fortbewegende Stäbchen, die *Golgi-Körper* (G) als runde, schwach

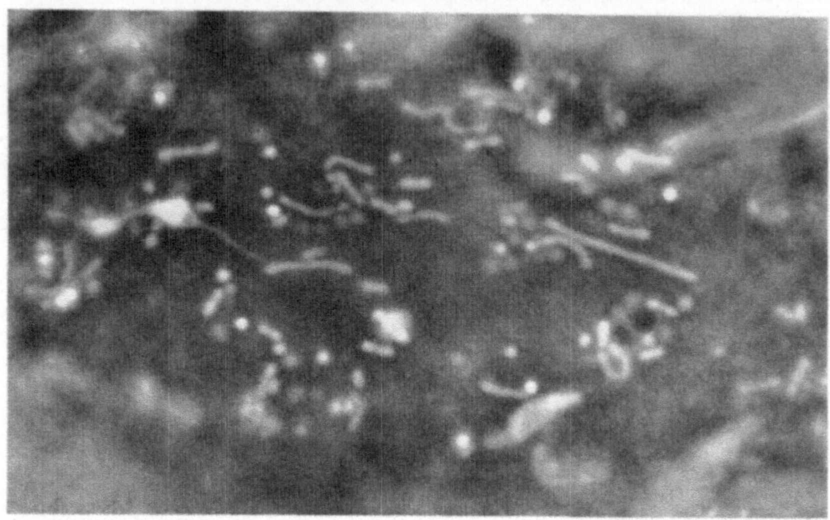

a) Photo

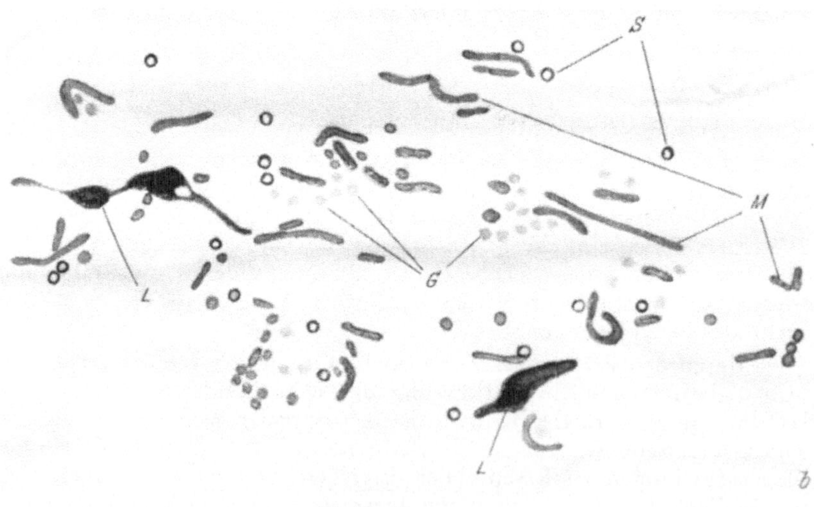

Abb. 63. *Allium cepa*   b) Zeichnung

kontrastierte Scheibchen, die *Sphärosomen* (S) als stark lichtbrechende Kügelchen und die *Leukoplasten* (vgl. S. 46) als verschieden gestaltete, ausgezipfelte, ihre Fortsätze langsam amöboid verändernde Gebilde (L). Abb. 63a, b. Sehr gut lassen sich die genannten Organellen in den natürlich mazerierten Zellen des Fruchtfleisches von **Symphoricarpus racemosus** (vgl. S. 15) beobachten. Zur Schonung der zarten Zellen empfiehlt sich die Untersuchung in 0,1—0,15 mol Glukose (Traubenzucker).

3. Leblose Inhaltskörper des Protoplasmas
Die Stärke

Die Stärke ist ein wichtiger Reservestoff aus der Gruppe der Kohlehydrate $(C_6H_{10}O_5)n$. Sie bildet sich ausschließlich in der lebenden Zelle und hier wieder nur in *Plastiden* (Amyloplasten). Primär entsteht sie nur in den grünen Chloroplasten, die allein befähigt sind, aus CO_2 und H_2O unter Ausnutzung der Lichtenergie Stärke aufzubauen: *autochthone Stärke* (Assimilationsstärke). Wir haben sie bei der Untersuchung der Chloroplasten schon verschiedentlich angetroffen.

Auch in den Reservestoffbehältern, in Wurzeln, Knollen, Samen, Markstrahlen usw. entsteht Stärke aus den dorthin abgeleiteten Zuckern nur im Inneren von Plastiden (Leukoplasten, manchmal auch Chloro- und Chromoplasten): *Reservestoffstärke.*

Für die Stärkekörner ist kennzeichnend, daß sie, obwohl von Anfang an leblos, doch eine für jede Pflanzenart erblich festgehaltene Form besitzen. Auch ihre Struktur- und Dichteeigentümlichkeiten können von Pflanze zu Pflanze verschieden sein.

Die Stärke ist nie ein homogenes Gebilde, sondern zeigt stets einen mehr oder minder deutlich *geschichteten Bau.* Die Kondensation des Zuckers zu Stärke nimmt ihren Ausgang an einem oder mehreren „*Bildungskernen*", um die sich schichtenweise das Stärkekorn aufbaut. Die Schichtung kann *konzentrisch* oder *exzentrisch* sein. Entsteht das Stärkekorn seitlich im Amyloplasten, so ist die der Plastidenmasse zugewandte Seite des Stärkekorns in der Ausbildung bevorzugt, wodurch exzentrisch geschichtete Körner entstehen. Bleiben die Stärkekörner annähern gleichmäßig von Plastidensubstanz umgeben, so erhalten sie konzentrischen Bau. Viele Stärkekörner, die in normalem Zustand nur eine undeutliche oder gar keine Schichtung zeigen, werden nach Behandlung mit verdünnter Chromsäure, der ev. auch etwas Schwefelsäure zugesetzt ist, deutlich geschichtet.

Das Zustandekommen der Schichtung dürfte im wesentlichen auf Wechsellagerung wasserreicher und wasserarmer Schichten beruhen. Wahrscheinlich sind aber in den Schichten auch die beiden Hauptbestandteile der Stärke, die *Amylose* und das *Amylopectin*, in einem ungleichen Mischungsverhältnis vorhanden. Die Amylose ist in heißem Wasser löslich und färbt sich mit Jod blau, während das Amylopectin sogar in siedendem Wasser nur aufquillt und violette oder weinrote Jodfärbung zeigt. Bei der *Verkleisterung* der Stärke geht daher die Amylose in Lösung, während das Amylopectin als verquollene Masse zurückbleibt. Strukturchemisch unterscheidet sich Amylopectin von Amylose nur durch Verzweigungen seiner Molekülketten.

Die Stärkekörner tragen den Charakter von *Sphaerokristallen*, d. h. sie bestehen innerhalb der einzelnen Schichten wieder aus radiär geordneten kristallinischen Elementen. Diese hat man sich nach A. MEYER als feine

Kristallnadeln, *Trichite*, vorzustellen, die sich zwischen den gekreuzten Nikols eines Polarisationsmikroskops als doppelbrechend erweisen. Es erscheint ein den Schwingungsrichtungen der beiden Nikols entsprechendes schwarzes Polarisationskreuz. Der Schnittpunkt seiner beiden Arme liegt im Bildungskern des Stärkekorns. Es ist demnach bei konzentrischen Körnern gleicharmig, bei exzentrisch geschichteten ungleicharmig.

Man unterscheidet *einfache* und *zusammengesetzte Stärkekörner*, letztere können aus zwei bis hunderten von Einzelkörnern aufgebaut sein. Sind die Teilstärkekörner von einer gemeinsamen Schichtung umgeben, so nennt man sie *halbzusammengesetzt.*

Die *Größe* der Stärkekörner kann sehr verschieden sein: Reis 3—10 µ, Mais 10—30 µ, die großen Körner bei Weizen und Roggen etwa 35—52 µ, Bohnen 24—57 µ, Kartoffel 50—100 µ.

Durch *Enzyme* (Amylasen) vermag die Pflanze Stärkekörner wieder aufzulösen, in Zucker (Maltose) umzuwandeln und so wieder in den Stoffwechsel einzubeziehen. Stärke findet sich in fast allen höheren Pflanzen. Nicht vorhanden ist sie z. B. bei den Schizophyceen, den Phaeophyceen und den Diatomeen. Die sogenannte „*Florideenstärke*" der Rotalgen ist ein gleichfalls aus Glukose aufgebautes, aber anders geartetes Kohlehydrat, das sich mit Jod rötlich färbt. Allen Pflanzen, die durch Photosynthese keine echte Stärke bilden können, fehlt das Chlorophyll b.

Verschiedene Stärkesorten

Solanum tuberosum, Kartoffel *(Solanaceae)* : Stärke.

Sofern man es nicht vorzieht, käufliche Kartoffelstärke zu untersuchen, schneidet man eine Kartoffelknolle quer durch, bringt etwas von dem mit Stärkekörnern erfüllten Saft der Schnittfläche auf den Objektträger und verteilt ihn in einem Tropfen Wasser. Neben einer großen Zahl einfacher, exzentrisch geschichteter Stärkekörner finden sich fast immer auch einzelne ganz- oder halbzusammengesetzte. Bei halbzusammengesetzten sind die einzelnen Stärkekörner noch von einer gemeinsamen Schichtung umgeben. Die meisten Einzelkörner sind 50—100 µ groß. Daneben gibt es aber auch viele kleinere Körner. Abb. 64.

Abb. 64. *Solanum tuberosum*

Wir setzen seitlich an den Deckglasrand einen Tropfen Jodlösung (alkohol. Jodtinktur, Jodglyzerin, Jodwasser) und heben den Deckglasrand etwas mit einer Nadel, um der Lösung den Eintritt und die

Durchmischung zu erleichtern. Überschüssige Flüssigkeit mit Filterpapier absaugen. Die Stärkekörner färben sich blau oder blauviolett.

Triticum aestivum, Saatweizen *(Gramineae)* : Stärke.

Wie bei den meisten zu untersuchenden Stärkesorten kann man auch hier käufliche Stärke zur Untersuchung heranziehen. Will man dies nicht tun, so schneidet man ein Weizenkorn mit einem Taschenmesser quer durch und bohrt mit der Messerspitze etwas Mehl heraus. Man läßt dieses auf einen am Objektträger befindlichen Wassertropfen oder, sofern man Dauerpräparate machen will, auf einen Tropfen verdünnten Glyzerins (2 : 1) fallen und verteilt darinnen mit der Nadel. Wir finden zwei Sorten von Stärkekörnern: Große und wesentlich kleinere. Übergangsformen sind nicht vorhanden. Gelegentlich ist auch zarte konzentrische Schichtung zu beobachten. An in der Flüssigkeit dahinrollenden großen Körnern kann man ihre linsenförmige Gestalt erkennen. Abb. 65.

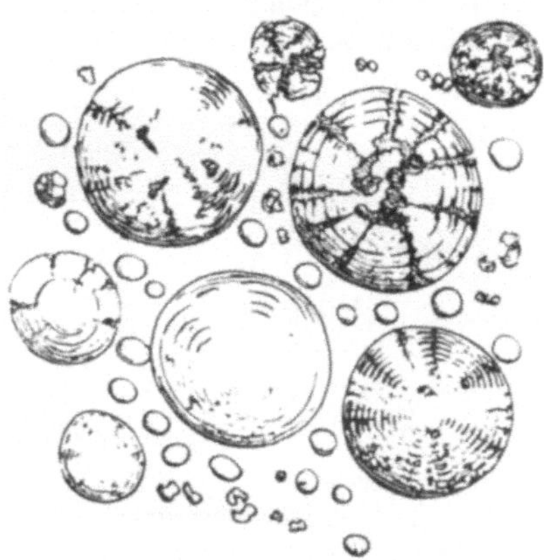

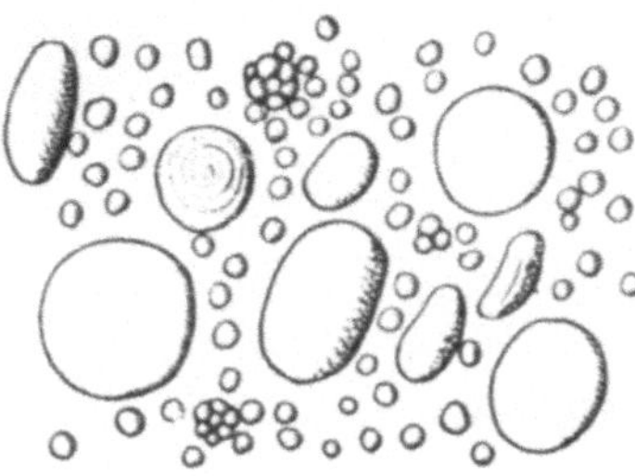

Abb. 65. *Triticum vulgare*   Abb. 66. *Triticum aestivum*, korrodierte Stärke

Korrodierte Stärke, d. h. durch das Ferment Diastase teilweise „angefressene" und in Zucker umgewandelte, von Löchern und Kanälen durchzogene Stärkekörner erhält man, wenn man Weizenkörner (oder andere Getreidefrüchte) einige Stunden einquillt und dann in einer mit feuchtem Filterpapier ausgelegten und bedeckten Schale einige Tage keimen läßt. Aus den aufgequollenen, weich gewordenen Körnern wird ein wenig von dem milchig erscheinenden Inhalt auf den Objektträger ausgepreßt und in Wasser untersucht. Die Schichtung tritt bei den durch Diastase angegriffenen Stärkekörnern deutlich hervor. Abb. 66.

Schneller kann man korrodierte Stärkekörner erhalten, wenn man auf einem Objektträger in einen Tropfen Speichel etwas Stärke bringt, mit einem Deckglas bedeckt und zur Verhinderung der Eintrocknung mit Wachs oder Paraffin umrandet. Nach sechs Stunden schon ist die auflösende Wirkung der Diastase zu beobachten.

Secale cereale, Saatroggen *(Gramineae)* : Stärke.

Präparation wie bei *Triticum.* Ebenfalls Groß- und Kleinkörner. In der Form ähnlich der Weizenstärke. Die Großkörner zeigen jedoch viel häufiger konzentrische Schichtung und besitzen oft in der Mitte einen kreuz- bis sternförmigen Spalt. Derartige „*Trockenrisse*" treten bei vielen Stärkekörnern regelmäßig auf. Sie sind auf die inneren Spannungen des ungleich austrocknenden Kornes zurückzuführen. Infolge totaler Reflexion des Lichtes an der eingeschlossenen Luft erscheinen sie schwarz. Abb. 67.

Ein gutes *Unterscheidungsmittel* zwischen Weizen- und Roggenstärke bietet ihr Verhalten in Natriumsalizylatlösung (1 : 11). Roggenstärke ist darin nach einer Woche fast zur Unkenntlichkeit der einzelnen Körner verquollen, während Weizenstärke wohl auch aufquillt, aber selbst nach Monaten noch die Umrisse der einzelnen Körner deutlich erkennen läßt.

Zea mays, Mais *(Gramineae) :* Stärke.

Präparation gleichfalls durch Auseinanderschneiden eines Kornes und Herausschaben der Stärke aus dem Endosperm. Ihre Form ist rundlich oder

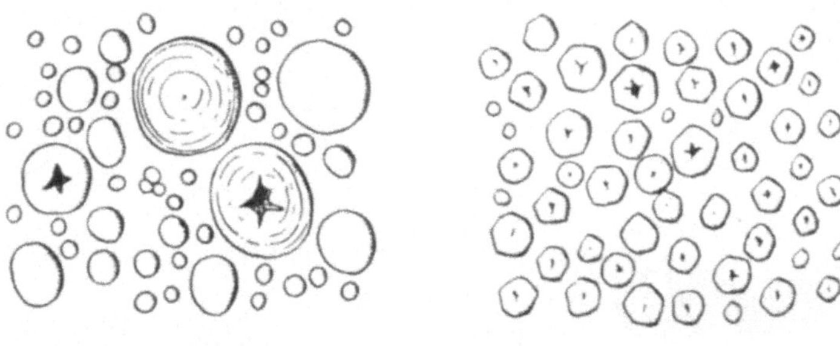

Abb. 67. *Secale cereale*   Abb. 68. *Zea mays*

kantig polyedrisch. Schichtung nicht zu sehen. Fast regelmäßig in der Mitte des Stärkekorns ein drei- oder mehrstrahliger Trockenriß. Abb. 68.

Avena sativa, Saathafer *(Gramineae) :* Stärke.

Herstellung des Präparates wie oben. Beim Hafer entsteht meist in jedem Amyloplasten ein großes, vielfach zusammengesetztes Stärkekorn. Bei Druck bzw. im Verlauf der Präparation zerfällt es leicht in seine kleinen Einzelkörner oder in unregelmäßige Aggregate derselben. Die Teilkörner haben eine durchschnittliche Größe von 7μ. Neben diesen zusammengesetzten Körnern finden sich auch noch kleine rundliche, sowie spindel- und tropfenförmige Einzelkörner. Abb. 69.

Oryza sativa, Reis *(Gramineae) :* Stärke.

Gleiche Präparatherstellung wie bei den übrigen Gramineenstärken. Die Reisstärke ist ähnlich vielfach zusammengesetzt wie die Haferstärke. Auch in der Größe stimmt sie mit dieser annähernd überein, nur sind die Teilkörner wesentlich scharfkantiger als dort und auch etwas kleiner (etwa 5μ). Kleine spindel- oder tropfenförmige Stärkekörner fehlen vollkommen. Abb. 70.

Phaseolus vulgaris, Bohne *(Papilionaceae) :* Stärke.

Untersucht wird Bohnenmehl oder, wie oben, aus einer mit einem Taschenmesser halbierten Bohne herausgeschabte Stärke. Die Stärkekörner sind kreisrund oder häufig oval. Der Bau ist konzentrisch. Die Schichten sind

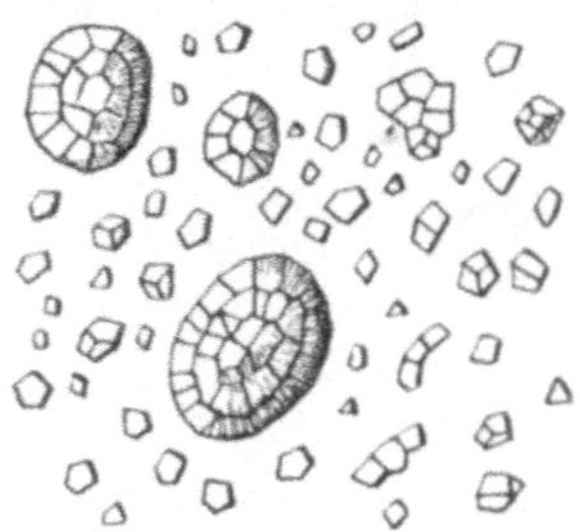

Abb. 69. *Avena sativa*   Abb. 70. *Oryza sativa*

gut zu erkennen. Die Stelle des Bildungskernes ist ersetzt durch einen länglichen, oft auch verzweigten Trockenriß. Abb. 71.

Maranta arundinacea, Pfeilwurz *(Marantaceae) :* Stärke.

„Marantastärke" wird aus den knolligen Wurzelstöcken dieser und anderer in Westindien und Südamerika beheimateten Maranta-Arten hersgestellt. Im Handel ist sie als „Westindische Arrowroot" bekannt. — Die Stärkekörner sind 40—50 μ groß, exzentrisch geschichtet und enthalten an der Stelle des Bildungskernes einen kleinen, vielfach einem fliegenden Vogel ähnelnden Trokkenriß.

Abb. 71. *Phaseolus vulgaris*

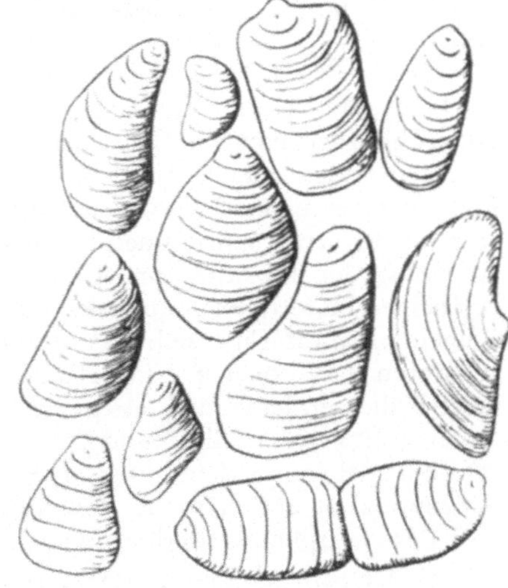

Abb. 72. *Canna indica*

Canna edulis, Blumenrohr *(Cannaceae) :* Stärke.

Cannastärke kommt als „Arrowroot von Queensland" in den Handel. Sie ähnelt der Marantastärke und stammt gleichfalls aus unterirdischen knolligen Reservestofforganen.

Die als Zierpflanze kultivierte **Canna indica** (Abb. 72) bildet ähnliche Stärkekörner.

Euphorbia splendens *(Euphorbiaceae)* : Stärke.

Im Plasmawandbelag der Milchsaftzellen aller Wolfsmilchgewächse finden sich verschieden geformte längliche und stäbchenförmige Stärkekörner.

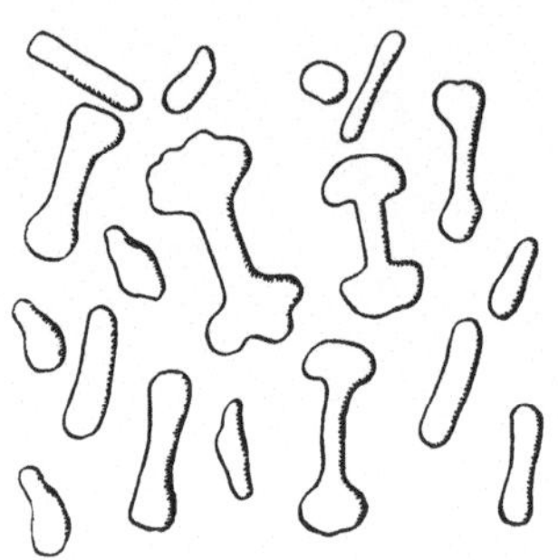

Abb. 73. *Euphorbia splendens*

Besonders eigenartig sind die von *Euphorbia splendens*: der sukkulente Stamm wird mit einer Nadel angestochen und der ausfließende Milchsaft auf einem Objektträger untersucht. Dieser hat auch das Plasma der Milchsaftzellen mitgerissen, so daß nun die Stärkekörner inmitten der in BROWNscher Molekularbewegung zitternden Milchsaftkügelchen liegen. Sie sind auffallend knochen- (humerus-) förmig. Nach Jodzusatz heben sie sich tiefblau von dem braunen Milchsaft ab. Abb. 73.

Protein- oder Aleuronkörner

Als Protein- oder Aleuronkörner bezeichnet man geformte, zum größten Teil aus Eiweiß bestehende Reservestoffkörper. Sie finden sich als „Klebermehl" ausschließlich in Samen (z. B. Rizinus, *Juglans*, Leguminosen, Gramineen usw.). Bei gewissen Mais-, Roggen- und Gerstensorten können sie blau gefärbt sein. Im Gegensatz zu den Stärkekörnern entstehen die Aleuronkörner nicht in Plastiden, sondern durch Eindickung und Austrocknung kleiner eiweißreicher Vakuolen. Im Verlauf des Wasserentzuges können dabei in der Vakuole nacheinander verschiedene Stoffe ausgeschieden werden. In den Rizinussamen fallen zuerst schwerlösliche Kalzium-Magnesiumsalze der Inosithexaphosphorsäure (Phytin) als Globoide aus. Sie erscheinen im fertigen Aleuronkorn in Form von 1—3 stark lichtbrechenden Kugeln. Darauf fügt sich das Reserveeiweiß zu einem, manchmal auch mehreren, hexagonalen Eiweißkristalloiden zusammen und schließlich erstarrt die verbleibende Flüssigkeit, die ein leicht lösliches Albumin enthält, zu einer Eiweißkristalloid und Globoide umhüllenden einheitlichen Grundmasse. In seltenen Fällen treten in dieser auch noch Nadeln oder Drusen von Kalziumoxalat auf (*Vitis vinifera*-Samen, Umbelliferenfrüchte). Es können aber der amorphen Grundmasse auch sämtliche Einschlüsse fehlen.

Bei der Samenkeimung verwandeln sich die Aleuronkörner unter reichlicher Wasseraufnahme wieder in eiweißreiche Vakuolen zurück, wobei der Auflösungsprozeß in umgekehrter Reihenfolge wie die Erstarrung vor sich geht.

Liegen Stärke- und Proteinkörner in einer Zelle nebeneinander, so sind sie durch Hinzufügen von etwas Jodlösung leicht zu unterscheiden: die Stärkekörner färben sich blau, die Proteinkörner bräunlich.

Objekte

Ricinus communis, Rizinus *(Euphorbiaceae)* : Same.

In den Tropen baumförmige, sonst krautige Pflanze, deren Samen das medizinisch verwendete Rizinusöl liefern. — Die harte Samenschale wird mit einem Taschenmesser aufgebrochen und entfernt. Das Gewebe des großen, weißen Endosperms läßt sich mit einer Rasierklinge sehr leicht schneiden. Untersucht man einen dünnen Schnitt trocken unter dem Deckglas, so sieht man die Aleuronkörner in dem durch seinen Gehalt an fettem Öl stark glänzenden Cytoplasma liegen. Fügt man Wasser hinzu, so tritt das Öl in großen Tropfen aus den Geweben. Es entsteht allmählich eine Emulsion, die die Beobachtung erschwert. Saugt man etwas absoluten Alkohol hindurch, so verschwinden die Öltröpfchen allmählich, da das Rizinusöl mit absolutem Alkohol mischbar ist. Gleichzeitig treten in den einzelnen Aleuronkörnern die *Eiweißkristalloide* deutlich hervor. Auch die *Globoide* sind sichtbar.

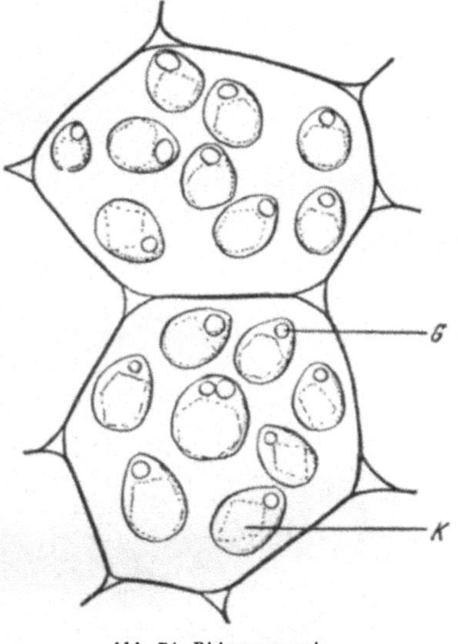

Abb. 74. *Ricinus communis*

Fügt man jetzt dem Präparat seitlich einen Tropfen 5%iger KOH zu und beobachtet gleichzeitig, so sieht man die Kristalloide in Lösung gehen, die Globoide bleiben erhalten. Saugt man mit einem Filterpapier die Kalilauge wieder ab und läßt 3%ige Essigsäure nachfließen, so lösen sich nun auch die Globoide.

Will man nur die Aleuronkörner mit den Globoiden (G) beobachten, so untersucht man den frischen Schnitt nicht in Wasser, sondern in einem Tropfen Olivenöl. Die Eiweißkristalloide (K) sind hier nur sehr schwach sichtbar. Abb. 74.

Die Rizinussamen eignen sich auch sehr gut zur Durchführung makroskopischer **Eiweißreaktionen.** Wir teilen mehrere Samen der Länge nach, stellen mit einem Messer eine glatte Schnittfläche her und führen folgende Reaktionen aus:

1. *Xanthoprotein-Reaktion* : Ein Tropfen konz. Salpetersäure auf die Schnittfläche gebracht, färbt diese gelb.

2. *Raspail'sche Reaktion* : Die Schnittfläche wird mit konzentrierter Zuckerlösung befeuchtet und dann konzentrierte Schwefelsäure zugesetzt. Sie färbt sich purpur, violettrot oder rot.

3. *Millons Reaktion* : Setzen wir einen Tropfen Millons Reagens (reines Quecksilber in gleichem Gewichtsteil konz. Salpetersäure gelöst und dann mit dem doppelten Volumen dest. Wassers verdünnt) auf die Schnittfläche, so tritt in der Kälte langsam, bei Erwärmen rascher eine ziegelrote Färbung ein.

4. *Biuret-Reaktion* : Der halbe Same wird zuerst in konz. wässrige Kupfersulfatlösung eingelegt und dann mit Kalilauge (1 Teil KOH plus 1 Teil Wasser) befeuchtet. Die Schnittfläche färbt sich violett.

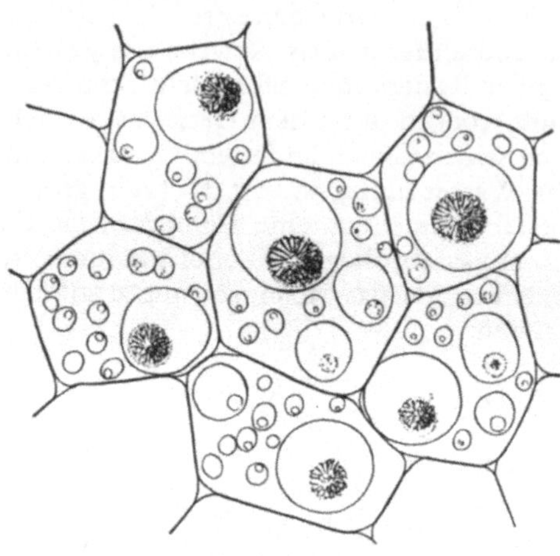

Abb. 75. *Vitis vinifera*

Vitis vinifera, Weinstock *(Vitaceae)* : Same, quer.

Dünne Querschnitte durch den Samen werden in Wasser oder verd. Glyzerin untersucht. Die Zellen des Endosperms enthalten neben zahlreichen kleinen Aleuronkörnern vereinzelt auch auffallend große, in welchen je eine Kalziumoxalatdruse gelegen ist. Abb. 75.

Pisum sativum, Erbse *(Papilionaceae)* : Same.

Ein Erbsensame wird mit einem Taschenmesser so durchschnitten, daß die beiden Kotyledonen quer getroffen werden. Von der mit etwas verdünntem Glyzerin befeuchteten Schnittfläche wird mit dem Rasiermesser ein möglichst dünner Schnitt hergestellt und in verd. Glyzerin untersucht. Es empfiehlt sich, bei allen Handschnitten immer gleich eine größere Anzahl davon herzustellen und unter ein gemeinsames Deckgläschen zu legen, um bei der Untersuchung die Auswahl unter mehreren Schnitten zu haben. Die parenchymatischen Zellen der Kotyledonen sind dünnwandig und von zahlreichen großen runden

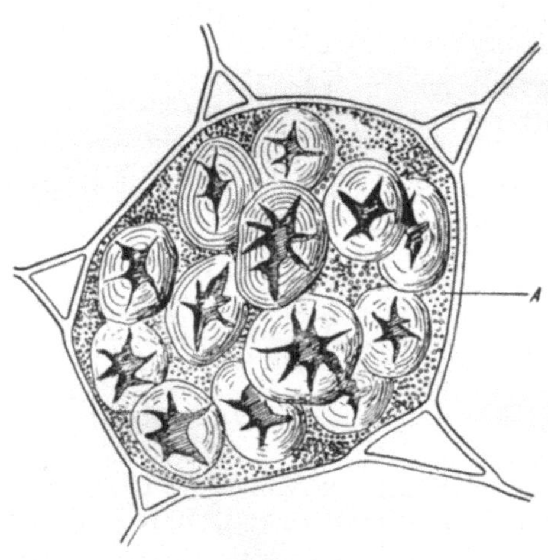

Abb. 76. *Pisum sativum*

oder ovalen, konzentrisch geschichteten Stärkekörnern erfüllt. Dazwischen liegen in dem feinkörneligen Plasma auch viele kleine Aleuronkörner (A).

Bei Zugabe einer Jodlösung färben sich die Stärkekörner blau, die Aleuronkörner sowie die plasmatische Grundsubstanz gelb. Abb. 76.

Triticum aestivum, Saatweizen *(Gramineae)* : Frucht, quer.

Ein Weizenkorn wird mit dem Taschenmesser halbiert. Mit der leicht schräg auf die Schnittfläche angesetzten Rasierklinge werden hobelartig (nicht durchziehend) mehrere dünne Schnitte hergestellt. Wesentlich ist, daß diese wenigstens an einer Stelle auch den Rand des Kornes treffen. Die Schnitte durch das harte Gewebe rollen sich meist ein, doch breiten sie sich auf dem Objektträger in verd. Glyzerin von selbst wieder aus.

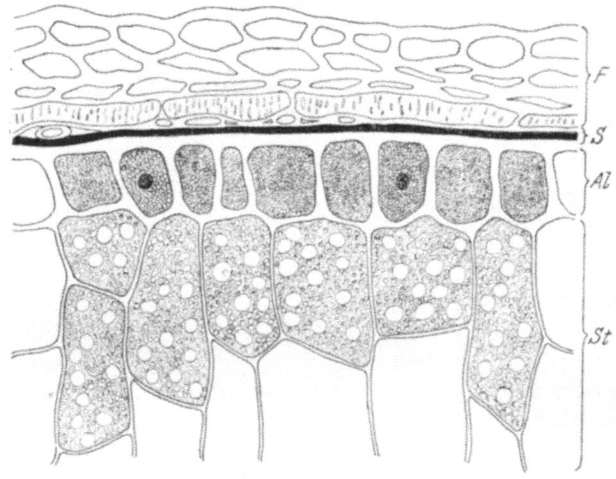

Abb. 77. *Triticum aestivum*

Wir sehen von außen nach innen: die zusammengepreßten toten Zellen der *Fruchtschale* (F), darunter, mit dieser Fruchtwand verwachsen, die gleichfalls schon abgestorbenen verdickten Schichten der *Samenschale* (S) und unter dieser eine Reihe großer, mit *Aleuronkörnern* dicht erfüllter Zellen (Al), die ihrerseits wiederum an das stärkehaltige Parenchym (St) des *Endosperms* grenzt. Der Weizen besitzt unter den einheimischen Getreidefrüchten die größten Aleuronzellen. Abb. 77.

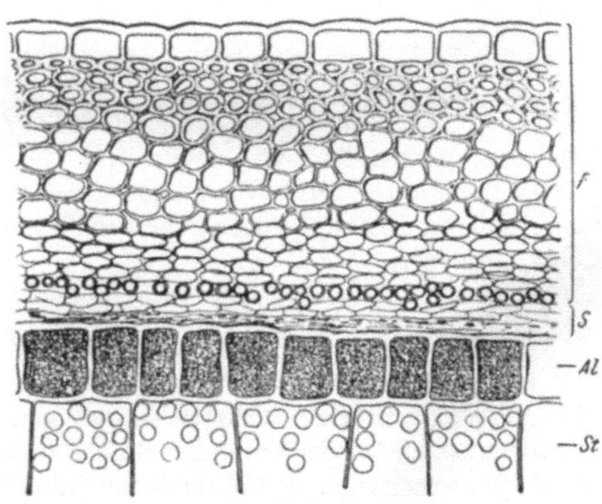

Abb. 78. *Zea mays*

Zea mays, Mais *(Gramineae)* : Frucht quer.

Präparation wie beim Weizen. Gleiche Anordnung der Aleuronschichte, jedoch kleinere Zellen. Bei blauen Maissorten sind die Aleuronzellen durch Anthocyan intensiv gefärbt. Die Fruchtwand (F) ist wesentlich dicker als beim Weizen. Abb. 78. Bezeichnung wie Abb. 77.

Hordeum vulgare, Saatgerste *(Gramineae)* : Frucht, quer.

Gleiche Präparation wie Weizen und gleiche Anordnung der Gewebe, jedoch stets zwei bis drei Reihen von Aleuronzellen. Abb. 79. Bezeichnung wie Abb. 77.

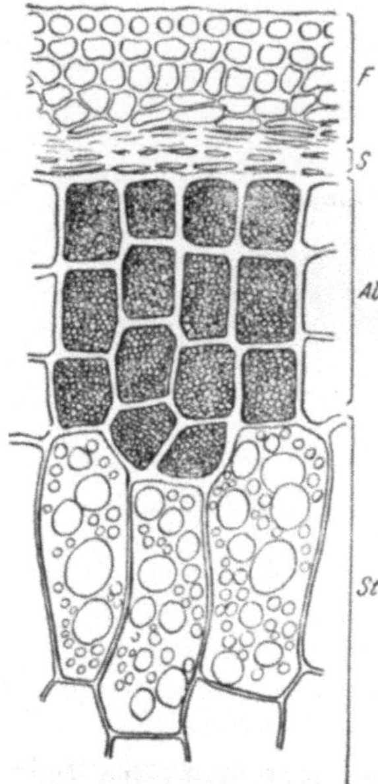

Zur Untersuchung von Aleuronkörnern eignen sich weiters auch die Samen von: **Juglans, Quercus, Cucurbita, Helianthus annuus, Citrus, Lupinus, Juniperus communis** u. a.

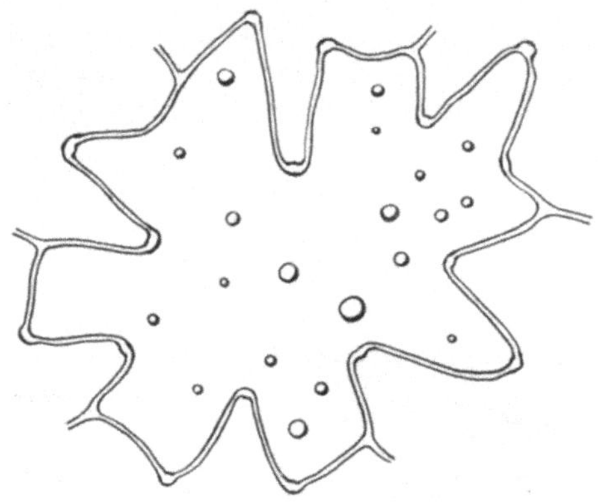

Abb. 79. *Hordeum vulgare*   Abb. 80. *Aucuba japonica*

Fette Öle

Aucuba japonica, Aukube *(Cornaceae)* : Epidermis.

Die Epidermiszellen von Blatt und Stengel enthalten durchwegs kleine Tröpfchen fetter Öle. Wir stellen einen Flächenschnitt von der Oberseite eines Blattes her und untersuchen in Wasser. Mit Sudan III färben sich die Öltröpfchen rot. Abb. 80.

Euonymus europaeus, Spindelbaum *(Cornaceae)* : Samenarillus.

In Europa verbreitet. — Die Epidermis des orangefarbenen Arillus der Samen wird mit einer Pinzette abgezogen und in Wasser untersucht. Jede Epidermiszelle enthält neben kleinen rundlichen oder spindeligen roten Chromoplasten je eine große farblose Ölkugel. In Alkohol geben die Chromoplasten ihren Farbstoff an die Öltropfen ab und färben sie grünlichgelb. Sudan III färbt sie rot. Abb. 81.

Auch *Verseifungsreaktionen* ermöglichen ihre Erkennung als Fette. Hiezu wird der Schnitt auf dem Objektträger in einen Tropfen eines Gemisches von gleichen Volumteilen wässriger konz. KOH und ebensolcher Ammoniaklösung gelegt und mit einem Deckglas bedeckt. Die Öltropfen werden trüb und verwandeln sich in myelin- oder traubenförmige Massen. Nach einiger Zeit, besonders schön nach ein- bis mehrtägigem Liegen in feuchtem Raum („feuchte Kammer"), bilden sich die Seifen der Fettsäuren in Form von Nadeln oder Sphärokristallen.

Eine *feuchte Kammer*, wie man sie zur Aufbewahrung nicht eingeschlossener, in leicht verdunstender Flüssigkeit liegender Objekte benötigt, besteht aus einer Glasschale, deren Boden mit etwas Wasser bedeckt ist, einem kleinen Glasgestell, auf welches die Objektträger gelegt werden können und einer mit feuchtem Filterpapier ausgeschlagenen Glasglocke, die über das Ganze gestülpt wird.

Auch in der Epidermis der Blattoberseite von **Coelogyne flaccida** *(Orchidaceae)* finden sich sehr schöne Öltropfen.

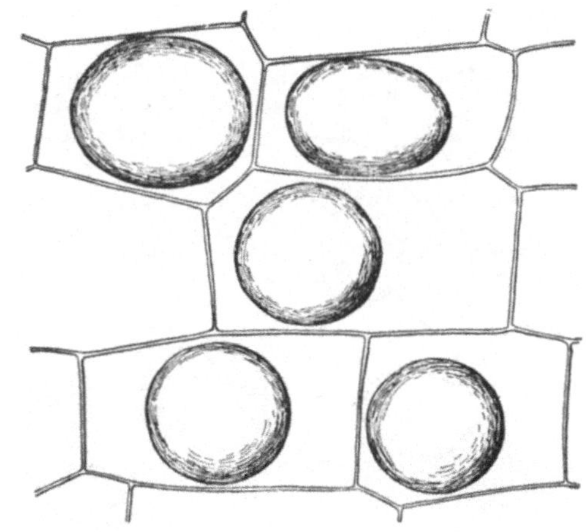

Abb. 81. *Euonymus europaeus*

Ölkörper der Lebermoose

Etwa 89% aller Lebermoose enthalten in ihren Zellen verschieden geformte große oder kleine, homogen erscheinende oder trüb schaumige ölreiche Gebilde, sogenannte *Ölkörper*. Sie enthalten außer dem ätherischen Öl auch eine eiweißreiche Masse. Über ihre Entstehung sind die Ansichten geteilt. Die einen sehen das Öl gebunden an ein plasmatisches Stroma, die anderen lassen diese Gebilde, ähnlich wie die Aleuronkörner, aus Vakuolen entstehen. Manchmal sind zarte Hüllen um die Öltropfen zu erkennen, die als Gerinnungsmembran, als Vakuolenhülle oder als plasmatische Umhüllung gedeutet werden, weshalb man diese Ölkörper vielfach auch als Elaeoplasten auffaßt. Form und Zahl sind für die verschiedenen Arten charakteristisch. Viele Lebermoose enthalten in jeder, manche nur in vereinzelten Zellen einen großen Ölkörper (Radula), andere sind durch einige wenige große langgestreckte oder traubig zusammengesetzte und wieder andere durch viele kleine tropfige oder klar durchsichtige Ölkörper in jeder Zelle gekennzeichnet.

Für den Zellphysiologen sind die Ölkörper der Lebermoose deshalb von besonderem Interesse, weil sie gegen verschiedene äußere Einflüsse sehr empfindlich sind und ihr Zerfall oder ihre Auflösung häufig das erste mikroskopisch erkennbare Anzeichen einer Schädigung der Zellen darstellt. Zur Beobachtung eignen sich besonders die nur aus einer Zellschichte bestehenden Blättchen der verschiedenen Arten der Familie der *Acrogynaceae (Hepaticae, Jungermanniales)*.

Objekte

Plagiochila asplenioides *(Acrogynaceae)* : Blättchen.

Einige Blättchen dieses zweizeilig beblätterten häufigen Lebermooses werden in Wasser untersucht. Jede Zelle enthält außer den Chloroplasten mehrere kleine, homogen erscheinende Ölkörper. Abb. 82a.

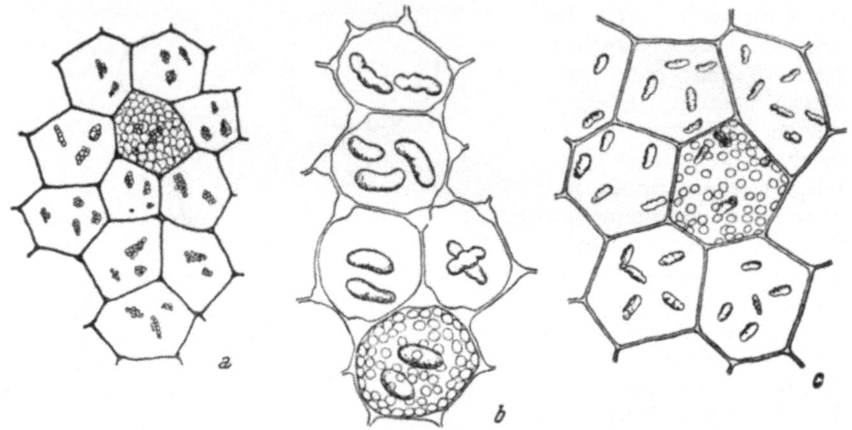

Abb. 82. *a) Plagiochila asplenioides, b) Alicularia scalaris, c) Calypogeia neesiana*

Alicularia scalaris *(Acrogynaceae)* : Blättchen.

Einzelne Blättchen oder auch ganze Sprosse dieses zarten Lebermooses gelangen in Wasser zur Beobachtung. In jeder Zelle liegen zwei bis vier längliche, wurstförmige, manchmal an einigen Stellen etwas eingeschnürte Ölkörper. In den jüngsten Blättchen sind sie manchmal fast kugelig. Abb. 82b.

Calypogeia neesiana *(Acrogynaceae)* : Blättchen.

Präparation wie bei Alicularia. In jeder Zelle mehrere kleine, optisch homogen erscheinende Ölkörper. Sie sind teilweise bedeckt von den darüberliegenden Chlorophyllkörnern. Abb. 82c.

Trichocolea tomentella *(Acrogynaceae)* : Sprosse.

Die Sprosse des etwas derb erscheinenden Lebermooses lösen sich unter dem Mikroskop in feinste Zweiglein auf, die jeweils nur aus einer Zellreihe bestehen. In allen Zellen liegen neben den Chloroplasten (Ch) einige stark lichtbrechende kleine Ölkörper (Ö). Abb. 83a.

Marchantia polymorpha, Brunnenlebermoos *(Marchantiaceae)* : Sproß, Fläche.

Wir stellen von dem thallusartigen Vegetationskörper mit dem Rasiermesser einen Flächenschnitt her. Objekt und Klinge mit Wasser benetzen! Sowohl in den Zellen des Hautgewebes wie in tiefer gelegenen Schichten findet sich je ein großer, unregelmäßig geformter, in jüngeren Organen schwach bräunlicher, in älteren braun gefärbter Ölkörper. Die einzelnen großen Ölkugeln, die ihn zusammensetzen, lassen seine Oberfläche bucklig erscheinen. Abb. 83 b.

Ätherische Öle, Balsame und **Harze** sind gleichfalls häufige Pflanzenstoffe, wie wir sie in Exkretzellen oder von sezernierenden Zellen in Interzellularräume abgeschieden finden. Sie sind chemisch nicht einheitlich zu definieren. Es sind Hydrierungs- und Dehydrierungsprodukte eines ungesättigten Kohlenwasserstoffes von der Formel $C_{10}H_{16}$ oder Sauerstoffabkömmlinge solcher Verbindungen. Man bezeichnet solche Stoffe als Terpene. Als Elementarbaustein wird das Isopren C_5H_8 angenommen. Derartige stark duftende, leicht flüchtige Stoffe sind für zahlreiche Familien, wie Coniferen, Labiaten, Rutaceen, Umbelliferen, Myrtaceen u. a. charakteristisch. Sie finden

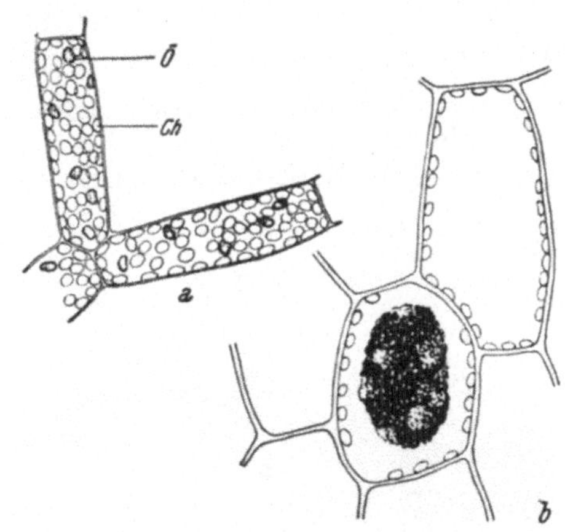

Abb. 83. *a) Trichocolea tomentella, b) Marchantia polymorpha*

als Gewürze, als Zusätze bei der Likör- und Schnapsfabrikation, in der Parfümindustrie oder als alkoholische Auszüge in der Heilkunde (Menthol, Melissengeist, Kampfer) Verwendung.

Eiweißkristalloide

Eiweiß findet sich in der Pflanze nicht nur als Baustein des Cytoplasmas und der verschiedenen plasmatischen Gebilde, sondern auch als Reserveeiweiß und als solches häufig in regelmäßig begrenzten, kristallähnlichen Körpern, die man wegen ihrer Quellbarkeit und Färbbarkeit (z. B. mit Jod) als *Kristalloide* den echten Kristallen gegenüberstellt. Eiweißkristalloide haben wir schon in den Aleuronkörnern von Rizinus (S. 65) gefunden. Sie können auch in Zellkernen und vor allem im Cytoplasma selbst auftreten. Sie entstehen wie echte Kristalle aus eiweißreichen Lösungen, denen das Lösungsmittel entzogen wird. Die Eiweißkristalloide können würfel-, prismen- oder tafelförmig sein. Einem anderen Typus gehören die länglichen, biegsamen *Eiweißspindeln* vieler Pflanzen an, die einen fibrillären Bau aufweisen und entweder spießähnlich gerade sind, oder aber an den Enden aufgespalten, gebogen, ring- oder peitschenförmig oder überhaupt in lockere Faserbündel aufgelöst sein können. Die Eiweißspindeln der Kakteen und einiger anderer Pflanzenfamilien wurden als Folgeprodukte bestimmter Virusinfektionen erkannt.

Eiweißkristalloide finden sich nicht nur bei höheren Pflanzen *(Kartoffelknolle,* alle Organe von *Lathraea squamaria,* Samen und Milchsaft von *Musa,*

Epidermis und Grundgewebe von *Epiphyllum truncatum* und manchen anderen Kakteen, im Samen von *Bertholletia excelsa* (Paranuß) usw.), sondern auch bei verschiedenen Algen, besonders *Siphonocladialen (Cladophora)*, *Siphonalen* und *Rotalgen*, sowie bei einzelnen *Pilzen* (Sporangienträger von *Pilobolus*).

Objekte

Solanum tuberosum, Kartoffel *(Solanaceae)* : Knolle, quer.

Eine Kartoffelknolle wird geteilt und ein Stück, das an einer Seite von der Kartoffelschale begrenzt ist, herausgeschnitten. Von diesem stellen wir mit dem Rasiermesser einen dünnen Schnitt her, der auch die braune Schale treffen muß. Untersucht wird in Wasser. In einzelnen Parenchymzellen knapp unter der braunen Korkschale finden wir, wohl meist erst nach einigem Suchen, neben Stärkekörnern würfelförmige Eiweißkristalloide (E). Abb. 84.

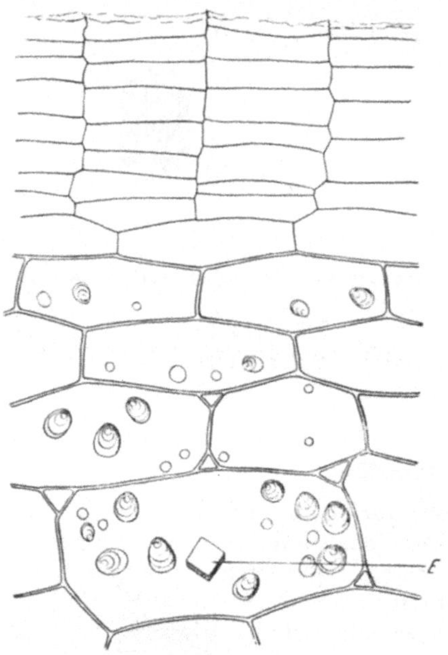

Abb. 84. *Solanum tuberosum*

Zygocactus truncatus *(Cactaceae)* : Epidermis.

Von den abgeflachten Sprossen (Phyllokladien) werden mit der Rasierklinge Flächenschnitte hergestellt. Wir beobachten die Epidermiszellen. Inselartig verteilt liegen in einzelnen Zellgruppen langgestreckte spießähnliche oder gekrümmte peitschenähnliche, oft auch an den Enden in lockere Faserbündel aufgelöste Eiweißspindeln. Abb. 85. Auch in den darunterliegenden Grundgewebezellen treten derartige Eiweißgebilde auf.

Besonders schön sichtbar werden diese Eiweißspindeln nach *Fixierung* und *Färbung*. Hiezu werden die Schnitte 5—10 Minuten in 1% wäßriger Pikrinsäurelösung fixiert und 10 Minuten in wäßriger Eosinlösung (etwa 1 : 5000) gefärbt. Darauf werden sie in 96% Alkohol entwässert (ca. 30 Minuten), in Xylol überführt (ca. 10 Minuten) und schließlich in Kanadabalsam eingeschlossen.

Ähnliche spindelige Eiweißgebilde finden sich auch in den Parenchymzellen verschiedenster **Opuntia**-Arten. Am häufigsten in den nach innen gelegenen Rindenparenchymzellen oder bei manchen Arten in dem Gewebe innerhalb des Gefäßbündelringes. Auch hier treten sie nur in einzelnen

Zellgruppen auf. Da die Eiweißspindeln hier meist normal zur Achse liegen, sind sie am besten in Sproßquerschnitten zu sehen.

Lathraea squamaria, Schuppenwurz *(Scrophulariaceae)*: Stengelepidermis.

Europa und Asien, heterotroph, auf Wurzeln von Holzpflanzen. — Es sind Flächenschnitte von der Stengelepidermis herzustellen. Die Kerne der Epidermiszellen enthalten stets ein oder mehrere oktaedrische, plattige oder mehr minder abgerundete Eiweißkristalloide. Abb. 86.

Verschieden geformte Eiweißkristalloide findet man auch in den Haaren von **Melampyrum nemorosum,** Wachtelweizen *(Scrophulariaceae)*. Auch die Zellkerne der Epidermis der grünen Fruchtkapseln von **Galtonia candicans,** Riesenhyazinthe *(Liliaceae,* Heimat: Südafrika) enthalten Eiweißkristalloide.

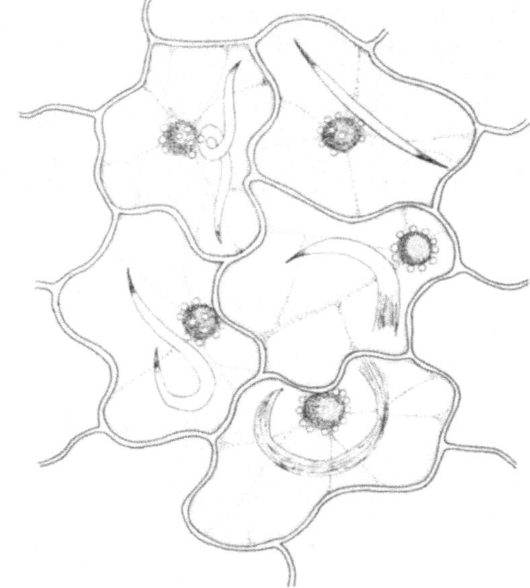

Abb. 85. *Zygocactus truncatus*

Kristalle

Abgesehen von den überaus häufigen Kalziumoxalatkristallen sind kristallisierte Inhaltskörper in der Pflanze nicht allzu verbreitet. Sie können

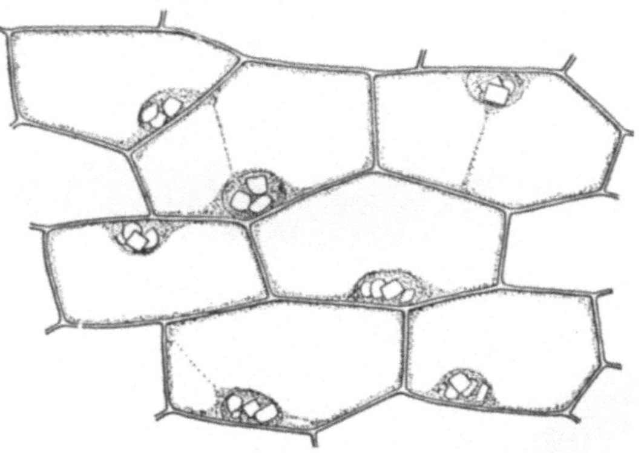

Abb. 86. *Lathraea squamaria*

nen im Protoplasma, im Zellsaftraum und auch in der Zellwand entstehen. Der Übersichtlichkeit halber sollen im folgenden die in der Pflanze vorkommenden Kristalle zusammenhängend, ohne Rücksicht auf ihren Entstehungsort behandelt werden.

Kalziumoxalat, das mit Ausnahme der Kieselalgen, Braunalgen und Schachtelhalme fast in allen Pflanzenfamilien reichlich vorkommt, tritt stets kristallinisch auf. Es kann ein oder drei Äquivalente Kristallwasser enthalten. Das Kalziummonohydrat $Ca(C_2O_4) \cdot 1\,H_2O$ kristallisiert monoklin, das

Kalziumtrihydrat Ca (C_2O_4) . 3 H_2O tetragonal. Zur Häufigkeit, mit der Kalkoxalatkristalle verbreitet sind, tritt die Mannigfaltigkeit ihrer Tracht.

Wir finden sie als *Einzelkristalle* in Form regelmäßiger Scheinoktaeder *(Begonia)* oder prismatischer Körper *(Allium cepa)*, als *Kristallgruppen*, in denen wenige Einzelkristalle miteinander verwachsen sind oder als *Kristalldrusen*, deren zahlreiche kleine Kristallindividuen zu einem morgensternartigen Gebilde zusammengefügt sind. Wir sehen sie als gestreckte, spießförmige *Styloide* in langen schmalen Zellen, als Bündel von nadelförmigen *Raphiden*, in Form kugeliger, aus kleinsten kristallinischen Einheiten strahlenförmig zusammengesetzter *Sphärite*, oder schließlich als *Kristallsand*, dessen kleine kristallinische Körnchen als dunkle Masse manche Zelle zur Gänze erfüllen.

Treten die Kristalle nur in einzelnen Zellen auf, so spricht man von *Kristallidioblasten*. Solche können im Haut-, Grund- und Stranggewebe vorkommen.

Als *Idioblasten* bezeichnet man ganz allgemein Zellen, die sich in Bau oder Inhalt von ihren Nachbarzellen unterscheiden.

Auch in Aleuronkörnern mancher Pflanzenarten *(Vitis vinifera)* sind Kalziumoxalatkristalle anzutreffen und sogar im Inneren von Zellwänden können sie sich bilden (Blattepidermis von *Dracaena fragrans*).

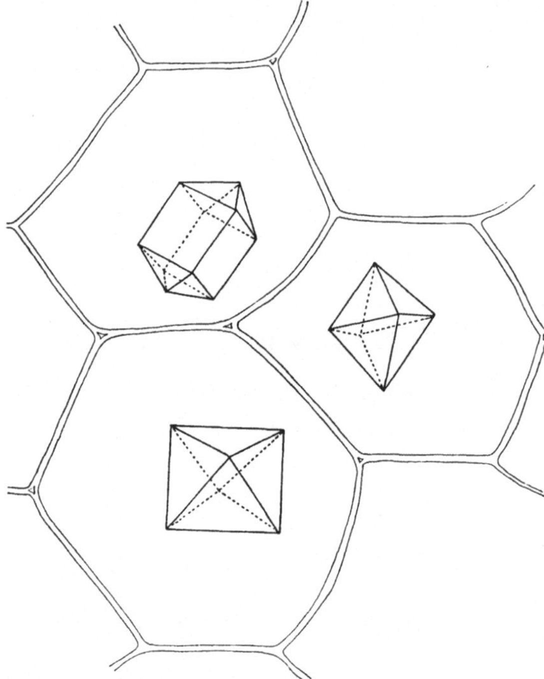

Abb. 87. *Begonia vitifolia*

Der *Entstehungsort* der Kalziumoxalatkristalle im Protoplasma oder im Zellsaft läßt sich nicht immer mit Sicherheit bestimmen, da besonders für die nadelförmigen Kristalle die Möglichkeit besteht, aus der Vakuole ins Plasma oder aus diesem umgekehrt in den Zellsaftraum zu gleiten.

In der Regel ist Kalziumoxalat als ein *Ausscheidungsprodukt* des Stoffwechsels anzusehen, das häufig entsteht, um eine Überproduktion schädlicher Oxalsäure in unschädlicher Form festzulegen. Besonders reichlich finden sich Kalziumoxalatkristalle in Organen, die von der Pflanze abgestoßen werden, wie in Blättern, Borken oder Samenschalen oder in Geweben, die allmählich funktionslos werden, wie Mark oder älteres Holz.

Nachgewiesen wird Kalziumoxalat durch seine Unlöslichkeit in Essigsäure und seine ohne Schäumen vor sich gehende Auflösung in HCl oder HNO_3. Kalziumkarbonat löst sich demgegenüber sowohl in konz. Essigsäure wie in konz. Salzsäure unter lebhafter Bläschenentwicklung (CO_2). Das Vorhandensein des Ca ist durch Hinzufügen von etwas konz. H_2SO_4 nachzuweisen. Es fallen zahlreiche kleine Gipsnädelchen aus.

Objekte

Begonia vitifolia, Schiefblatt, *(Begoniaceae)* : Stengel, quer.

Gärtnerisch viel kultivierte tropische Pflanze mit asymmetrischen Blättern. — Wir stellen mit dem Rasiermesser von einem Blattstiel oder einem dünnen Stammstück Querschnitte her. In den parenchymatischen Zellen des Grundgewebes liegen neben Kristalldrusen und Kristallgruppen vereinzelt wohlausgebildete Kristalle des Trihydrats. Da die Kristallachsen fast gleich lang sind, erscheinen die tetragonalen Doppelpyramiden in Form von Oktaedern. Abb. 87.

Ähnliche, aber kleinere Doppelpyramiden des Trihydrats finden sich auch in fast jeder Epidermiszelle von **Allium ursinum** (Bärenlauch) und. auch **Begonia ulmifolia** oder andere Begonia-Arten zeigen im Stengelquerschnitt sehr schöne Einzelkristalle.

Allium cepa, Küchenzwiebel, *(Liliaceae)* : Trockene Zwiebelschuppe.

Aus einer der äußersten trockenen braunen Zwiebelschalen wird ein kleines Stück herausgeschnitten. Die in diesen toten Geweben reichlich vorhandenen Luftblasen müssen durch *Entlüften* (s. 2) oder längeres Einlegen in Alkohol entfernt werden. Jede der langgestreckten Zellen enthält einen einzelnen oder zwei als Durchwachsungszwillinge ausgebildete, lange, prismatische, tetragonale Kristalle. Abb. 88.

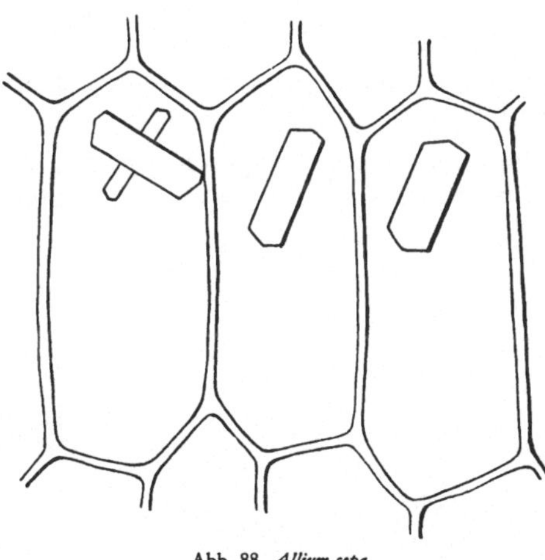

Abb. 88. *Allium cepa*

Iris germanica, Deutsche Schwertlilie *(Iridaceae)* : Blatt.

Das Grundgewebe der Irisblätter enthält mit der Längsrichtung gleichlaufende schmale Zellen (Kristallidioblasten), die jeweils einen großen monoklinen Kristallspieß, ein sogenanntes *Styloid* (St), enthalten. Zur Herstellung des Präparats schneiden wir ein Stück aus einem Schwertlilienblatt heraus, tragen durch einen flach geführten Schnitt die Epidermis ab und stellen einen weiteren Flächenschnitt von dem darunterliegenden, reichlich Styloidzellen enthaltenden Grundgewebe her. Abb. 89.

Ähnlich schöne Styloide sind auch im luftreichen Gewebe des blasig aufgetriebenen Blattgrundes von **Eichhornia crassipes,** Wasserhyazinthe *(Pontederiaceae)* zu finden. Dort sind die Styloidzellen quergestellt und ragen mit ihren spitzen Enden beiderseits in die großen Interzellularräume.

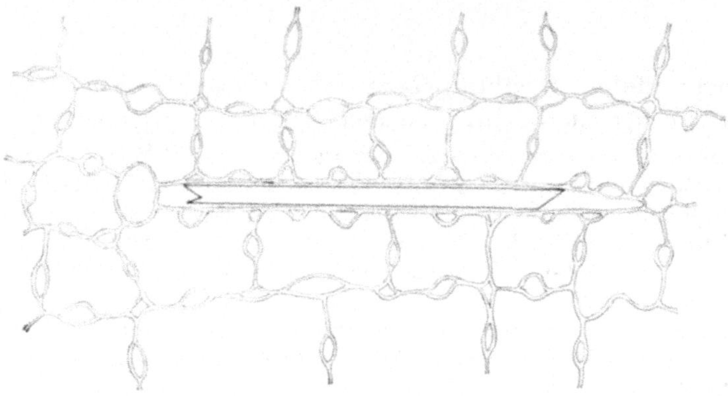

Abb. 89. *Iris germanica*

Impatiens parviflora, Kleinblütiges Springkraut *(Balsaminaceae)* : Blütenblatt.

Sibirien, in Europa eingeschleppt und verbreitet. — Blütenblätter werden in Stückchen geschnitten und zur Entfernung der reichlich in den Interzellularen

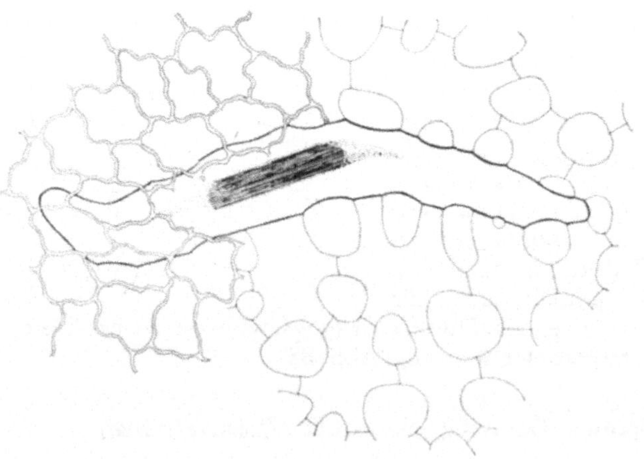

Abb. 90. *Impatiens parviflora*

vorhandenen Luft in Alkohol eingelegt oder mit Wasser infiltriert. Schon die schwache Vergrößerung zeigt unregelmäßig verteilt lange, schlauchförmige Zellen, in deren Mitte, in Schleim eingebettet, ein Raphidenbündel liegt.

Genauere Beobachtung zeigt, daß diese Raphidenzellen dem Grundgewebe angehören und ober- und unterseits von der lückenlos geschlossenen, wellig ineinander verzahnten Schichte der Epidermiszellen bedeckt sind. Die Kristallnadeln der Raphiden sind monoklin. Abb. 90.

Schöne Raphiden sind ferner zu sehen in den Blütenblättern von **Impatiens balsamina** (viel kultivierte ostindische Zierpflanze), in den Laubblättchen von **Galium verum,** Echtes Labkraut (zur Entfernung des Chlorophylls die ganzen Blättchen zuerst in warmen Alkohol oder Eau de Javelle einlegen!), weiters bei **Agave** (Blatt), **Galanthus nivalis,** Schneeglöckchen (Stengelgrund), **Arum maculatum,** Gefleckter Aronstab (Laubblatt), **Zebrina pendula** (Schleimsaft), **Tetrastigma voinierianum** (Kristalldrusen und Raphiden im Stengelquerschnitt) u. a.

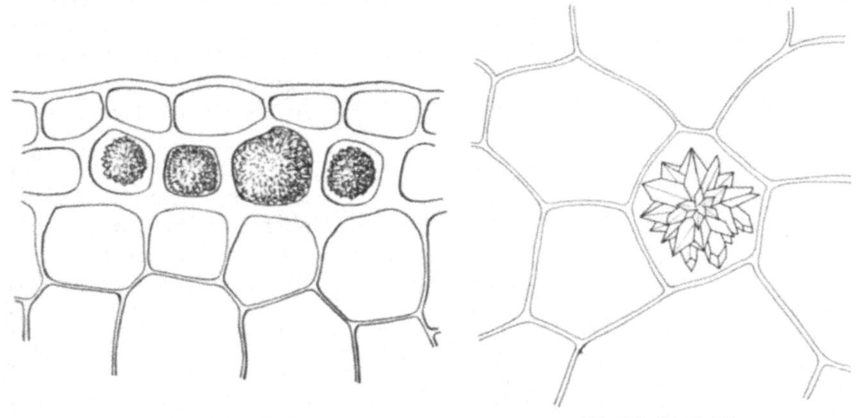

Abb. 91a. *Opuntia spec.*   Abb. 91b. *Opuntia spec.*

Opuntia spec., Feigenkaktus, Opuntie *(Cactaceae)* : Sproß, Fläche und quer.

Auch in Südeuropa heimisch gewordene Kaktusarten. — Ein abgeflachter Sproß wird nach Entfernung der zu Dornen reduzierten Blätter in kleine Stücke zerschnitten und von einem derselben mit dem Rasiermesser ein Flächenschnitt, der die Epidermis abhebt, und ein Quer- oder Längsschnitt hergestellt.

a) Der *Flächenschnitt* zeigt in jeder Zelle der subepidermalen Zellschichte je eine klumpige, aus an den Spitzen abgerundeten Einzelkristallen bestehende Druse.

b) Im *Querschnitt* sehen wir einerseits die durchwegs Kristalldrusen führenden subepidermalen Zellen (Abb. 91a) und außerdem in den tiefer liegenden, chlorophyllführenden Parenchymzellen besonders schön ausgebildete, große, scharfstachelige, morgensternähnliche Drusen (Abb. 91b).

Große Kristalldrusen zeigen u. a. auch die Parenchymzellen der Blattstielquerschnitte der Roßkastanie (**Aesculus hippocastanum**).

Myriophyllum verticillatum, Tausendblatt *(Haloragaceae)* : Stengel, quer.

In Europa häufige Sumpf- oder Wasserpflanze, ferner Asien, Afrika, Amerika. — Es werden Stengelquerschnitte untersucht. Um dem weichen Stengel beim *Schneiden* ein Widerlager zu geben, spalten wir ein etwa 2 cm langes *Holundermarkstückchen* der Länge nach, drücken oder schneiden in die Schnittfläche zwei aufeinanderpassende Längsrinnen, legen den Stengel hinein und fügen die Holundermarkhälften wieder zusammen. Das an der Querschnittfläche herausragende Stengelstück wird abgeschnitten und nun können unter gleichzeitigem Mitschneiden von Holundermark dünne Querschnitte hergestellt werden. Auch beliebige andere weiche oder besonders dünne Pflanzenstengel schneidet man in der gleichen Weise.

Mit dem anatomischen Bau des Schnittes haben wir uns später bei der Behandlung des Grundgewebes zu befassen. Wir beobachten jetzt nur die kugeligen *Kristalldrusen*, die an den radial verlaufenden Zelleisten ansitzen und in die großen Interzellularräume hineinragen. Sie sind in kleinen Kristallzellen entstanden, deren Zellwände aber von den heranwachsenden Kristallen durchbohrt und zerstört wurden. Nur Reste der ursprünglichen Zellwand halten die kleinen Drusen in ihrer Lage fest (vgl. Abb. 183).

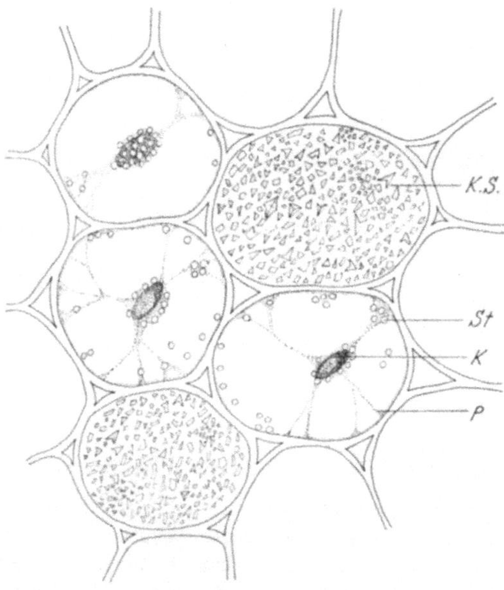

Abb. 92. *Aucuba japonica*

Aucuba japonica, Aukube *(Cornaceae)* : Stengel, quer.

In Ostasien beheimatete, viel kultivierte, dickblättrige Zierpflanze. — Von einem Blattstiel oder einem dünnen Stammstück werden Querschnitte hergestellt. Unregelmäßig über den ganzen Schnitt verteilt liegen von dunkelgrauem *Kristallsand* erfüllte Zellen. Daß auch diese leben, läßt sich durch Plasmolyse in 1,0 Mol KNO_3 leicht erweisen. Die Querschnitte oder auch radialen Längsschnitte zeigen, daß die meisten Kristallsandzellen in der primären Rinde (Gewebe zwischen der Epidermis und dem Holzkörper) liegen, daß sie aber auch in dem innerhalb des Gefäßbündelringes befindlichen Markgewebe reichlich anzutreffen sind. Abb. 92, Markgewebe. K.S. = Kristallsand, St = Stärke, K = Zellkern, P = Plasma.

Sehr schöne Kristallsandzellen zeigen auch die primäre Rinde von **Sambucus nigra,** Holunder (Stengel, längs), der Stengelquerschnitt von **Cheno-**

podium bonus henricus, Guter Heinrich *(Chenopodiaceae)* oder die Blätter verschiedener Solanaceen, wie z. B. **Atropa belladonna,** Tollkirsche, und **Nicotiana tabacum,** Tabak. Es sind entweder Flächenschnitte der Blätter herzustellen oder ganze Blattstückchen in Eau de Javelle aufzuhellen.

Eau de Javelle (Javelle'sche Lauge, Kaliumhypochlorit, KClO) löst Inhaltsstoffe der Zelle und wirkt stark bleichend. Schnitte legt man ½ bis 1 Stunde, ganze Organe bis 12 Stunden in diese Lösung. — Auch *Chloral-hydrat* (schwach: 8 Teile Chloralhydrat und 5 Teile Wasser; stark: 5 Teile Chloral-hydrat und 2 Teile Wasser) ist ein vorzügliches Aufhellungs-mittel.

Dracaena fragrans, Dracaene *(Liliaceae)*: Blatt, Fläche und quer.

Heimat: trop. W- und O-Afrika. — Die Ca-oxalat-Kristalle liegen bei dieser Pflanze in den äußeren Epidermiswänden der Blätter. Die langgestreck-ten, schmalen Epidermiszellen

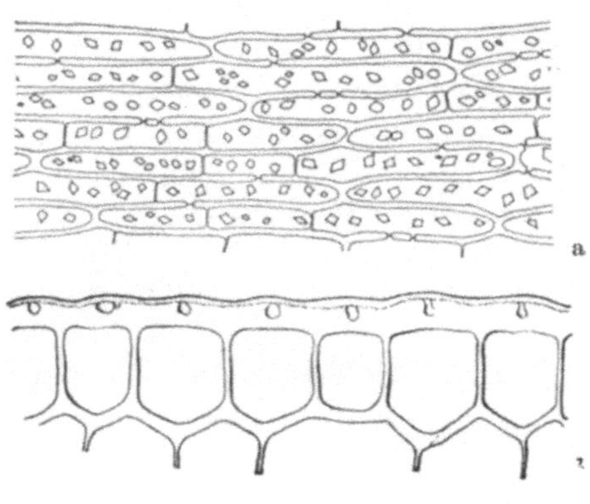

Abb. 93. *Dracaena fragrans*

zeigen sie im *Flächenschnitt* reihenweise hintereinanderliegend (a), während die *Querschnitte* deutlich ihren Sitz innerhalb der Zellwand erkennen lassen (b). — Von kleinen Blattstückchen sind Flächenschnitte (Epidermis) und Querschnitte anzufertigen. Abb. 93a, b.

Herstellung von Blattquerschnitten: Aus einem Blatt werden mit dem Rasier-messer parallel zur Längsrichtung, bzw. zur Richtung der Hauptnerven, einige (2—3) schmale Streifen herausgeschnitten, diese übereinandergelegt und auf etwa 1 cm Länge und ½ cm Breite zugeschnitten. Dieses Päckchen wird zwischen der Länge nach gespaltenes Holundermark eingeklemmt. Mit einem scharfen Schnitt werden die über das Holundermark hinaus-ragenden Blatteile abgeschnitten und jetzt von der so entstandenen Schnitt-fläche gleichzeitig durch die verschiedenen Blattstückchen dünne Quer-schnitte hergestellt. Klinge und Schnittfläche mit Wasser befeuchten! Messer nicht schieben, sondern der ganzen Klinge nach durchziehen! Es empfiehlt sich gleich eine größere Anzahl solcher Schnitte anzufertigen, sie in ein Schälchen mit Wasser zu legen und daraus die dünnsten herauszusuchen.

Kalziumkarbonat ($CaCO_3$) tritt in Kristallform im Zellsaft oder Proto-plasma nur sehr selten auf. Häufiger sind hingegen solide $CaCO_3$-Füllungen von toten Kernholz-, Mark-, verfärbten Astknoten- oder Wundholzzellen (z. B. bei **Ulmus campestris, Celtis australis, Sorbus torminalis, Fagus silvatica, Populus u. a.**). Verascht man kleine Späne dieser Hölzer in einem Porzellanschälchen durch Erhitzen und Ausglühen über der Flamme eines Bunsenbrenners und untersucht die Asche in einem Tropfen Kanadabalsam, so kann man häufig kompakte Füllungen der einzelnen Zellenelemente des

Holzes finden. Als Inkrustationen von Zellwänden werden wir Kalziumkarbonat später noch kennenlernen (z. B. Zystolithen).

Kalziumsulfat ($CaSO_4$, Gips) tritt in Kristallform gleichfalls selten auf, findet sich aber regelmäßig in den Endbläschen vieler Desmidiaceen (z. B. *Closterium*, siehe S. 53) und in den Blättern und Stengeln der Tamaricaceen. Gipskristalle lösen sich schon in kaltem Wasser oder verdünntem Glyzerin, sind hingegen unlöslich in Eisessig.

Objekt

Tamarix tetrandra, Tamariske *(Tamaricaceae)* : Stengel, längs.

Im Orient heimischer, in Europa in Gärten gezogener Zierstrauch. — Wir stellen einen Längsschnitt durch einen jüngeren Stengel her. Wegen Löslichkeit der Gipskristalle in Wasser sind Schnittfläche und Rasiermesser mit Alkohol zu befeuchten und die Schnitte in einem Tropfen Alkohol zu untersuchen. In den Markzellen sind reichlich unregelmäßige Gipskristalle, vor allem in Drusenform, enthalten. Abb. 94.

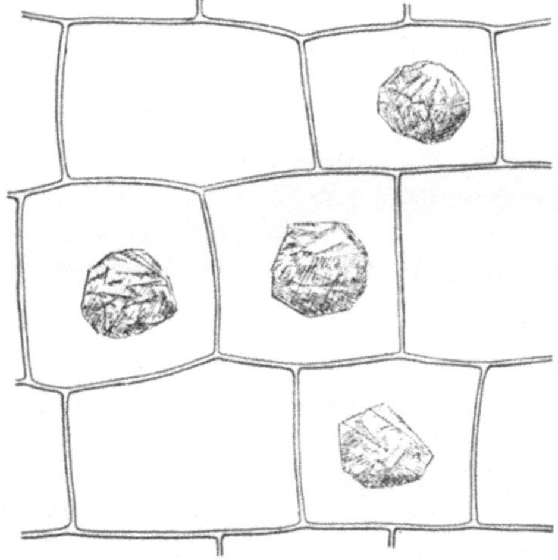

Abb. 94. *Tamarix tetrandra*

Kieselsäure (SiO_2) bildet in den Zellen vieler monokotyler und auch einiger dikotyler Familien geformte Inhaltskörper. Besonders reichlich finden sich Kieselkörper bei den Gramineen, Scitamineen, Orchideen und Palmen und unter den dikotylen Pflanzen bei den Chrysobalaneen. Sie sind entweder auf bestimmt geformte Kristallidioblasten beschränkt oder unregelmäßig in Zellen verschiedenster Art verteilt.

Bei den Gräsern sind es gewisse durch ihre Form auffallende, in Reihen gelagerte *„Kieselkurzzellen"*, deren ganzes Lumen durch einen soliden Kieselkörper ausgefüllt ist. Bei den Cyperaceen sind ähnlich gelagerte, aber an der Innenseite kegelförmig emporgewölbte Epidermiszellen von erstarrter Kieselsäure erfüllt: *„Kieselkegelzellen"*.

Bei manchen Palmen, Orchideen und Scitamineen, sowie einigen Farnen *(Trichomanes)*, treten die Kieselausscheidungen in Zellen auf, die den Gefäßbündelscheiden oder anderen Sklerenchymsträngen aufliegen, sie förmlich „decken". Man nennt sie daher auch Deckzellen oder *Stegmata* (stege gr. = Bedeckung). Ähnlich wie das Ca-oxalat ist die in fester Form abgelagerte Kieselsäure als ein Auswurfstoff anzusehen, der von den weiteren Stoffwechselvorgängen ausgeschlossen wurde. Nur in wenigen Fällen, wie z. B. bei den Kieselkörpern der „Ocellen" verschiedener Pflanzen, wird man ihnen vielleicht eine biologische Bedeutung, in dem genannten Fall als Lichtsammler, zuerkennen können.

Objekte

Bambusa stricta, Bambusrohr *(Gramineae)* : Blatt, Aschenbild.

Am schönsten ist die reihenförmige Anordnung der Kieselkurzzellen zu beobachten, wenn man von den Blättern Aschenpräparate herstellt. Diese Aschenbilder oder *Spodogramme* eignen sich besonders gut zur Aufzeigung anorganischer Einschlüsse oder Einlagerungen in pflanzlichen Geweben.

Herstellung eines Aschenpräparates : Ein Blatt wird in kleine Stückchen zerschnitten, diese in einen Porzellanschmelztiegel gegeben und über der Flamme eines Bunsenbrenners verascht. Zuerst verbrennen unter Qualmentwicklung alle organischen Bestandteile, die Blattstückchen werden schwarz, glühen dann durch und werden schließlich zu hellgrauer Asche. Ein längeres Durchglühen ist zu vermeiden, da sonst die Kieselsäureinkrustationen zu formlosen Massen zusammenschmelzen. Die Asche wird vorsichtig mit einer Nadel auf den Objektträger in einen Tropfen Kanadabalsam gebracht und mit dem Deckglas bedeckt. Damit ist auch das Dauerpräparat fertig.

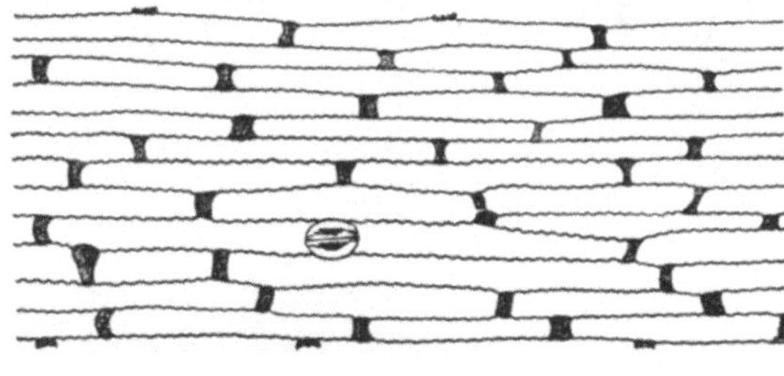

Abb. 95. *Bambusa stricta*

Wir sehen in dem Präparat neben den verkieselten Wänden der Epidermiszellen in Reihen rechteckige oder quadratische dunklere Körper liegen, die Kieselkörper der *Kieselkurzzellen.* Abb. 95.

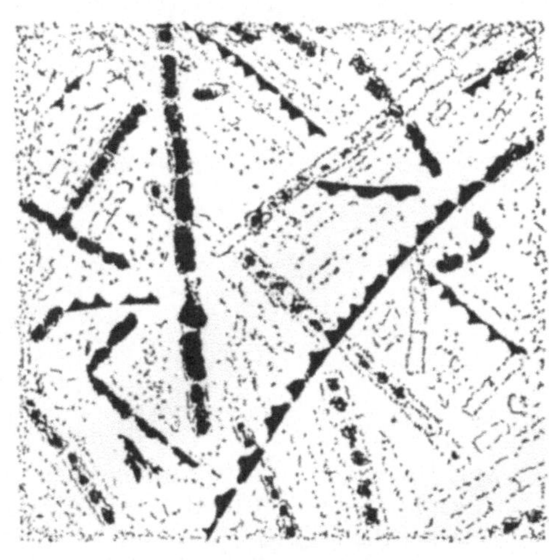

Abb. 96. *Cyperus alternifolius*

In gleicher Weise kann man auch Aschenpräparate der Kieselkurzzellen von **Phragmites communis** (Gemeines Schilf) herstellen.

Cyperus alternifolius, Cypergras *(Cyperaceae)* : Blatt, Aschenbild.

In Madagaskar heimisch. — Stengel mit schirmförmiger Blätterkrone. Präparation wie Bambusa. Die Kieselkörper sind kegelförmig. Sie liegen in den *Kieselkegelzellen* der Epidermis, deren Basalwände in das Zellinnere hinein verdickt sind und hier einen verkieselten kegelförmigen Wandauswuchs tragen. (Abb. 96).

Kentia sp. *(Palmae)* : Blattrippe, längs.

Im Gebiet von den Molukken bis Neuseeland heimische Palmen. Vielfach als Zimmerpflanzen kultiviert. — Wir stellen von einer der an der Blattunterseite derb vorspringenden Blattrippen einige dünne Längsschnitte her und beobachten, der besseren Lichtbrechungsverhältnisse wegen, in einem Tropfen Phenol (verd. Karbolsäure). Entlang einzelner Bastfaserbündel liegen regelmäßige Zellzüge von *Deckzellen* oder *Stegmata*, die jeweils einen großen, rundlichen Kieselkörper mit unregelmäßiger Oberfläche enthalten.

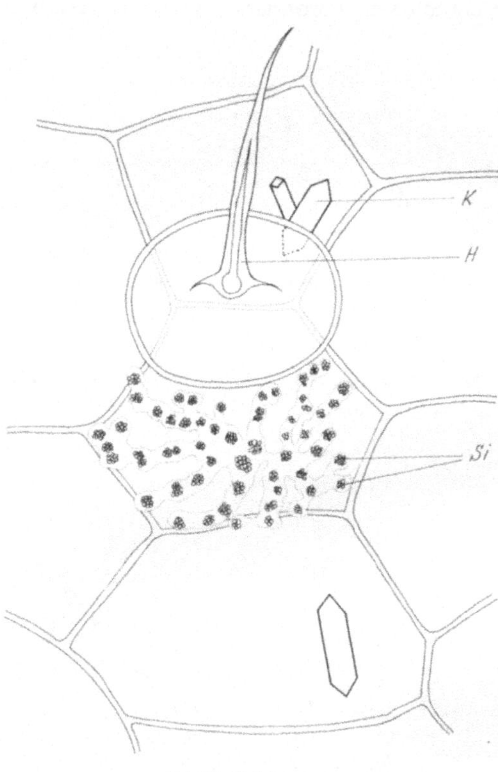

Abb. 97. *Callisia repens*

Callisia repens, Callisie *(Commelinaceae)* : Blattepidermis.

Heimat: Tropisches Amerika. — Wir ziehen von der Blattunterseite einen Epidermisstreifen ab und beobachten in Wasser. Von der Außenwand einzelner Epidermiszellen bilden sich gegen das Zellinnere zu unregelmäßig verästelte Zellwandfalten, in die *Kieselkörper* eingelagert sind. Diese können sich aus mehreren Körnern zusammensetzen und nehmen mit dem Alter an Zahl zu. In benachbarten Zellen finden sich gelegentlich große Kalziumoxalatkristalle. Abb. 97. K = Kalziumoxalatkristall, H = Haar, Si = Zellwandfalten mit Kieselkörpern.

4. Der Zellsaft

Mit zunehmendem Alter der Zellen werden im Protoplasma wässrige Flüssigkeiten abgeschieden, die anorganische und organische Stoffe gelöst enthalten. Dieser **Zellsaft** sammelt sich in *Vakuolen*, die von einer Plasmagrenzschicht (Tonoplast) umkleidet sind. Der Zellsaft ist ein lebloser Bestandteil des Protoplasten, spielt aber im Leben der Zelle infolge seiner osmotischen Wirksamkeit, seiner Bedeutung als Nährstoff- und Wasserdepot, als Träger von Pflanzenfarbstoffen, wie auch als Sammelbecken für Endprodukte des Stoffwechsels eine sehr große Rolle.

Die Reaktion des Zellsaftes ist im allgemeinen schwach sauer. Man hat in Zellsäften eine Anzahl verschiedener **organischer Säuren** und deren Salze nachgewiesen. Zu den bekanntesten zählen Oxal-, Apfel-, Wein- und Zitronensäure. In manchen Früchten finden sich aromatische Säuren, wie z. B. Benzoesäure in der Preißelbeere. Übelriechende Buttersäure bildet sich in reifen Früchten von *Ginkgo biloba*. Besonders reich an Oxalsäure sind Sauerampfer *(Rumex)*, Sauerklee *(Oxalis)*, *Begonia* u. v. a. Reich an Apfelsäure und deren Salzen sind z. B. die fleischigen Blätter der verschiedenen Fettpflanzen *(Sedum, Sempervivum)* oder die Blätter von *Anthyllis vulneraria* und vielen anderen auf Kalkböden gedeihenden Pflanzen.

Zu den auffallendsten und häufigsten Zellsaftfarbstoffen zählt das **Anthocyan** oder Blütenblau. Anthocyan ist eine Gruppenbezeichnung für eine ganze Reihe chemisch verwandter roter, violetter oder blauer wasserlöslicher Farbstoffe. Es sind *stickstofffreie Glykoside*, die bei hydrolytischer Spaltung einen *Zucker* und die als *Anthocyanidine* bezeichneten, verschiedenartigen Farbstoffkomponenten liefern. Die Anthocyane können durch Kochen der gefärbten Gewebe leicht extrahiert werden und die so erhaltene Lösung hat die Eigenschaft, bei verschiedenem pH in der Richtung von sauer nach basisch eine Farbumwandlung von rot über violett nach blau und grün durchzumachen. Der Umschlagpunkt muß dabei nicht mit dem Neutralpunkt zusammenfallen, sondern kann auch mehr oder weniger weit in den sauren Bereich verschoben sein.

Die rote oder blaue Färbung der Blüten ist aber meist nicht auf verschiedenen pH-Wert, sondern auf das Vorhandensein verschiedener Anthocyanidine zurückzuführen. So neigt z. B. das *Pelargonidin* mehr zu roten, das *Delphinidin* mehr zu blauen Farbtönen.

Anthocyanhaltige Zellsäfte finden sich nicht nur in Blüten, sondern auch in Epidermen und Grundgeweben von Blättern oder krautigen Stengeln, unter Umständen sogar in Wurzeln. Es können die oberen und unteren Blattepidermen gefärbt, die Grundgewebe hingegen anthocyanfrei sein (z. B. Bluthasel, Blutbuche, Rotkohl), es können nur die unteren Blattepidermen Anthocyan enthalten (z. B. *Rhoeo discolor, Cyclamen*) oder in selteneren Fällen können auch die Grundgewebszellen des Blattes gefärbte Zellsäfte besitzen, während die Epidermen ungefärbt sind (z. B. Blutberberitze). Schließlich kann das Vorhandensein von Anthocyan auch nur auf einzelne Zellen beschränkt sein (Anthocyanidioblasten).

Anthocyan kann in jugendlichen Zellen auftreten und dauernd erhalten bleiben (rote oder blaue Blüten), es kann in jugendlichen Organen gebildet werden und später verschwinden (junge rote Laubblätter), es kann umgekehrt erst in älteren Zellen entstehen (Rotwerden vieler Früchte, z. B. Apfel) oder überhaupt erst vor dem Absterben gebildet werden (herbstliche Rotfärbung des Laubes).

Bei roten Blüten von *Pelargonium zonale* kann das Anthocyan im Zellsaft in Form fester Niederschlagsmassen ausgeschieden werden, ja man kann sogar hie und da Anthocyan auskristallisiert finden, z. B. in Blütenblättern dunkelroter Rosen.

Der rote Zellsaft der roten Rübe *(Beta vulgaris* var. *rubra)* sowie anderer Chenopodiaceen und verwandter Familien aus der Reihe der *Centrospermae* wurde lange auch als ein Anthocyan angesehen. In neuerer Zeit hat er sich aber als ein chemisch ganz abweichender N-haltiger Stoff erwiesen und wurde mit dem Namen **Betacyanin** bezeichnet. Er unterscheidet sich von den Anthocyanen unter anderem dadurch, daß er sich im alkalischen Bereich nicht blau verfärbt, sondern einen braunen Farbton annimmt.

In naher Beziehung zu den Anthocyanen stehen die **Flavon-Glykoside,** zu denen die gelben im Zellsaft gelösten Farbstoffe zahlreicher Blüten *(Dahlia, Linaria, Papaver* u. v. a.) oder Früchte *(Citrus)* zählen. Auch weiße Blüten enthalten meist farblose Flavone, die durch ihre Gelbfärbung über Ammoniakdämpfen nachgewiesen werden können.

Weitere für das Leben der Pflanze als Nähr- und Reservestoffe, sowie als osmotisch wirksame Substanz äußerst wichtige und fast regelmäßig vorhandene Zellsaftstoffe sind die verschiedenen **Zucker.** Der Reichtum daran erklärt sich aus ihrer ständigen Neubildung durch Photosynthese oder aus Reservestärke. Am häufigsten ist das Disaccharid $(C_{12}H_{22}O_{11})$ *Saccharose* (Rohrzucker, bestehend aus Glukose und Fruktose) sowie die freien Monosaccharide $(C_6H_{12}O_6)$ *Glukose* (Traubenzucker) und *Fruktose* (Fruchtzucker). Auch das Trisaccharid $(C_{18}H_{32}O_{16})$ *Raffinose* (bestehend aus Glukose $+$ Fruktose $+$ Galaktose) sowie verwandte Zucker sind verbreitet. Beim Abbau der Reservestärke tritt das Disaccharid *Maltose* (Malzzucker, bestehend aus 2 Molekülen Glukose) auf. Für die technische Rohrzuckergewinnung besonders bedeutungsvoll sind Zuckerrohr, Zuckerrübe, Zuckerahorn und gewisse Palmen.

Die Stelle der Zucker kann bei manchen Pflanzen das in Alkohol in Form von Sphärokristallen ausfallende, im Leben gelöste Polysaccharid **Inulin** einnehmen, welches aus einer Kette von über 30 Fruktosemolekülen aufgebaut ist. Es ist für die Zellsäfte mancher Familien, wie Korbblütler, Glockenblumen und Lobeliaceen charakteristisch.

Eine sehr häufige Gruppe von Zellsaftstoffen bilden die **Gerbstoffe.** Man faßt unter diesem Namen Substanzen zusammen, die die Eigenschaft haben, Eiweißstoffe (Proteine) in eine unlösliche Form überzuführen. So wird tierische Haut in Leder verwandelt, in Lösungen von Eiweißstoffen (z. B. Gelatine) bilden sich Trübungen oder Fällungen. Auch Alkaloide (z. B. Coffein), Bleisalze, Kaliumdichromat u. a. geben mit Gerbstoffen Niederschläge. Verbreitete Typen von Gerbstoffen sind die von der Gallussäure abzuleitenden *Gallotannine* und die mit den Flavonen verwandten *Catechingerbstoffe.* Charakteristisch sind bestimmte Farbreaktionen: Eisen(III)-salze geben mit den Gallotanninen meist blaue, mit den Catechingerbstoffen oft grüne Färbungen. Man hat von „eisenbläuenden" und „eisengrünenden" Gerbstoffen gesprochen, doch ist diese Einteilung nicht streng. Vanillin oder p-Dimethylaminobenzaldehyd färben in stark saurer Lösung die Catechingerbstoffe rot.

Gerbstoffe findet man in fast allen Pflanzengruppen, bei Algen sowohl wie bei Blütenpflanzen. Sie können in den Zellsäften sämtlicher Zellen, in bestimmten Geweben (Rinde) oder auch nur in einzelnen Zellen (Gerbstoffidioblasten) vorhanden sein. Im Mark von *Sambucus nigra* liegen zentimeterlange gerbstoffgefüllte einzellige Gerbstoffschläuche.

In manchen Geweben kommt es durch Oxydation von Gerbstoffen zur Bildung dunkelbraun gefärbter Produkte *(Phlobaphene)*, die für die herbstliche Braunfärbung mancher Blätter (Roßkastanie, Buche, Eiche), sowie für die dunkle Färbung von Rinden und Borken verantwortlich sind.

Milchsaft ist ein für bestimmte Familien charakteristischer Vakuoleninhalt. Wir konnten ihn schon bei der Untersuchung der Euphorbienstärke beobachten. Sein Inhalt kann bestehen aus verschiedenen Kohlehydraten, aus Eiweiß, Gerbstoffen, Alkaloiden, verschiedenen Fermenten und vor allem kleinen, in Brown'scher Molekularbewegung zitternden Kügelchen von Kautschuk und Guttapercha. Bei Behandlung des Grundgewebes werden wir die besonders geformten Milchsaftzellen und Milchsaftgefäße kennenlernen.

Weiters sei noch eines eigenartigen, festen, fast brüchigen Vakuoleninhaltes gedacht. Es sind die im Fruchtfleisch vieler Gewächse (*Sorbus*, *Mespilus*, *Phönix*, *Ceratonia*, *Diospyros kaki* u. a.) auftretenden **Inklusen**. Sie liegen als runzelige, geriefte Klumpen in den Zellen und enthalten reichlich Catechin-Gerbstoffe.

„Festen Zellsaft" treffen wir schließlich in den Blütenblattzellen vieler Boraginaceen und in den Blütenzellen des Tausendguldenkrautes „*Centaurium minus)* an, in denen die Vakuolen von einem gallertigen, beinahe festen Inhalt erfüllt sind.

Zur näheren Untersuchung des Zellsaftes ist es nötig, **mikrochemische Reaktionen** durchzuführen. In der Blaufärbung der Stärke durch Jod haben wir eine überaus empfindliche Reaktion der pflanzlichen Mikrochemie kennengelernt, die gleichzeitig das Beispiel einer vorzüglichen *lokalen Reaktion* darstellt. Die Blaufärbung ist ausschließlich auf das Stärkekorn beschränkt. Derartige empfindliche Reaktionen, die gleichzeitig eine genaue Lokalisation des nachzuweisenden Stoffes ermöglichen, sind das Ideal der *Histochemie*.

Daneben gibt es aber auch zahlreiche *diffus verlaufende Reaktionen*, deren Reaktionsprodukte sich über den ganzen Schnitt ausbreiten (z. B. Nachweis von Zucker, Nitrat u. a.). Für viele wichtige Zellsaftstoffe kennt man überhaupt noch keine eindeutigen Reaktionen, sondern nur *Gruppenreaktionen*. So z. B. für Eiweiß, Zucker, Fette, Gerbstoffe, Harze und viele Alkaloide. Trotz dieser Schwierigkeiten hat aber die Histochemie schon wertvolle Tatsachen für Anatomie, Physiologie und Systematik der Pflanzen geliefert.

Die **Methodik der pflanzlichen Histochemie** ist im allgemeinen einfach und die hiezu nötigen Hilfsmittel sind gering. Zumeist kommt man aus mit Objektträgern (normal und hohlgeschliffen), Deckgläsern, Pinzetten, Nadeln, Glasstab und Glasnadeln, Filterpapier, Glasring, Bunsenbrenner, den Reagenzien in Stiftfläschchen und einem Mikroskop. Beim Mikroskopieren ist besonders auf Nichtbenetzen der Frontlinse zu achten!

Es seien einige der *wichtigsten Methoden*, bzw. *Handgriffe* angeführt:

1. Für Modellversuche, in denen man reine flüssige Substanzen auf dem Objektträger zur Reaktion bringen will, um das Aussehen der Reaktions-

produkte kennenzulernen oder zur Untersuchung von Preßsäften empfiehlt
es sich, den Tropfen, der zu untersuchen ist, und den Tropfen des Reagens
nebeneinander auf den Objektträger zu setzen, das Deckgläschen an der Längs-
seite des Objektträgers aufzulegen und *gleichzeitig* über beide Tropfen nieder-
zusenken. Das hat den Vorteil, daß die erste Berührung der beiden Tropfen
mitten unter dem Deckglas stattfindet und sich daher auch dort die meisten
Reaktionsprodukte finden. In allen anderen Fällen besteht die Gefahr, daß
die meisten und schönsten Reaktionsprodukte am Deckglasrand oder gar
außerhalb desselben entstehen.

2. Will man zu einem bereits unter dem Deckglas liegenden Präparat ein
Reagens zusetzen oder ein bereits zugefügtes auswaschen oder durch ein
anderes ersetzen, so setzt man den neuen Tropfen von Reagens oder Wasser
an einen Deckglasrand und saugt ihn, unter leichter Neigung des Objektträgers, mit einem *Filterpapierstreifen* von der gegenüberliegenden Seite her
durch das Präparat.

3. Manche Zellsäfte oder auch Zellwände enthalten Stoffe, die bei Erwärmung leicht flüchtig sind. Diese weist man dadurch nach, daß man auf
dem Objektträger um das trockene, zu prüfende Präparat einen Glasring
(etwa 12 mm weit und 7 mm hoch) setzt, diesen mit einem Deckglas bedeckt
und von unten her vorsichtig erwärmt. Die flüchtigen Stoffe entweichen
aus dem Präparat und schlagen sich an dem kühlen Deckgläschen nieder:
Mikrosublimation. Das Deckgläschen wird dann abgehoben, auf einen frischen
Objektträger gelegt und das Sublimationsprodukt trocken beobachtet, bzw.
chemisch weiter untersucht.

Objekte

Oxalsäure

Begonia vitifolia, Schiefblatt *(Begoniaceae)* : Stengel, quer.

Von dieser oder einer anderen Begonienart werden Stengel- oder Blattstielquerschnitte hergestellt, wobei die Klinge diesmal nicht mit Wasser
befeuchtet werden darf, um eine Verdünnung oder Auswaschung des Zellsaftes zu vermeiden. Zu den naturfeuchten Schnitten wird auf dem Objektträger ein Tropfen gesättigter alkoholischer Natronlauge zugefügt. Es
bilden sich sofort in allen Zellen Büschel von Natriumoxalat-Kristallnadeln.

Der gleiche Versuch läßt sich auch gut mit Quer- oder Längsschnitten
von **Oxalis-** oder **Rumex-**Arten durchführen.

Weinsäure

Vitis vinifera, Weinrebe *(Vitaceae)* : Traubensaft.

Ein Safttropfen aus einer Weinbeere wird auf einen Objektträger gebracht,
daneben ein Tropfen 20%iges Kalziumazetat gesetzt und das Deckgläschen
gleichzeitig über beide Tropfen aufgelegt. Nach einigen Minuten bilden sich,
besonders an der Grenzlinie der zusammengeflossenen Tropfen, zahlreiche
schöne Kristalle von Kalziumtartrat. Sie gehören dem rhombischen System
an und bilden sechsseitige und trapezförmige Täfelchen, sargdeckelähnliche
Formen oder prismatische Säulchen.

Nitrate

Zebrina pendula *(Commelinaceae)* : Schleimsaft.

Ein Sproß wird abgebrochen und der aus dem Stengel ausfließende schleimige Zellsaft auf einem Objektträger ausgestrichen und etwas eintrocknen gelassen. Fügt man einen Tropfen Diphenylamin-Schwefelsäure ($^1/_{10}$ bis $^1/_{20}$ Gramm Diphenylamin in 10 cm³ konz. H_2SO_4 gelöst) hinzu, so tritt sofort tiefblaue Färbung auf.

Reicher Nitratgehalt läßt sich nach Hinzufügen eines Tropfen Diphenylamin-Schwefelsäure an der auftretenden diffusen Blaufärbung auch an Stengelquer- oder -längsschnitten der verschiedensten **Ruderalpflanzen** feststellen (*Urtica, Solanum nigrum, Datura stramonium, Hyoscyamus niger* u. v. a.)

Anthocyan

Boehmeria nivea, Ramiepflanze *(Urticaceae)* : Blattstiel oder Stamm, quer.

Sundainseln, China, auch kultiviert. Wichtige Gespinstpflanze, liefert Ramiefaser oder „Chinagras". — Blattstielquerschnitte dieser oder anderer Boehmeria-Arten werden in Wasser untersucht. Unregelmäßig über den ganzen Querschnitt verteilt sind einzelne der parenchymatischen Zellen durch anthocyanhaltige Zellsäfte ausgezeichnet: *Anthocyan-Idioblasten.*

Ein sehr schönes Objekt zur Demonstration anthocyanhaltiger Zellen sind die Haar- und Epidermiszellen der Rippen der scharlachroten Kelchblätter von **Salvia splendens.**

Zucker

Malus domestica, Apfel *(Rosaceae)* : Fruchtfleisch.

Wir stellen nicht zu dünne Schnitte durch das Fruchtfleisch her und beobachten makroskopisch auf dem Objektträger folgende Farbreaktionen nach MOLISCH auf Zucker:

1. Wir setzen einen Tropfen α-Naphthol (10—15% alkohol. Lösung) auf einen Schnitt und fügen dann 2—3 Tropfen konz. Schwefelsäure zu. Der Schnitt färbt sich innerhalb kurzer Zeit tiefviolett.

2. Man befeuchtet den Schnitt mit einem Tropfen Thymol (10—15% alkohol. Lösung) und versetzt ihn mit einem Tropfen konz. Schwefelsäure. Es tritt eine ziegelrote Färbung ein.

Allium cepa, Küchenzwiebel *(Liliaceae)* : Zwiebelschuppe, Außenepidermis.

Nach Zusatz von Fehling'scher Lösung zu glukosehältigen pflanzlichen Schnitten oder Preßsäften wird beim Erhitzen gelbrotes Cuprooxyd (Cu_2O) ausgefällt.

Die Fehling'sche Lösung wird in zwei Teilen hergestellt:

a) 34,64 g $CuSO_4$, 500 cm³ H_2O;

b) 173 g Seignettesalz (K—Na—Tartrat), 52 g NaOH, 500 g dest. H_2O.

Wir legen die zu prüfenden Schnitte auf dem Objektträger in eine Mischung dieser beiden Lösungen 1 : 1, bedecken mit dem Deckglas und erwärmen leicht über der Flamme eines Mikrobrenners. Es bildet sich in den zuckerhaltigen Geweben eine gelblich rote Fällung.

Inulin

Dahlia variabilis *(Compositae)* : Knolle, quer.

Querschnitte durch die Knolle werden in 96%igen Alkohol gelegt. In zahlreichen Zellen, besonders solchen in der Nähe der Gefäßbündel, fallen

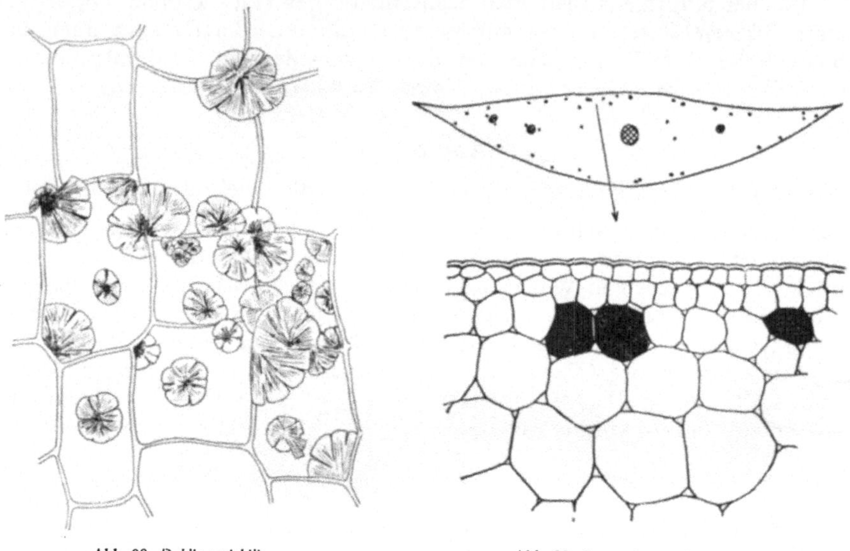

Abb. 98. *Dahlia variabilis*   Abb. 99. *Sempervivum tectorum*

im Alkohol große Inulin-Sphärite aus, die sich manchmal zu förmlichen Klumpen zusammenballen können. Abb. 98.

Ein gleich günstiges Objekt für den Inulinnachweis sind Schnitte durch die Wurzel von **Scorzonera hispanica,** Schwarzwurz *(Compositae)*. Auch sie sind in Alkohol zu beobachten.

Gerbstoffe

Sempervivum tectorum, Hauswurz *(Crassulaceae)* : Blatt.

Wir stellen Querschnitte durch die sukkulenten Blätter her und legen sie entweder in 3% Eisenchloridlösung $(FeCl_3)$ oder in eine 12% Kaliumdichromatlösung $(K_2Cr_2O_7)$ ein. Im ersten Fall bildet sich in den einzelnen gerbstoffhaltigen Zellen ein blauer, im zweiten ein körneliger brauner Niederschlag. Diese *Gerbstoffidioblasten* liegen besonders reichlich im Grundgewebe unmittelbar unter der Epidermis. Sie sind auch gut zu sehen, wenn man etwas dickere Flächenschnitte herstellt, die außer der Epidermis noch die darunterliegende Zellschichte unverletzt enthalten. Abb. 99.

Gleiches zeigen auch Querschnitte durch die fleischigen Blätter von **Echeveria-Arten.**

Spirogyra sp., Schraubenalge *(Zygnemataceae)* :

Einige Algenfäden werden in 1%ige Coffeinlösung eingelegt. Coffein permeiert außerordentlich rasch in die Vakuolen und verursacht hier sofort das Auftreten eines dichten Tröpfchenniederschlages. Durch mehrmaliges Durchsaugen von Wasser kann man das Coffein aus den Zellen auswaschen, wobei der Gerbstoffniederschlag wieder in Lösung geht.

Sambucus nigra, Holunder *(Caprifoliaceae)* : Mark, längs.

Durch das Stengelmark von Holunder werden Längsschnitte hergestellt. In einzelnen Schnitten finden wir lange, einzellige, von einem braunen Inhalt erfüllte *Gerbstoffschläuche.* Die Gerbstoffe haben in diesen Zellen, ähnlich wie häufig in der Rinde oder im Kernholz mancher Bäume, durch Oxydation zur Bildung brauner oder braunroter, als Phlobaphene bezeichneter Farbstoffe geführt. Im Querschnitt erscheinen die Gerbstoffschläuche (G) als von braunem Inhalt erfüllte kleine Zellen besonders in der Peripherie des Stengelmarks. Vgl. Abb. 116.

Inklusen

Ceratonia siliqua, Johannisbrotbaum *(Papilionaceae)* : Fruchtfleisch, quer.

Im Mediterrangebiet wild und kultiviert. — Wir schneiden eine der genießbaren länglichen Früchte quer durch und stellen aus dem trockenen Fruchtfleisch dünne Querschnitte her. Sie enthalten in einzelnen Zellen große, geriefte oder gerunzelte Klumpen, die in Wasser, Alkohol oder verdünnter Schwefelsäure unlösbar sind und sich mit verdünnter KOH

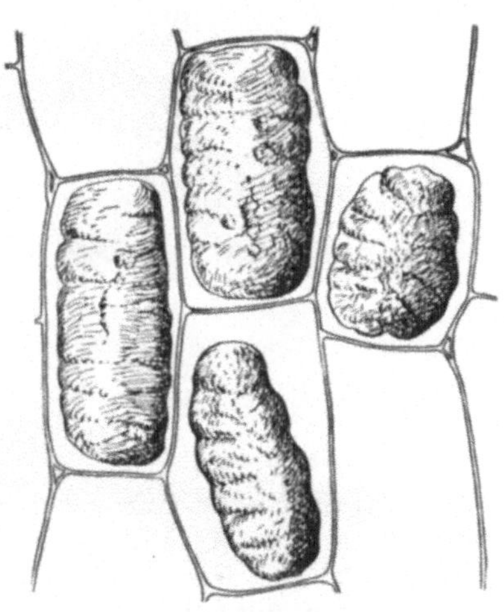

Abb. 100. *Ceratonia siliqua*

zunächst grün, dann graublau und beim Erwärmen violett färben. Sie enthalten Catechin-Gerbstoffe und werden als *Inklusen* bezeichnet. Abb. 100.

Eine ziemlich dauerhafte, leuchtend rote Färbung der Inklusen erreicht man durch Zusetzen eines Tropfens von *p-Dimethylaminobenzaldehyd* (kl. Messerspitze in 30 cm³ 50% H_2SO_4 gelöst). Das Präparat kann in Glyzerin eingeschlossen werden.

Auch die Zellen des weichen Fruchtfleisches von **Diospyros kaki,** Kakipflaume *(Ebenaceae)* enthalten gleichartige Inklusen.

„Fester Zellsaft"

Echium vulgare, Natternkopf *(Boraginaceae)* : Blütenblatt.

Wir zerreißen ein Blütenblatt mit 2 Nadeln in einem Tropfen Wasser und suchen im Mikroskop nach aufgerissenen Zellen. Dort sehen wir den Zellsaft nicht ausgeflossen, sondern, die zackigen Konturen der Mesophyllzellen nachahmend, zum Teil frei aus diesen herausragen. Es ist vorteilhaft, das Blütenblatt vor der Behandlung zu entlüften (s. S. 2), Abb. 101.

Gleiches zeigen auch Blütenblätter von **Anchusa officinalis, Echium italicum, Lycopsis arvensis, Cynoglossum officinale** oder **Symphytum tuberosum.**

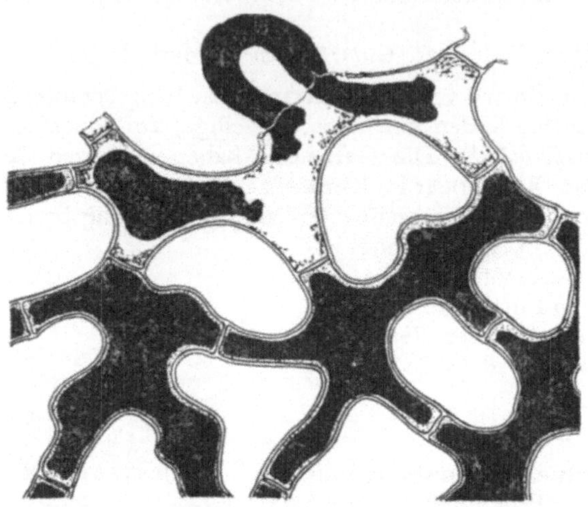

Abb. 101. *Echium vulgare*

II. Die Zellwand

Die typische pflanzliche Zelle besitzt eine feste *Zellwand*. Hautlose Zellen haben z. B. die Myxamöben der Schleimpilze, die Schwärmsporen der Algen oder die frei beweglichen Geschlechtszellen der Thallophyten, Kryptogamen und Gymnospermen.

Schon bei den pflanzlichen Einzellern kommt der Zellwand neben der Aufgabe, Umhüllung des Protoplasten gegen das umgebende Medium zu sein, auch die der mechanischen Festigung zu. Diese Funktion übernimmt sie bei der Ausbildung des vielzelligen Kammergerüstes der höheren Pflanze in noch gesteigertem Maß. Vor allem bei den Landpflanzen sind die Ansprüche an einen festen Bau besonders hoch.

Die Zellwand wird vom Protoplasma aufgebaut und bleibt normalerweise ständig mit ihm in Verbindung. Sie kann an der Oberfläche des Protoplasten entstehen wie z. B. bei Zoosporen, manchen befruchteten Algeneizellen oder bei Vernarbungsmembranen verwundeter Zellen. Häufiger jedoch bildet sie sich im Inneren des Protoplasten, wie dies bei jeder normalen Zellteilung geschieht.

Zwei *Arten des Zellwandwachstums* sind zu unterscheiden: Flächenwachstum und Dickenwachstum. Beide erfolgen im wesentlichen durch Anlagerung *(Apposition)* neuer Zellwandsubstanzen vom Protoplasma her an die ursprünglich gebildete primäre Wand. Beim Flächenwachstum findet gleichzeitig eine Dehnung statt, die ein Dickerwerden der Zellwand verhindert. Erst nach Abschluß des Streckungswachstums der Zelle führt die Apposition nur mehr zu einer Verdickung der Zellwand (sekundäre Wand). Beim Flächenwachstum kann zusätzlich auch eine Einlagerung *(Intussuszeption)* neuer Zellwandstoffe in das Gefüge der schon gebildeten Zellwand eine Rolle spielen.

Der *Aufbau eines festen Zellgerüstes* muß zwei konkurrierenden Forderungen der Pflanze gerecht werden, und zwar der nach Ausbildung dicker, starker Zellwände und der nach Erhaltung einer für den Stoffaustausch nötigen Kommunikation zwischen den Nachbarzellen. Diese Aufgabe wird dadurch gelöst, daß sich die Zellwand entweder nicht allseitig gleichmäßig verdickt (z. B. *Kollenchymzellen*) oder daß sie bei allseitiger Verdickung unverdickte Stellen freiläßt *(Tüpfel)*, die bei sehr starken Verdickungen die Zellwandschichten röhrenförmig durchziehen können *(Tüpfelkanäle)*.

Eine besondere Art von Tüpfel ist durch eine oben offene, von den Wandverdickungen gebildete Überwölbung der unverdickten Zellwandstelle gekennzeichnet. Man bezeichnet sie als *Hoftüpfel*. Diese sind für Wasserleitungsbahnen charakteristisch und können rund oder gestreckt ausgebildet und in Reihen oder unregelmäßig bis dicht gelagert sein. Sie bilden durch die Vielfalt ihrer Form und Anordnung wichtige diagnostische Merkmale bei der Bestimmung der Hölzer. Schließlich ist auch die Möglichkeit einer Arbeitsteilung gegeben. Neben unverdickten parenchymatischen Zellen liegen ausgesprochen mechanische Gewebe, deren Protoplasten nach vollendetem Aufbau der stark verdickten Zellwände absterben.

Die Verbindung benachbarter Zellen geht aber über das Vorhandensein unverdickter Zellwandstellen hinaus. Die Protoplasten der einzelnen Zellen stehen außerdem häufig, vielleicht immer, durch feinste Plasmaverbindungen oder *Plasmodesmen*, die die Schließhäute der Tüpfel durchsetzen und gelegentlich auch dicke Zellwände durchziehen können, miteinander in Verbindung. Stofftransport und Reizleitung finden so direkte Wege von Protoplast zu Protoplast. Die Plasmodesmen verbinden die unzähligen durch die Zellwände anscheinend voneinander abgekapselten Protoplasten vermutlich zu einem einzigen lebenden Protoplasmakörper.

Rein mechanischen Aufgaben dienende Zellen sind in erster Linie die verschieden geformten *Stein- oder Sklerenchymzellen*, deren gewaltig verdickte, geschichtete Zellwände das Lumen oft bis auf einen winzigen Raum zusammendrängen. Ähnlich stark verdickt sind auch die langgestreckten *Bast-* und *Libriformfasern*. Die *Holzgefäße* oder *Tracheen* (Röhren, die durch Auflösung der Querwände übereinandergelagerter Zellen entstanden sind) dienen, ebenso wie die langgestreckten, einzelligen *Tracheiden*, außer der Wasser- und Nährstoffleitung in erheblichem Maße auch der Festigung der Pflanze. Es sind tote Zellen, bzw. Zellvereinigungen. An ihrer Innenseite sind mannigfache leistenartige Verdickungen ausgebildet, die ein Zusammenfallen der weiten Zellräume verhindern. Je nach der Form dieser Verdickungen unterscheidet man Ring-, Schrauben- oder Netzgefäße, bzw. -tracheiden.

Alle diese genannten Zellwandverdickungen sind *zentripetal*, d. h. gegen das Zellinnere gerichtet.

Die Kollenchymzellen sind meist prosenchymatisch, bleiben stets lebend und verholzen nicht. Nach der Art der Verdickungen unterscheidet man ein an den Ecken verdicktes *Eckenkollenchym*, ein *Lückenkollenchym*, das bei ähnlichem Bau innerhalb der verdickten Ecken Interzellularen freiläßt und schließlich ein *Plattenkollenchym*, bei dem die einander gegenüberliegenden tangentialen Zellwände besonders verdickt sind.

Die Rhizoiden der Marchantiaceen besitzen zäpfchenartige, streng lokal nach innen gerichtete Zellwandauswüchse. Besonders eigenartig sind die für manche Familien (Moraceen, Urticaceen, Acanthaceen) charakteristischen *Zystolithen*. Das sind ins Innere der Zellen hängende, kolbige Wandbildungen, die von Kalziumkarbonat inkrustiert sind und häufig einen verkieselten Stiel besitzen.

Zentrifugale, nach außen gerichtete Wandverdickungen sind seltener und können nur an Zellen mit freier Oberfläche auftreten, wie z. B. an Haaren, Sporen oder Pollen. Sie treten hier in Form von Höckern, Stacheln oder wabigen Erhebungen auf. Wir wollen unsere Untersuchungen mit diesen beginnen.

<h2 style="text-align:center">Objekte</h2>

<h3 style="text-align:center">Lokale zentrifugale Wandverdickungen</h3>

Lycopodium clavatum, Bärlapp *(Lycopodiaceae)* : Sporen.

Im mittleren und nördlichen Europa, in Asien und Amerika heimisch. — Die als „*Semen Lycopodii*" offizinellen Sporen besitzen zentrifugale Wandverdickungen. Die einzelne Spore hat das Aussehen **einer** dreiseitigen Pyramide mit einer Kalotte als Grundfläche. Die Pyramidenflächen erklären

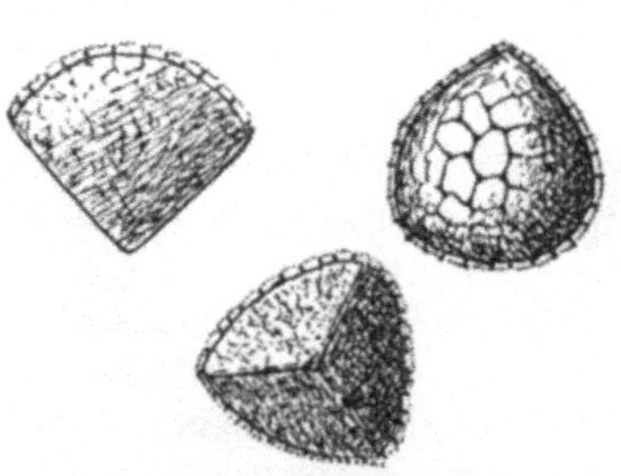

Abb. 102. *Lycopodium clavatum*

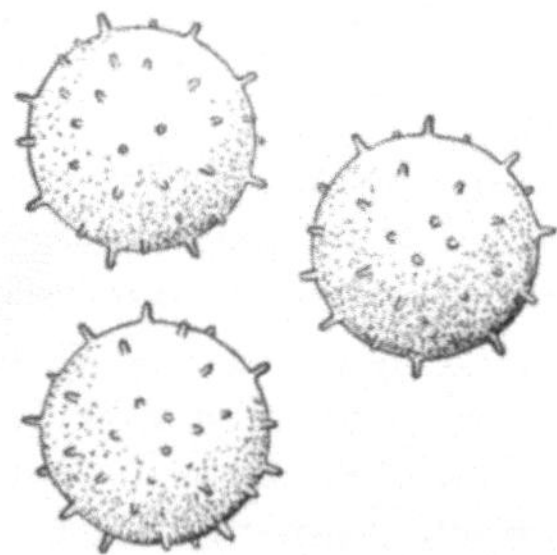

Abb. 103. *Hibiscus syriacus*

sich aus der festen Zusammenlagerung von 4 Einzelsporen bei ihrer Entstehung in der gemeinsamen Sporenmutterzelle. Die in ihrer Summe eine Kugel bildenden gewölbten Grundflächen der einzelnen Sporen tragen ein wabiges Zellwandrelief.

Zur Beobachtung bringen wir die Sporen in einen Tropfen *Alkohol*, da sie sich in Wasser sofort mit einem Luftbläschen umgeben. Will man ein Dauerpräparat herstellen, so ersetzt man den verdunstenden Alkohol durch verd. Glyzerin und umrandet mit Einschlußlack. Abb. 102.

Bläst man eine größere Menge dieser auch als „*Hexenmehl*" bekannten Sporen in eine Flamme, so leuchtet sie infolge des reichlichen Ölgehaltes der Sporen explosionsartig auf („Theaterblitz").

Hibiscus syriacus, Roseneibisch *(Malvaceae)* : Pollen.

Im Orient heimisch. Viel gezogener Zierstrauch. — Die Pollenkörner sind durch viele stachelige zentrifugale Verdickungen ihrer äußeren, sporopolleninreichen Wand (Exine) gekennzeichnet. Innerhalb dieser Exine besitzen alle Pollenkörner noch eine pektinreiche Zellwandschicht (Intine). Ähnlich gebaut sind die Pollen aller Malvaceen. Abb. 103.

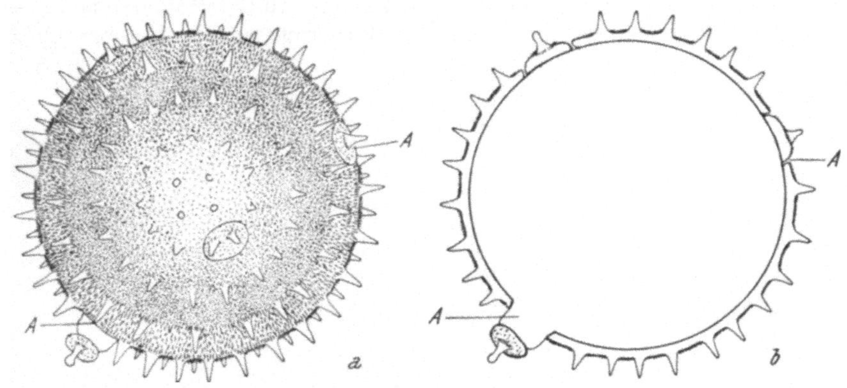

Abb. 104. *Cucurbita pepo*

Cucurbita pepo, Kürbis *(Cucurbitaceae)* : Pollen.

Aus dem tropischen Amerika stammende, viel kultivierte Nutzpflanze. — Die Pollenkörner tragen stachelige Zellwandverdickungen. Besonders interessant sind sie durch mehrere, für den auskeimenden Pollenschlauch vorgebildete, mit Deckeln verschlossene Austrittsstellen (A) in ihrer Zellwand. Die Deckel sind durch die vorgewölbte Intine oft teilweise oder ganz abgehoben. In ihrer ursprünglichen Lage sind die Deckel in der Exine mit nach innen zu erweitertem Grund eingekeilt. In Wasser treten aus der Oberfläche der stacheligen Exine gelbe Öltröpfchen hervor. Abb. 104a, b.

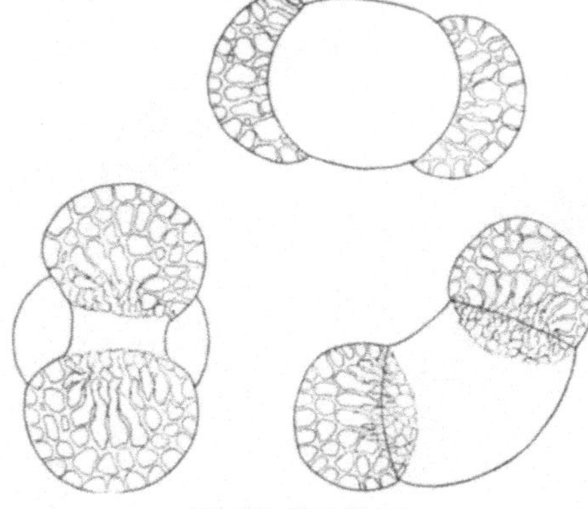

Abb. 105. *Pinus silvestris*

Pinus silvestris, Gemeine Föhre, Rotföhre *(Pinaceae)* : Pollen.

Einer der verbreitetsten Waldbäume Europas. — Die Nadelhölzer sind Windblütler. Dem wird beim Pinus-Pollen durch Ausbildung zweier großer Luftsäcke an den Pollenkörnern Rechnung getragen. Sie kommen durch Abhebung der Exine zustande. Die Pollensäcke zeigen meist leistenförmige Wandverdickungen. Der anhaftenden Luft wegen untersuchen wir in Alkohol, dem wir dann, da er rasch verdunstet, Wasser oder verd. Glyzerin zusetzen können. Abb. 105.

Lokale zentripetale Wandverdickungen

(Kollenchyme und leistenartige Verdickungen)

Coleus Blumei-Hybride, Coleus *(Labiatae)* : Blattstiel quer.

Heimisch im tropischen Asien und Afrika. Viel kultivierte Zierpflanze. — Von einem Blattstiel stellen wir mit dem Rasiermesser einen dünnen Quer-

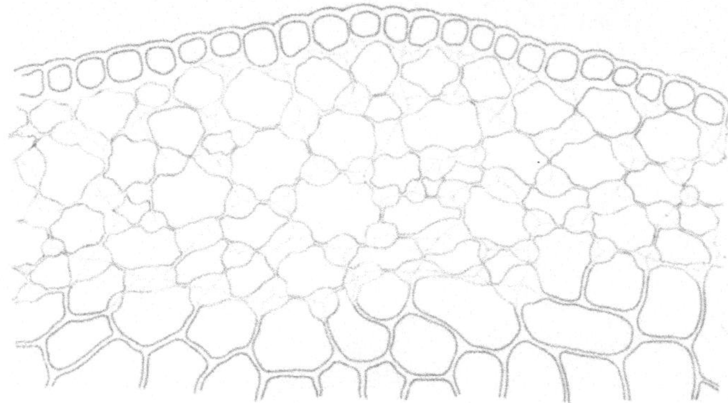

Abb. 106. *Coleus Blumei*

schnitt her. Einige Zellschichten unterhalb der Epidermis befindet sich im Rindenparenchym eine breite Zone von *Eckenkollenchym*. Die Zellen, die im Längsschnitt langgestreckt und an den Längskanten verdickt erscheinen, besitzen im Querschnitt an den Stellen, wo mehrere Zellen zusammenstoßen, starke Verdickungen. Die unverdickten Zellwandteile erlauben diesen lebenden Zellen Stoffaustausch, Wachstum und Dehnbarkeit bei Änderungen des Turgordruckes. Abb. 106. Stengelquerschnitte von **Impatiens balsamina,** Balsamine *(Balsaminaceae)*, von **Chenopodium bonus henricus,** Guter Heinrich *(Chenopodiaceae)*, von

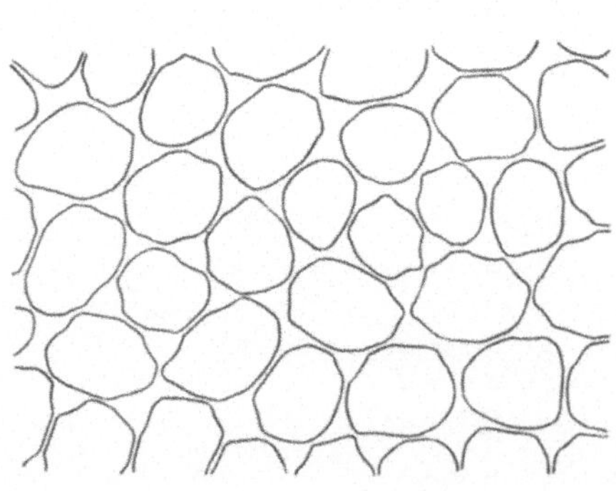

Abb. 107. *Scapania aspera*

Senecio Cruentus-Hybriden, Garten-Cinerarie *(Compositae)*, sowie von Labiaten und Umbelliferen sind gleichfalls gute Objekte für die Beobachtung von Eckenkollenchym.

Scapania aspera *(Hepaticae, Acrogynaceae)* : Blättchen.

Ein kleines Stämmchen oder ein einzelnes Blättchen wird im Wasser untersucht. Die Zellen der einschichtigen Blattfläche zeigen schönstes *Eckenkollenchym*. Abb. 107.

Auch **Alicularia,** deren Ölkörper wir kennenlernten, zeigt gleiche Eckenverdickungen (vgl. Abb. 82b).

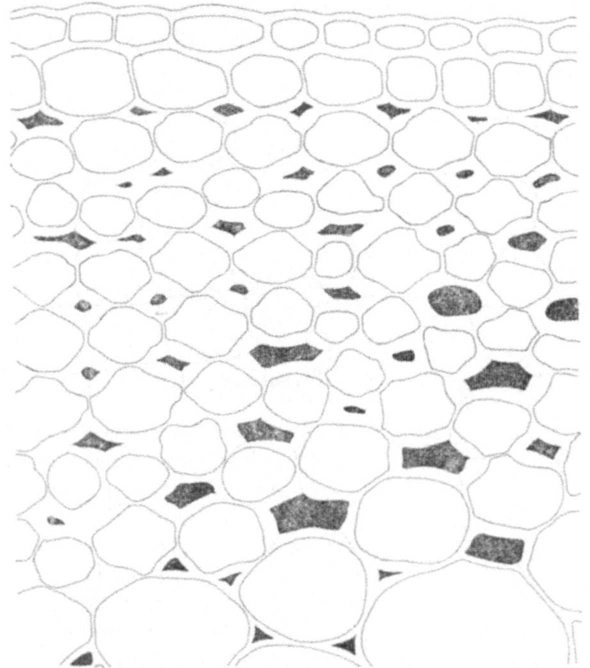

Abb. 108. *Petasites albus*

Petasites albus, Pestwurz *(Compositae)* : Stengel, quer.

In Europa heimisch. — Stengelquerschnitte zeigen knapp unter der Epidermis im ganzen Stengelumfang ein *Lückenkollenchym*, das sich vom normalen Eckenkollenchym durch große, oft rundliche Interzellularen innerhalb der Verdickungen unterscheidet. Abb. 108.

Sambucus nigra, Holunder *(Caprifoliaceae)* : Blattstiel quer.

In Europa, Vorderasien und W-Sibirien verbreiteter Strauch. — Von einem Blattstiel stellen wir Querschnitte her. Unterhalb der Epidermis finden wir drei bis vier Zellreihen mit sehr stark verdickten Tangential- und unverdickten Radialwänden. Es entstehen dadurch Zellwandplatten. Daher die Bezeichnung „*Plattenkollenchym*". Abb. 109.

Blattstiele von **Tussilago farfara,** Huflattich *(Compositae)*, zeigen Gleiches.

Marchantia polymorpha, Brunnenlebermoos *(Hepaticae, Marchantiaceae)* :
Rhizoiden.

Wir lösen vorsichtig ein Thallusstück von seiner Unterlage und bringen
mit der Pinzette etwas von den zarten, weißen, filzigen *Rhizoiden* der Unter-

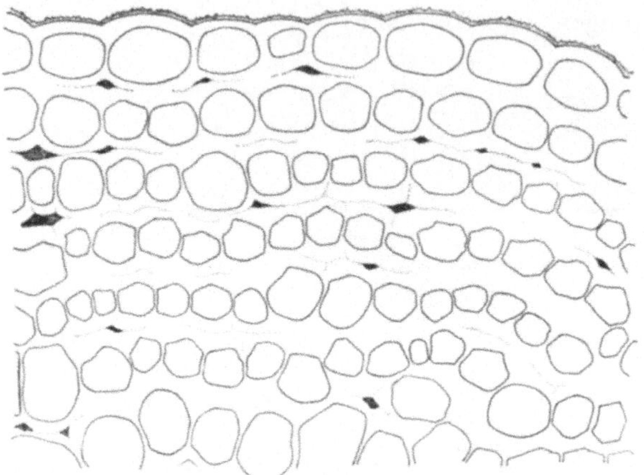

Abb. 109. *Sambucus nigra*

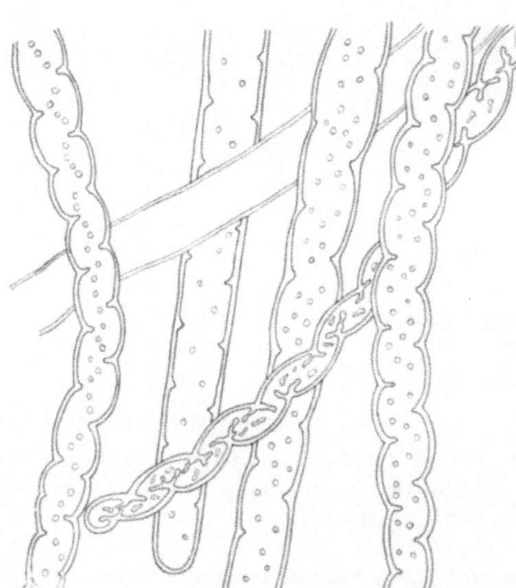

Abb. 110. *Marchantia polymorpha*

seite auf den Objektträger
in einen Tropfen Wasser.
Neben glatten Rhizoiden
sehen wir solche, die an der
Innenseite ihrer Zellwände
ins Zellinnere ragende Zäpf-
chen ausgebildet haben. Sie
sind vielgestaltig und gelegentlich schraubig angeordnet. Abb. 110.

Derartige Zellwandzäpf-
chen finden wir auch bei
anderen Lebermoosrhizo-
iden, z. B. bei **Fegatella**
(= Conocephalus). Ähnliche
Bildungen sind auch in den
Basisteilen der Wurzelhaare
von **Stratiotes** anzutreffen.

Ficus elastica, Gummibaum
(Moraceae) : Blatt quer.

Kautschukbaum in S-Asien. Häufig als Zimmerpflanze kultiviert. — Aus
einem Blatt werden parallel den Blattrippen schmale Streifen geschnitten,
übereinander gelegt, zwischen Holundermark eingeklemmt und Querschnitte hergestellt. (vgl. S. 79). In einzelnen großen Zellen der mehrschich-

tigen Epidermis der Blattoberseite hängen von der Außenwand große, traubenförmige *Zystolithen* ins Zellinnere. Ihre Stielchen sind verkieselt, die traubenförmigen Körper von $CaCO_3$ inkrustiert. Abb. 111.

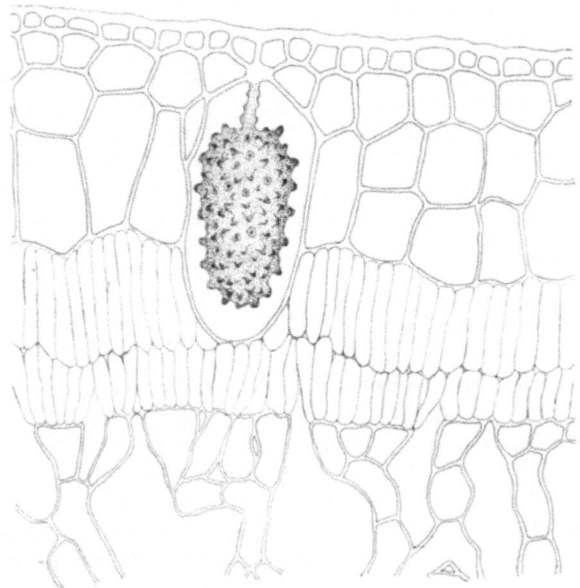

Abb. 111. *Ficus elastica*

Löst man den Zystolithen durch Hinzufügen eines Tropfens verd. Salzsäure, Essigsäure oder auch nur schwach angesäuerten Glyzerins, so bleibt ein weiches Zellulosegebilde mit konzentrischer Schichtung und radial verlaufenden Kanälchen zurück. Häufig lösen sich die Zystolithen bei längerem Liegen schon in Wasser auf. Man untersucht daher besser in Alkohol, bzw. bewahrt Schnitte in Alkohol auf.

Cannabis sativa, Hanf *(Cannabaceae)* : Haare.

Aus Asien stammend, wegen der ölreichen Samen und der Bastfasern viel kultiviert. — Blattepidermisschnitte zeigen Haare, die am Grund aufgetrieben sind und je einen kugeligen *Zystolithen* enthalten.

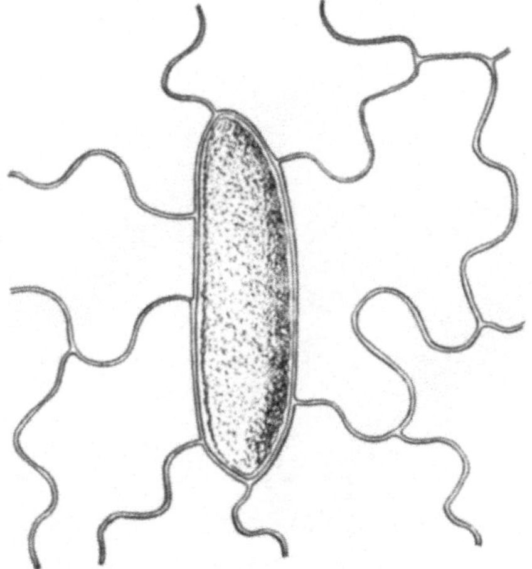

Abb. 112. *Urtica dioica*

Urtica dioica, Gemeine Brennessel *(Urticaceae)* : Blatt, Fläche.

Ruderalpflanze. — Flächenschnitte von der Blattoberseite zeigen in der Epidermis langgestreckte, keulenförmige *Zystolithen* führende Idioblasten. Abb. 112.

Goldfussia isophylla, Goldfussie *(Acanthaceae)* : Stengel, längs.

Ostindische, häufig in Gewächshäusern gezogene, formenreiche Zierpflanze. — Stengellängsschnitte enthalten sowohl im Mark- wie im Rindenparenchym Idioblasten mit langgestreckten *Zystolithen*. Auch Flächenschnitte der Blattunterseite, besonders durch die stark hervortretenden Mittelrippen zeigen sehr schöne Zystolithen.

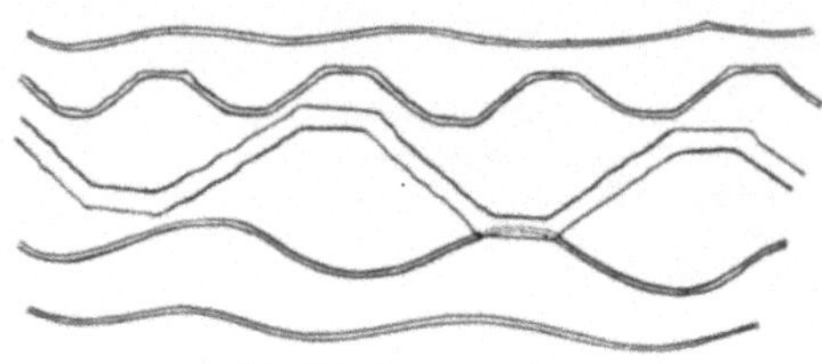

Abb. 113. *Agapanthus africanus*

Agapanthus africanus, Schmucklilie „*Liliaceae*": Blatt.

Heimat: Südafrika, Zierpflanze. — Die *spiraligen Verdickungen* der Gefäße in den Blättern sind bei dieser Pflanze nur lose mit der Zellwand verwachsen und können herausgezogen werden. Wir *zerreißen* ein Blatt und ziehen die beiden Hälften rasch auseinander. Sie erscheinen wie durch zarte Spinnwebefäden verbunden. Senken wir diese auf einen Objektträger, so bleiben die Fäden daran haften. Wir bringen einen Tropfen Wasser oder, für ein Dauerpräparat, verd. Glyzerin darauf und bedecken mit dem Deckglas. Es zeigen sich parallel gelagert zahlreiche, im einzelnen verschiedenartig ausgebildete spiralige Gefäßverdickungen. Abb. 113.

Gleiches läßt sich mit vielen anderen Blättern (z. B. **Aloe, Agave, Clivia, Cornus**) durchführen.

Cucurbita pepo, Kürbis *(Cucurbitaceae)* : Stengel, längs.

Längsschnitte durch den krautigen Stengel, welche die schon mit freiem Auge erkennbaren Gefäßbündelstränge treffen, zeigen *Ring-* und *Spiralgefäße*. Gelegentlich finden wir auch

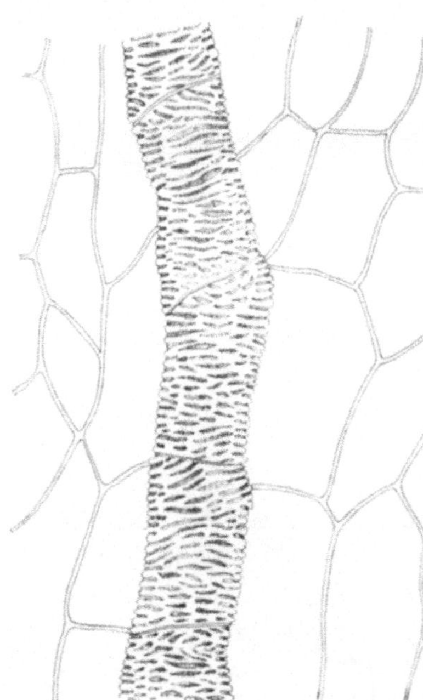

Abb. 114. *Beta vulgaris*

Gefäße, die dicht mit Tüpfeln besetzt sind: *Tüpfelgefäße*. Den genauen Bau der Gefäßbündel werden wir später kennenlernen (S. 163, Abb. 192).

Gleiche Gefäßtypen zeigen z. B. auch Stengellängsschnitte von **Impatiens-Arten.**

Beta vulgaris, Runkelrübe *(Chenopodiaceae)* : Rübe, längs.

Kulturpflanze. Verschiedene Varietäten wie Futterrübe, Zuckerrübe u. a. — Von einem Stückchen einer Rübe stellen wir Längsschnitte her. Wir finden darin unregelmäßig netzig verdickte Gefäße: *Netzgefäße.* Abb. 114.

Gleichmäßig verdickte Zellwände

(Tüpfel, Tüpfelkanäle, Plasmodesmen)

Aucuba japonica, Aukube *(Cornaceae)* : Stengel, längs.

Durch einen flachen Schnitt wird die Epidermis eines Stengelstückchens abgetragen und von dem darunterliegenden Rindenparenchym ein tangentialer Längsschnitt hergestellt. Die grünen, Chlorophyllkörner führenden Zellen zeigen *einfache Tüpfel.* Die unverdickt gebliebene Zellwandstelle bezeichnet man als „Schließhaut". In der Aufsicht erscheinen die einfachen Tüpfel als rundliche Poren. Abb. 115.

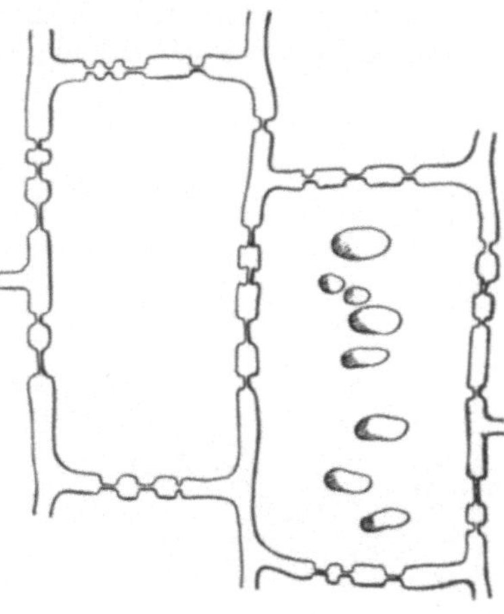

Abb. 115. *Aucuba japonica*

Ähnlich geformte *einfache Tüpfel* finden sich auch in den Epidermen der Blattober- und -unterseite von **Aspidistra elatior** *(Liliaceae,* Zimmerpflanze,

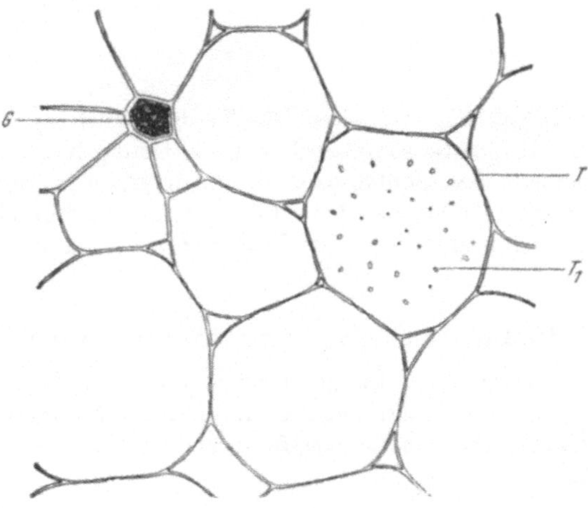

Abb. 116. *Sambucus nigra*

in Japan heimisch) und in der Blattstielepidermis von **Cyclamen persicum** *(Primulaceae,* Glashauspflanze, im östl. Mediterrangebiet heimisch).

Sambucus nigra, Holunder *(Caprifoliaceae)* : Mark, quer.

Querschnitte durch Holundermark zeigen in den dünnwandigen Markzellen zahlreiche *einfache Tüpfel* (T), die in der Aufsicht als rundliche Poren (T_1) zu erkennen sind. G = Gerbstoffschlauch (s. S. 89). Abb. 116.

Pinus silvestris, Gemeine Föhre *(Pinaceae)* : Holz, rad. und tang.

Wir schneiden mit dem Taschenmesser aus einem Stück Föhrenholz ein Prisma heraus, dessen Wände annähernd genau radial und tangential verlaufen und stellen von diesen Flächen mit dem Rasiermesser kleine, möglichst dünne Längsschnitte her. Die langgestreckten Holzzellen (Tracheiden) tragen an den Ra-

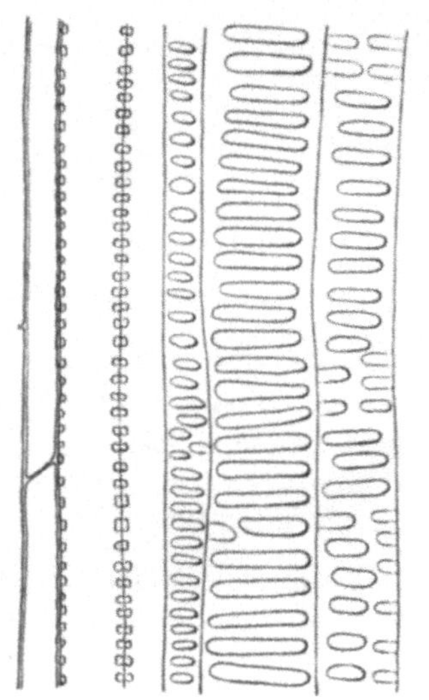

Abb. 117. *Pteridium aquilinum*

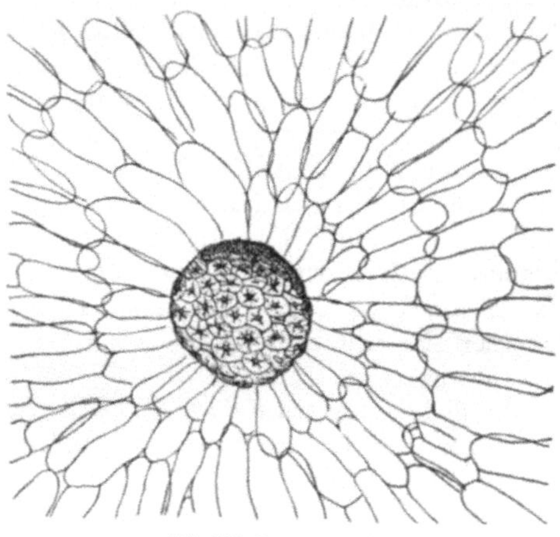

Abb. 118. *Pirus communis*

dialwänden *Hoftüpfel.* Sie erscheinen im Radialschnitt als zwei konzentrische Kreise. Der Tangentialschnitt gibt die Erklärung hiefür: Die Zellwand hebt sich beiderseits der Schließhaut in Form eines in der Mitte durchlochten Uhrglases ab. Die auf diese kreisrunde Durchbrechung passende Stelle der Schließhaut ist verdickt und wird *Torus* genannt (vgl. Abb. 250, 251).

Pteridium aquilinum, Adlerfarn *(Polypodiaceae)* : Blattstiel, längs.

Kosmopolit. — Wurden bei Längsschnitten durch einen Blattstiel Gefäßbündel getroffen, so sehen wir Gefäße, deren Wände quer gestreckte Hoftüpfel besitzen und daher als *Leitergefäße* bezeichnet werden. Diese sind für Farne charakteristisch. Abb. 117.

Pirus communis, Birne *(Rosaceae)* : Fruchtfleisch.

Wir bringen eine kleine Menge Fruchtfleisch auf einen Objektträger, legen einen zweiten Objektträger quer darüber und zerquetschen es unter festem

Druck und Verschieben der Gläser. Einen Teil davon untersuchen wir unter Deckglas in Wasser. Eingebettet in dünnwandigem Parenchym liegen neben noch zusammenhängenden *Steinzellennestern* nunmehr auch einzelne der stark verdickten, geschichteten *Stein-* oder *Sklerenchymzellen*. Sie sind von feinen, verzweigten Poren oder Tüpfelkanälen durchzogen, die von denen der Nachbarzellen nur durch eine dünne Wand getrennt sind. Die ausgewachsenen Steinzellen sind tot und verholzt. Abb. 118.

Gleichartig und gleich zu präparieren sind die Steinzellen des Fruchtfleisches von **Cydonia oblonga,** Quitte *(Rosaceae)*. Abb. 119.

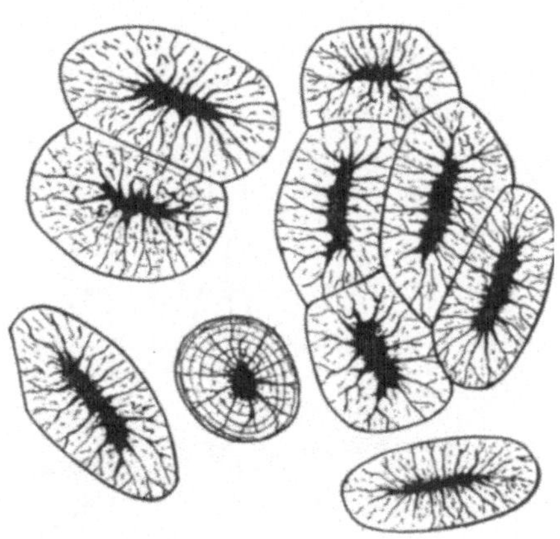

Abb. 119. *Cydonia oblonga*

Podocarpus macrophyllus, Steineibe *(Taxaceae)* : Stamm, quer.

Ostasiatische, bei uns in Glashäusern gezogene Pflanze. — Querschnitte durch ein jugendliches Stämmchen zeigen im *Markparenchym* in lockeren Gruppen liegende, vielfach geschichtete, von Tüpfelkanälen durchzogene Steinzellen. Abb. 120, links Stammquerschnitt, rechts einzelne Markzellen.

Camellia japonica, Kamelie *(Theaceae)* : Blatt, quer.

In China und Japan heimische weitverbreitete Zierpflanze. — Von den dicken ledrigen Blättern werden zwischen Holundermark Querschnitte hergestellt (vgl. S. 79). Unterhalb der oberen Epidermis liegen

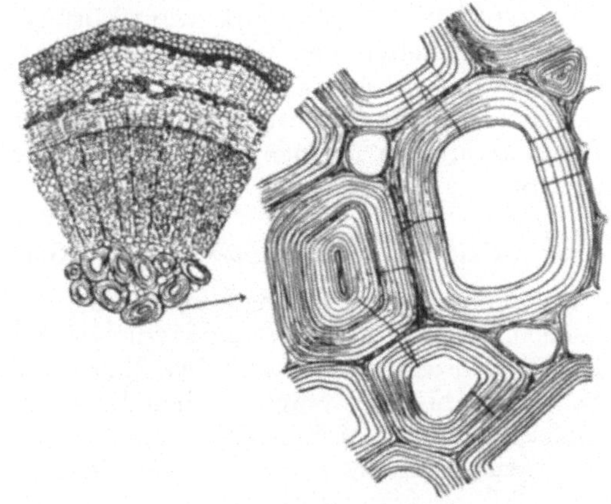

Abb. 120. *Podocarpus macrophyllus*

lange, schmale Steinzellen, die oft weit in das Grundgewebe des Blattes hineinreichen und wegen ihrer Verästelungen als *Astrosklereiden* bezeichnet werden. Abb. 121. Ähnlich bei Teeblättern (**Thea sinensis**) und **Hakea**-Arten.

Phoenix dactylifera, Dattelpalme *(Palmae)* : Endosperm.

Von den Kanaren bis Indien heimisch. — Wir zerteilen einen Dattelkern entlang des Spaltes mit einer Beißzange und fertigen mit der Rasierklinge von dem grauen, weichen Endosperm dünne Längsschnitte an und beobachten in verd. Glyzerin. Die dicken Zellwände sind von aufeinander zustrebenden, kurzen, plumpen Ausstülpungen der Zellumina benachbarter Zellen bis auf die unverdickte Schließhaut durchbrochen.

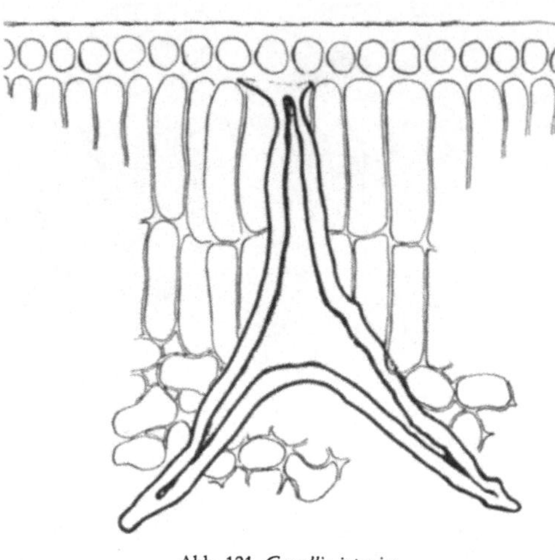

Abb. 121. *Camellia japonica*

Die Schließhaut selbst ist noch von *Plasmodesmen* durchzogen. Man kann sie in folgender Weise sichtbar machen: Ein dünnes Schnittchen wird zuerst 15 Minuten in eine mit einem Jodkristall versetzte Jodjodkaliumlösung (0,5 g KJ, 0,5 g J, 100 ccm H_2O) gelegt. Dadurch werden die Plasmafäden, die Jod stärker absorbieren als die Zellwand „gebeizt". Dann 10 Minuten auf einem Objektträger in einen Tropfen H_2SO_4 (1 : 2), dem auch ein Jodkriställchen zugesetzt ist, legen und hierauf etwa 20 Sekunden in einem Uhrschälchen in einem Gemisch von einem Tropfen H_2SO_4 (1 : 3) und einem Tropfen Gentianaviolett (im Notfall etwas Tintenstift) färben! Die stark saure Lösung erscheint infolge der Farbindikatoreigenschaften des Gentianaviolett intensiv grün. Schließlich ist das Uhrglas mit Wasser aufzufüllen, wobei sich die Lösung blau färbt. Die Schnitte werden herausgenommen und in Glyzerin eingeschlossen. Die Plasmodesmen erscheinen in der etwas verquollenen Schließhaut dunkelblau gefärbt.

Viscum album, Mistel *(Loranthaceae)* : Stamm, längs.

Von einem ausgewachsenen Internodium wird die Epidermis durch einen flachen Schnitt abgehoben und vom darunterliegenden Rindenparenchym ein Flächenschnitt hergestellt. Die *Tüpfel* sind ähnlich gebaut wie bei *Phoenix*. Um die hier sehr empfindlichen *Plasmodesmen* sichtbar zu machen, müssen sie durch sofortiges Einlegen der Schnitte in 1% Osmiumsäure 5 Minuten lang fixiert werden. Darauf werden diese mit Wasser abgespült und weiter wie bei Phoenix mit JKJ usw. behandelt.

Plagiochila asplenioides *(Hepaticae, Acrogynaceae)* : Blättchen.

Bei Laub- und Lebermoosen sind Plasmodesmen zwischen den Zellen der Blattfläche, sowie denen in der Seta oder im Stengel des Gametophyten ziemlich allgemein verbreitet. Bei *Plagiochila* sind sie besonders zahlreich. Zur Sichtbarmachung müssen sie gefärbt werden.

Färbungsmethode :
a) Blättchen 5—20 Min. in gesättigte alkohol. Jodlösung,

b) auswaschen,
c) ca. 5 Stunden in 25% H_2SO_4,
d) 5 Min. oder weniger in ein Gemisch von 25% H_2SO_4 und Methylviolett,
e) in 10—25% H_2SO_4, mit Deckglas bedeckt, über einer kleinen Gasflamme leicht erwärmen und sofort untersuchen. Als Folge der leichten Erwärmung quillt die Zellwand in H_2SO_4 und die Plasmodesmen nehmen einen tiefblauen bis schwarzen Farbton an.

Phytelephas macrocarpa, Steinnußpalme *(Palmae)* : Same, Endosperm.

Kurzstämmige Palme, heimisch im tropischen Amerika. Die Samen werden als „vegetabilisches Elfenbein" zur Herstellung von Knöpfen u. a. verwendet.

Das harte Endosperm des Samens wird zerschlagen und von einem Stück mit der Rasierklinge hobelartig ein dünner Schnitt hergestellt. Die überaus dickwandigen Zellen sind durch lange *Tüpfelkanäle* miteinander verbunden. Die Schließhäute sind auch hier von Plasmodesmen durchsetzt, die gleichfalls erst nach entsprechender Färbung sichtbar werden.

Strychnos nux vomica, Krähenaugenbaum *(Loganiaceae)* : Same, Endosperm.

In Indien heimische Holzpflanze. Giftige, strychninhältige Samen („Krähenaugen", „Semina Strychni"). Die dicken Wände der Nährgewebszellen der Samen sind von zahlreichen feinen *Plasmodesmen* durchsetzt.

Schnellmethode der Plasmodesmenfärbung: Ein Same wird 24 Stunden lang in Wasser eingequollen. Die aufgeweichte, filzige Schale einer Fläche des scheibenförmigen Samens wird weggeschnitten und parallel dazu vom Endosperm ein nicht allzu dünner Schnitt hergestellt. Diesen kleben wir mit einer Spur Wasser an ein Deckglas. Auf einen Objektträger bringen wir einige Körnchen metallisches Jod, setzen einen Glasring darüber (vgl. Mikrosublimation, S. 86) und legen das Deckglas mit dem Schnitt nach unten darauf. Über der Mikroflamme eines Bunsenbrenners wird vorsichtig erwärmt bis das Jod sublimiert und den Schnitt mit kleinen Kriställchen bedeckt. Darauf wird der Schnitt mit einem steifhaarigen Pinselchen

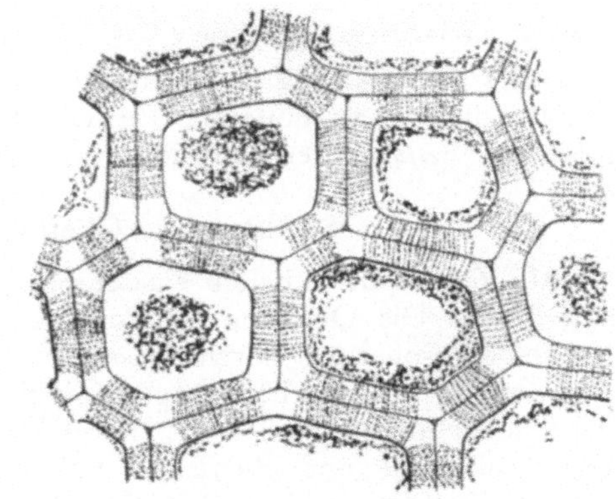

Abb. 122. *Strychnos nux vomica*

mit Jodglyzerin (etwas pulverisiertes metallisches Jod in Glyzerin gelöst) fest abgepinselt und in Jodglyzerin beobachtet, bzw. eingeschlossen. Die Plasmodesmen treten scharf gezeichnet dunkelbraun hervor. Abb. 122.

Diese einfache Sublimationsmethode läßt sich bei fast allen Plasmodes-
menpräparaten anwenden, nur sind meist diese Färbungen in Dauerpräparaten nicht sehr lange haltbar.

Vinca minor, Immergrün *(Apocynaceae)* : Bastfasern.
Ein holziges Stengelstück wird geknickt und durch Hin- und Herbewegen
der Teilstücke an der Bruchstelle zerfasert und die Fasern unter das Mikroskop gebracht. Einzelne der *Bastfasern* zeigen, besonders an Stellen, wo sie

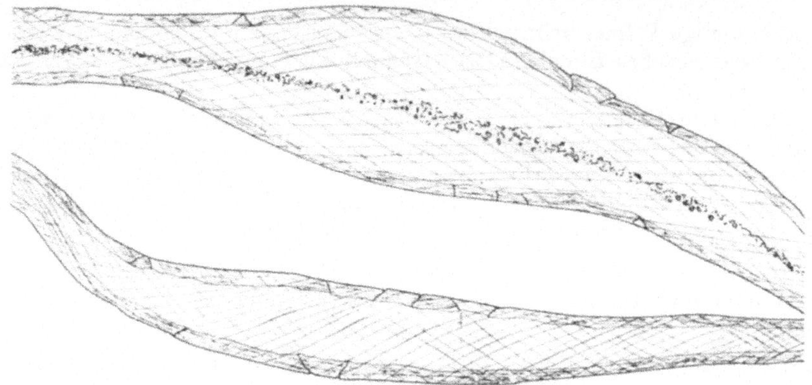

Abb. 123. *Vinca minor*

etwas aufgetrieben sind, eine feine *Zellwandstreifung.* Durch Klopfen mit dem
schweren Pinzettenende auf das Deckglas werden die Fasern etwas gequetscht und die Streifung tritt deutlich hervor. Abb. 123.

Dahlia variabilis, Georgine *(Compositae)* : Knolle.
Aus Mexiko stammende, viel kultivierte Zierpflanze. — Wir stellen Längsschnitte durch die Knolle her. Einzelne Parenchymzellen besitzen eine feine
gekreuzte Streifung ihrer Zellwand.

Struktur und Chemie der Zellwand

Alle Zellwände enthalten Wasser, bzw. können eine gewisse Menge davon
aufnehmen. Die Quellung ist nicht unbeschränkt, sondern begrenzt. Die
Volumsvergrößerung durch Wasseraufnahme geht in der Regel nach bestimmten Richtungen bevorzugt vor sich. Manche Pflanzenfasern quellen in
der Querrichtung um 18—30%, in der Längsrichtung hingegen nur um 2%.
Die strukturelle und chemische Eigenart der Zellwand wird durch die
Wasseraufnahme nicht gestört. Auf diese Beobachtungen begründete 1864
NÄGELI seine *Micellartheorie,* die besagt, daß die Zellwand aus kleinsten,
geformten und gleichgerichteten Molekülverbänden bestehe, die er *Micelle*
nannte und sich in Form länglicher, optisch anisotroper Kristallite vorstellte.
Die Doppelbrechung der Zellwände im Polarisationsmikroskop sowie
röntgenographische Befunde unterstützten diese Vorstellung.

Mit Hilfe des *Elektronenmikroskopes* wurde es um 1950 möglich, direkt Einblick in den Feinbau der Zellwand zu gewinnen (Frey-Wyssling). Dabei zeigte sich, daß diese als wesentliches Bauelement feinste, ineinander verflochtene oder parallel gelagerte *Mikrofibrillen* besitzt, die ihrerseits wieder aus mehreren Hundert einzelnen langgestreckten Makromolekülen der Gerüstsubstanz aufgebaut sind. Diese Makromoleküle bilden durch Parallellagerung innerhalb der Mikrofibrillen kristalline Bereiche, die die Doppelbrechung der Zellwand hervorrufen und etwa den Micellen Nägelis entsprechen.

Die Lagerung (Textur) der Mikrofibrillen entspricht der mechanischen Beanspruchung. Sie sind im allgemeinen parallel zu den herrschenden Zug- und senkrecht zu den Druckrichtungen geordnet. Wenn auch diese Strukturen submikroskopisch sind, so ist ihr Verlauf doch oft schon mikroskopisch aus faserigen, ring- oder schraubenförmigen *Streifungen* oder *Schichtungen* zu erschließen, die ihrer Richtung folgen. Die ringförmigen Verdickungsleisten der Ring- und Netzgefäße enthalten tangential gestellte Mikrofibrillen. Auch die Lage spaltenähnlicher Tüpfel ist durch die submikroskopische Lage der Mikrofibrillen bestimmt.

Die Mikrofibrillen bzw. die sie zusammensetzenden Makromoleküle bestehen bei der höheren Pflanze aus *Zellulose,* bei den meisten Pilzen hingegen aus dem stickstoffhaltigen Polysaccharid *Chitin.* Sie sind bei der primären Zellwand (siehe unten) in eine amorphe Grundsubstanz eingelagert, die gleichfalls aus Kohlehydraten *(Pectin, Hemizellulose)* besteht. Im Laufe der Entwicklung können der Zellwand verschiedene andere Stoffe eingelagert *(Inkrusten)* oder angelagert *(Akkrusten)* werden. Bei verholzenden Zellwänden ist es das *Lignin,* das zwischen die Mikrofibrillen eingelagert wird und dadurch der Zellwand eine hohe Festigkeit verleiht. Die verkieselten oder durch Kalk inkrustierten Zellwände enthalten SiO_2 bzw. $CaCO_3$ und schließlich können auch *Eisen* oder *Mangan* in das Zellulosegerüst der Zellwand eingebaut sein.

Die wichtigsten Anlagerungsstoffe (Akkrusten) sind *Suberin* und *Wachs* in verkorkten Zellwänden, *Cutin* und Wachs als Überzüge vieler Epidermisaußenwände und das *Sporopollenin,* das die äußere ganz besonders widerstandsfähige Zellwandschichte (Exine) der Pollen und Sporen aufbaut, während die innere Schichte (Intine) im wesentlichen aus Zellulose besteht (Vgl. S. 93).

Lignin, Suberin und Cutin sind Neuerwerbungen der Landpflanzen. Lignin ist von Bedeutung für die Festigkeit der Pflanze, Suberin und Cutin für die Herabsetzung der Wasserabgabe durch die Zellwände an die umgebende Luft. Bei Hochgebirgspflanzen kommt dem Cutin, das als dünnes Häutchen (Cuticula) die Epidermisaußenwände bedeckt, infolge seines starken Absorptionsvermögens für ultraviolettes Licht wohl auch Bedeutung als Strahlungsschutz zu.

Die verschiedenen Zellwandstoffe können chemisch in folgender Weise kurz charakterisiert werden: Die Bausteine der *Zellulose* sind Glukosemoleküle ($C_6H_{12}O_6$), die in großer Zahl (1000 und mehr) zu langen Makromolekülen vereinigt sind. Das *Chitin* ist nach dem gleichen Prinzip aus Molekülen von Acetyl-Glukosamin ($C_8H_{15}O_6N$) aufgebaut. Der Baustein des

Pectin ist eine mit Zucker verwandte Säure, die Galakturonsäure ($C_6H_{10}O_7$). Unter dem Namen *Hemizellulosen* faßt man alle übrigen Zellwand-Kohlehydrate zusammen. Sie unterscheiden sich von der Gerüstzellulose durch ihre leichte Hydrolysierbarkeit, bei der nicht nur Glukose, sondern auch andere Zuckerarten wie Pentosen, Mannose, Galaktose u. a. entstehen. Zu dieser Gruppe sind die oft mächtigen Wandverdickungen in Samen (z. B. Tropaeolum, Impatiens) zu stellen, die als Reservestoffe dienen. Aber auch die Grund- und Gerüstsubstanz der Zellwände selbst können Hemizellulosen enthalten. Die *Callose* ist ein von der Pflanze leicht auf- und auch wieder abzubauendes Kohlehydrat, das zum vorübergehenden Verschluß von Tüpfeln, Siebporen (vgl. S. 164) und dgl. verwendet wird. Sie besteht auch aus Glukosemolekülen, die aber in einer anderen Weise miteinander verkettet sind. *Lignin* ist kein Kohlehydrat, sondern ein sehr kompliziert und unregelmäßig gebautes Makromolekül, in dem Benzolringe, die durch Kohlenstoff- und Sauerstoffbindungen aneinandergefügt sind, eine wesentliche Rolle spielen. *Suberin* und *Cutin* sind fettartige Stoffe, die aber im Gegensatz zu den eigentlichen Fetten makromolekularen Bau besitzen. Die *Sporopollenine* schließlich sind nicht verseifbar und gehören wahrscheinlich zu den Polyprenen. Sie sind gegen chemische Angriffe äußerst resistent, was die gute Erhaltung von Sporen und Pollen in Torf- und Kohlenlagern erklärt. Man unterscheidet an einer voll entwickelten Zelle:

1. *Die Mittellamelle.* Sie besteht vor allem aus Pectinstoffen und hält als Kittsubstanz die aneinander grenzenden Zellen zusammen. Sie läßt sich chemisch leicht abbauen und lösen, was dann zum Zerfall, zur Mazeration der Zellen führt. Sie besitzt kein Zellulosegerüst. Bei der Zellteilung entsteht sie in der Zellplatte (vgl. S. 38) als erste Trennungsschichte zwischen den neuen Zellen.

2. *Die primäre Wand.* Diese entspricht der ursprünglichen Wand der meristematischen Zelle. Sie entsteht bei der Zellteilung dadurch, daß in eine amorphe Grundsubstanz, die in ihrer Zusammensetzung (Pectin, Hemizellulosen) etwa der Mittellamelle entspricht, Zellulosemikrofibrillen eingelagert werden. Sie ist meist sehr dünn. Bis zum Abschluß des Streckungswachstums (Flächenwachstums) ist sie allein vorhanden. Bei Verholzung wird sie zuerst von dieser erfaßt. Im Polarisationsmikroskop unterscheidet sie sich durch ihre schwache Doppelbrechung von der optisch isotropen Mittellamelle.

3. *Die sekundäre Wand.* Sie bildet, wo sie auftritt, den mächtigsten Anteil der Zellwand und entsteht dadurch, daß vom Protoplasma reichlich Mikrofibrillen an die primäre Wand angelagert werden. Sie besteht daher zum großen Teil aus reiner Zellulose, kann aber auch z. B. in Pflanzensamen, Fruchtschalen und manchen Zellen des Holzes fast ausschließlich aus Hemizellulosen aufgebaut sein oder schließlich auch verholzen.

Die sekundäre Wand oder Verdickungsschichte kann selbst wieder aus 2—3 Schichten bestehen, von denen die *Außenschicht* stark doppelbrechend ist, da hier Mikrofibrillen flach verlaufen. Die mittlere *Zentralschicht* ist die mächtigste, jedoch weniger stark doppelbrechend, da in ihr die Zellulosefibrillen steil stehen und im Querschnitt senkrecht getroffen werden. Auch sie kann wieder aus feinen Lamellen aufgebaut sein. Ganz innen gegen den

Protoplasten zu ist manchmal noch eine *Innenschicht*, die infolge ähnlicher Textur wie in der Außenschicht wiederum stark doppelbrechend erscheint.

Andere, meist ältere Gliederungen der Zellwand fassen die Mittellamelle und primäre Wand unserer Einteilung als Mittellamelle zusammen und stellen dieser die später auftretenden Verdickungsschichten unserer sekundären Wand als primäre, sekundäre und tertiäre Wandschichten gegenüber.

Mikrochemischer Nachweis der Zellwandstoffe
Zellulosenachweis

1. Schweizer'sches Reagens „*Cuoxam*" löst Zellulose auf.

(„Cuoxam" = Kupferoxydammoniak. Aus einer $CuSO_4$-Lösung wird mit verd. NaOH Kupferhydroxyd ausgefällt, der Niederschlag filtriert, mehrmals mit H_2O gewaschen und in konz. NH_3 gelöst. Lösung frisch bereiten und dunkel aufbewahren!)

Objekt

Gossypium, Baumwollpflanze *(Malvaceae)* : Samenhaare (= Watte).

Wir übergießen erstens etwas *Watte* in einem Uhrschälchen mit dem Reagens und beobachten ihre Auflösung und verfolgen zweitens die Auflösung einzelner Wattefäden in einem Reagenstropfen unter dem Mikroskop. Die Cuticula wird von der stark quellenden Zellwand an vielen Stellen der Quere nach gesprengt und zusammengeschoben. Zwischen diesen manschettenartigen Cuticularesten wölbt sich dann die aufquellende Wand tonnenförmig vor.

2. 80% H_2SO_4 löst Zellulose auf.

Objekt

Gossypium, Samenhaare (Watte!).

Einige Wattefäden werden in 80% H_2SO_4 gelegt; sie lösen sich auf.

3. *Jodjodkalium* (JKJ) + 75% H_2SO_4 ergibt Blaufärbung.

(Jodjodkalium: 1 g Jod wird zu 100 cm³ einer wässrigen 5%igen Kaliumjodidlösung zugesetzt.)

Objekte

Aucuba japonica, Stengel, quer.

Der Schnitt wird in einen Tropfen Jodjodkalium eingelegt, kurze Zeit darin belassen, mit Wasser abgespült und mit einem Tropfen 75% H_2SO_4 versetzt. Aus Zellulose bestehende Zellwände färben sich, sofern sie nicht durch Lignin oder andere Einlagerungen verändert sind, blau.

Die Reaktion läßt sich natürlich auch an den Samenhaaren von **Gossypium** oder beliebigen aus Zellulose aufgebauten Geweben in gleicher Weise ausführen.

4. *Chlorzinkjod* (30 g Zinkchlorid, 5 g Kaliumjodid, 1 g Jod, 14 cm³ Wasser) verursacht Violettfärbung.

Objekt

Aucuba japonica, Stengel, quer.

Der auf einem Objektträger liegende Stengelquerschnitt wird mit einem Tropfen des Reagens versetzt. Aus Zellulose aufgebaute Zellwände färben sich violett.

Für diesen Versuch eignet sich auch jedes andere aus Zellulose aufgebaute Gewebe.

Hemizellulosenachweis

Jodjodkalium verursacht Blaufärbung bei gewissen Hemizellulosen. Hemizellulosen, die sich mit Jod blau färben, bezeichnet man als „Amyloid".

Objekt

Tropaeolum majus, Kapuzinerkresse, Same quer.

Die Zellwände des Endosperms zeigen starke Verdickungsschichten von Hemizellulose, die hier als Reservestoff dient.

Pectinnachweis

1. *Rutheniumrot* (1 : 5.000 wässrige Lösung) verursacht karminrote, *Methylenblau* (1% wässrige Lösung) intensiv blaue, *Safranin* bräunliche oder orangegelbe Färbung der Pectine. Vorbehandlung mit Eau de Javelle läßt die Färbungen kräftiger ausfallen. In diesem Fall müssen jedoch die Schnitte vor der Färbung in einem mit Essigsäure angesäuerten Wasser ausgewaschen werden.

Die genannten Farbstoffe färben allerdings nicht nur das Pectin, sondern auch alle anderen Kohlehydrate mit sauren Gruppen, wie z. B. viele Hemizellulosen.

Spezifisch für Pectin ist hingegen folgende Farbreaktion:

2. *Hydroxylamin-Eisenchlorid-Reaktion.* Der Nachweis wird in drei Schritten durchgeführt: a) Die Schnitte werden 5—10 Minuten lang in einige Tropfen einer alkalischen Hydroxylamin-Lösung gelegt (Mischung aus gleichen Teilen 14% NaOH-Lösung in 60% Äthylalkohol und einer 14%igen Lösung von Hydroxylamin-Hydrochlorid ($NH_2OH.HCl$) in 60% Alkohol). — b) Nach erfolgter Einwirkung des obigen Reagens wird eine gleiche Menge einer weiteren Lösung zugefügt, die aus einem Teil konz. HCl und zwei Teilen 95%igem Alkohol besteht. — c) Schließlich wird der Flüssigkeitsüberschuß vom Objektträger entfernt und zu dem Präparat reichlich 96%iger Alkohol hinzugefügt, der 10% an $FeCl_3$ und 0,1 n an HCl enthält. Pectine färben sich rot.

Objekt

Helleborus niger, Nießwurz, Schneerose *(Ranunculaceae)* : Blatt oder Stengel quer.

Die Interzellularen zwischen den Parenchymzellen der Blätter oder häufig auch der Blattstiele sind an ihren Begrenzungswänden von kleinen „Pectinwärzchen" bedeckt. Die angegebenen Farbreaktionen lassen sich an ihnen gut durchführen.

Schöne Pectinwärzchen finden sich auch an den Begrenzungswänden der Interzellularen zwischen den Blattparenchymzellen der verschiedenen **Aconitum**-Arten oder von **Anemone hepatica.**

3. Herauslösen der Pectine durch *verd. Salzsäure* und nachfolgende *Ammoniakbehandlung.*

Objekt

Sambucus nigra, Holunder *(Caprifoliaceae)* : Stengel, quer.

Die verdickten Zellwände des Plattenkollenchyms bestehen aus wechsellagernden Schichten von Zellulose und Pectinen. Durch Herauslösen der Pectine in heißer verdünnter (5%) Salzsäure und Nachbehandlung mit heißem verdünntem (5%) Ammoniak tritt deutliche Schichtung hervor.

4. Nachweis des Kalziums aus dem Kalziumpectinat der Mittellamelle mancher Pflanzen durch *konz. Schwefelsäure.*

Objekt

Allium cepa, Küchenzwiebel *(Liliaceae)* : Zwiebelschuppe.

Ein Flächenschnitt von der nach außen gekehrten glänzenden Seite einer Zwiebelschuppe wird auf dem Objektträger in konz. H_2SO_4 eingelegt. Es fallen streng lokal über der aus Kalziumpectinat bestehenden Mittellamelle Gipskristalle aus. Der Versuch gelingt am besten mit der äußersten noch fleischigen Schuppe.

Callosenachweis

1. *Anilinblau* (0,005% in 50%igem Alkohol) einige Stunden einwirken lassen. Callose färbt sich blau.

2. *Resorcinblau* (3 g Resorcin in 200 cm³ H_2O+1 cm³ konz. NH_3 10 Minuten schwach erhitzen (nicht kochen) und nachträglich an der Luft stehen lassen bis die Lösung tief blau ist. Legt man einen Schnitt in einen Tropfen dieser Lösung, so färben sich nach einiger Zeit die callosehaltigen Zellwandteile blau.

Objekt

Cucurbita pepo, Kürbis *(Cucurbitaceae)*, Stengel, längs.

Sehr häufig kann man einzelne Siebplatten durch einen Callus verschlossen finden, der die Callosereaktion zeigt.

Ligninnachweis

1. *Phlorogluzin* + *konz. Salzsäure* verursachen kirschrote Färbung.

(Der Schnitt wird in einen Tropfen Phlorogluzinlösung (1% Phlorogluzin gelöst in 96%igem Alkohol) eingelegt, dem nach kurzer Einwirkung ein Tropfen konz. Salzsäure zugefügt wird.)

2. *Anilinsulfat* oder *Anilinhydrochlorid* gelöst in Wasser (etwa 1%), verursachen dottergelbe Färbung.

Objekt für 1 und 2:

Aucuba japonica, Stengel quer, oder ein beliebiger verholzter Stengel.

Cutinnachweis

1. *Chlorzinkjod* verursacht dunkelbraune Färbung der Cuticula und lichtbraune Färbung der darunterliegenden cutinisierten Zelluloseschicht. Die weiter nach innen anschließende reine Zelluloseschicht der Zellwand färbt sich violett.

Objekt

Clivia nobilis, Klivie *(Amaryllidaceae)* : Blatt, quer.

2. *Sudan III* (0,1 g Farbstoff in 50 cm³ Alkohol gelöst und dann 50 cm³ Glyzerin zugesetzt) oder Scharlach R (gesättigte Lösung des Farbstoffes in 70%igem Alkohol) färben Cutinsubstanzen rot bis rötlichgelb. Einwirkungsdauer der Lösungen etwa ½ Stunde.

Objekt

Clivia nobilis, Blatt, quer.

Suberinnachweis

1. In mit *konz. Kalilauge (KOH)* kurz aufgekochten Korkzellen bilden sich *Kaliseifen* der entsprechenden Fettsäuren des Suberins. Aus der verkorkten Zellwand treten die Verseifungsprodukte in Form von Tropfen und körneligen Massen aus, die nach 1—2 Tagen kristallin werden.

Objekt

Pelargonium zonale *(Geraniaceae)* : Älteres Stämmchen, quer.

2. *Sudan III* und *Scharlach R* geben gleiche gelbrote Färbung wie bei Cutin.

Objekte

Pelargonium zonale, Stamm, quer.
Kartoffelknolle, Korkhülle, quer.
Cactaceen, Wundkork, quer.

Nachweis der Verschleimung der Zellwand

Quellen lassen in einer verdünnten *Tuschesuspension.*

Objekt

Linum usitatissimum, Lein *(Linaceae) :* Same, quer.

Kulturpflanze. — Der Querschnitt durch den Samen zeigt große, stark nach
außen verdickte Epidermiszellen (Ep), darunter liegen einige dünnwandige
Parenchymzellen (P). Die innere Testa beginnt mit dickwandigen Zellen
(Sk), auf diese folgen parenchymatische, zum Teil stark komprimierte Zellen
(P_1) und den Abschluß der Testa bilden Zellen mit dunklem Inhalt (Gerb-
stoff, G). Die nächstinneren Zellschichten mit Aleuronkörnern und öligem
Inhalt (En) gehören bereits zum Endosperm.

Abb. 124. *Linum usitatissimum*

Legen wir Schnitte mehrere Stunden lang in *verd. chinesische Tusche,* so
quellen die Zellwände der Epidermiszellen stark auf und *verschleimen.* Die
Schleime bestehen aus stark quellbaren Kohlehydraten. Da die Tusche
in die Schleimhülle nicht eindringen kann, erscheinen die Schnitte von einem
hellen Hof umgeben.

Zur Beobachtung der Verschleimung bei *schwacher Vergrößerung* genügt
es, einen ganzen Linum-Samen auf dem Objektträger in einem großen
Tuschetropfen, vom Deckglas bedeckt, quellen zu lassen. In beiden Fällen
ist es nötig, das Präparat während dieser Zeit zur Verhinderung des Eintrocknens in einer feuchten Kammer zu halten (vgl. S. 69). Abb. 124.

Nachweis der Verkieselung der Zellwände

Objekte *veraschen.* Es bleibt bei Anwesenheit von SiO_2 ein *Zellwandskelett*
erhalten, das sich in allen anorganischen und organischen Lösungen mit
Ausnahme von Flußsäure als unlösbar erweist.

Objekte

Diatomeae, Kieselalgen.

Wir glühen frisch gesammelte Kieselalgen in einem Porzellantiegel aus oder untersuchen fossile Diatomeen (Kieselgur). Die feinsten Strukturen der Zellwände sind durch SiO_2 nachgebildet. Der besseren Lichtbrechungs-verhältnisse wegen, ist es vorteilhaft in verd. Karbolsäure (Phenol) oder in Styrax zu beobachten. Für Dauerpräparate ist Styrax wie Kanadabalsam (S. 3) zu verwenden.

Equisetum arvense, Ackerschachtelhalm *(Equisetaceae)* : Stengel.

Equisetumstengel werden getrocknet, in etwa 1 cm lange Stückchen zer-schnitten und verascht (vgl. S. 81). Ein wenig von der gut durchgeglühten Asche wird in Canadabalsam eingelegt. Die Zellwände sind in Form eines Kieselgerüstes in allen Einzelheiten erhalten geblieben.

Eisennachweis

Objekt auf dem Objektträger in 2%iges Kaliumferrocyanid, K_4 [Fe(CN$_6$)] *(gelbes Blutlaugensalz)* einlegen und dann einen Tropfen 5%iger *Salzsäure* zufügen. Ferrisalze werden sofort als blaues Ferriferrocyanid (Berlinerblau) gefällt.

Objekte

Leptothrix ochracea (Eisenbakterie). Manche **Closterium-**Arten *(Des-midiaceae)*.

Nach der Durchführung der Reaktion färben sich die Scheiden, bzw. Zellwände blau.

Sinapis alba, Weißer Senf *(Cruciferae)* : Kotyledonen.

In Europa gebaut und verwildert. — Samen werden über Nacht in dest. Wasser eingequollen. Dann drücken wir den Keimling, der 2 große Kotyle-donen besitzt, aus der Samenschale heraus und legen ihn 8—12 Stunden in eine 2%ige Kaliumferrocyanid-Lösung, waschen hierauf flüchtig mit dest. Wasser ab und bringen ihn in eine 5%ige Salzsäurelösung. Das früher unsichtbare *Prokambiumnetz* in den Kotyledonen, das locker gebundenes Eisen enthält, wird nun als blaues Geäder sichtbar. Noch deutlicher wird das Bild, wenn die Kotyledonen zum Schluß noch in konz. Chloralhydrat aufgehellt werden (vgl. S. 79).

Fluoreszenzmikroskopie

Im Anschluß an die chemischen Nachweise der verschiedenen Zellwand-stoffe sei auch kurz auf die heute in steilem Aufstieg begriffene *Fluoreszenz-mikroskopie* hingewiesen. Sie beruht auf der Erscheinung, daß manche Stoffe bei Bestrahlung mit ultraviolettem Licht, je nach ihrer chemischen Zusam-mensetzung, in verschiedenen Farben aufleuchten. In der Pflanzenanatomie ermöglicht diese Methode vielfach eine raschere und bessere Differenzierung einzelner Gewebe als die beste Färbung im Tageslicht. So leuchtet die Cuticula im UV-Licht meist silberblau, Korkzellen himmelblau, verholzte Zellwände im allgemeinen hell- bis grünblau (bei *Berberis* gelb), Rindenparenchym grün, Chloroplasten rot, reine Zellulose bläulich weiß, Endodermen vieler Farne goldgelb usw. Auch verschiedenste Zellinhaltstoffe können in charakteristischen Farben aufleuchten.

Der diagnostische Wert dieser „*Primär-* oder *Eigenfluoreszenz*" wird aber noch weit übertroffen durch die „*Sekundärfluoreszenz*", wie sie nach Behandlung der Schnitte mit bestimmten fluoreszierenden Färbemitteln oder *Fluorochromen* (HAITINGER 1932) eintritt. Solche sind z. B. Akridinorange, Berberinsulfat, Coriphosphin, Rhodamin, Primulingelb, Uranin u. v. a. Einzelne von ihnen eignen sich auch als Hellfeldfarbstoffe, kommen aber im ultravioletten Licht wesentlich besser zur Geltung. Verwendet werden diese Farbstoffe in Verdünnungen von 1 : 5.000 bis 1 : 10.000 in Wasser.

Die fluoreszierenden Substanzen werden von den einzelnen Gewebeteilen selektiv adsorbiert, bzw. chemisch gebunden, so daß cutinisierte, verkorkte oder verholzte Zellwände, verschiedenste Zellinhaltsstoffe, sowie Zellkern und Protoplasma in verschiedenen Farben zum Aufleuchten gebracht werden können. Da diese Fluorochrome, wie die besten bekannten Hellfeld-Vitalfarbstoffe, schon in sehr schwachen und für die Zelle völlig unschädlichen Konzentrationen wirksam sind, entwickelte sich diese Fluorochromierungsmethode in den letzten Jahren zu einem der wichtigsten methodischen Hilfsmittel der Zellphysiologie.

B. Die Gewebe

Unter **Geweben** versteht man feste Verbände von Zellen, die nach Herkunft, Bau und Funktion in verschiedener Weise zusammengefaßt werden. Die beschreibende Anatomie betont vor allem ihre Lage im Pflanzenkörper und unterscheidet Haut-, Grund- und Stranggewebe. Die physiologische Anatomie gruppiert sie, ohne Rücksicht auf ihre Lage, nach ihrer Funktion und spricht von Absorptions-, Assimilations-, Leitungs-, Durchlüftungs-, Speicher-, Sekret-, mechanischen Geweben usw.

Embryonale, sich teilende Gewebe bezeichnet man als *Bildungsgewebe* oder *Meristeme*, fertig ausgebildete als *Dauergewebe*.

I. Bildungsgewebe oder Meristeme

Das **Urmeristem** besteht aus undifferenzierten, embryonalen Zellen, die sich direkt von der sich teilenden Eizelle herleiten. Seine Zellen heißen *Initialzellen*. Im einfachsten Fall besteht es aus einer einzigen kuppenförmigen Zelle (viele Algen), einer zweiseitigen, keilförmigen (z. B. *Pteridium aquilinum*) oder einer dreiseitigen, pyramidenförmigen *Scheitelzelle* (z. B. *Equisetum*); bei höheren Pflanzen bildet es den die Sproß- und Wurzelspitzen abschließenden *Vegetationspunkt* oder *Vegetationskegel*.

Die Bildungsgewebe des Vegetationspunktes bezeichnet man als *Tunica* und *Corpus*. Die Zellen der Tunica gehen aus 1—4 übereinanderliegenden

Initialzellen durch Teilungen in einer Ebene hervor. Bei manchen Gymnospermen können sie ganz fehlen. Das innerhalb davon gelegene Corpus entsteht aus seinen Initialzellen durch allseitige räumliche Teilungen. Die einzelnen Gewebe des Pflanzenkörpers mancher Wasserpflanzen *(Hippuris, Elodea)* lassen sich auf ganz bestimmte Schichten des Vegetationskegels zurückführen. Das zuäußerst liegende *Dermatogen* liefert das Hautgewebe, das darunter befindliche *Periblem* das Grundgewebe, bzw. die Rinde und das zentral verlaufende *Plerom* das Stranggewebe, bzw. den Zentralzylinder. Dermatogen und Periblem wären der Tunica, das Plerom dem Corpus zuzuzählen.

Die *Vegetationspunkte der Wurzeln* zeigen einen den Vegetationskegeln der Sprosse entsprechenden Bau, sind aber zu ihrem Schutz noch von einer *Wurzelhaube* oder *Calyptra* bedeckt. Bei Farnen und Schachtelhalmen übernehmen die Scheitelzellen auch die Bildung der Wurzelhaube. Bei den phanerogamen Pflanzen entsteht die Wurzelhaube entweder aus einem eigenen Bildungsgewebe, dem *Calyptrogen*, oder wird in verschiedener Weise vom Bildungsgewebe des Wurzelkörpers selbst hervorgebracht.

Eine interessante Besonderheit bilden die Vegetationspunkte der Luftwurzeln von *Selaginella* durch ihre dichotome Verzweigung.

Die unmittelbar aus dem Urmeristem (Initialzellen) hervorgehenden, schon etwas verschieden gestalteten Bildungsgewebe (Tunica, Corpus, Dermatogen, Plerom, Periblem, Calyptrogen u. a.) stellt man als **primäre Meristeme** den durch erneute Teilungen aus Dauerzellen entstehenden *sekundären* oder **Folgemeristemen** gegenüber. Solche spielen beim Dickenwachstum, bei der Korkbildung oder der Bildung von Wundgeweben eine große Rolle.

Die primären Meristeme werden in manchen Einteilungen der Bildungsgewebe auch mit den Urmeristemen zusammengefaßt. Es wird dann nur unterschieden zwischen *Urmeristemen* und *Folgemeristemen*.

Objekte

Equisetum arvense, Ackerschachtelhalm *(Equisetaceae)* : Steriles Sproßende, Vegetationspunkt.

Häufiges Ackerunkraut. — Junge Sproßspitzen werden, entweder frisch oder in Alkohol fixiert, zwischen Daumen und Zeigefinger der Länge nach halbiert und möglichst jede Hälfte noch einmal längsgeschnitten. Man kann auch zwischen Holundermark schneiden. Meist empfiehlt es sich, den Schnitt noch in Eau de Javelle aufzuhellen (S. 79.). Ein günstig getroffener Schnitt zeigt die große, nach unten dreiflächig zugespitzte Scheitelzelle. Die ersten durch Teilung daraus entstandenen Zellen heißen Segmentzellen. Die seitlichen Höcker stellen die Blattanlagen dar.

Hippuris vulgaris, Tannenwedel *(Hippuridaceae)* : Sproßspitze, Vegetationskegel.

Weit verbreitete Wasserpflanze. — Von kräftigen Sprossen werden etwa ³⁄₄ cm lange Spitzen abgeschnitten, die Blätter entfernt und von der verbleibenden Knospe zwischen Daumen und Zeigefinger oder zwischen Holundermark Längsschnitte hergestellt. Sehr dünne Schnitte lassen sich nur nach Einbettung in Paraffin (s. S. 40) ausführen. Die Höcker unterhalb des Vegetationskegels sind die Blattanlagen.

Außen ist der Vegetationspunkt von dem einschichtigen *Dermatogen* (D) umkleidet, aus dem die Epidermis hervorgeht. Einige Zellschichten tiefer geht von einer einzelnen Initialzelle (I) ein sich nach unten etwas verbreiternder Strang von Bildungsgewebe aus, der als *Plerom* (Pl) bezeichnet wird. Aus ihm entsteht das Stranggewebe. Zwischen diesen beiden primären Meristemen liegt schließlich als drittes das *Peri-*

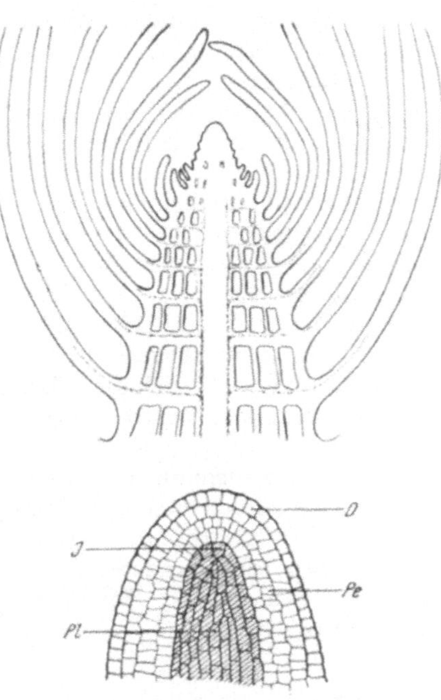

Abb. 125. *Hippuris vulgaris*

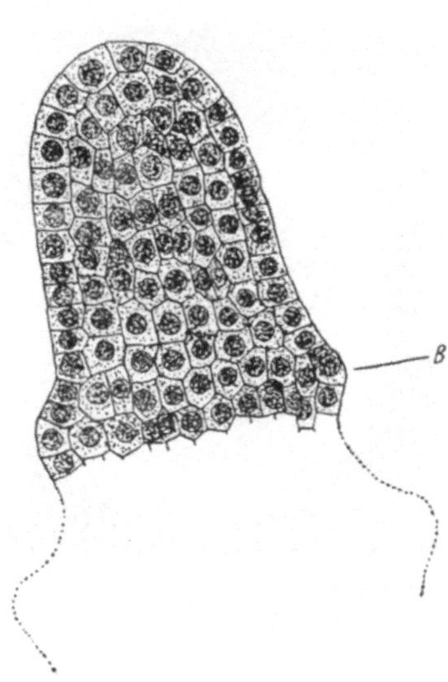

Abb. 126. *Elodea canadensis*

blem (Pe), das das Grundgewebe bildet. Alle drei genannten Bildungsgewebe werden ihrerseits aus einer oder mehreren Urmeristemzellen (Initialgruppen) erneuert, welche ihre Scheitelregion bilden. Abb. 125.

Elodea canadensis, Wasserpest *(Hydrocharitaceae)* : Sproßspitze, Vegetationskegel.

Längsschnitte durch die Sproßspitze zeigen ein ähnliches Bild wie Hippuris. Die embryonalen Zellen sind sehr plasmareich und enthalten große Zellkerne. Entfernen wir nur die Blättchen der Knospe, ohne sie zu zerschneiden, so sind die wulstförmigen Blattanlagen (B) besonders schön zu beobachten. Abb. 126.

Myriophyllum (Tausendblatt) und **Ceratophyllum** (Hornblatt) sind gleichfalls günstige Objekte. Von Landpflanzen eignen sich besonders die

Knospen von **Euonymus japonicus** (Spindelbaum) zur Herstellung von Schnitten durch den Vegetationskegel. Bei Landpflanzen ist er meist bedeutend flacher ausgebildet.

Avena sativa, Hafer *(Gramineae) :* Wurzelspitze.

Wir lassen Hafer in einer feuchten Glasschale auf Filterpapier keimen und untersuchen die Spitze eines frei in die Luft ragenden Würzelchens. Eine Herstellung von Schnitten ist nicht nötig. Die Wurzelspitze ist bedeckt von einer *Wurzelhaube,* die als Schutz des Meristems, als Bohrorgan und durch ihre Statolithenstärke vielleicht auch als geotropisches Sinnesorgan dient. Das Urmeristem der Wurzel ist beim Hafer wie bei allen Gramineen, Cyperaceen, Juncaceen, Cannaceen u. a. vom Calyptrogen der Wurzelhaube deutlich getrennt. Die Mittellamellen der oberflächlichen Zellen verschleimen, die Zellen gehen aus dem Verband, sie mazerieren. Die dadurch schlüpfrige Oberfläche der Wurzelspitze erleichtert ihr das Eindringen in den Boden. Durch Einlegen der Wurzel in eine Tuschesuspension (chin. Tusche) läßt sich die Schleimhülle vorzüglich sichtbar machen. Abb. 127.

Zur Untersuchung von Wurzelhauben eignen sich auch auf Filterpapier oder in Wasserkulturen gezogene Würzelchen vieler anderer Pflanzen (z. B. **Zea mays, Helianthus, Cucurbita** usw.).

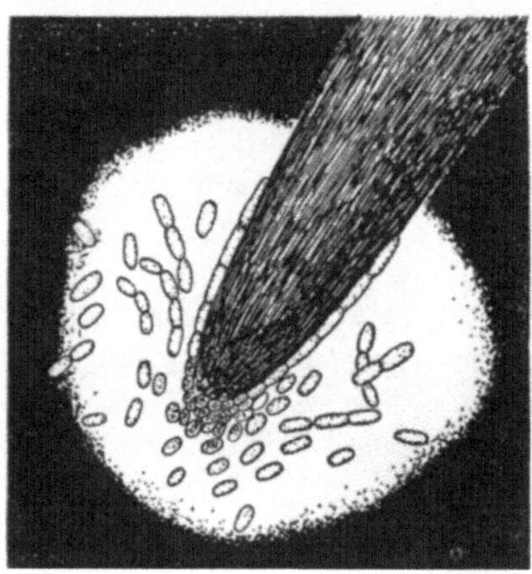

Abb. 127. *Avena sativa*

II. Hautgewebe

1. Primäres Hautgewebe

Das *Hautgewebe* bedeckt die Oberfläche des Pflanzenkörpers. Es schließt ihn nach außen ab, schützt ihn vor Verletzungen, eindringenden Schädlichkeiten und vor Vertrocknen. Es stellt aber auch die Verbindung zur Außenwelt her, durch die die Pflanze atmet, den Gasaustausch für die Assimilation bewerkstelligt, Wasser, flüssig und dampfförmig, abgibt bzw. gelegentlich auch aufnimmt oder Sekrete und Exkrete abscheidet.

Das aus dem Dermatogen, bzw. aus Schichten der Tunica hervorgehende primäre Hautgewebe heißt **Epidermis.** Sie ist, abgesehen von den Schließzellen, im allgemeinen chlorophyllfrei. Nur die Epidermen der Farne und mancher Wasser- und Schattenpflanzen sind chlorophyllführend. Häufig enthalten die Epidermiszellen höherer Pflanzen durch Anthocyan gefärbte Zellsäfte ,besonders an stark belichteten Organen.

Zur Erfüllung der *abschließenden Aufgaben* sehen wir die Epidermiszellen lückenlos aneinandergrenzen, häufig gegen die scherende Wirkung des Windes ineinander verzahnt, an trockenen Standorten nach außen zu besonders dickwandig, von einer fettigen Cuticula oder von harzigen Stoffen überzogen oder von dichten, oft ineinander verfilzten Haaren bedeckt. Häufig finden sich auch Wachsüberzüge verschiedenster Art (Körnchen, Stäbchen, Schollen), die die Epidermis unbenetzbar machen.

Die *Verbindung zur Außenwelt* wird dagegen hergestellt durch Spaltöffnungen, Wasserspalten, Nektarien, Drüsen und Drüsenhaare.

Cuticula, Wachskrusten und Spaltöffnungen

Wasserdampf wird einerseits direkt durch die Zellwand abgegeben (*cuticuläre Transpiration*), andererseits durch die Spaltöffnungen oder Stomata (*stomatäre Transpiration*). Die erste ist abhängig vom Bau der Zellwand, Ausbildung der Cuticula, vom Vorhandensein von Wachsüberzügen oder Haaren und meist nur gering durch Zellwandquellung regulierbar. Die zweite hingegen kann durch Öffnen und Schließen der Spaltöffnungen stark verändert werden.

Die *Spaltöffnungen* bestehen aus zwei bohnenförmigen Zellen, die mit ihren konkaven Seiten aneinanderliegen. Die zwischen ihnen gebildete Spalte kann durch Volumänderungen der Schließzellen aktiv geschlossen werden. Infolge einer durch lokale Verdickungen ihrer Zellwände und deren Micellarstruktur bedingten gerichteten Dehnbarkeit ihrer Zellwände *öffnet* sich die Spalte bei einer Vergrößerung des Zellvolumens und *schließt* sich bei einer Verkleinerung desselben. Außer bei den Farnen, bei denen sämtliche Oberhautzellen chlorophyllführend sind, enthalten die Epidermen meist nur in den Schließzellen Chloroplasten. Bei geschlossenen Spalten enthalten sie Stärkekörner. Im Licht und in feuchter Luft wandeln sich diese in Zucker um. Dadurch erhöht sich die Zellsaftkonzentration, Wasser wird osmotisch aufgenommen, das Volumen der Zellen wird größer, die Spalte öffnet sich. Im Dunkeln und in trockener Luft wandelt sich hingegen Zucker wieder zu Stärke, die Nachbarzellen entnehmen den Schließzellen Wasser, die Spalte schließt sich. Die Hauptaufgabe der Chloroplasten in den Schließzellen liegt in dieser Rückbildung von Zucker in Stärke, einem Vorgang der nur in Plastiden stattfinden kann.

Bringt man auf ein Blatt mit offenen Spaltöffnungen einen Tropfen Alkohol, so dringt er durch diese ein, verbreitet sich in den Interzellularen und färbt das Gewebe dunkel. Mit dieser einfachen *Infiltrationsmethode* ist es möglich, sowohl den Öffnungszustand der Stomata, wie auch ihre *Lage* auf dem Blatt festzustellen. Zumeist finden wir sie an der Blattunterseite, wo sie gegen Außeneinflüsse am besten geschützt sind. Aufrechtstehende Blätter, wie z. B. Tulpenblätter, Blätter von *Lactuca serriola*, Kohl oder Kopfsalat, tragen Spaltöffnungen an der Ober- und Unterseite. Auch die fleischigen Keimblätter vieler dikotyler Pflanzen besitzen ober- und unterseits Stomata. Nur an der Oberseite ausgebildet sind sie hingegen bei Blättern, die auf dem Wasser schwimmen (Seerosen). Aber auch bei bestimmten Primeln (*sect. auricula*) sind sie vorzugsweise an der Oberseite zu finden.

Vergleichende mikroskopische Untersuchung der Epidermen von Pflanzen trockener und feuchter Standorte zeigt weiter, daß diese nicht allein durch die Dicke der Zellwand, die Mächtigkeit der Cuticula usw. unterschieden sind, sondern daß zur Herabsetzung der Wasserabgabe bei *Pflanzen trockener Standorte* die Spaltöffnungen zumeist tief in die Epidermis eingesenkt und oft noch mit Haaren oder Wachs überdeckt sind, während die Spaltöffnungen von *Feuchtigkeitspflanzen* häufig auf kleinen Erhebungen gelagert sind, um der darüberstreichenden Luft die Möglichkeit zu geben, den austretenden Wasserdampf rasch wegzuführen und so das Dampfsättigungsgefälle nach außen zu vergrößern.

Die *entwicklungsgeschichtlich* ältesten zweizelligen Spaltöffnungen finden wir an Sporogonien von Leber- und Laubmoosen. Bei den Lebermoosen nur bei *Anthoceros*. Die ersten Spaltöffnungen in Blättern treten bei Farnen auf. Hier fehlen jedoch den Schließzellen noch die für die Blütenpflanzen charakteristischen Wandverdickungen. Sie sind mehr oder weniger gleichmäßig dünnwandig. Bei den thallösen Marchantiaceen sind die Stomata durch kompliziert gebaute Atemöffnungen ersetzt.

Objekte

Cyclamen persicum, Alpenveilchen, Zimmer-Cyclamen *(Primulaceae)*: Blattunterseite, Fläche.

Heimisch im östl. Mittelmeergebiet. — Nach Einknicken der Blattoberseite lassen sich leicht größere Teile der unteren Blattepidermis abziehen. Die Epidermiszellen schließen lückenlos aneinander, sind wellig verzahnt und zeigen an den Ausbuchtungen oft starke Zellwandverdickungen. Bei hoher

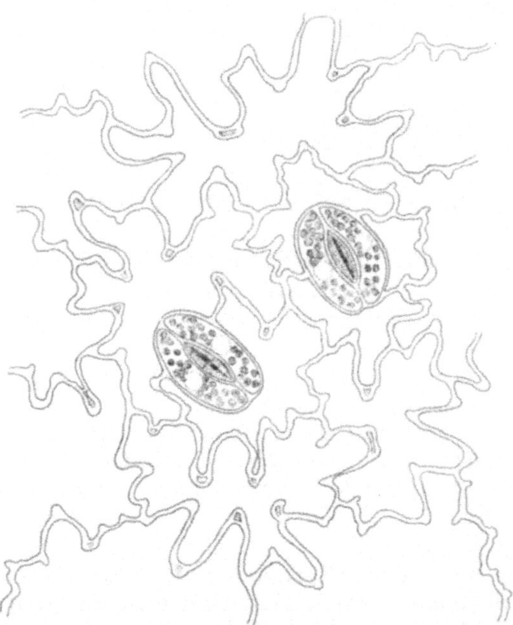

Abb. 128. *Cyclamen persicum*

Einstellung des Mikroskoptubus werden an der Oberfläche der Epidermis zahlreiche dünne, gekrümmte und gewundene Cuticularleisten sichtbar. Sie sind an trocken unter das Deckglas gebrachten Epidermisschnitten besonders gut zu beobachten. Die Zellsäfte sind durch Anthocyan violettrot gefärbt. Abb. 128.

Gleiches zeigt auch das in Mitteleuropa heimische **Cyclamen purpurascens** *(= C. europaeum)*.

Echeveria elegans, Escheverie *(Crassulaceae)* : Blatt, Fläche.

Heimat: Amerika. — Von einem der sukkulenten Blätter wird mit dem Rasiermesser ein Flächenschnitt hergestellt. Die dicht aneinander schließenden Epidermiszellen sind an ihrer Oberfläche von unregelmäßigen *Wachskrusten* bedeckt. Wachs ist ein ökologisch bedeutsames Exkret der Epidermiszellen, das durch die Zellwand ausgeschieden wird. Abb. 129.

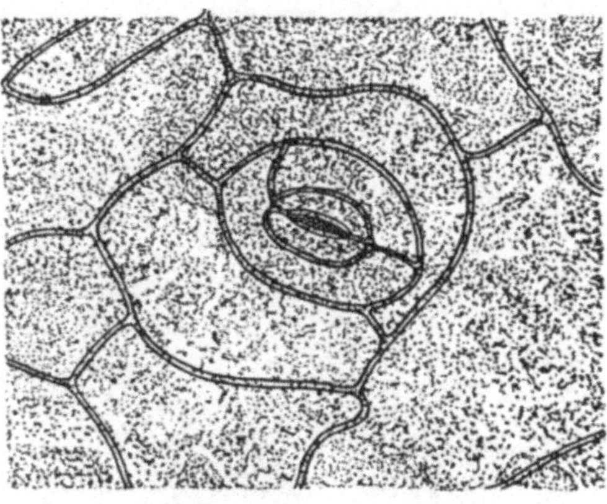

Abb. 129. *Echeveria elegans*

Viscum album, Mistel *(Loranthaceae)* : Stamm, quer.

Halbschmarotzer auf verschiedenen Laub- und Nadelhölzern in Europa und Asien. — Durch ein älteres grünes Stammstück werden Querschnitte hergestellt. Die ausdauernde Epidermis ist von einer besonders *dicken Cuticula* bedeckt. Gelegentlich bilden sich an den Außenwänden der darunterliegenden Rindenparenchymzellen weitere Cuticularschichten aus, die dann die darüberliegenden Zellen zum Absterben bringen und zusammenpressen. Mit zunehmendem Dickenwachstum treten in diesem „*Cuticularepithel*" häufig radiale Risse auf. Abb. 130.

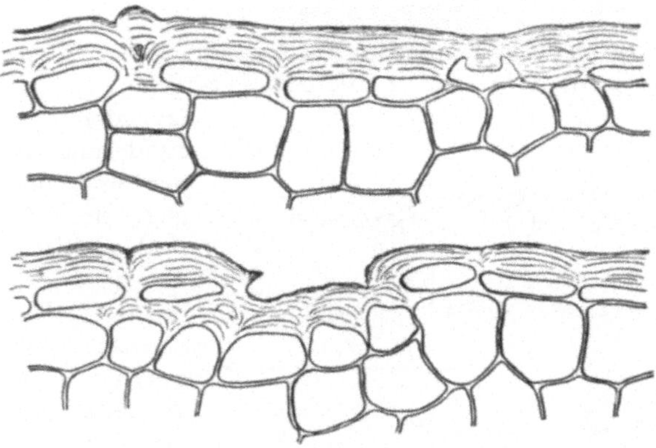

Abb. 130. *Viscum album*

Polypodium vulgare, Engelsüß *(Polypodiaceae)* : Blatt, Fläche und quer.

Auf der nördlichen und südlichen Hemisphäre weit verbreiteter Farn. — Wir stellen von der Unterseite der Blattspitze jüngerer Blätter Flächenschnitte her. Sämtliche Epidermiszellen enthalten Chlorophyll. Neben voll ausgebildeten, aus zwei bohnenförmigen Schließzellen (S) bestehenden Spaltöffnungen finden sich *alle Übergänge* von den rundlichen Mutterzellen (M) über zweizellige Entwicklungsstadien, bei denen zwischen den beiden Schließzellen noch keine Spalte ausgebildet ist. Abb. 131.

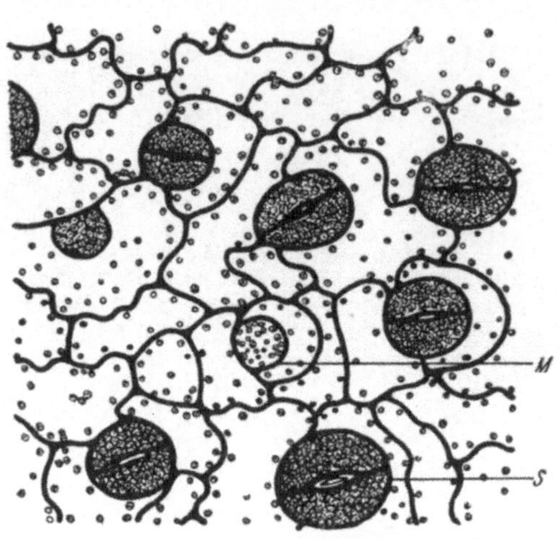

Abb. 131. *Polypodium vulgare*

Zwischen Holundermark hergestellte Querschnitte zeigen, daß die Außen- und Innenwände der Schließzellen unverdickt und nur Vor- und Hinterhof von starken Wandverdickungen umschlossen sind. Zwischen Vor- und Hinterhof (V und H) liegt die Zentralspalte (Z). Anschließend an die Spaltöffnung läßt das Grundgewebe eine Atemhöhle (A) frei, mit der die Interzellularräume des Blattes in Verbindung stehen. Abb. 132.

Sehr schöne Entwicklungsstadien von Spaltöffnungen sind auch in der unteren Blattepidermis von **Goldfussia anisophylla** *(Acanthaceae)* zu beobachten.

Helleborus niger, Schwarze Nießwurz, Schneerose *(Ranunculaceae)* : Blatt, Fläche und quer.

Wir stellen von der Blattunterseite Flächenschnitte her. Zwischen den verzahnten Epidermiszellen sind Schließzellen eingelagert. Sie enthalten, im Gegensatz zu den übrigen Epidermiszellen, Chloroplasten. Die Ausbuchtungen der Epidermiszellen sind, ähnlich wie bei *Cyclamen* (vgl. Abb. 128) verdickt. — Zwischen Holundermark hergestellte Blattquerschnitte zeigen die Schließzellen in der Höhe der übrigen Epidermiszellen liegend. Bei ihnen ist, wie allgemein bei den Angiospermen, die äußere und

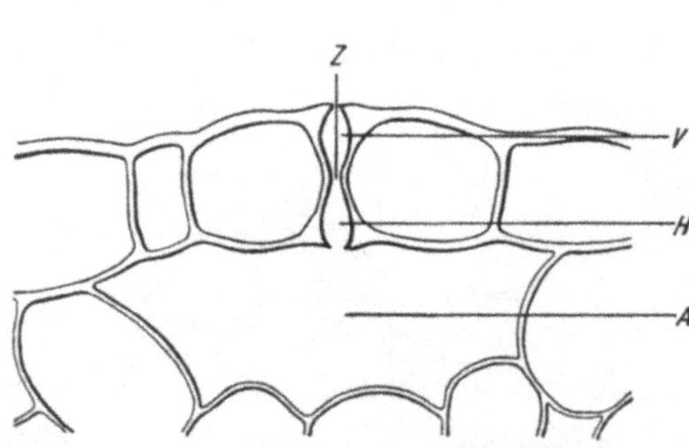

Abb. 132. *Polypodium vulgare*

innere Zellwand stark verdickt. Wir erkennen: Vorhof, Zentralspalte, Hinterhof und Atemhöhle. Abb. 133.

Große und gut zu beobachtende Spaltöffnungen zeigen neben vielen anderen auch **Lilium candidum,** Weiße Lilie *(Liliaceae)* oder die verschiedenen heimischen **Orchis**-Arten. Bei ihnen liegen die Schließzellen gleichfalls annähernd in einer Ebene mit den übrigen Epidermiszellen.

Iris germanica, Deutsche Schwertlilie *(Iridaceae)* : Blatt, Fläche und quer.

Von der Oberfläche der senkrecht stehenden Blätter werden mit dem befeuchteten Rasiermesser dünne Flächenschnitte hergestellt und in Wasser

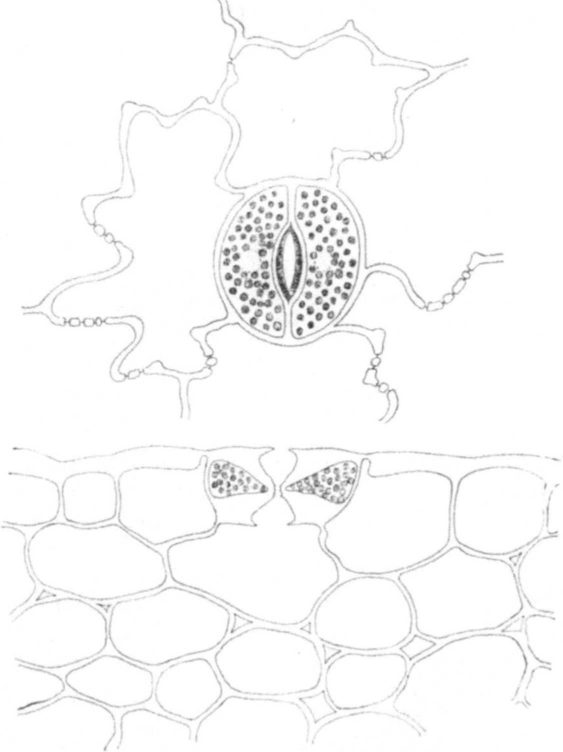

Abb. 133. *Helleborus niger*

untersucht. Die Epidermiszellen sind langgestreckt. Die Spaltöffnungen liegen gleichgerichtet und sind von den an sie angrenzenden Zellen teilweise überdeckt. — Zwischen Holundermark hergestellte Querschnitte zeigen, daß die Schließzellen in die Epidermis eingesenkt und von den Nachbarzellen zum Teil überdacht sind.

Zea mays, Mais *(Gramineae)* : Blattunterseite, Fläche.

Von der befeuchteten Blattunterseite werden mit dem Rasiermesser dünne Flächenschnitte angefertigt. Die *reihenförmige Anordnung der Stomata* ist für alle Gramineen kennzeichnend; ebenso das Auftreten der *Kieselkurzzellen* (K, vgl. auch S. 81).

Die Schließzellen sind bei den Gramineen und Cyperaceen hantelförmig. An den schmalen Mittelstücken sind — wie Querschnitte zeigen — ihre Zellwände außen und innen sehr stark verdickt, so daß das Zellumen zu

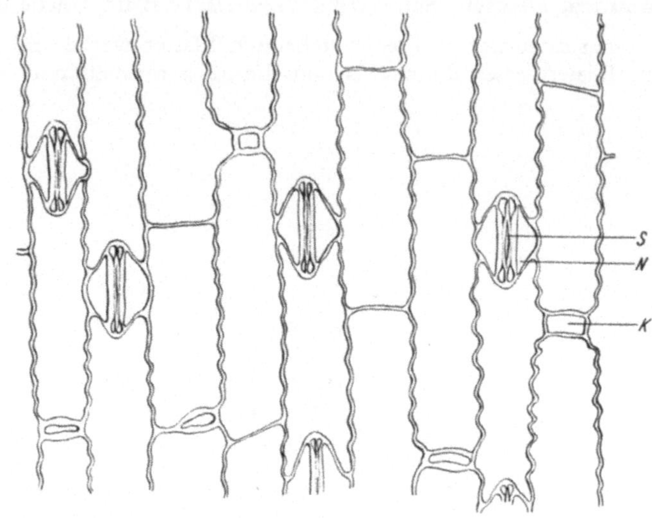

Abb. 134. *Zea mays*

einer schmalen Querspalte zusammengepreßt erscheint. Beiderseits der langgestreckten Schließzellen (S = Spalte) befinden sich Nebenzellen, die bei Zea mays dreieckig geformt sind (N). Abb. 134.

Abb. 135. *Saxifraga sarmentosa*

Saxifraga sarmentosa, Steinbrech *(Saxifragaceae)* : Blattunterseite, Fläche.

In China und Japan heimische, in Europa kultivierte Zierpflanze. — Flächenschnitte von der Blattunterseite zeigen Spaltöffnungen, die in *Inseln* angeordnet sind. Die zwischen den Spaltöffnungen liegenden Epidermiszellen sind mit welligen Umrissen verzahnt und kleiner als die Zellen der stomatafreien Epidermisfläche. Abb. 135.

Begonia semperflorens cultorum, Begonie *(Begoniaceae)* : Blattunterseite, Fläche.

Die Heimat der Stammpflanze *B. semperflorens* ·ist Brasilien. — Von der glatten Blattunterseite werden Flächenschnitte hergestellt, bzw. mit der

Pinzette Epidermisstreifen abgezogen. Die Spaltöffnungen liegen in Gruppen zu 2—7 und sind von kleinen, wellig konturierten Epidermiszellen umgeben. Die zwischen den Gruppen gelegenen Epidermiszellen sind wesentlich größer und glattrandig. Abb. 136.

Abb. 136. *Begonia semperflorens cultorum*

Eine ähnliche Anordnung der Spaltöffnungen zeigen auch die unterseits durch Anthocyan rosafarbenen Blätter von **Begonia hydrocotylifolia,** doch sind hier meist nur 2 oder 3, selten 4 Spaltöffnungen zu einer Gruppe vereinigt.

Agave americana, Agave *(Amaryllidaceae)* : Blatt, quer.

In Zentralamerika beheimatet. — Querschnitte werden mit dem Rasiermesser oder dem Mikrotom hergestellt. Während die Spaltöffnungen mittelfeuchter Standorte, wie die bisherigen Objekte gezeigt haben, mehr oder weniger in einer Ebene mit den übrigen Epidermiszellen liegen, sind sie bei Pflanzen trockener Standorte und Klimate in verschiedener Weise eingesenkt. Bei der Agave sehen wir die äußeren, stark verdickten Zell-

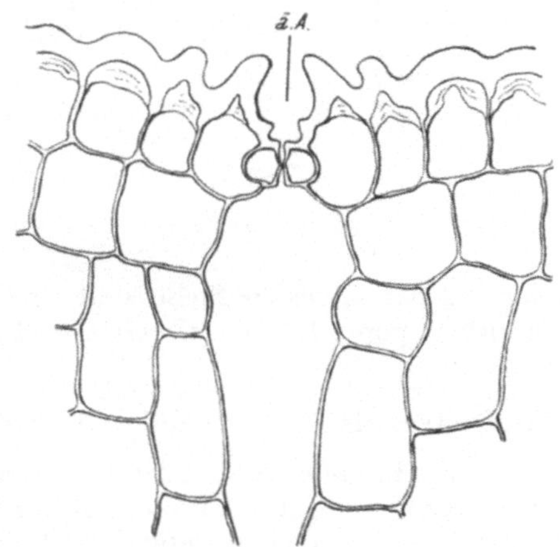

Abb. 137. *Agave americana*

wände der den Schließzellen benachbart liegenden Epidermiszellen stark emporgewölbt und gegen oben verengt, so daß dadurch eine äußere Atemhöhle (ä. A.) gebildet wird, in welcher der austretende Wasserdampf zurückgehalten und dadurch in seiner Abgabe gehemmt wird. Abb. 137.

Cycas revoluta, Farnpalme *(Cycadaceae)* : Blatt, quer.

Heimisch im südlichen Japan. Häufige Gewächshauspflanze. — Blattquerschnitte zeigen die Spaltöffnungen an der Blattunterseite tief in die Epidermis *eingesenkt* und von einem vorspringenden, oben verengten Zellwandwall umgeben.

Nerium oleander, Oleander *(Apocynaceae)* : Blatt, quer.

Im Mediterrangebiet heimisch. — Auch diese Pflanze ist wasserarmen Standorten angepaßt. Bei ihr liegen, wie Querschnitte zeigen, die Spaltöffnungen an der Blattunterseite in kleinen *Gruben.* Hier sind sie außer durch die vertiefte Lage noch durch reichliche Haarbildung innerhalb der Grübchen vor zu rascher Wasserdampfabgabe geschützt.

Ruellia blumei, Ruellie *(Acanthaceae)* : Blatt, quer.

Heimisch in den Regenwäldern. — Wir stellen wiederum zwischen Holundermark, mit dem Rasiermesser oder mit dem Mikrotom, Blattquerschnitte her. Im Gegensatz zu den Pflanzen trockener oder mittelfeuchter Standorte sehen wir bei dieser feuchtigkeitsliebenden Pflanze die Spaltöffnungen auf kleinen *Emporwölbungen* über die Blattfläche emporgehoben. Abb. 138.

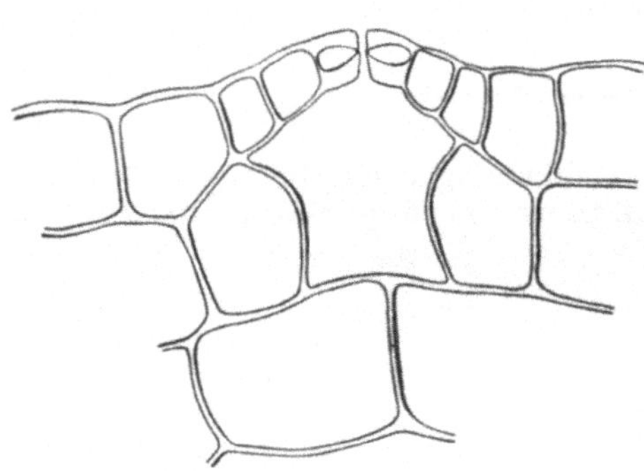

Abb. 138. *Ruellia blumei*

Gleiches zeigen auch andere Ruellien, besonders schön z. B. die unterseits rötlichen Blättchen von **Ruellia portellae.**

Noch stärkere, fast turmartige Emporwölbungen der Epidermis mit einer Spaltöffnung an der höchsten Stelle sind an Querschnitten der Fruchtstiele von **Cucurbita pepo,** Kürbis *(Cucurbitaceae)* zu beobachten.

Pinus silvestris, Gemeine Föhre, Rotföhre *(Pinaceae)* : Nadel, quer.

Zwischen Holundermark, oder besser trocken zwischen Kork, stellen wir mit Rasiermesser oder Mikrotom dünne Nadelquerschnitte her. Die Epidermis ist von einer dicken Cuticula bedeckt, die Schließzellen sind tief eingesenkt und in für die Gymnospermen typischer Weise nur durch eine schmale Vorhofspalte miteinander in Verbindung. Dahinter weichen die Schließzellen voneinander zurück, so daß hier von keiner Zentralspalte oder einem Hinterhof gesprochen werden kann. Unterhalb der Epidermis ist eine dickwandige Hypoderma ausgebildet. Die Zellen der Epidermis sind so stark verdickt, daß die Lumina nur eine schmale Spalte bilden, von der feine Porenkanäle, vor allem nach den vier Zellecken, ausstrahlen. (Siehe S. 196.)

Fegatella conica (= *Conocephalus c.*) *(Marchantiaceae)* : Frons, Fläche und quer.

Nördliche gemäßigte Zone. Feuchte Standorte. — Die thallösen Marchantiaceae sind durch den Besitz besonderer *Atemöffnungen* ausgezeichnet. Wir stellen Flächenschnitte von der Oberseite des Pflanzenkörpers, sowie zwischen Holundermark Querschnitte durch denselben her. Die Epidermis erscheint stellenweise blasig aufgetrieben. Im Bereich dieser Emporwölbung sind die Zellen um eine zentrale runde Öffnung konzentrisch angeordnet. Der innerste Ring trägt einen fein ausgezogenen Zellwandsaum. Die unterhalb dieser durchbrochenen Kuppel gelegenen Zellen sind, wie die Querschnitte zeigen, zu farblosen, flaschenhalsähnlichen Fortsätzen ausgezogen. Die Funktion dieser Zellen ist ungeklärt. Dieser Typ der „einfachen Atemöffnungen" findet sich bei den meisten Marchantiaceen. Abb. 139, oben quer, unten Fläche.

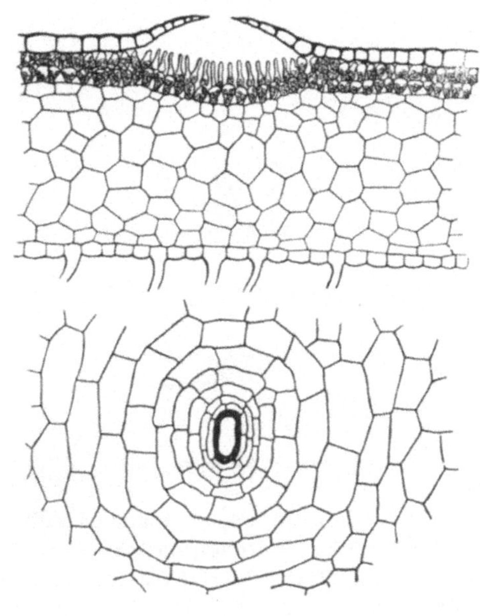

Abb. 139. *Fegatella conica*

Marchantia polymorpha, Brunnenlebermoos, *(Marchantiaceae)* : Frons, Fläche und quer.

Kosmopolit. — Von einem Fronsstück sind an der Oberseite Flächenschnitte und zwischen Holundermark Querschnitte herzustellen. Am Flächenschnitt sehen wir die *Atemöffnung* von 4 konzentrischen Zellen mit je einer papillenähnlichen Vorwölbung umgeben. Der Querschnitt zeigt, daß vier übereinanderliegende Zellringe eine kanalförmige Atemöffnung bilden und daß der unterste dieser Zellringe, den man auch als „Schließring" (S) bezeichnet, durch seine zueinander gekehrten Papillen einen gewissen Verschluß der Atemöffnung bewirken kann. Abb. 140 und 141.

Unterhalb der chloroplastenführenden Epidermis mit ihren kanalförmigen Atemöffnungen findet sich ein aus rundlichen Zellen bestehendes Assimilationsgewebe und darunter ein Speichergewebe mit zum Teil netzförmig verdickten Zellen.

Solche „Kanalförmige Atemöffnungen" finden sich auf dem vegetativen Thallus außer bei *Marchantia* nur noch bei *Preissia,* allgemein hingegen an den Fruchtständen der Marchantiaceen.

Hydathoden, Salzdrüsen, Nektarien und Hydropoten

Die Pflanze scheidet Wasser nicht nur dampfförmig durch die Cuticula oder die Spaltöffnungen ab, sondern auch flüssig durch verschiedene **Guttationsorgane**: annähernd reines Wasser durch *Hydathoden*, kalk- oder kochsalzhältiges Wasser durch *Salzdrüsen* und Zuckerlösungen durch *Nektarien*.

Die Ausscheidung kann *passiv* durch den Wurzeldruck oder *aktiv* durch die Tätigkeit von Sekretionszellen erfolgen. Die passiven Hydathoden, Salzdrüsen und Nektarien sind durchwegs durch den Besitz spaltöffnungsähnlicher Ausgangsöffnungen gekennzeichnet.

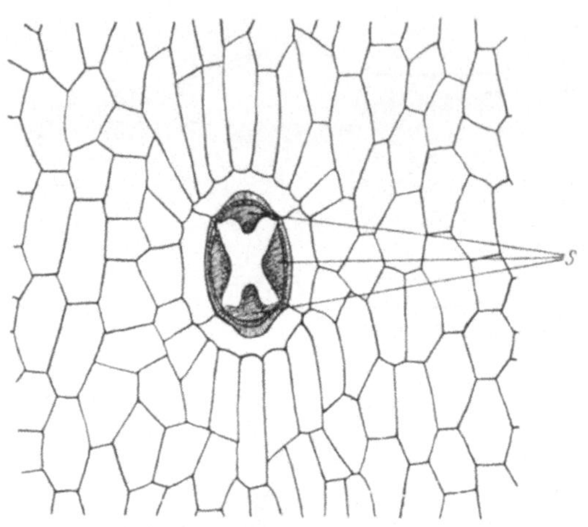

Abb. 140. *Marchantia polymorpha*

Die **passiven Hydathoden** oder *Wasserspalten* gleichen äußerlich normalen, ständig geöffneten Spaltöffnungen. Zwischen die immer nur aus Tracheiden bestehenden Gefäßbündelendigungen und die Wasserspalte kann sich ein kleinzelliges, farbloses Gewebe, ein sogenanntes *Epithem*, einschalten (*Tropaeolum majus, Primula obconica* u. v. a.). Gelegentlich können Epitheme jedoch auch zu aktiven Ausscheidungsgeweben werden. In diesen Fällen sind die Interzellularen außerordentlich reduziert.

Die **aktiven Hydathoden** oder *Wasserdrüsen* bestehen entweder aus zartwandigen, plasmareichen, lückenlos aneinanderschließen-

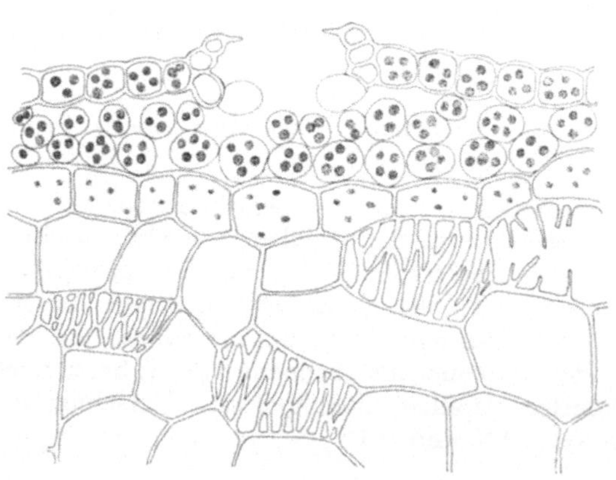

Abb. 141. *Marchantia polymorpha*

den und meist durch Tracheiden mit den Leitbündeln in Verbindung stehenden Epidermiszellen (*Epidermhydathoden*, z. B. Blattunterseite von *Hevea brasiliensis*) oder sind in Form von Drüsenhaaren (*Trichomhydathoden*, z. B. Blattunterseite und Blattgelenk von *Phaseolus multiflorus*) ausgebildet. Offene Verbindungen mit der Außenwelt fehlen zumeist.

Ähnlichen Bau besitzen auch die **Salzdrüsen** (z. B. bei *Saxifraga*-Arten, welche Kalk und bei Halophyten, die Kochsalz ausscheiden).

Nektarien können als *florale* Nektarien in der Blüte und als *extraflorale* Nektarien an Sprossen und Blättern (meist auf Blattstielen und an Blattnerven) auftreten. Man nennt die beiden Typen auch *nuptial* und *extranuptial*.

Ihr anatomischer Bau ist sehr mannigfaltig. Das Sekretgewebe der *floralen Nektarien* wird meist aus kleinzelligem, plasmareichem, dünnwandigem, selten palisadenartig gestrecktem Gewebe (z. B. Euphorbiaceen) gebildet. Die Sekretion erfolgt entweder durch die unbeschädigte (z. B. Ranunculaceen, Berberidaceen), durch die aufgetriebene oder zerrissene Cuticula der Epidermis (z. B. *Cydonia*), durch Haare (z. B. Malvaceen) oder durch Saftspalten in Form mehr oder weniger umgebildeter Spaltöffnungen (z. B. Teil der Euphorbiaceen, Crassulaceen, Rosaceen, Saxifragaceen u. a.). Vermutlich durch teilweises Nichtverwachsen der Fruchtknotenblätter in den Nähten kommen bei vielen Scitamineen und Liliifloren (z. B. *Hyacinthus*, Fruchtknoten, quer) sogenannte „Septalnektarien" zustande.

Die *extrafloralen Nektarien* scheidet man in *gestaltlose* und *gestaltete* Nektarien. Die ersten besitzen eine Spaltöffnung, in deren subepidermale Höhle Nektar abgeschieden wird. Die Tracheiden führen bis nahe an die Sekretionsstelle heran. Die Ausscheidung des Nektars erfolgt passiv. Solche Nektarien finden wir z. B. in einem etwa 1 mm breiten und nur 2 Zellschichten starken Saum an der Außenseite der Perianthblätter von *Paeonia albiflora*, der ziemlich schroff in den stärkeren Blatteil übergeht. Hier enden zahlreiche Tracheiden und stehen dicht gedrängt Spaltöffnungen.

Die *gestalteten Nektarien* sind demgegenüber durch ein besonderes Drüsengewebe ausgezeichnet. Dieses ist im einfachsten Fall nur wenig von dem Nachbargewebe verschieden. Es ist vom Grundgewebe oft durch eine als „Scheide" bezeichnete Schichte verkorkter Zellen getrennt. Häufig sind die Nektargewebe jedoch als ein- oder mehrschichtige Palisadenepidermis flach oder etwas erhöht (Flach- und Hochnektarien) ausgebildet. Solche extraflorale Hochnektarien finden sich z. B. an zwei Knötchen am oberen Blattstielende von *Prunus*- und *Populus*-Arten. Die konkave Unterseite trägt in der Mitte das Nektarium.

Gestaltete Nektarien können weiters auch in Form von Haaren ausgebildet sein. Diese *Nektartrichome* stehen entweder einzeln oder eng aneinandergeschlossen in Gruben eingesenkt (z. B. in den dunklen Punkten auf den Nebenblättern von *Vicia sepium* und *Vicia faba*, auf den Blattpolstern vieler Polygonaceen, auf und nahe den Hauptnerven der Blätter der Malvaceen, z. B. *Hibiscus* oder Oleaceen, z. B. *Syringa*, *Ligustrum*). *Schuppennektarien* bestehen schließlich aus einer Schuppe von palisadenartigen Zellen, die mit einer oder mehreren zentral angesetzten Stielzellen in der Epidermis verankert sind (z. B. in den Achseln der Blattnerven an der Blattunterseite von *Catalpa bignonioides* oder am Übergang des Blattstiels in die Lamina bei *Merremia tuberosa*).

Durch *elektive Färbung* mit Neutralrot 1 : 10.000 ist es möglich, Hydathoden und Nektarien anzufärben. Es genügt hiezu, den Schnitt oder auch das ganze Blatt, bzw. das drüsentragende Organ mit genannter Neutralrotlösung zu infiltrieren (vgl. S. 2), um nach etwa 10—20 Minuten Einwirkungsdauer die sezernierenden Zellen (besonders schön die Köpfchenzellen der Trichomhydathoden und -nektarien) dunkelrot angefärbt zu sehen.

Der Zuckergehalt der Nektarausscheidungen läßt sich gut mit den üblichen *Zuckerreaktionen* (vgl. S. 87) nachweisen.

In der Epidermis von Blättern und Stengeln vieler Wasserpflanzen finden sich Zellen oder Zellgruppen, die die Fähigkeit haben, Wasser und darin gelöste Stoffe *aufzunehmen.* Sie dienen als Absorptionsorgane. Man bezeichnet sie als **Hydropoten** (Wassertrinker). Ihre Cuticula ist im Gegensatz zu jener der übrigen Epidermiszellen gleichfalls sehr leicht permeabel für gewisse Farbstoffe. Diese werden besonders von den Zellwänden der Hydropoten intensiv gespeichert, wodurch sie elektiv gefärbt aus ihrer Umgebung hervortreten. Die Elektivfärbung läßt sich auch an totem, in 70% Alkohol fixiertem Material ausführen. Die Schnitte werden hierzu nur 1—2 Minuten in Lösungen von Neutralrot, Methylviolett, Toluidinblau oder Chresylechtviolett u. a. (ca. 1 : 10.000 in dest. Wasser) gelegt und dann in dest. Wasser untersucht. Auch die Haare submerser Wasserblätter (z. B. von *Salvinia*) färben sich ebenso elektiv an. Sie dürften gleichfalls die Funktion von Hydropoten ausüben *(Haarhydropoten).*

Objekte

Tropaeolum majus, Kapuzinerkresse *(Tropaeolaceae)* : Blatt, Fläche.

Aus Peru stammende Zierpflanze. — Von der Blattoberseite in der Nähe des Blattrandes werden Flächenschnitte hergestellt. Oberhalb der Endigungen der Hauptnerven liegen große *Wasserspalten* oder *Hydathoden.* Sie ähneln den normalen Spaltöffnungen, sind aber größer und ständig geöffnet. Ihre Schließzellen sterben meist bald ab. Ihre Spalten (S) dienen dem Austritt von flüssigem Wasser (Guttation). Abb. 142.

Häufig treten Wasserspalten nur an den Blattspitzen, bzw. Spitzen der Blattzähne auf (z. B. *Fuchsia*), seltener einzeln oder in Gruppen, auf der ganzen Oberfläche (z. B. *Boehmeria*). Ein gutes Objekt zur Beobachtung einfacher Wasserspalten bieten auch die Blätter von **Ficus elastica,** Gummibaum *(Moraceae).* Von der Blattoberseite, in der Nähe der Endigungen der seitlichen Blattnerven, werden Flächenschnitte hergestellt. Es finden sich dort Nester von Hydathoden. Häufig ist ihre Lage schon an kleinen Flecken von Kalkkrusten zu erkennen, die von dem verdunstenden Wasser abgeschieden werden.

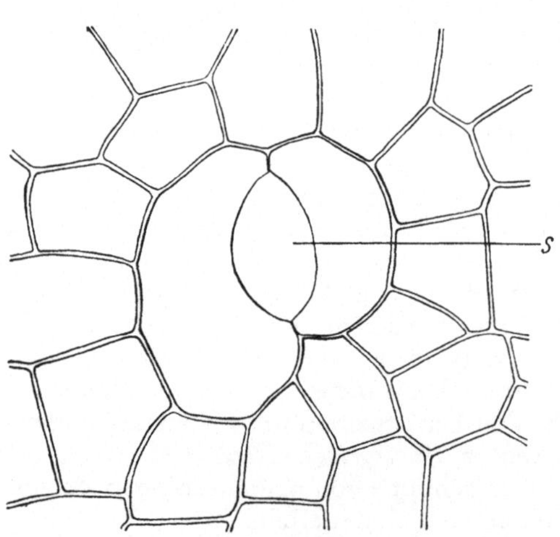

Abb. 142. *Tropaeolum majus*

Primula obconica, Becherprimel *(Primulaceae)* : Blattzahn.

Ostasiatische Zierpflanze. — Mit einem Scherchen schneiden wir einige Blattzähne aus dem Blatt heraus und legen sie ½—1 Stunde in Eau de Javelle (KOCl) bis die Blattstückchen ganz farblos geworden sind. Dann werden sie in Wasser, eventuell auch in 1% Essigsäure ausgewaschen und in Wasser

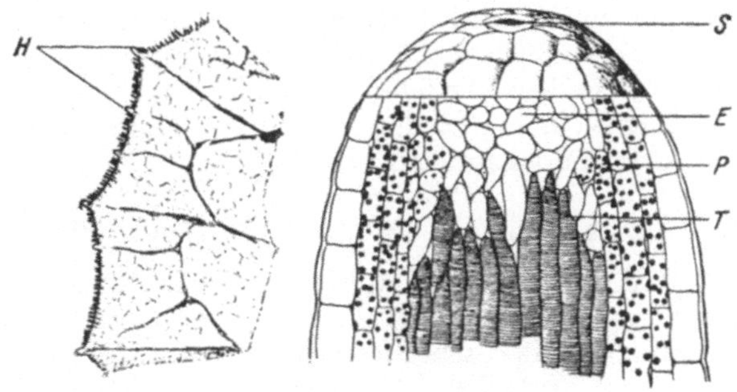

Abb. 143. *Primula obconica*

untersucht. Die so vorbereiteten Präparate können gefärbt oder auch direkt in Glyzerin eingeschlossen werden.

Wir sehen an der Spitze des Blattzahnes (H) eine Wasserspalte (S) und darunter ein kleinzelliges, farbloses, interzellularenreiches Gewebe, das Epithem (E), das vermutlich die Ausscheidung des durch die Gefäße (T) dorthin geleiteten Wassers vermittelt. Seitlich der Tracheiden liegt Chlorophyllparenchym (P), das nach außen durch die Epidermis begrenzt wird. Derartige Hydathoden bezeichnet man als *Epithemhydathoden.* Abb. 143.

Saxifraga aizoon, Traubiger Steinbrech *(Saxifragaceae)* : Blatt, quer.

Gebirgige Gegenden der nördlich gemäßigten Zone. — Entlang des Blattrandes liegen kleine von $CaCO_3$ erfüllte Grübchen. Die Kalkschüppchen sind der Rückstand des an diesen Stellen durch die *Kalkdrüsen* austretenden Guttationswassers. Wir stellen zwischen Holundermark mehrere dünne Querschnitte durch das Blatt her, die durch einen dieser Punkte laufen. An einem medianen Schnitt sehen wir in der Epidermis die quergetroffene Wasserspalte und darunter ein dünnwandiges, kleinzelliges, fast interzellularenfreies Epithem, in das mehrere Tracheiden hineinragen. Das Epithem ist hier zweifellos als aktives Ausscheidungsgewebe tätig.

Phaseolus coccineus, Feuerbohne *(Papilionaceae)* : Blattgelenk, quer.

Querschnitte durch das Blattgelenk zeigen *Haarhydathoden,* die aus kurzen keulenförmigen, mehrzelligen und plasmareichen Haaren bestehen. Eine direkte Verbindung mit dem Wasserleitungssystem fehlt ihnen. Gleichartige Trichomhydathoden sind auch an der Unterseite des Blattes zu finden.

Prunus avium, Vogelkirsche *(Rosaceae)* : Nektarien am Blattstiel.

Am oberen Blattstielende sitzt beiderseits je ein kleines Knötchen, dessen konkave Unterseite das eigentliche Nektarium trägt. — Wir stellen entsprechend orientierte Querschnitte her und erkennen das Nektarium als ein sogenanntes *Hochnektarium*, das etwas über die Ebene der benachbarten Epidermiszellen emporragt. Es besitzt keine Öffnung nach außen. Die Cuticula ist verstärkt und wird in der Mitte der Drüsenfläche abgehoben. Das sezernierende Gewebe wird durch eine zweischichtige Palisadenepidermis gebildet, die in ein inhaltsreiches hypodermales Gewebe übergeht. Eine Scheide gegen das Grundgewebe fehlt.

Ähnlich gebaute Nektarien finden sich an den Blattstielen von **Prunus padus,** Traubenkirsche oder anderen *Prunus*-Arten.

Catalpa bignonioides, Trompetenbaum *(Bignoniaceae)* : Blatt, quer.

Heimat: südl. N.-Amerika. Sonst kultiviert. — Die Nektarien befinden sich an der Blattunterseite in den Winkeln der von der Mittelrippe abzweigenden Seitenrippen und sind schon mit freiem Auge als stark durchscheinende, auffallend gelbliche *Grübchen*, in denen sich Nektar ansammelt, zu erkennen. Wir stellen durch diese Punkte zwischen Holundermark Blattquerschnitte her. Das mikroskopische Bild zeigt, daß jedes dieser Grübchen von seiner Umgebung scharf abgegrenzt und am Rand von kurzen einfachen Haaren umgeben ist. Die ganze Innenfläche des Grübchens ist von verhältnismäßig großen, vielzelligen, nektarabscheidenden Schuppenhaaren *(Schuppennektarien)* besetzt. Jedes dieser Drüsenhaare besteht aus einer in die Epidermis eingefügten Fußzelle und einem scheibenförmigen Köpfchen, das aus langgestreckten, palisadenförmigen Drüsenzellen aufgebaut ist.

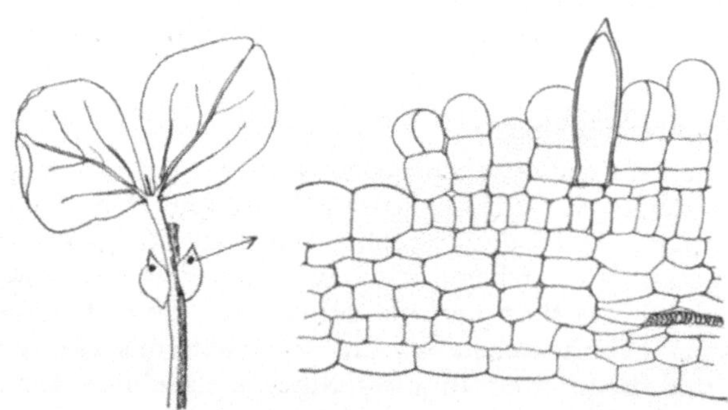

Abb. 144. *Vicia faba*

Vicia faba, Saubohne, Buffbohne *(Papilionaceae)* : Nebenblatt, quer.

Heimat: Vorderasien. In Europa gebaut. — Die Nebenblätter tragen 1—1½ mm große dunkle Punkte. Querschnitte zeigen, daß diese aus je einem, etwas eingesenkten Lager dicht nebeneinanderstehender, durch Anthocyan gefärbter, kurzer, plasmareicher Drüsenhaare *(Nektartrichome)* bestehen. Abb. 144.

Gleiche Nektarien finden sich auch an den Nebenblättern von **Vicia sepium,** Zaunwicke.

Salvinia auriculata, Wasser-
farn *(Salviniaceae)* : Blattunterseite, Fläche.

Flächenschnitte der Unterseite
der Schwimmblätter werden
zwei Minuten in eine Methyl-
violettlösung (etwa 1 : 10.000
in dest. Wasser) gelegt. Die
Zellwände der *Hydropoten* färben sich schon in dieser kurzen
Zeit intensiv an, während die
Zellwände der Nachbarzellen
erst nach mehrstündiger Einwirkung den Farbstoff aufnehmen. Gleich schnell wie die
Hydropoten färben sich auch
die Haare an der Unterseite der

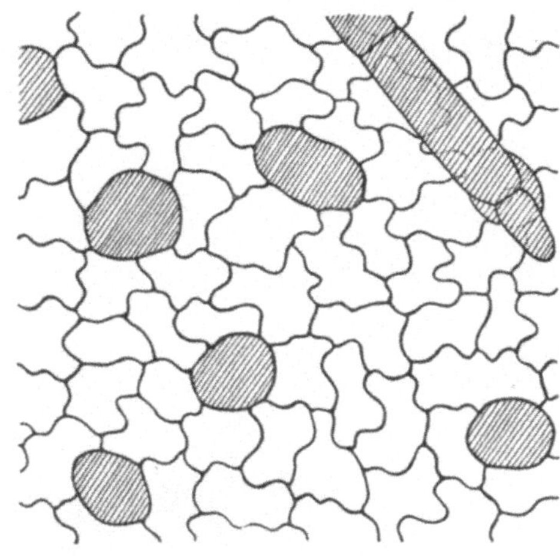

Abb. 145. *Salvinia auriculata*

Schwimmblätter, denen man gleichfalls Hydropotencharakter zuschreibt.
Abb. 145 und 146.

Geeignete Objekte für Elektivfärbung und Untersuchung der Hydropoten bilden auch die Blätter von
Sagittaria sagittifolia (besonders deutlich färben sich
die Zellwandkuppen der Hydropotenzellen), **Trapa
natans, Ceratopteris thalictroides, Nuphar luteum**
oder **Nymphaeae**-Arten
(Unterseite der Schwimm-
blätter) oder die Sproßach-
se von **Myriophyllum spi-
catum.**

Haare und Emergenzen

Haare oder Trichome
sind ein- oder mehrzellige
Anhangsgebilde der Epi-
dermis. Mannigfaltig wie

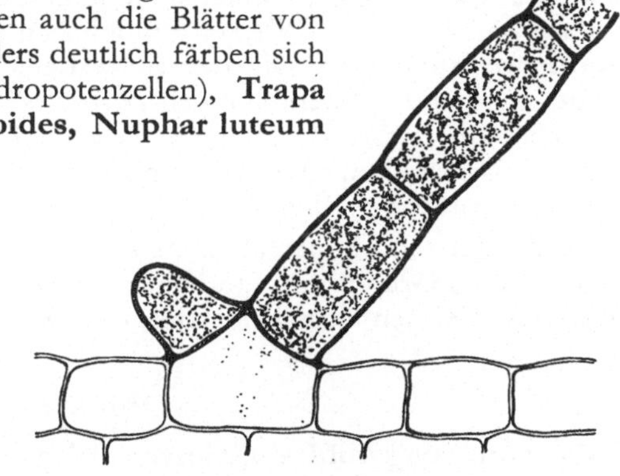

Abb. 146. *Salvinia auriculata*

ihre Funktion ist ihr Bau. Die samtige Oberfläche vieler Blütenblätter wird
durch kurze *papillenförmige Haare* gebildet. Plasmareiche *Futterhaare* finden
sich im Dienste der Insektenanlockung in den Blüten mancher tropischer
Orchideen. *Fühlhaare* ermöglichen stoßempfindlichen Pflanzenorganen die
Wahrnehmung des Reizes. Fadenförmige *Wurzelhaare* nehmen Wasser und
Nährstoffe aus dem Boden auf. In ihrem Formenreichtum kaum überseh-
bare, im ausgewachsenen Zustand meistens abgestorbene Haare dienen der
Pflanze als *Transpirations-* und gelegentlich wohl auch als *Licht-* und *Wärme-
schutz.* Es ist sehr wahrscheinlich, daß lebende dünnwandige Haare auch der

Wasseraufnahme (Tau) dienen. Haare an Samen stehen im Dienste der *Verbreitung* der betreffenden Pflanzen. Hakenförmige *Klimmhaare* erleichtern manchen Pflanzen das Festhaften an einer Stütze und die große Zahl der *Drüsenhaare* ist durch die von ihnen gebildeten Exkrete und Sekrete

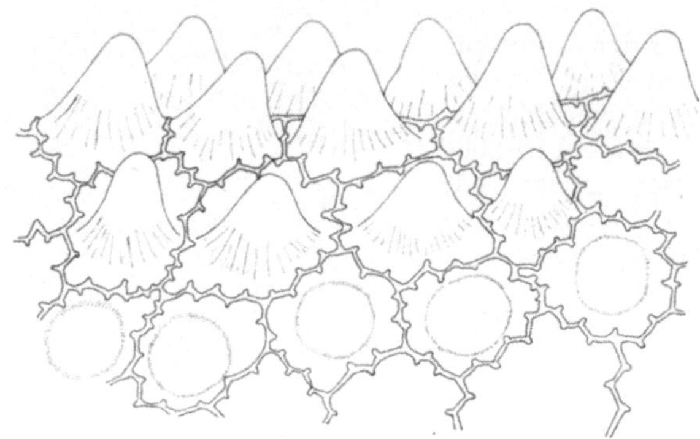

Abb. 147. *Primula obconica*

(Gummi, Harze, ätherische Öle, Giftstoffe, Fermente, Nektar usw.) von Bedeutung. Die Annahme, daß *Brennhaare* einen Schutz gegen Tierfraß bilden ist sehr zweifelhaft und hat zumindest nicht allgemeine Geltung. *Drüsenhaare fleischfressender Pflanzen* ermöglichen die Verdauung und Aufnahme von Eiweißstoffen und als *Leimzotten* oder *Kolleteren* bezeichnete Drüsenhaare an den Knospenschuppen bestimmter Pflanzen dienen den jungen Blättchen durch ihre klebrigen Ausscheidungen als Nässeschutz. Schließlich können Haarbildungen an oberirdischen Organen als *Saugschuppen* auch der Wasseraufnahme dienen.

Emergenzen können ähnliche Funktionen ausüben, doch sind an ihrem Aufbau auch Grund- und Stranggewebe beteiligt, wie z. B. bei den Stacheln der Rose oder den Tentakeln von *Drosera*.

Objekte

Laburnum anagyroides, Goldregen *(Papilionaceae)* : Blütenblatt.

Zierstrauch. Im südl. Europa heimisch. — Wir beobachten ein Blütenblatt in der Aufsicht und ein anderes, nach unten zusammengefaltetes, an der Knickstelle. Die *papillenförmigen Haare* zeigen sich hier in der Seitenansicht in ihrer ganzen Länge, während sie in der Aufsicht als perspektivisch verkürzte Kegel erscheinen.

Gleiches zeigen auch andere samtige Blütenblätter, wie z. B. die von **Viola tricolor,** Stiefmütterchen, oder **Primula obconica.** Abb. 147.

In allen Fällen ist es für die Beobachtung von Vorteil, durch Einstechen der Pinzette und Abziehen eines Gewebestreifens das Blütenblatt der Fläche nach zu halbieren.

Cheiranthus cheiri, Goldlack *(Cruciferae) :* Blatt, Fläche und längs.

Heimat: Kleinasien bis Persien, sonst vielfach kultiviert und verwildert. — Wir stellen von der Blattunterseite einen Flächenschnitt und zwischen

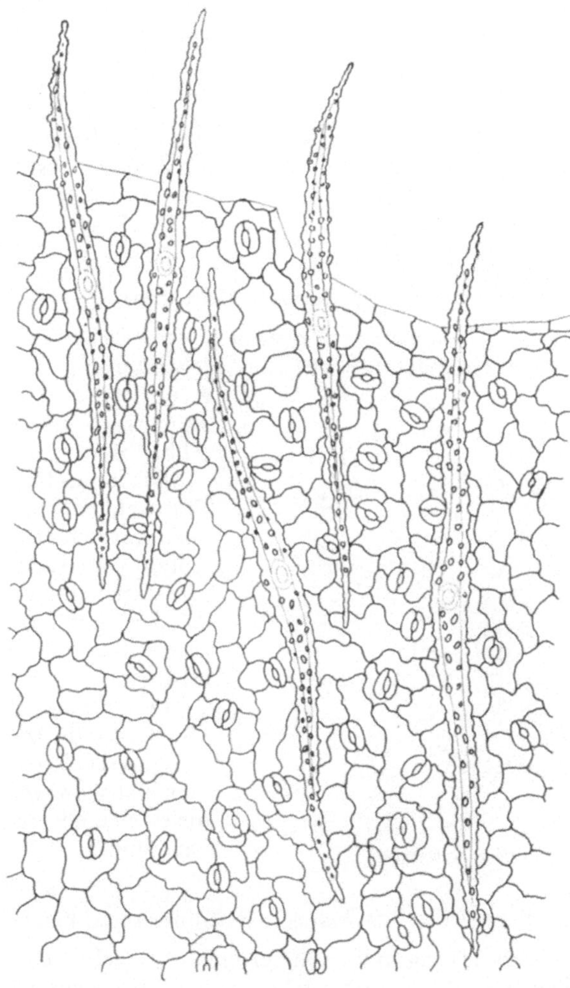

Abb. 148. *Cheiranthus cheiri*

Holundermark Längsschnitte her. Die einzelligen, in der Aufsicht spindelförmigen Haare sind in ihrer Mitte durch ein Fußstück in die Epidermis eingesenkt und der Länge nach im Blatt orientiert. Nach ihrer im Längsschnitt des Blattes zu beobachtenden Seitenansicht nennt man sie auch „*Amboßhaare*". Ihre Oberfläche ist durch Einlagerung kleiner Kalziumoxalatkriställchen in die Zellwand warzig rauh. Abb. 148 (Fläche), Abb. 149 (längs).

Elaeagnus angustifolia, Ölweide *(Elaeagnaceae)* : Blattunterseite, Fläche.

Vom Mittelmeergebiet bis China verbreitet. — Flächenschnitte von der Blattunterseite zeigen schildförmige, als *„Schülfern"* bezeichnete Haare. Sie sind vielzellig. Von einem in die Epidermis eingesenkten mehrzelligen Sockel radiär ausstrahlende Zellen bilden eine bald mehr, bald weniger geschlossene scheibenförmige Zellfläche. Abb. 150.

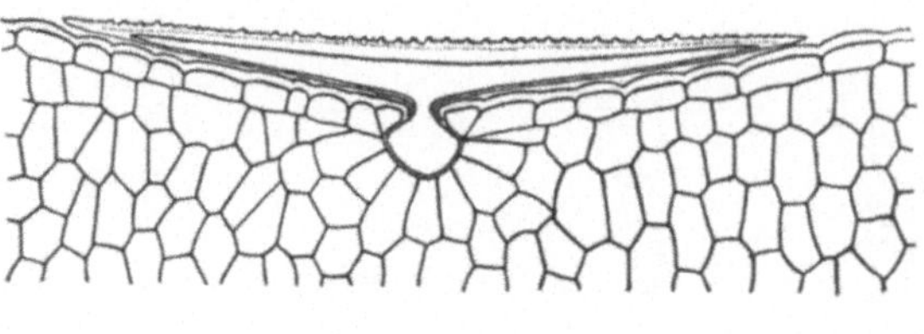

Abb. 149. *Cheiranthus cheiri*

Deutzia scabra, Deutzie *(Saxifragaceae)* : Blattunterseite, Fläche.

Heimat: Mexiko. Kultiviert als Zierstrauch. — Flächenschnitte von der Blattunterseite zeigen prächtige vier- bis vielstrahlige *Sternhaare*, die mit einer kurzen Fußzelle in die Epidermis eingesenkt sind. Abb. 151.

Besonders hübsch wirkt das Präparat, wenn man Blattstückchen verascht und in Canadabalsam untersucht (vgl. S. 81). Die stark verkieselten Zellwände der Sternhaare bleiben in dem Spodogramm unverändert erhalten.

Die untere Blattepidermis von **Capsella bursa pastoris,** Hirtentäschel *(Cruciferae)* zeigt gleichfalls *Sternhaare*, die aber meist weniger regelmäßig gebaut sind.

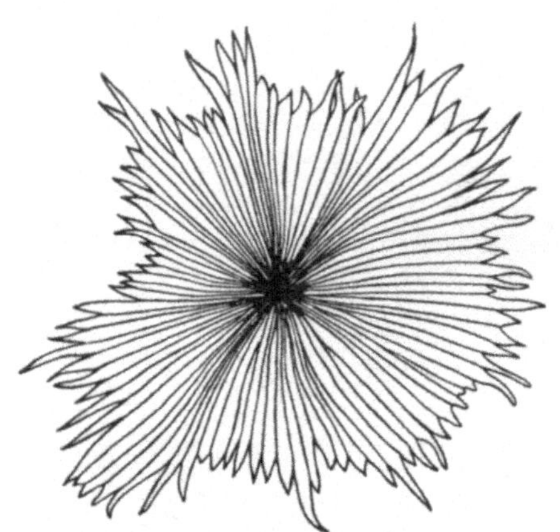

Abb. 150. *Elaeagnus angustifolius*

Althaea rosea, Pappelrose *(Malvaceae)* : Blattunterseite, Fläche.

Im Orient heimisch. Häufig in Gärten gezogen. — Flächenschnitte der Blattunterseite zeigen von ihrer Ansatzstelle aus vier- bis sechsfach verzweigte, aber nicht wie bei *Elaeagnus* an der Blattfläche anliegende, sondern abstehende Haare. Am Schnittrand sind diese Haare gelegentlich auch in der Seitenansicht zu sehen. Sie stehen auf einem kleinen Sockel von Epidermiszellen.

Matthiola annua, Sommerlevkoje *(Cruciferae)* : Blattunterseite, Fläche.

Heimisch im Mediterrangebiet und in Westungarn. — Wir untersuchen wieder Flächenschnitte von der Blattunterseite. Hier entwickeln sich aus einzelnen Epidermiszellen einzellige, *geweihförmig* verzweigte, aber meist ziemlich flach anliegende Haare. Abb. 152.

Platanus orientalis, Platane *(Platanaceae)* : Blattunterseite, Fläche.

Im Orient heimisch. — Die Blattunterseite zeigt, besonders in jüngeren Blättern, ein filziges Haarkleid. Flächenschnitte lassen *vielverzweigte* Haare erkennen. Sammeln sich bei der Beobachtung in Wasser zwischen den ineinander verfilzten Haaren Luftblasen an, so sind die Schnitte in Alkohol

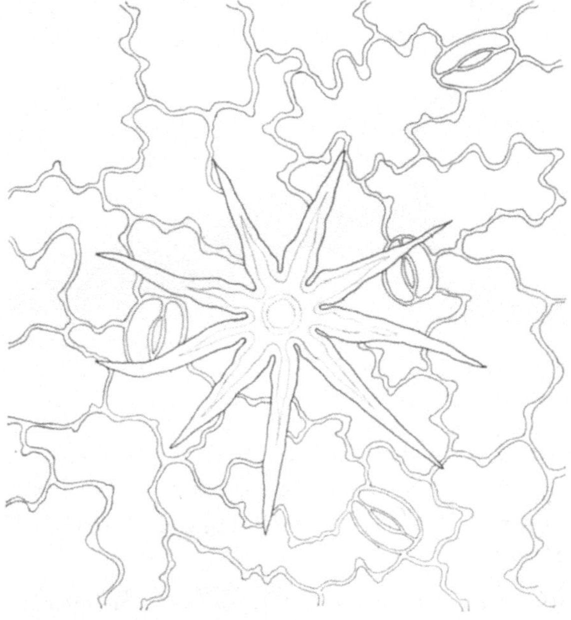

Abb. 151. *Deutzia scabra*

zu legen. Verzichtet man auf die Beobachtung der Ansatzstelle der Haare, so genügt es, die Haare mit einem Skalpell von der Blattunterseite abzuschaben und in der Untersuchungsflüssigkeit sorgfältig zu verteilen.

Die bei bewegten Blättern von den Bäumen herabrieselnden Haare rufen bei Menschen mit überempfindlichen Schleimhäuten einen dem Heuschnupfen ähnlichen „*Platanenschnupfen*" hervor.

Verbascum phlomoides, Königskerze *(Scrophulariaceae)* : Blattunterseite, Fläche oder Stengel, quer.

In Europa heimisch. — Die unterseits wolligen Blätter tragen vielzellige, in *Stockwerke* gegliederte Haare. Diese sterben bald ab und sind dann luftgefüllt. Bei Untersuchung in Wasser sieht man in den Zellen Luftblasen. Wir stellen entweder Flächenschnitte von der Blattunterseite her oder schaben etwas von dem filzigen Haarkleid ab und zerteilen es sorgfältig

im Untersuchungstropfen. Die Anwachsstelle der Haare ist besonders gut
zu beobachten, wenn wir einen Querschnitt durch den gleichfalls behaarten
Stengel, wie ihn unsere Abbildung zeigt, herstellen. Abb. 153.

Ähnliche, jedoch zusätzlich noch in den Seitenästchen verzweigte „Stockwerkhaare" zeigen abgezogene Epidermisstreifchen des Stengels von **Lavandula angustifolia,** echter Lavendel *(Labiatae)*.

Calendula officinalis, Ringelblume *(Compositae)* : Stengel, Epidermis.

Mittelmeerländer. Zierpflanze. Strahlenblüten als Safranverfälschung verwendet. — Vom Stengel werden Epidermisstreifen mit der Pinzette abgezogen. Wir finden neben ein- und

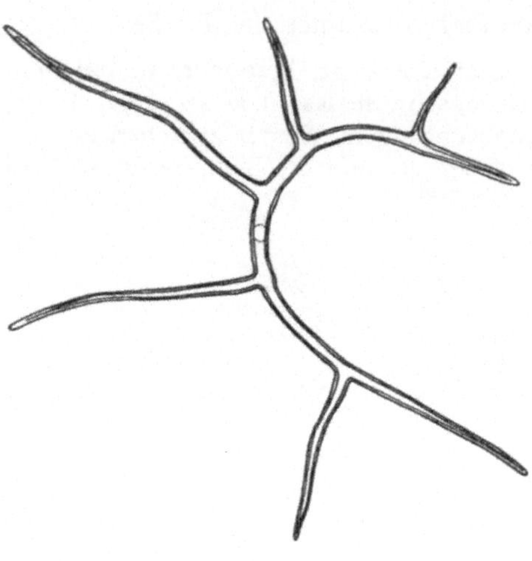

Abb. 152. *Matthiola annua*

mehrreihigen Haaren als einen verhältnismäßig seltenen Typus auch *zweireihige Haare*. Abb. 154.

Gossypium sp., Baumwolle *(Malvaceae)* : Samenhaar.

Wir mikroskopieren einige Fäden einer reinen *Baumwollwatte*. Die bandförmigen Haare sind einzellig, dickwandig, flachgedrückt und häufig um ihre Achse gedreht.

Achillea millefolium, Schafgarbe *(Compositae)* : Stengelepidermis.

Europa, Nordamerika. — Stengelepidermisschnitte oder mit der Pinzette abgezogene Epidermisstreifen zeigen einfache, mehrzellige Haare, deren Endzelle auffallend *peitschenförmig* ausgezogen und überaus dickwandig ist, Abb. 155.

Galium aparine, klebriges Labkraut *(Rubiaceae)* : Stengel, längs.

In Europa und Asien heimische Pflanze (Zäune, Gebüsche). — Von einer Stengelkante wird ein dünner Epidermisschnitt hergestellt. Die dort aufsitzenden Haare sind hakenförmig nach unten gebogen und erleichtern als „*Klimmhaare*" das Festhalten des langen Stengels an Stützpflanzen. Die dem Haar benachbarten Epidermiszellen umgeben rosettenartig seinen Fuß. Abb. 156.

Fittonia verschaffeltii *(Acanthaceae)* : Blatt, Fläche und quer.

In Peru heimisch. Vielfach in Glashäusern gezogen. — Von den dicklichen Blättern stellen wir von der Oberseite Flächenschnitte, sowie zwischen

Holundermark Querschnitte her. Die Flächenschnitte zeigen gleichmäßig über die Epidermis verteilt, große, kreisrunde Zellen, in deren Mitte eine kleine, ebenfalls runde Zelle aufsitzt. Am Querschnitt sehen wir, daß es sich um haarähnliche Bildungen handelt, die aus zwei Zellen bestehen. Die kleine, die Spitze bildende Zelle enthält einen vollkommen klaren, stark lichtbrechenden Inhalt. Das einfallende Licht wird dadurch wie durch eine Linse konzentriert und auf die

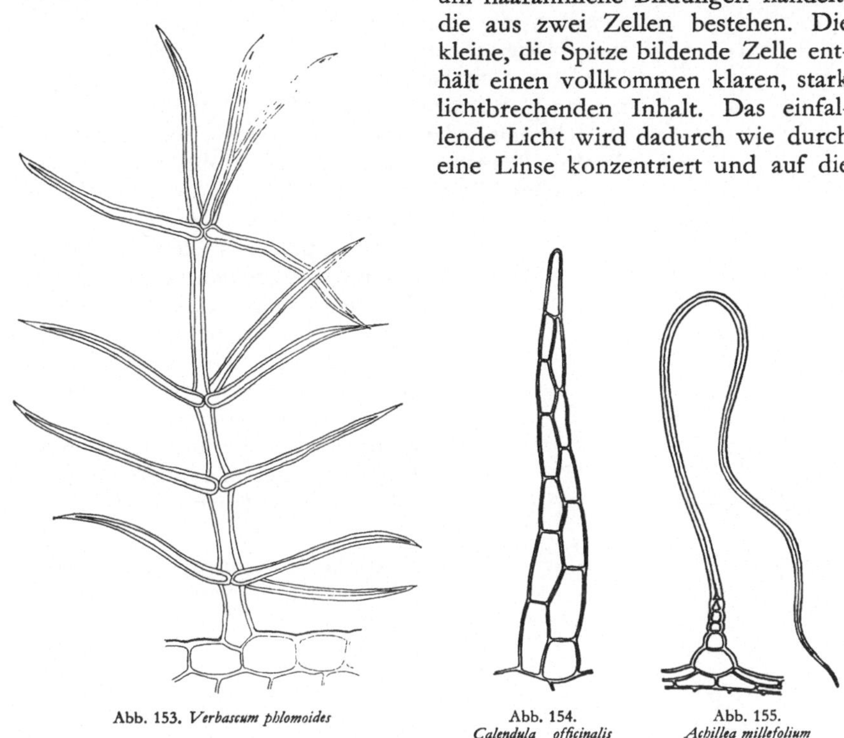

Abb. 153. *Verbascum phlomoides*

Abb. 154.
Calendula officinalis

Abb. 155.
Achillea millefolium

darunter liegenden chlorophyllhaltigen Palisadenzellen geworfen. Man darf annehmen, daß diese „*Ocellen*" als Lichtsinnesorgane, bzw. als Lichtsammler dienen. Abb. 157.

Campanula persicifolia, Pfirsichblättrige Glockenblume *(Campanulaceae)* : Blatt, quer und Fläche.

Heimat: Fast ganz Europa, Armenien, Sibirien. — Wir stellen zwischen Holundermark Blattquer- und von der Oberseite Flächenschnitte her. Wir finden ähnliche „*Ocellen*" wie bei Fittonia, doch ist hier die Linse nicht durch eine eigene Linsenzelle, sondern durch einen stark verkieselten bikonvexen Körper in der an dieser Stelle emporgewölbten Zellwand gebildet. Abb. 158.

Pelargonium zonale, Pelargonie *(Geraniaceae)* : Stengel, quer oder Blattrippe.

Südafrika. Als Zierpflanze kultiviert. — Wir stellen einen Querschnitt durch einen jungen behaarten Stengel her (unsere Zeichnung!) oder ziehen mit

der Pinzette von einem Nerven der Blattunterseite einen dünnen Epidermisstreifen ab. In beiden Fällen finden wir neben ein- oder mehrzelligen einfachen Haaren auch *Drüsenhaare.* Auf mehreren lebenden Stielzellen sitzt
eine kugelige plasmareiche Endzelle mit einem großen Zellkern. Sie scheidet
zwischen die Zelluloseschicht der Zellwand und die
sich blasig abhebende Cuticula ein Exkret (E) ab.
Wird die Dehnbarkeitsgrenze der Cuticula überschrit-
ten, so platzt diese und das Exkret fließt aus. Darauf-
hin wird entweder eine neue Cuticula regeneriert oder
die ihres Transpirationsschutzes beraubte Köpfchenzelle
vertrocknet. Dies ist wohl auch der Grund, weshalb die
Exkretion durch Haare und nicht
durch Epidermiszellen erfolgt, da
durch das Zerreißen der Cuticula das
darunterliegende Gewebe gefährdet
wäre. So beschränkt sich die Schädigung nur auf die Stielzellen der
Haare. Bei vielen Drüsenhaaren ist
sogar zum Schutz der tiefer liegenden
Haarzellen die unmittelbar unter dem
Köpfchen liegende Stielzelle (Hals-
zelle) cutinisiert. Abb. 159.

Primula obconica, Becherprimel
(Primulaceae) : Blattstiel, quer oder
Fläche.

Heimat: Nordostasien. Zierpflanze.
— In gleicher Weise wie bei *Pelargonium* stellen wir Blattstiel- oder Blatt-

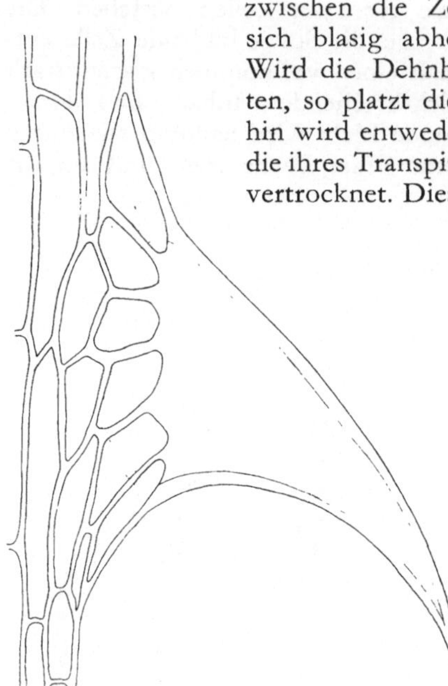

Abb. 156. *Galium aparine*

epidermisschnitte her. Wir finden ähnliche *Drüsenhaare* wie bei *Pelargonium.*
Einzelne ihrer Stielzellen enthalten einen durch Anthocyan rötlich gefärbten Zellsaft. Die Exkrete führen einen leicht kristallisierenden Giftstoff
(Primin $C_{14}H_{18}O_3$), der auf empfindlicher Haut schmerzhafte Entzündun-
gen hervorrufen kann. Auch hier sind die Drüsenköpfchen einzellig.

Plectranthus fruticosus, Mottenkraut *(Labiatae) :* Stengel, quer und
Fläche.

Der Stengelquerschnitt zeigt neben einfachen Haaren kurzgestielte *Drüsenhaare* mit mehrzelligen Köpfchen. Das Exkret (E) wird gleichfalls zwischen
Zellwand und Cuticula ausgeschieden, diese dadurch aufgetrieben und
schließlich gesprengt. Abb. 160. Im Flächenschnitt sehen wir die mehrzelligen
Drüsenköpfchen in der Aufsicht.

Coleus Blumei-Hybride, Coleus *(Labiatae) :* Blattstiel quer.

Heimisch im tropischen Asien und Afrika. Viel kultivierte Zierpflanze. —
Ein Blattstiel-Querschnitt läßt als Bildungen der Epidermis dreierlei Haare

erkennen: 1. einreihige, spießförmige Haare mit Zellwandwärzchen in den oberen Zellen, 2. kurzgestielte, farblose Köpfchenhaare und 3. sitzende gelbe Drüsenhaare. Abb. 161.

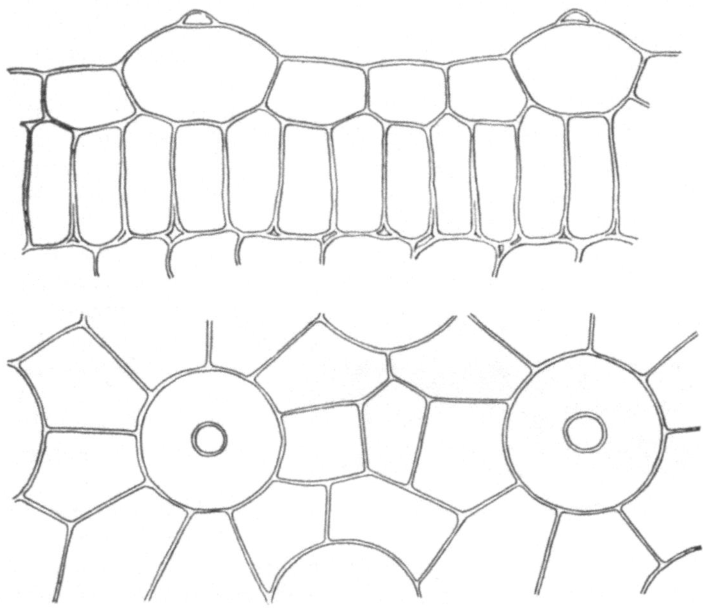

Abb. 157. *Fittonia verschaffeltii*

Pinguicula vulgaris, Fettkraut *(Lentibulariaceae)* : Blatt, Fläche.

Heimische, insektenverdauende Pflanze. — Von der Oberseite der nach oben eingerollten, mit Drüsenhaaren reich besetzten Blätter stellen wir einen Flächenschnitt her. Wir finden zweierlei Haare: *Fanghaare* und *Verdauungshaare*. Die Fanghaare bestehen aus einer in der Höhe der Epidermiszellen liegenden Fußzelle, ein oder zwei Stielzellen und einem vielzelligen, klebrigen Köpfchen, dessen einzelne Zellen rosettenartig angeordnet sind. Das ähnlich gebaute, vielzellige Köpfchen der Verdauungshaare sitzt hingegen direkt auf der Fußzelle auf. Es sondert ein eiweißlösendes Ferment u. zw. Tryptase ab, das die Proteine zu Aminosäuren abbaut. Abb. 162.

Nepenthes spec., Kannenpflanze *(Nepenthaceae)* : Kanne, Innenseite Fläche und längs.

Im Tropengebiet von Madagaskar und Indien bis Australien heimische insektivore Pflanzen. — Die von einem deckelähnlichen Endlappen überdeckten „Kannen" sind die becher- oder schlauchförmigen Endteile von Blättern, die basalwärts zuerst in einen stiel- bzw. rankenförmigen und schließlich gegen die Anwachsstelle zu in einen grünen, flächig verbreiterten Teil übergehen. — Die *Innenwand der Kanne* zeigt an der Mündung einen wulstförmigen „Ring" mit zuckerhältigen Saft sezernierenden Drüsen. Auf ihn folgen nach unten zu gerichtete Trichome. Diese gehen in eine untere „Drüsenzone" über. Die hier befindlichen *Drüsenhaare* sind vielzellig, sitzend und jeweils durch ein aus Epidermiszellen gebildetes Dach nach oben zu *abgeschirmt*. Tracheiden führen bis an die Drüsenhaare heran. Im Kannengrund sammelt sich Flüssigkeit an, die, reichlich versetzt mit einem von den Drüsenhaaren sezernierten eiweißlösenden Ferment, geeignet ist, die herabgefallenen Insekten zu verdauen. Je nach der Nepenthesart handelt es sich um Pepsinasen, die die Proteine in Peptone aufspalten, oder um Tryptasen, die zu Aminosäuren abbauen.

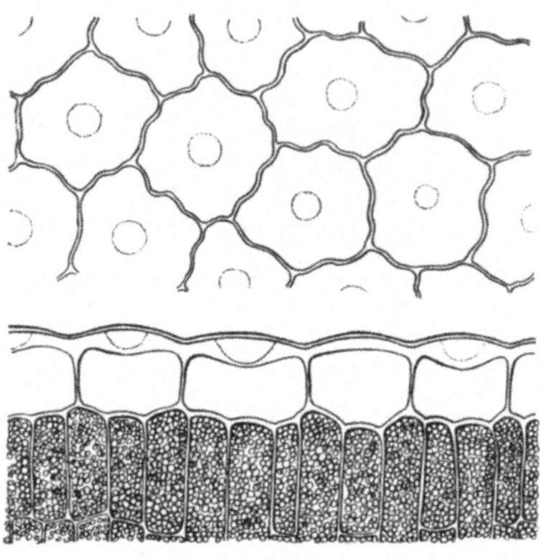

Abb. 158. *Campanula persicifolia*

Wir schneiden aus der unteren „Drüsenzone" ein Stückchen der Kannenwand heraus und stellen von der Innenseite Flächenschnitte, sowie zwischen Holundermark Längsschnitte her. Abb. 163 und 164.

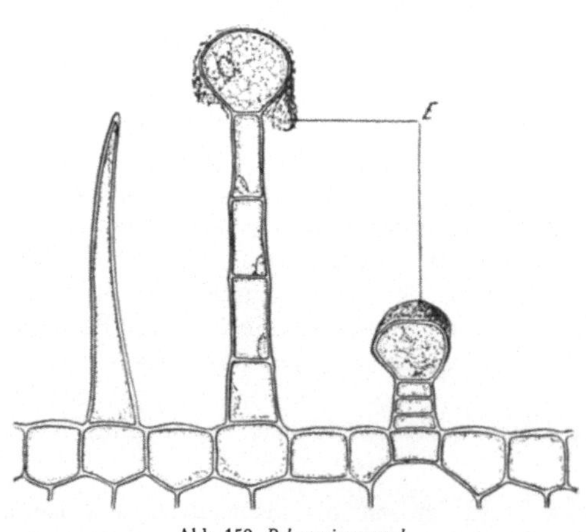

Abb. 159. *Pelargonium zonale*

Utricularia vulgaris, Wasserschlauch *(Lentibulariaceae)* : Fangblase, Innenseite.

In Seen und Tümpeln von Europa, Asien, N-Afrika und N-Amerika verbreitete, vorzugsweise Kleinkrebschen verdauende Pflanze. — Die Pflanze besitzt keine Wurzeln. Ihre flutenden Sprosse tragen fein zerteilte Blätter, deren Zipfel zum Teil zu blasenartigen Schlauchfallen umgewandelt sind. Die fischreusenähnlich gebaute Öffnung verhindert ein Entkommen der eingedrungenen Wassertierchen.

Wir öffnen eine *Blase* und mikroskopieren die nach oben gelegte *Innenseite*. Wir sehen *vierteilige Haare*, die jeweils aus zwei kurzen und zwei langen Armen bestehen, die durch eine gemeinsame dünnwandige, scheibenförmige

Zelle mit der in der Epidermis eingesenkten Fußzelle verbunden sind. Ihre Funktion dürfte in der *Absorption* der gelösten tierischen Eiweißstoffe gelegen sein. Abb. 165.

Aesculus hippocastanum, Roßkastanie *(Hippocastanaceae)*: Knospenschuppe, Fläche und quer.

Zierbaum. Wild auf der Balkanhalbinsel. — Die klebrige, aus Harz und Gummi bestehende Substanz der Knospenschuppen der Roßkastanie wird von vielzelligen, knopfförmigen Drüsenhaaren, den *Leimzotten* oder *Colleteren* abgeschieden. — Wir legen mehrere der klebrigen Deckschuppen einer Knospe zur Entfer-

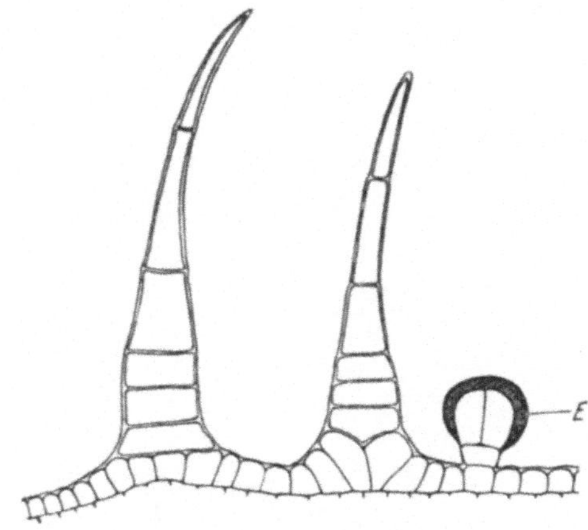

Abb. 160. *Plectranthus fruticosus*

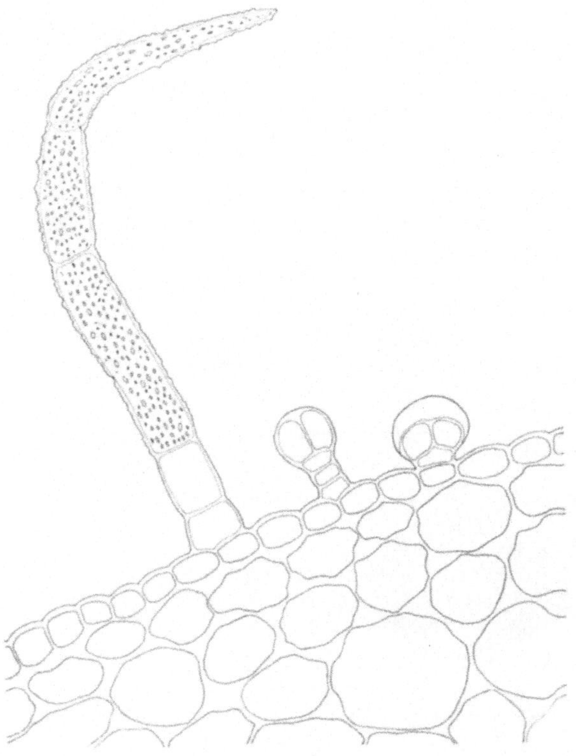

Abb. 161. *Coleus blumei*

nung des Klebstoffes einige Minuten in Xylol. Schon mit einer Lupe ist zu sehen, daß die kugeligen Colleteren bei den äußeren Schuppen vorzugsweise an der Innenseite, bei den mittleren beiderseits und bei den größ-

Abb. 162. *Pinguicula vulgaris*

ten, innersten Schuppen nur im oberen Drittel der Außenseite zu finden sind. Von einer dieser Stellen fertigen wir einen Flächenschnitt und zwischen Holundermark Querschnitte an. Die Querschnitte zeigen, daß die kugeligen Drüsenköpfchen mit einem kurzen, mehrzelligen Stiel auf der Epidermis aufsitzen. Die Absonderung des Exkretes erfolgt wie bei den schon

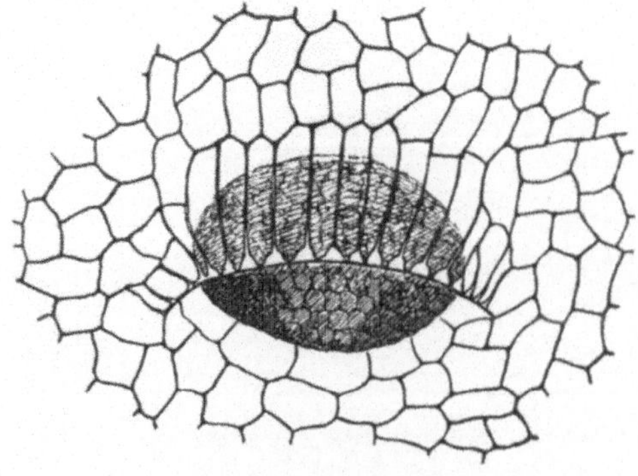

Abb. 163. *Nepenthes spec.*

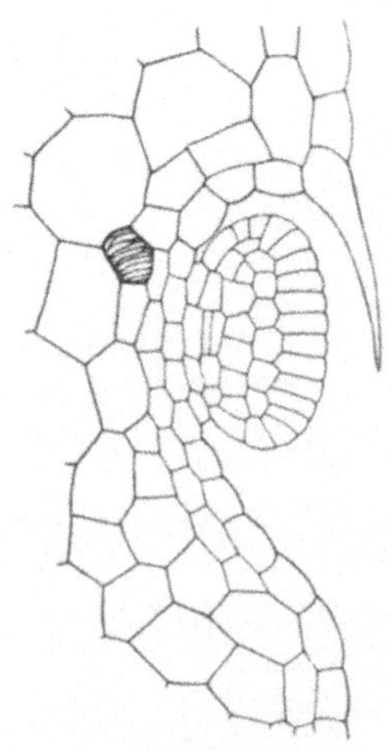

Abb. 164. *Nepenthes spec.*

untersuchten Drüsen-
haaren zwischen Zell-
wand und Cuticula, die
gedehnt wird, aufbricht
und schließlich die kleb-
rige Masse ausfließen
läßt. Abb. 166 u. 167.

Humulus lupulus,
Hopfen *(Cannabaceae)* :
Weiblicher Blütenstand.

Nördlich extratropische
Gebiete. Auch kultiviert.
— 2 bis 3 Hochblätter
des Fruchtzapfens wer-
den aufeinander zwi-
schen Holundermark ge-
klemmt, die hervorstehen-
den Teile abgeschnitten und
hierauf Querschnitte hergestellt. Wir finden *Schuppen-
haare*, die aus einigen kurzen Stielzellen und einer eine
Zellschichte dicken, schüs-
selförmigen Schuppe bestehen. Von dieser werden Bit-
terstoffe zwischen Zellwand
und Cuticula abgeschieden,
durch die die Cuticula so
emporgetrieben werden
kann, daß schließlich dop-
pelkegelähnliche Gebilde
entstehen. Der Durchmes-
ser dieser Drüsenhaare
schwankt zwischen 150—
260 μ. Diese „*Glandulae
Lupuli*" werden pharmazeutisch verwendet. Der Bitter-
stoffe wegen wird der Hopfen auch in der Bierbrauerei
verwertet.

Urtica dioica, Große Brenn-
nessel *(Urticaceae)* : Blattrippe, Epidermis.

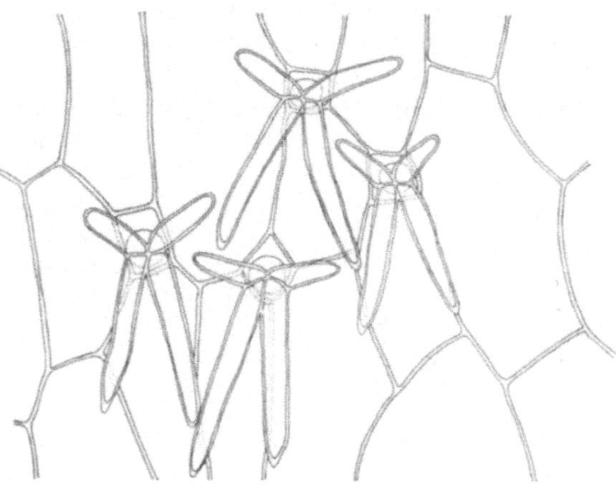

Abb. 165. *Utricularia vulgaris*

Abb. 166. *Aesculus hippocastanum*

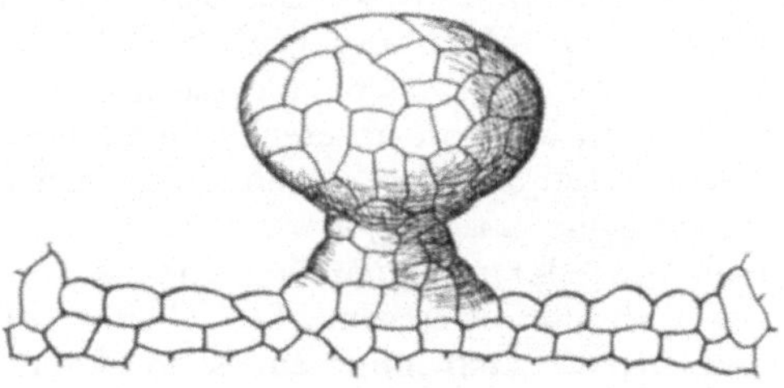

Abb. 167. *Aesculus hippocastanum*

Verbreitete Ruderalpflanze. — Von einer mit Brennhaaren besetzten Blattrippe wird mit der Pinzette ein Epidermisstreifen abgezogen und in Wasser

untersucht. Das *Brennhaar* besteht aus einer großen, langgestreckten Zelle, in der feine Stränge *strömenden Plasmas* zu beobachten sind. Das untere Ende (Bulbus) ist blasig erweitert und sitzt in einem Gewebesockel. Das obere Ende ist bei dem unverletzten Haar durch ein seitlich gebogenes *Köpfchen* abgeschlossen, dessen Halsstelle in einer schräg nach abwärts verlaufenden Ellipse dünnwandig ist. An dieser Stelle bricht die durch Verkieselung spröde Zellwand bei Berührung ab, die scharfe Spitze dringt in die Haut und der *hautreizende Zellsaft* tritt in die Wunde über. Seine

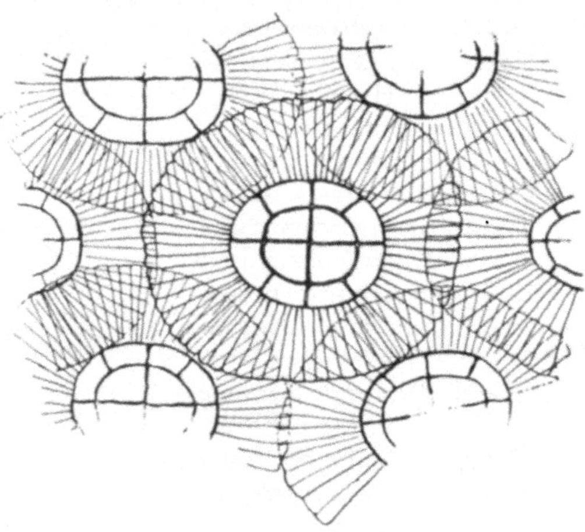

Abb. 168. *Urtica dioica*   Abb. 169. *Tillandsia tricolor*

wirksamen Bestandteile sind Histamin und Acetylcholin. Die an den Bulbus grenzende Zellschichte des chlorophyllführenden Sockels ist mit ihm durch zahlreiche einfache Tüpfel verbunden. Abb. 168.

Tillandsia tricolor *(Bromeliaceae)* : Blatt, Fläche und quer.

Heimisch in Mexiko. — Die Blattinnenseite vieler epiphytischer Bromeliaceen enthält *Hydropoten* (vgl. S. 128) in Form von *Schuppenhaaren* oder *Saugschuppen,* die Wasser und darin gelöste Stoffe aufzunehmen vermögen. — Wir stellen von unserem Objekt von der Innenseite des Blattgrundes Flächenschnitte und zwischen Holundermark Querschnitte her. Der Flächenschnitt zeigt das *schildförmige Haar* in der Aufsicht. Der Schild ist gebildet von einem Kranz radiär liegender, gestreckter Zellen, die größtenteils tot und nicht cutinisiert sind. Sie füllen sich bei Benetzung mit Wasser. Daran schließt sich nach innen ein Kranz kleinerer Zellen und das Zentrum der Scheibe wird von 4 großen Zellen eingenommen. Diese ruhen auf einem in die Epidermis eingesenkten, aus mehreren flachen sich nach unten zu verjüngenden Zellen bestehenden Fuß auf. Durch diese Zellen wird das Wasser an das darunterliegende Parenchymgewebe weitergegeben. Eine seitliche Cutinisierung dieses trichterförmigen Organs verhindert ein Ausweichen der Flüssigkeit. Abb. 169 Fläche, Abb. 170 Querschnitt.

Auch andere **Tillandsia**-Arten zeigen derartige Saugschuppen. Ihr Bau kann im einzelnen gewisse Abweichungen aufweisen.

Rosa hybr. *(Rosaceae)* : Stengel, längs.

Die Gattung Rosa ist in der nördl. extratropischen Zone weit verbreitet. — Wir schneiden aus einem Stengel ein stacheltragendes Stück heraus, spalten Stengel und Stachel der Länge nach und

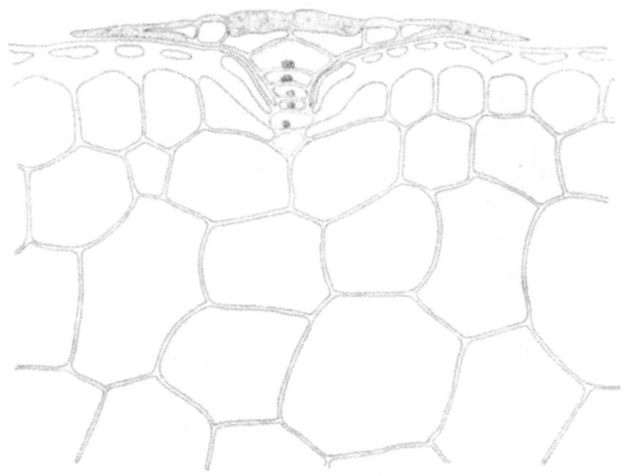

Abb. 170. *Tillandsia tricolor*

versuchen mit dem Rasiermesser einige möglichst mediane Schnitte herzustellen. Der *Stachel*, der eine Emergenz darstellt, ist von der Epidermis (E) überkleidet. Daran schließen kleine verdickte Zellen, welche nach innen zu immer größerlumig werden. Diese Zellen sind chlorophyllfrei, feinporig und stoßen lückenlos aneinander. Der Stachel ist von dem chlorophyllführenden Rindenparenchym (R) des Stammes durch ein kleinzelliges, verkorktes Trennungsgewebe (Tr) abgeschlossen. Abb. 171.

Drosera rotundifolia, Sonnentau *(Droseraceae')* : Blatt, Tentakeln.
In Europa, N-Amerika, N-Asien und Japan auf Moorböden lebende insektivore Pflanze. — Die als *Tentakeln* bezeichneten Emergenzen der Blätter reagieren auf Berührung mit Krümmungsbewegungen, sondern ein klares, klebriges, pepsinhaltiges Sekret ab, das die Proteine in Peptone aufzuspalten vermag und absorbieren die gelösten Eiweißsubstanzen. — Eine solche *Drüsenzotte* besteht aus einem vielzelligen Stiel und einem eiförmigen Köpfchen. Durch den

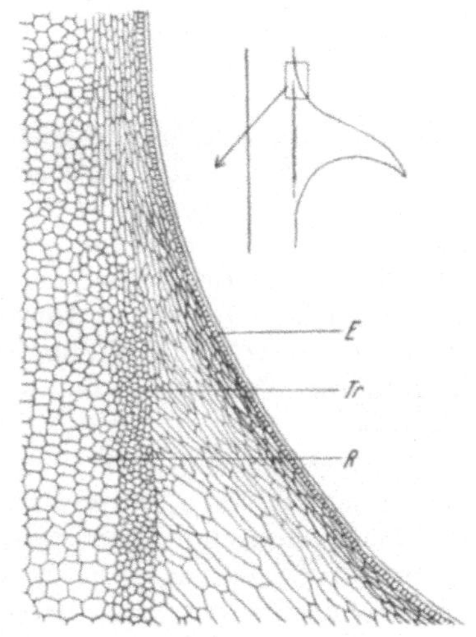

Abb. 171. *Rosa hybr.*

Stiel führen Tracheiden und Gefäße bis in das Köpfchen, um die sezernierenden Zellen ausreichend mit Wasser zu versorgen. Die Tracheidenendigungen (T) im Köpfchen sind mit einer Schichte kleiner, an den Radialwänden und teilweise auch an den Innenwänden cutinisierter Zellen (E, eine Art Endodermis) umgeben. Um diese Zellen lagern sich noch zwei weitere Zellschichten, deren äußere von langgestreckten, sekretabscheidenden Drüsenzellen (A) gebildet wird. Ihre Außenwände zeigen nach innen vorragende leistenförmige Zellwandverdickungen („Armpalisaden"). Eine normale Cuticula fehlt ihnen. Häufig enthalten diese Zellen einen anthocyangefärbten Zellsaft. Abb. 172.

Die *Köpfchen der randständigen Tentakeln* sind nicht in der oben beschriebenen Weise allseitig ausgebildet, sondern sind dorsiventral gebaut und tragen nur an ihrer Oberseite sezernierende Zellen.

2. Sekundäres Hautgewebe

Nur bei wenigen Pflanzen, wie z. B. bei der Rose oder Mistel, vermag das primäre Hautgewebe mit Hilfe einer besonders dicken Cuticula mehrere Jahre hindurch einen ausreichenden Abschluß nach außen zu bilden. Im allgemeinen kommt es bei mehrjährigen Phanerogamen zur Bildung eines **sekundären Hautgewebes** oder **Periderms**. Den Kryptogamen fehlt noch ein solches. Zu seiner Bildung beginnen sich entweder die Epidermiszellen selbst oder tiefer gelegene Zellschichten des Rindenparenchyms neuerlich zu teilen. Es entsteht ein als *Phellogen* bezeichnetes *Folgemeristem*. Von ihm werden nach außen zu lückenlos aneinanderschließende, häufig tafelförmige, durch Einlagerung von fettigem Suberin für Gase und Wasser undurchlässige *Korkzellen* gebildet. Gelegentlich schieben sich zwischen dieses bald absterbende Korkgewebe und das Phellogen noch einige Reihen ähnlich gebauter, lufthaltiger, aber unverkorkter Zellen ein, die als *Phelloid* bezeichnet werden. Auch nach innen können vom Phellogen ähnlich geformte, jedoch lebende, unverkorkte und chlorophyllführende Zellen gebildet werden, die man *Phelloderm* nennt. Im weiteren Sinn verwendet man die Bezeichnung „*Periderm*" für das Phellogen samt seinen verschiedenen Abkömmlingen. Das Periderm kann wenige Zellschichten bis viele Zentimeter dick sein.

Um der Pflanze jedoch auch durch die Oberfläche eines älteren Sprosses Wasserdampfabgabe und Gasaustausch zu ermöglichen, ist der für Wasser und Gase undurchdringliche Korkmantel, ähnlich wie die Epidermis durch Stomata, von sogenannten *Rindenporen* oder *Lentizellen* durchbrochen. Bei großer Feuchtigkeit, bzw. bei Kultur im feuchten Raum können aus den Lentizellen weißliche Gewebewucherungen oder *Intumeszenzen* hervorbrechen.

Die Lentizellen entstehen meist unterhalb von Spaltöffnungen des primären Hautgewebes in der Weise, daß an dieser Stelle eine dem Phellogen entsprechende „*Verjüngungsschichte*" eine große Menge lockeren Füllgewebes entwickelt, das das Rindenparenchym emportreibt und schließlich zersprengt.

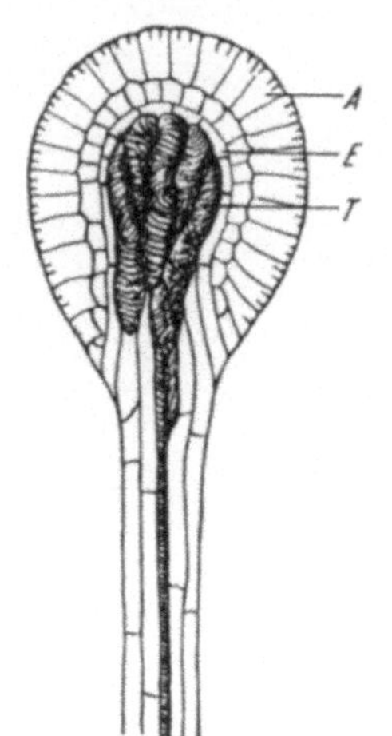

Abb. 172. *Drosera rotundifolia*

Die Lentizellen sind als warzenförmige, runde oder längliche Höckerchen an der Oberfläche der Rinde zu sehen und fehlen nur wenigen Pflanzen, wie z. B. *Weinstock, Pfeifenstrauch, Eibe.*

Objekte

Pelargonium zonale, Pelargonie *(Geraniaceae)* : Stamm, quer.

Im Kapland heimisch. Häufige Zierpflanze. — Mit dem Rasiermesser werden dünne Stengelquerschnitte hergestellt. Im *Übersichtsbild* finden wir von außen nach innen: die Epidermis (E), die Korkzellen des Periderms (Pd), das Phellogen (Ph), das Rindenparenchym (R), den Gefäßbündelring (G) und

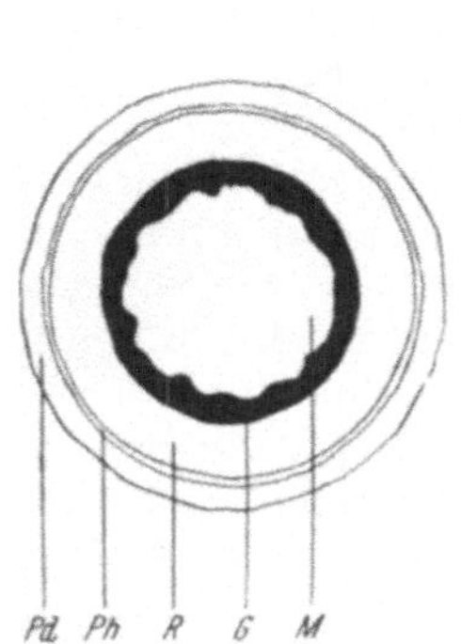
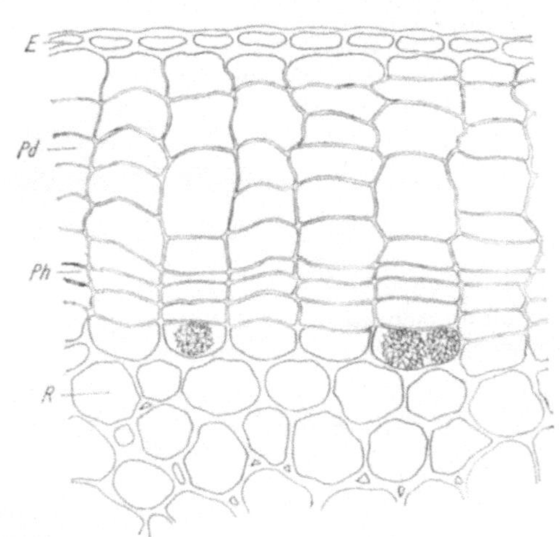

Abb. 173. *Pelargonium zonale*

im Zentrum das Mark (M). Die *starke Vergrößerung* zeigt an das chloroplasten- und kalziumoxalatführende Rindenparenchym (R) nach außen anschließend die schmale lebende Phellogenschicht (Ph) und darüber das von ihm gebildete Periderm (Pd), bestehend aus toten, lückenlos aneinandergefügten verkorkten Zellen (Suberinnachweis vgl. S. 110). Abb. 173.

Vorzüglich zur Beobachtung des Peridems eignen sich auch Querschnitte durch den Rand einer Kartoffelknolle **Solanum tuberosum,** vgl. S. 72).

Laburnum anagyroides, Goldregen *(Papilionaceae)* : Stamm, quer.

Zierstrauch. Im südl. Europa beheimatet. — Querschnitte durch ein älteres Stammstück zeigen ein *Periderm*, dessen Korkzellen besonders an ihrer Außenseite stark verdickt sind. Man erkennt deutlich die Mittellamelle, bzw. primäre Wand, sowie die nach innen zu angelagerten Verdickungsschichten. Holz-, Suberin- und Zellulosereaktionen lehren, daß die primäre Wand verholzt ist, während gegen das Zellinnere zu verkorkte Schichten anschließen und die innerste, das Zellumen umkleidende Schichte meist ihren reinen Zellulosecharakter bewahrt hat. Diese derbe Ausbildung des

Periderms bezeichnet man auch als „*Lederkork*". Er ist von dem darunterliegenden, zahlreiche einfache Tüpfel aufweisenden Rindenparenchym durch das Phellogen getrennt. Abb. 174.

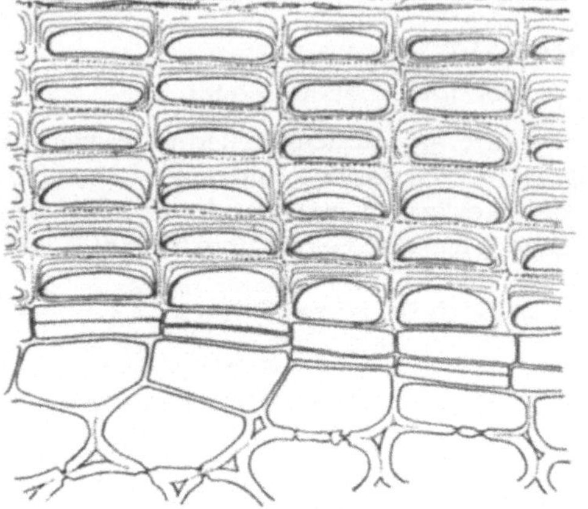

Abb. 174. *Laburnum anagyroides*

Ulmus campestris var. suberosa, Feldrüster *(Ulmaceae)* : Stamm, quer.

Heimisch in Mittel- und Südeuropa, N-Afrika und Asien. — Durch einen dünnen Zweig werden Querschnitte hergestellt. Zur Erweichung der Gewebe ist es vorteilhaft, kleine Zweigstückchen vorher einige Zeit in glyzerinhaltigem Wasser zu kochen. Dadurch, daß das Phellogen an einzelnen Stellen des Stammquerschnittes frühzeitig seine Tätigkeit einstellt, an den übrigen jedoch reichlich Korkzellen erzeugt, kommt es zur Ausbildung mächtiger Korkleisten *(„Flügelkork")*. Das Übersichtsbild zeigt von innen nach außen Mark (M), Holz (H), Kambium (K), Bast (B), Phelloderm (Pd), Phellogen (Ph), und schließlich die Korkflügel des Periderms (P). Abb. 175.

Gleiches zeigt auch **Acer campestre var. suberosa,** Feldahorn *(Aceraceae)*.

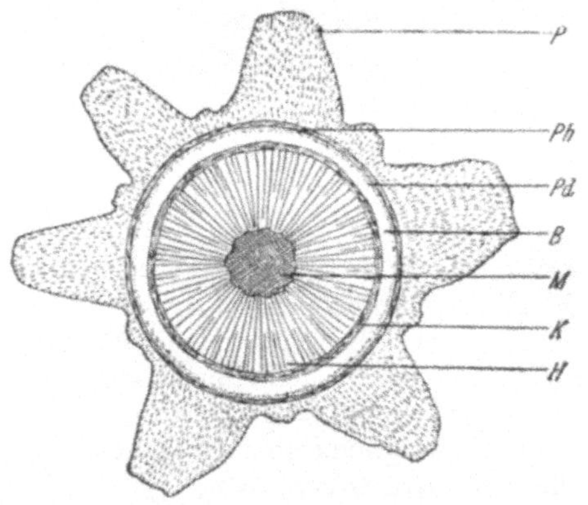

Abb. 175. *Ulmus campestris var. suberosa*

Nerium oleander, Oleander *(Apocynaceae)* : Stamm, quer.

Heimisch im Mediterrangebiet. — Wir fertigen von jungen und älteren Zweigstücken Querschnitte an. An geeigneten Jugendstadien ist die *Phellogenbildung aus Epidermiszellen* zu sehen. Abb. 176. An älteren Stammteilen mit wohlausgebildetem Periderm ist das Phellogen meist nicht mehr deutlich zu sehen.

Auch bei **Prunus padus,** Traubenkirsche *(Rosaceae)* ist an jungen Zweigen die Bildung des Phellogens aus Epidermiszellen gut zu beobachten.

Sambucus nigra, Holunder *(Caprifoliaceae)* : Zweig, quer.

Heimisch in Europa und Vorderasien. — Von einem jungen Zweigstück, dessen Rinde eben von Lentizellen durchbrochen ist, werden durch eine derselben Querschnitte hergestellt.

Wir beobachten zuerst das *ungestörte Periderm* neben der Rindenpore. Sollten die äußersten Zellschichten schon zerrissen sein, so stellen wir für diesen Zweck einen zweiten Querschnitt durch ein noch jüngeres Stämmchen her.

An grünen Zweigen finden wir unter der Epidermis ein mehrschichtiges Plattenkollenchym, das unterhalb der Spaltöffnungen bis an die Epidermis vom Rindenparenchym unterbrochen wird. Mit zunehmendem

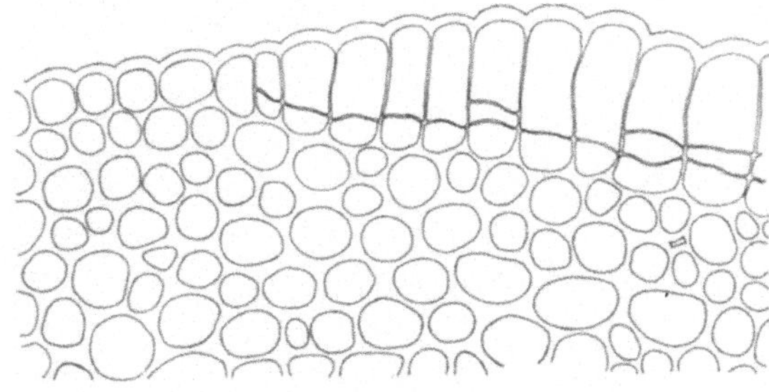

Abb. 176. *Nerium oleander*

Alter bildet sich durch Teilung der äußersten Schichte dieser Kollenchymzellen ein *Phellogen*, das in der Folge nach außen Korkzellen produziert, die sehr lange von einer unverletzten Epidermis überdeckt bleiben. Wir beobachten an unserem Schnitt von außen nach innen: die Epidermis (E), die verkorkten Peridermzellen (P), das Phellogen (Ph), darunter eine Schichte chlorophyllführender Phellodermzellen (Pd), weiters die Kollenchymzellen (K) und darunter schließlich das Rindenparenchym. Abb. 177.

Schieben wir die *Lentizelle* (Abb. 178) ins Blickfeld, so sehen wir an dieser Stelle das Teilungsgewebe (Ph), hier auch „*Verjüngungsschichte*" (V)

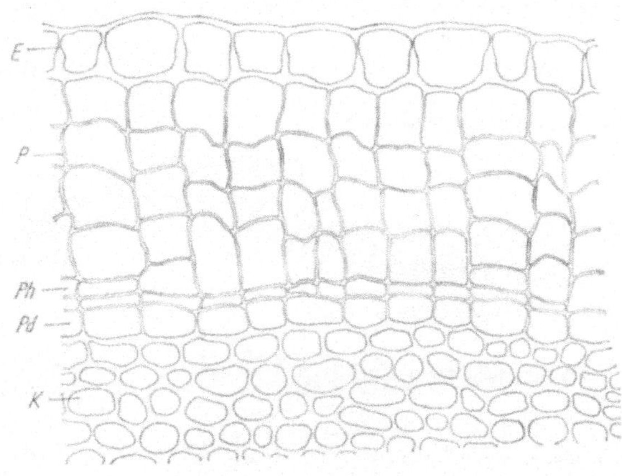

Abb. 177. *Sambucus nigra*

genannt, nach außen zu reichlich farblose, später bräunlich werdende, aber nicht verkorkende, sich abrundende „*Füllzellen*" (F) bilden, die die Epidermis auftreiben und schließlich auseinanderreißen. Dadurch wird der Gasaustausch durch den sonst geschlossenen Korkmantel des Periderms (P) ermöglicht. Nach innen entwickelt auch die Verjüngungsschichte Phellodermzellen. Da die Lentizellen unter ehemaligen Spaltöffnungen entstehen, fehlt auch unter ihnen zumeist das Plattenkollenchym (K) und es reicht das Rindenparenchym bis an die Phellodermzellen heran.

Lentizellen vom gleichen Typ und in den verschiedensten Stadien der

Entwicklung sind auch an jungen Zweigen von **Aesculus hippocastanum,** Roßkastanie *(Hippocastanaceae)* zu beobachten.

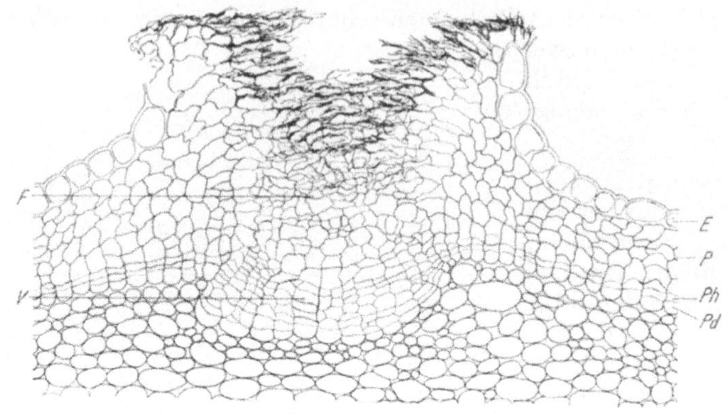

Abb. 178. *Sambucus nigra*

Gleditsia triacanthos, Gleditschie *(Leguminosae)* : Zweig, quer.

Aus Nordamerika stammender Parkbaum. — Wie bei Sambucus werden Querschnitte durch eine *Lentizelle* hergestellt. Im Übersichtsbild sehen wir das Füllgewebe (F) von dunkelbraunen *Zwischenstreifen* (Z) durchzogen. Derartige teilweise verkorkte und widerstandsfähige Zwischenschichten werden bei manchen Pflanzen als Verschlußschichten zur Winterszeit angelegt, bei anderen, wie bei der Gleditschie, werden sie in regelmäßigem Wechsel mit den lockeren Füllzellen gebildet (R = Rindenparenchym, V = Verjüngungsschicht). Abb. 179.

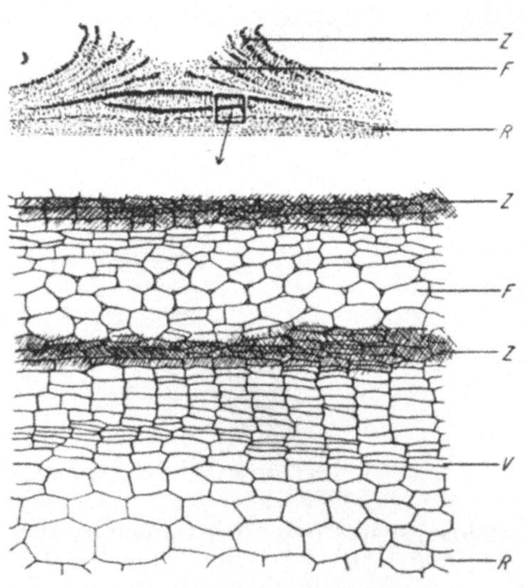

Abb. 179. *Gleditsia triacanthos*

III. Grundgewebe

Alles Gewebe, das den Pflanzenkörper zwischen Hautgewebe und dem der Leitung und Festigung dienenden Stranggewebe ausfüllt, bezeichnet man als *Grundgewebe.* Physiologisch gesehen kann es den verschiedensten Aufgaben dienen: der Kohlensäureassimilation, der Speicherung von Wasser, Luft oder Reservestoffen, der Bildung von Sekreten und Exkreten und teilweise auch der Festigung.

Den einzelnen Aufgaben entsprechend nehmen dünnwandige Parenchymzellen, parenchymatisch und prosenchymatisch gebaute Kollenchymzellen oder allseitig verdickte Sklerenchymzellen an seinem Aufbau teil. Als Sekret- und Exkretbehälter können einzelne Zellen, Zellvereinigungen oder Interzellularen dienen.

Entstehen die **Interzellularen** durch Auseinanderweichen der Wände benachbarter Zellen, so nennt man sie *schizogen*, werden sie durch Auflösung einzelner Zellen gebildet, dann *lysigen* und kommen sie durch Zerreißungen vorhandener Zellkomplexe zustande, dann bezeichnet man sie als *rhexigen*.

Der wichtigste und häufigste Inhalt der Interzellularräume ist *Luft*. Die untereinander und durch die Spaltöffnungen mit der Außenluft in Verbindung stehenden luftführenden Hohlräume zwischen den Zellen ermöglichen jeder einzelnen von ihnen den für Assimilation und Atmung nötigen Gaswechsel, sowie die Abgabe des Wasserdampfes bei der Transpiration. Besonders interzellularenreiches Durchlüftungsgewebe oder *Aerenchym* bilden die Wasser- und Sumpfpflanzen aus, die dadurch dem Sauerstoffmangel ihres Lebensraumes etwas abzuhelfen vermögen. Die Entstehung dieser luftgefüllten Interzellularen ist in der Regel schizogen.

Bei Sumpfpflanzen besitzen meist nur die unterirdischen Organe (Rhizome, Wurzeln) ein derartiges Luftgewebe. Bei Wasserpflanzen dienen luftführende, interzellularenreiche Gewebe gelegentlich auch als Schwimmeinrichtungen. Schließlich kommt den luftführenden Interzellularen auch Bedeutung als „Farbe" von Blüten und Früchten zu. Infolge Totalreflexion des Lichtes an der zwischen den Zellen eingeschlossenen Luft erscheinen Blüten und Früchte, die sonst keinerlei Farbstoffe enthalten, weiß (z. B. Schneeglöckchen, Narzisse, Schneebeere). Infiltriert man solche Gewebe mit Wasser, so wird die Luft ausgetrieben, die weiße Farbe geht verloren und sie erscheinen trüb glasig. Schließen sich die festigenden Gewebe in einem Stengel (im Querschnitt gesehen) zu einem Ring zusammen, so kann es durch Zerreißen und Zusammenfallen der innerhalb derselben gelegenen dünnwandigen Zellen zur Bildung hohler Stengel kommen, wie z. B. bei Gräsern oder Doldengewächsen (vgl. S. 169).

Interzellularen können auch als **Exkret-** und **Sekretbehälter** dienen, und zwar entweder in Form annähernd isodiametrischer Hohlräume oder als langgestreckte Gänge. Zu den ersteren gehören z. B. die ätherische Öle führenden Hohlräume vieler Myrtaceen, etwa in Blättern und Fruchtschalen der Zitronen oder Orangen. Ähnlich gebaut sind die, fast die ganze Blattdicke einnehmenden, in der Aufsicht als durchscheinende Punkte erscheinenden Ölbehälter in den Blättern von Hypericum-Arten. Exkretführende *Interzellulargänge* sind sehr verbreitet. Hieher zählen die Ölgänge der Umbelliferen, die Harzgänge der Coniferen, einiger Araceen und vieler Compositen, die Schleimgänge der Gattung *Canna* u. a. m.

Von diesen Exkretgängen zu unterscheiden sind die schlauchförmigen Zellen und Zellvereinigungen, wie sie die *Milchsaftzellen* (z. B. *Euphorbia splendens*), die *Milchsaftgefäße* (z. B. *Scorzonera hispanica*) oder die *Gerbstoffschläuche* (z. B. *Sambucus nigra*) darstellen. Die schlauchförmigen *Enzymbehälter* der Cruciferen und anderer Familien haben gleichfalls zellulären Bau.

Auch rundliche Exkretbehälter können aus Zellen gebildet sein, wie

z. B. die *Ölzellen* der Piperaceen und Lauraceen, die *Schleimzellen* bei den Malvaceen, Tiliaceen und Cactaceen oder die rundlichen *Gerbstoffzellen* vieler Pflanzen.

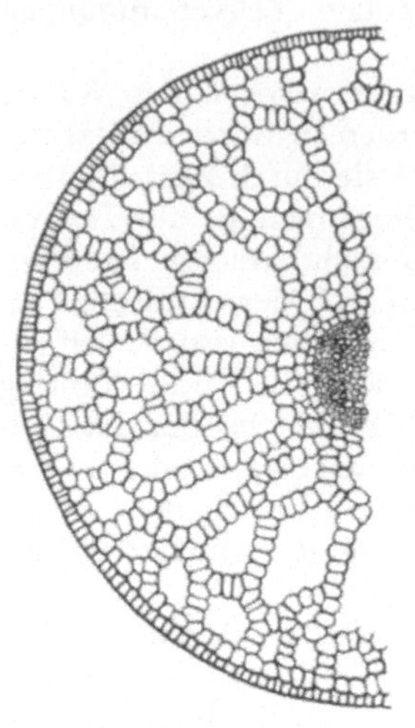

Abb. 180. *Hippuris vulgaris*

Der Festigung dienen schließlich die gleichfalls zum Grundgewebe zu zählenden *Kollenchym-* und *Sklerenchymzellen*, deren Bau wir schon kennen gelernt haben.

Schließlich können auch verschiedenste *Idioblasten* (vgl. S. 74), wie Kristall-, Gerbstoff-, Anthocyanidioblasten u. a. dem Grundgewebe angehören.

Objekte

Hippuris vulgaris, Tannenwedel *(Hippuridaceae)* : Stamm, quer.

Wasser- und Sumpfpflanze. — Wir stellen mit dem Rasiermesser dünne Stengelquerschnitte her und beobachten von außen nach innen: Die Epidermis, darunter eine geschlossene Zellschichte, die gelegentlich den Charakter einer festigenden *Hypoderma* trägt, und unter dieser das interzellularenreiche Luftgewebe oder *Aerenchym.* Den im Querschnitt netzförmig angelegten Zellreihen entsprechen vertikal verlaufende, in wechselnder Richtung zueinander stehende Gewebeplatten. Das Aerenchym umschließt im Inneren einen aus leitenden

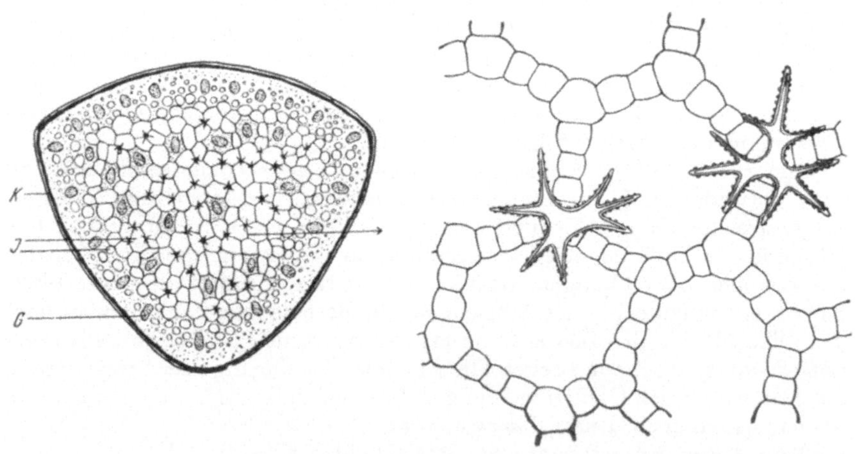

Abb. 181. *Nuphar lutea*

Elementen und kleinen Markzellen aufgebauten zentralen Gewebestrang. Abb. 180.

Einen ähnlichen Stammbau zeigt auch **Elodea densa** *(Hydrocharitaceae).*

Nuphar lutea, Gelbe Teichrose *(Nymphaeaceae)* : Blattstiel, quer.

In Europa und im gemäßigten Asien heimische Wasserpflanze. — Der Blattstielquerschnitt zeigt unter der Epidermis dichtes, kleinzelliges Kollenchym (K), darunter eng gefügtes Parenchym, in welchem Gefäßbündel (G) eingebettet liegen und gegen innen zu schließlich das lockere, aus einem Netzwerk von Zellamellen aufgebaute *Aerenchym* (I = Interzellularen). Auch in dieses sind unregelmäßig verteilt und von einem dichteren Grundgewebe umgeben, einzelne Gefäßbündel eingebaut. Von den Schnittpunkten der Lamellen ragen häufig eigenartige, strahlige Grundgewebshaare in die luftgefüllten Interzellularen. Ihre Oberfläche ist durch Einlagerung von Kalkoxalatkriställchen in die Zellwand höckerig.

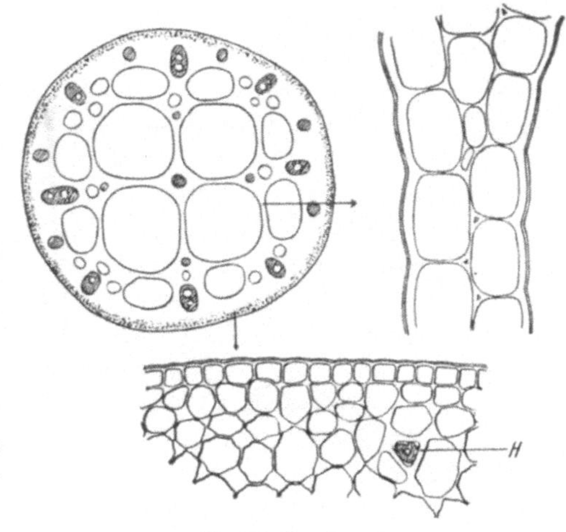

Abb. 182. *Nymphaea alba*

Gelegentlich sind die längsverlaufenden Luftgänge durch querliegende, einschichtige Zellplatten *(Diaphragmen)* abgeteilt, die jedoch auch kleine Interzellularen enthalten, so daß die Luftgänge trotzdem in offener Verbindung stehen. Abb. 181.

Nymphaea alba, Weiße Seerose *(Nymphaeaceae)* : Blattstiel, quer und längs.

Heimisch Europa, Mittelmeergebiet und Kleinasien. — Bei diesem Objekt fällt am Blattstielquerschnitt die symmetrische Lage einzelner, besonders großer *Luftgänge* auf. Die dazwischenliegenden Gewebeplatten, die noch von kleineren Luftgängen durchzogen sein können, bestehen stets aus mehreren Zellschichten. Im dichteren peripheren Grundgewebe liegen die *Gefäßbündel.*

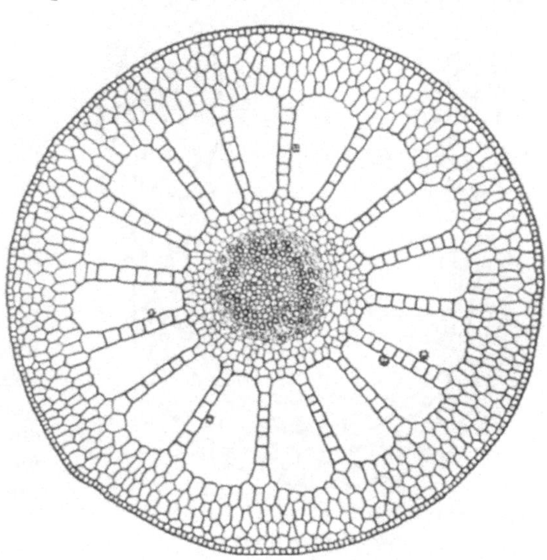

Abb. 183. *Myriophyllum verticillatum*

Besonders bemerkenswert sind *Grundgewebshaare*, die in der Längsrichtung zweizipfelig ausgezogen sind und einzelne schmale Interzellulargänge fast zur Gänze erfüllen. Im Querschnitt erscheinen diese, besonders
in den Randpartien häufigen Haare (H) als beinahe kompakte Ausfüllungen der betreffenden Interzellularen. Abb. 182.

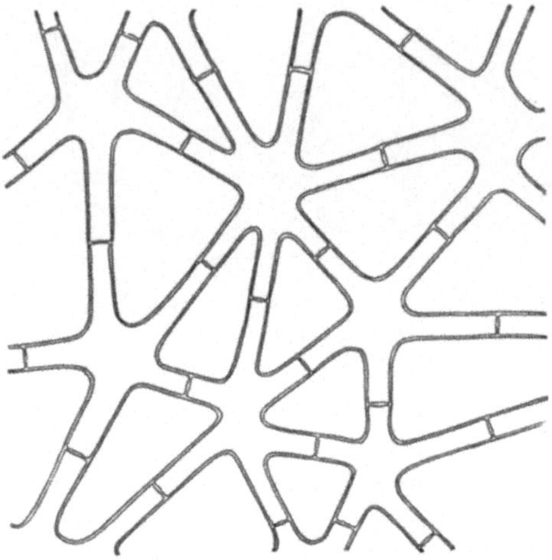

Myriophyllum verticillatum, Tausendblatt *(Haloragaceae)*: Stengel, quer.

In Europa häufige Sumpf- und Wasserpflanze. Auch in Asien, Algerien, Canada. — Wir fertigen, am besten zwischen Holundermark, Querschnitte durch den Stengel an. Das zentrale leitende Gewebe und die peripheren dichten Grundgewebsschichten sind durch radiärgestellte, einschichtige Gewebeplatten verbunden, die im Querschnitt wie die Speichen eines Rades aussehen. Von ihnen begrenzt sind große lufthaltige Interzellularen. Seitlich an diesen Zelleisten sitzen häufig in besonderen Kristallzellen gebildete, kugelige Drusen von Kalziumoxalat. Abb. 183.

Juncus inflexus, Binse *(Juncaceae)* : Stengel oder Blatt, quer.

In Europa heimische Pflanze feuchter Standorte. — Die Herstellung der Querschnitte durch den Stengel oder durch ein stielrundes Blatt bereitet wegen der Härte der peripheren Zellschichten gewisse Schwierigkeiten. Es ist darauf zu achten, daß beim Schneiden das lockere Mark nicht heraus-

Abb. 184. *Juncus inflexus*

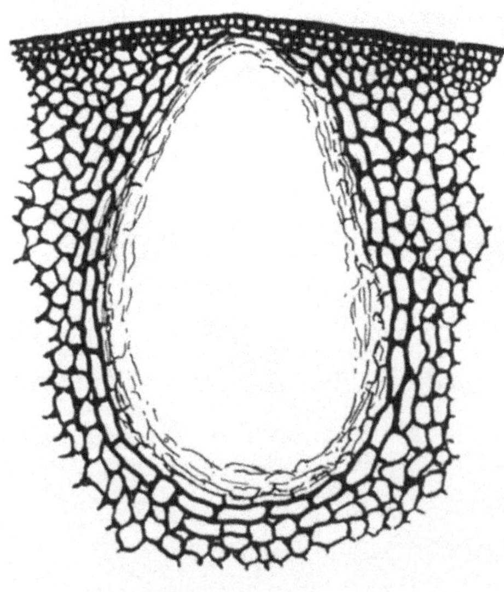
Abb. 185. *Citrus sinensis*

fällt. Die sternförmigen Markzellen stoßen nach allen Raumrichtungen mit
ihren Fortsätzen aneinander und lassen zwischen sich große luftgefüllte
Interzellularen frei. Sie bilden ein sogenanntes „*Sternparenchym*".

Eine noch einfachere Präparationsweise besteht darin, den Stengel, bzw. das Blatt mit einem Messer aufzuschlitzen und das in älteren Organen nur mehr in einzelnen Diaphragmen vorhandene Mark mit der Pinzette

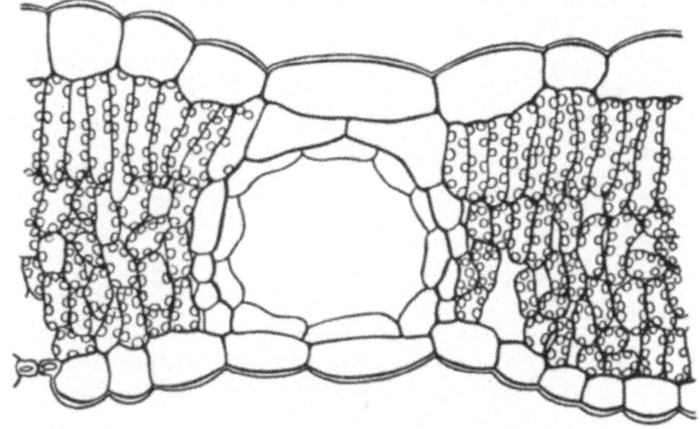

Abb. 186. *Hypericum perforatum*

herauszuheben und in Wasser unter dem Deckglas zu untersuchen. Abb. 184.

Schönes Sternparenchym findet man auch im Rindenparenchym des Rhizoms von **Sparganium**-Arten (Igelkolben, *Sparganiaceae*).

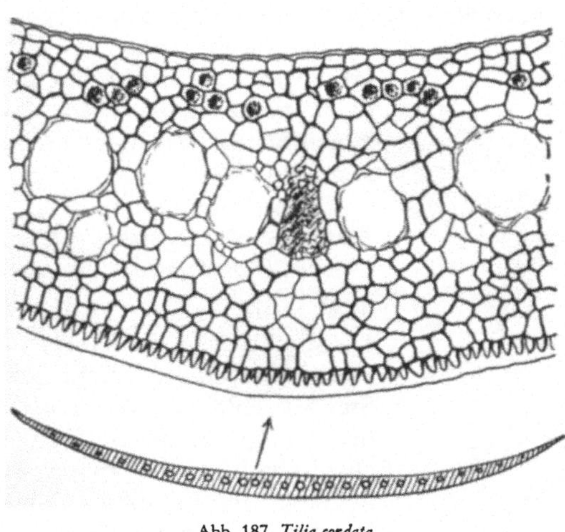

Abb. 187. *Tilia cordata*

Limnobium stoloniferum *(Hydrocharitaceae)* : Blatt, quer.

Heimisch von Mexiko bis Südbrasilien. — Der Blattquerschnitt zeigt im oberen Viertel dichtes Grundgewebe, von dem sich zur unteren Blattepidermis eine große Zahl parallel verlaufender Gewebeplatten spannen. Die dazwischenliegenden großen Lufträume dienen hier in erster Linie als *Schwimmeinrichtung* für die an der Wasseroberfläche flach aufliegenden Blätter.

Eine ähnliche Schwimmfunktion hat das Aerenchym in den blasigen Auftreibungen der Blattbasis von **Eichhornia crassipes** *(Pontederiaceae)*, der bekannten Wasserhyazinthe der amerikanischen Tropenflüsse.

Citrus sinensis, Orange *(Rutaceae)* : Fruchtschale, quer.

Im indisch-malayischen Monsungebiet heimisch. — Wir stellen von einem

Stückchen einer frischen oder in Alkohol fixierten Orangen- oder Zitronenschale Querschnitte her. Die schon mit freiem Auge sichtbaren großen ovalen Interzellularen dienen als Behälter für *ätherische Öle.* Die ins Innere hineinragenden, halbaufgelösten Zellwandreste weisen auf ihren lysigenen Ursprung hin. Abb. 185.

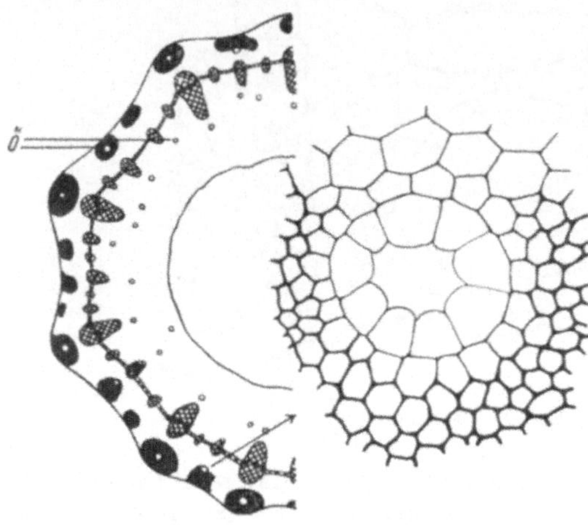

Abb. 188. *Anthriscus silvestris*

Hypericum perforatum, Johanniskraut *(Guttiferae)* : Blatt, quer.

In Europa heimisch. — Hier sind ähnliche, fast den ganzen Blattquerschnitt einnehmende, aber schizogen entstandene Exkretbehälter schon mit freiem Auge als durchscheinende Punkte zu erkennen. Abb. 186.

Tilia cordata, Winterlinde *(Tiliaceae)* : Knospenschuppe, quer.

Es sind dünne Querschnitte durch eine Knospe herzustellen. In den halbmondförmigen Querschnitten der Knospenschuppen liegen im Grundgewebe große, schleimerfüllte Zellen, von denen sich manchmal 2—3 zu einem lysigenen Schleimbehälter vereinigen. Abb. 187.

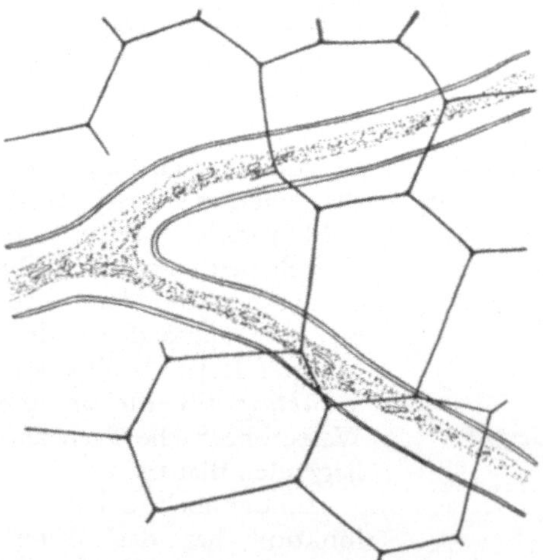

Abb. 189. *Euphorbia splendens*

Anthriscus silvestris, Wiesenkerbel *(Umbelliferae)* : Stengel, quer.

Heimische Wiesenpflanze. — Der Querschnitt durch den Stengel läßt die Aussteifung der Stengelkanten durch mechanische Gewebestränge **erkennen. Inmitten dieser Gewe**be verläuft in jeder Kante ein schizogen entstandener Ölgang (Ö); auch weiter im Grundgewebe, innerhalb des Gefäßbündelstranges, finden wir derartige Ölgänge. Abb. 188.

Analog gebaut sind die *Harzgänge der* **Coniferen,** wie wir sie bei der Untersuchung der Blätter (vgl. S. 195) und des Holzes (vgl. S. 210) kennenlernen werden.

Euphorbia splendens, Glänzende Wolfsmilch *(Euphorbiaceae)* : Stamm, längs.

Heimat: Madagaskar. — Von einem kleinen Stück des mit Dornen besetzten Stengels stellen wir einen Längsschnitt her. Eingebettet in dünnwandiges Rindenparenchym liegen langgestreckte, milchsaftführende schlauchförmige Zellen. Diese *Milchsaftzellen* entstehen aus einer einzigen, zu einem langen, oft verzweigten Schlauch auswachsenden Meristemzelle. In ihrem Plasma liegen auffallende knochenförmige Stärkekörner. Abb. 189.

Ähnliche Milchsaftzellen finden sich bei anderen **Euphorbiaceen** und auch in der Familie der **Asclepiadaceen.**

Scorzonera hispanica, Spanische Schwarzwurz *(Compositae, Cichorieae)* : längs.

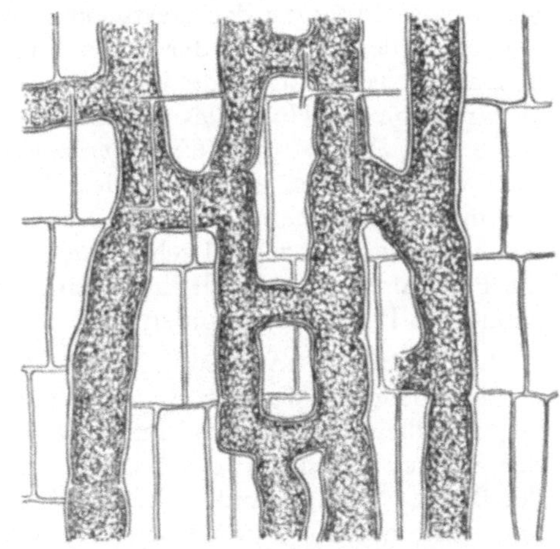

Abb. 190. *Scorzonera hispanica*

Heimisch in M-, O-, S-Europa, Kaukasus, S-Sibirien. — Aus Stücken der Wurzel werden Längsschnitte hergestellt. Die von braunem Inhalt erfüllten Milchsaftzellen stehen untereinander durch Anastomosen in Verbindung. Dadurch kommen ausgedehnte netzige Zellfusionen zustande. Diese *gegliederten Milchröhren* oder *Milchsaftgefäße* entstehen aus Reihen langgestreckter Meristemzellen, die durch Auflösung ihrer Querwände zu zusammenhängenden Röhren verschmelzen. Häufig treiben die Zellen auch seitliche, blind endigende Aussackungen. Abb. 190.

Milchsaftgefäße finden sich außer bei der Unterfamilie **Cichorieae** der **Compositae** auch bei den **Musaceae, Papaveraceae, Campanulaceae** u. a.

IV. Stranggewebe

Der Schritt der Sproßpflanzen vom Wasser zum Lande verlangte von ihnen nicht nur einen verstärkten Schutz gegen Wasserverlust, wie er sich z. B. im Bau ihrer Epidermiswandungen ausdrückt, sondern auch eine erhöhte Festigkeit und das Vorhandensein von Leitungsbahnen, die Wasser und Nährstoffe zu befördern vermögen. Diesen Aufgaben dient das *Stranggewebe.*

1. Aufbau des Stranggewebes

Das **Stranggewebe** ist aus langgestreckten Zellelementen aufgebaut, die sich zu verschieden zusammengesetzten Bündeln vereinigen können. Nach den zum ersten Male bei den Farnen auftretenden röhrenförmigen Zellvereinigungen bezeichnet man sie als *Gefäßbündel* oder *Fibrovasalstränge*, oder nach ihrer leitenden Funktion als *Leitbündel*.

Diese Leitbündel können ständig im Stamm verlaufen *(stammeigene Bündel)* oder in die Blätter ausbiegen *(Blattspurstränge)*. Sie bestehen aus einem Bastteil oder *Phloem* und einem Holzteil oder *Xylem*. Die Gefäßbündel gehen aus Strängen langgestreckter Meristemzellen *(Prokambiumstränge)* hervor, in denen sich in der Regel anfangs nur einzelne periphere Zellzüge in Dauergewebe umwandeln, die im fertig entwickelten Gefäßbündel dann als Erstlinge des Holzteiles *(Xylem-* oder *Vasalprimanen)* und Erstlinge des Bastteiles *(Phloem-* oder *Cribralprimanen)* meist nur mehr als verquollene, stark gedehnte oder zerrissene Gewebeteile zu erkennen sind (vgl. Abb. 4). Bei manchen Farnen entwickelt sich das Xylem allseitig ausstrahlend aus mehr oder weniger zentral gelegenen Gruppen von Xylemprimanen, während die Phloemprimanen auch in diesen Fällen an der Peripherie des voll ausgebildeten Bastteiles zu finden sind.

In den fertig entwickelten Gefäßbündeln können Holz- und Bastteil in verschiedener Weise zueinander gelagert sein. Beim *kollateralen* Bündel liegen Xylem und Phloem hintereinander, und zwar so, daß sich im Stamm der Holzteil innen und der Bastteil außen, im Blatt der Holzteil oben und der Bastteil unten befinden. Beim *bikollateralen* Bündel ist der Holzteil nach innen und außen zu von einem Bastteil begrenzt. Im *konzentrischen* Bündel kann das Xylem vom Phloem (hadrozentrisch) oder das Phloem vom Xylem (leptozentrisch) umgeben sein, während in den *radiären* Gefäßbündeln, wie wir sie außer in allen Wurzeln auch in manchen Lycopodienstengeln antreffen, Xylem- und Phloemstränge abwechselnd wie die Radien eines Kreises angeordnet sind.

Entwicklungsgeschichtlich sind die Leitbündel eines Stammes als eine Einheit zu betrachten, für die van TIEGHEM den Ausdruck „*Stele*" geprägt hat. Die *Stelärtheorie* nimmt an, daß sich von einer konzentrischen Protostele mit einem zentralen, von Phloem umgebenen Xylemstrang mehrere Typenreihen entwickelt haben. Am Ende einer dieser Reihen stehen die durch Parenchymgewebe isolierten kollateralen Gefäßbündel, am Ende einer anderen die konzentrischen Bündel und wieder eine andere Entwicklungslinie ist dadurch gekennzeichnet, daß der Holzteil der Protostele zackenartig in den Bastring hineinwächst und diesen sternförmig zerteilt. Holz- und Bastteil können sich dabei, wie im radiären Gefäßbündel der Wurzeln, ganz voneinander unabhängig machen. Es ist daher festzuhalten, daß die Bezeichnung „radiäres Gefäßbündel" nicht im gleichen Sinn zu verstehen ist, wie etwa „kollaterales Gefäßbündel". *Das radiäre Gefäßbündel entspricht nicht einzelnen Gefäßbündeln des Stammes, sondern dessen gesamtem Gefäßbündelsystem.*

Bei den Gymnospermen und Dikotylen sind Holz- und Bastteil der kollateralen Bündel dauernd durch eine Schichte primären meristematischen Gewebes, das *Kambium*, getrennt. Es ist der Rest der nicht in Dauergewebe umgewandelten Prokambiumstränge. Dieses vermag im Verlauf des sekundären Dickenwachstums ständig nach innen Xylem und nach außen Phloem zu bilden. Diesen wachstumsfähigen „*offenen*" Gefäßbündeln stehen die „*geschlossenen*" kollateralen Bündel fast aller Monokotylen gegenüber, bei denen alles Meristem bei der Bündelbildung aufgebraucht wurde und eine weitere Bildung von Holz- und Bastteil nicht mehr möglich ist.

In einem alle nur möglichen Zellelemente enthaltenden Gefäßbündel besteht das **Xylem** aus *Tracheen* (Gefäßen), *Tracheiden*, *Holzparenchymzellen* und *Libriform-* oder *Holzfasern* und das **Phloem** aus *Siebröhren*, *Geleitzellen*, *Bastparenchymzellen* und *Bastfasern*. Das Xylem ohne die ausschließlich der Festigung dienenden Libriformfasern nennt man *Hadrom*, das Phloem ohne die Bastfasern *Leptom*. Die Gefäßbündel ohne Libriform- und Bastfasern werden auch als *Mestomstränge* bezeichnet.

Die *Tracheen* oder *Gefäße* sind tote, verholzte, durch Auflösung der Querwände übereinander gelagerter Zellen entstandene wasserleitende Röhren. Die Auflösung der schräg gestellten Querwände geht in den meisten Fällen vollständig vor sich. Bei manchen Holzpflanzen (*Alnus*, *Betula*, *Fagus* u. a.) bleiben jedoch horizontale Leisten übrig, so daß die dort schräg gestellten Querwände leiterförmig durchbrochen erscheinen.

Die *Tracheiden*, ähnlich in Bau und Funktion, sind demgegenüber langgestreckte einzelne Zellen. Beide können ring-, spiral-, leiter- oder netzförmige Aussteifungen besitzen. Die Ring- und Spiralverdickungen sind die entwicklungsgeschichtlich älteren. Es ist ein schönes Beispiel für das phylogenetische Grundgesetz, das in der Ontogenie eine kurze Wiederholung der Phylogenie sieht, daß die Xylemprimanen stets von Ring- und Schraubengefäßen gebildet werden, während die Folgegefäße meist Netz-, Tüpfel- oder Leitergefäße sind. Hoftüpfel sind oft nur an ganz bestimmten Wänden der Zellen, bzw. Gefäße ausgebildet (z. B. an den Radialwänden der Tracheiden bei den Coniferen).

Die der Festigung dienenden *Libriform-* oder *Holzfasern* sind gleichfalls tote, dickwandige, verholzte, langgestreckte Zellen, die häufig spaltenförmige, linksschiefe Tüpfel besitzen.

Das *Holzparenchym* schließlich besteht aus länglichen, lebenden, jedoch verholzenden Zellen, die der Stoffwanderung und -speicherung dienen und besonders im Winter reichlich Stärke oder fette Öle enthalten. Wenn in den Kambiummutterzellen des Holzparenchyms die Querteilungen unterbleiben, dann entstehen langgestreckte, spindelförmige, in ihrer Funktion mit dem typischen Holzparenchym aber vollständig übereinstimmende Zellen, die als *Ersatzfasern* bezeichnet werden (z. B. bei *Viscum*, *Caragana arborescens*).

Die *Siebröhren* sind wie die Tracheen zusammenhängende Röhren, deren Querwände jedoch immer nur siebartig durchbrochen sind (Siebplatten). Nach ihnen bezeichnet man das Phloem auch als „Siebteil". Sie führen neben einem dünnen Plasmabelag häufig eine eiweißreiche schleimige Substanz. Ihre Wände sind nie verholzt. Sie sind im Gegensatz zu den Tracheen nur im lebenden Zustand funktionsfähig und dienen dem Assimilatetransport. Die voll funktionsfähigen Siebröhren haben die Halbdurchlässigkeit des Plasmas verloren und ihre Zellkerne sind verschwunden. Im Winter sind die Siebplatten meist durch dicke, stark lichtbrechende Kallusbildungen verschlossen. Farne und Gymnospermen besitzen nur Siebzellen.

Die *Geleitzellen* sind langgestreckte lebende Zellen, die häufig die Siebröhren begleiten, durch inäquale Längsteilung aus derselben Ausgangszelle des Kambiums wie diese hervorgegangen und mit ihnen zumeist durch

zahlreiche Tüpfel verbunden sind. Durch nachfolgende Querteilungen
können sie sich in Reihen kürzerer parenchymatischer Zellen umwandeln.
Sie enthalten reichlich Plasma und sind lebend.

Die *Bastparenchymzellen* sind länglich, lebend und plasmareich. Wir finden
sie bei vielen Dikotylen, Gymnospermen und Farnen. Ähnlich wie die Ersatzfasern bilden sich gelegentlich auch an Stelle von Bastparenchymzellen
aus den langgestreckten Kambiumzellen ohne Querteilungen Dauerzellen,
die wie die Bastparenchymzellen der Leitung und Speicherung organischer
Stoffe dienen und ihrer Ähnlichkeit mit den Kambiumzellen wegen *Kambi-
formzellen* genannt werden.

Die *Bastfasern* schließlich stellen die mechanischen Elemente des Phloems
dar. Sie sind prosenchymatisch, an den Enden zugespitzt und meist mehr
oder weniger verholzt. Die Bastfasern können trotz manchmal weitgehender
Übereinstimmung meist doch ziemlich klar von den *Sklerenchymfasern* abgetrennt werden. Sie sind durch ihre hohe Tragfähigkeit und ihre Biegsam-
keit, sowie durch den Chemismus ihrer Zellwand, die häufig noch
Zellulosereaktion zeigt, von den harten, starren, stets verholzten und sich
vielfach bräunenden Sklerenchymfasern, wie sie außerhalb der Gefäßbündel
zu finden sind, unterschieden.

Objekte

Zea mays, Mais *(Gramineae)* : Stengel, quer.

Aus Mexiko stammende Kulturpflanze. — Aus dem Internodium eines
jugendlichen Stengels stellen wir dünne Querschnitte her. Es ist vorteilhaft,
das Material vorher längere Zeit durch Einlegen in Alkohol zu fixieren.
Der *Querschnitt* zeigt bei schwacher Vergrößerung die für den monokotylen
Stammbau charakteristische *unregelmäßige Verteilung* der kollateralen, geschlossenen Gefäßbündel. Gegen die Peripherie zu sind die Gefäßbündel
dichter gedrängt und in ihrem Bau vereinfacht.

Wir zeichnen daher bei starker Vergrößerung ein weiter innen gelegenes
Bündel: Im stammeinwärts gelegenen *Xylemteil* (X) fallen vor allem die
beiden symmetrisch gelegenen, quergeschnittenen großen Gefäße auf und
der nach innen angrenzende große Interzellulargang. Dieser ist durch
Zerreißung (rhexigen) der in den heranwachsenden Gefäßbündeln gedehnten
und gezerrten Xylemprimanen entstanden. Einzelne Verdickungsringe
ragen als Reste jener ursprünglich angelegten Ringgefäße (xpr) häufig
noch in den Interzellulargang hinein, der in der lebenden Pflanze von Wasser
erfüllt ist und wie die Gefäße und Tracheiden der Wasserleitung dient.
Zwischen ihm und den beiden großen Gefäßen liegen meist noch ein oder
mehrere quergetroffene, engerlumige Tracheiden. Sie sind schraubig verdickt, während die beiden großen Gefäße, wie ein Längsschnitt zeigt, meist
tüpfel- oder netzförmig verdickte Wände besitzen. Zwischen diesen wasserleitenden Elementen des Xylems liegen zahlreiche kleine Parenchymzellen.
Nach außen schließt *ohne* Zwischenlagerung von *Kambium* das *Phloem* (Ph)
an. Die dunklen, kleineren Felder des im Querschnitt schachbrettartig erscheinenden Gewebes sind die Geleitzellen, die größeren, dünnerwandigen
die quergetroffenen Siebröhren. Gelegentlich liegt auch eine Siebplatte

in der Schnittebene. Rindenwärts an diesen Siebteil angrenzend liegt ein schmaler Streifen verquollener und zerquetschter Zellen. Es sind die Reste der Phloemprimanen (Phpr.).

Holz- und Bastteil sind allseitig von einer interzellularenfreien *Gefäß-bündelscheide* umgeben, die nach außen und innen halbmondförmig aus verholzten Sklerenchymfasern (Sk), in der mittleren Zone der beiden Längs-flanken des Gefäßbündels hingegen aus unverdickten Zellen besteht, die den Wasser- und Nährstoffaustausch zwischen dem Gefäßbündel und dem umgebenden großzelligen Parenchym ermöglichen. Man bezeichnet diesen Teil der Gefäßbündelscheide als *Durchlaßstreifen* (D). Abb. 4a, b.

*   *   *

Die verholzten und unverholzten Elemente des Schnittes lassen sich durch folgende **Doppelfärbungen,** die auch bei beliebigen anderen Objekten Verwendung finden können, schön unterscheiden:

Doppelfärbung mit Safranin und Kernschwarz:

Safranin färbt verholztes, *Kernschwarz* unverholztes Gewebe.

Die Schnitte werden zur allmählichen Entwässerung und Verhinderung von Schrumpfungen über niedere Konzentrationsstufen von Alkohol (30, 50, 70%) übergeführt in

> 96% Alkohol
> dest. H_2O
> *Safranin,* ca. 1 Stunde
> dest. H_2O (löst den Überschuß)
> Alkohol 96% (löst den Überschuß)
> Salzsäurealkohol, schwach (einige Tropfen Salzsäure in 100 cm^3 .Wasser, löst den Überschuß)
> dest. H_2O
> *Kernschwarz,* 10—15 Minuten (nur grau werden lassen!)
> dest. H_2O
> Alkohol I, 96% (möglichster Wasserentzug! Schnitte ausbreiten!)
> Alkohol II, 96% (möglichster Wasserentzug! Schnitte ausbreiten!)
> Nelkenöl (oder Terpineol), etwa ¼ Stunde bis keine Schlieren mehr!
> Kanadabalsam

Doppelfärbung mit Fuchsin und Kernschwarz:

Fuchsin färbt verholztes, *Kernschwarz* unverholztes Gewebe.
Die Schnitte werden wieder stufenweise übertragen in

> 96% Alkohol
> dest. H_2O
> *konz. wäßrige Fuchsinlösung,* 10—15 Minuten
> Pikrinsäurelösung (1 Teil konz. alkoh. Pikrinsäure und 2 Teile H_2O.
> 1 Minute schwenken. Es tritt Mißfärbung auf.
> Zweck ist, den Farbstoff an die verholzten Elemente zu fixieren)

96% Alkohol (Schwenken. Es tritt wieder schöne Rotfärbung auf. Der Farbstoff entweicht aus den unverholzten Elementen).
dest. H_2O
Kernschwarz, 10—15 Minuten
dest. H_2O
Alkohol I, 96%
Alkohol II, 96%
Nelkenöl oder Terpineol
Kanadabalsam

Doppelfärbung mit Kallichrom:

96% Alkohol
dest. H_2O
Kallichrom (käufliches, wasserlösliches Farbstoffgemisch aus Auramin und Chresylechtviolett) färbt Verholztes *grün* und Unverholztes *blauviolett*.
dest. H_2O
Alkohol I, 96%
Alkohol II, 96%
Nelkenöl oder Terpineol
Kanadabalsam

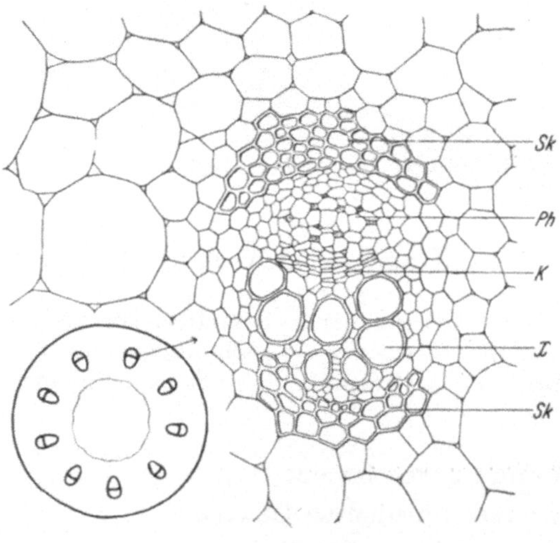

Abb. 191. *Ranunculus repens.*

Ranunculus repens, Kriechender Hahnenfuß *(Ranunculaceae)* : Stengel, quer.

Nördl. gemäßigte Zone. — Die Gefäßbündel sind am Stengelquerschnitt in der für die Dikotylen kennzeichnenden Weise *im Kreis* angeordnet. Es sind *kollaterale, offene* Gefäßbündel, d. h. zwischen Holzteil (X) und Bastteil (Ph) schaltet sich ein teilungsfähiges Kambium (K). Ein der Lage der Xylemprimanen entsprechender Interzellulargang wie bei *Zea mays* fehlt. Ein *Längsschnitt* würde zeigen, daß die in der Abbildung untersten, zuerst entstandenen Tracheiden schraubig verdickt sind, während die darüber liegenden, im Gefäßbündel weiter innen gelegenen Tracheen zumeist behöft getüpfelt sind. Zwischen ihnen liegen in der Richtung der Stengelachse gestreckte Holzparenchymzellen.

Im *Siebteil* sehen wir, wie bei *Zea mays*, kleine inhaltsgefüllte Geleitzellen, dazwischen großlumige Siebröhren und am Rand, innerhalb der sklerenchymatischen Scheide, dünnwandige Parenchymzellen. Die *Gefäßbündelscheide* wird an den Schmalseiten halbmondförmig durch mehrere Lagen verholzter Sklerenchymfasern (Sk) gebildet, die an den beiden Längs-

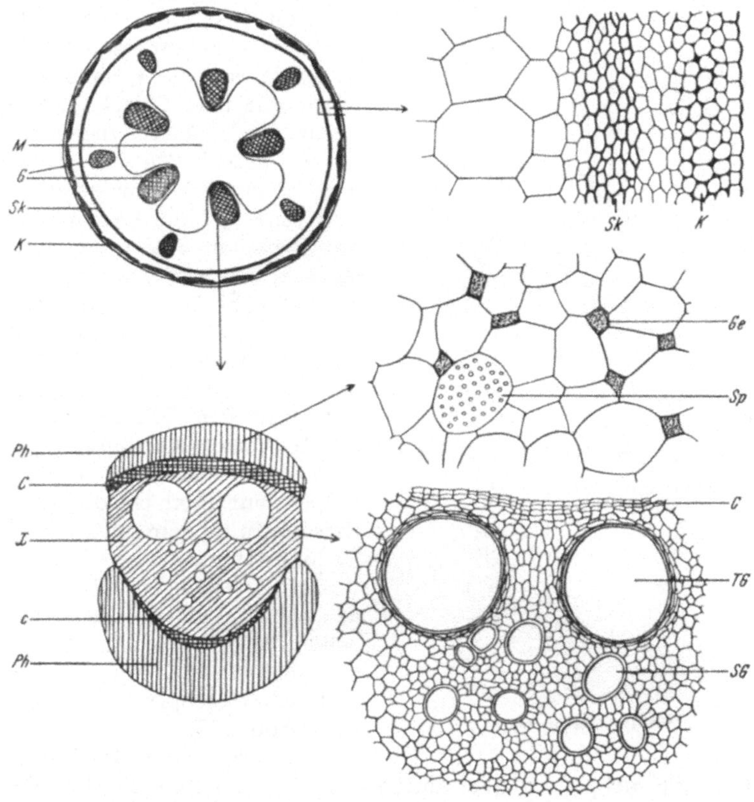

Abb. 192. *Cucurbita pepo*

seiten des Bündels durch einige unverdickte Durchlaßzellen getrennt sind. Abb. 191.

Cucurbita pepo, Kürbis *(Cucurbitaceae)* : Stengel, quer.

Es werden von in Alkohol fixierten Stengelstücken Querschnitte hergestellt. Das *Übersichtsbild* zeigt die Gefäßbündel (G) in zwei Ringen zu je fünf angeordnet. Die Bündel des inneren Ringes sind größer und springen zackenartig in die Markhöhle (M) vor. Die des äußeren Ringes sind kleiner und alternierend zu den vorigen gelagert. Der äußere Gefäßbündelkranz ist umgeben von einem schmalen, geschlossenen Ring verholzter Sklerenchymfasern (Sk), an die sich nach außen zu eine stärkereiche Zellschichte (Stärke-

scheide) anschließt. Unmittelbar unter der Epidermis liegt, nach innen wellig
vorspringend, kollenchymatisches Gewebe (K).

Die Gefäßbündel sind *bikollateral* gebaut. An den Holzteil (X) schließt
nach außen und nach innen ein Siebteil (Ph) an. Im *Holzteil* fallen in älteren,
wohlausgebildeten Bündeln zwei
große, symmetrisch gelegene Gefäße auf (TG), die sich im Längsschnitt als behöft getüpfelt erweisen. Die engeren Gefäße zwischen
ihnen sind teils Tüpfel-, teils Spiralgefäße (SG), während die weiter nach
innen anschließenden Tracheiden
durchwegs ring- und schraubenför-
mig verdickt sind. Gegen den inneren Siebteil zu finden sich auch gelegentlich zerdrückte Xylemprimanen. Der Raum zwischen den Tracheen und Tracheiden ist von Holzparenchymzellen ausgefüllt. Zwischen
dem Holzteil und dem nach außen zu
anschließenden Phloem findet sich
ein deutliches Kambium (C), während das nach innen angrenzende
Phloem nur durch ein dünnwandiges
Parenchym (c) getrennt ist, das keine
Teilungsfähigkeit mehr besitzt.

Im *Siebteil* liegen wieder die kleinen, inhaltgefüllten Geleitzellen (Ge)
neben den großlumigen Siebröhren,
von denen am Stengelquerschnitt
nicht selten Siebplatten (Sp) zu sehen
sind (Abb. 192).

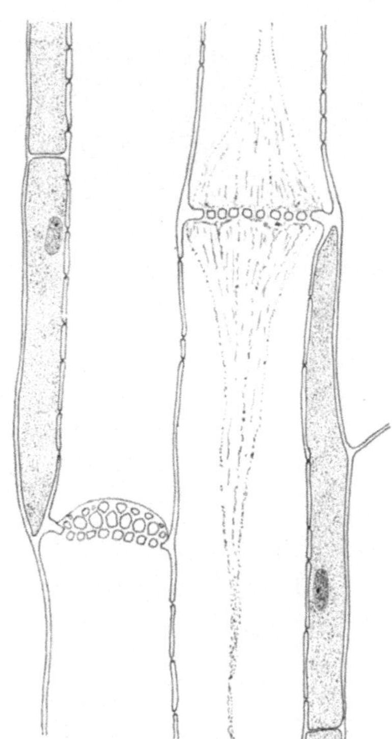

Abb. 193. *Cucurbita pepo*

An *Längsschnitten* durch den Sieb-
teil sind die Siebplatten quer durchschnitten. Gelegentlich sind sie auch
noch oder schon von einem Kallus verschlossen. Die langgestreckten
Zellen dazwischen sind Geleit- und Bastparenchymzellen. Abb. 193.

Ganz ähnlich gebaute bikollaterale Bündel, gleichfalls zu je 5 in zwei
Ringen, sind auch im Stengelquerschnitt von **Bryonia dioica**, Zaunrübe
(Cucurbitaceae) zu beobachten.

Phyllitis scolopendrium, Hirschzunge *(Polypodiaceae)* :

In Europa, N-Amerika, Kleinasien und Japan verbreitet. — Der Querschnitt durch einen Blattstiel oder eine Blattrippe zeigt ein großes, zentral
gelegenes, *hadrozentrisches* Gefäßbündel. Sein *Holzteil* (X) gleicht zwei mit
den konvexen Seiten aneinander stoßenden Halbmonden, die auch zu einem
einheitlichen, im Querschnitt x-förmigen Holzkörper vereint sein können.

Die *Xylemprimanen* verlaufen als englumige Zellzüge an den äußersten

Kanten dieses vierschenkeligen Holzteils. Stellt man Querschnitte durch die
Blattrippe ganz junger, noch eingerollter Blätter her, so kann man beobachten, daß die Xylembildung an diesen vier Punkten gleichzeitig beginnt,
daß also mehrere Xylemstränge angelegt werden, die im weiteren Wachstum
zusammenstoßen und schließlich erst einen einheitlichen Holzkörper bilden.

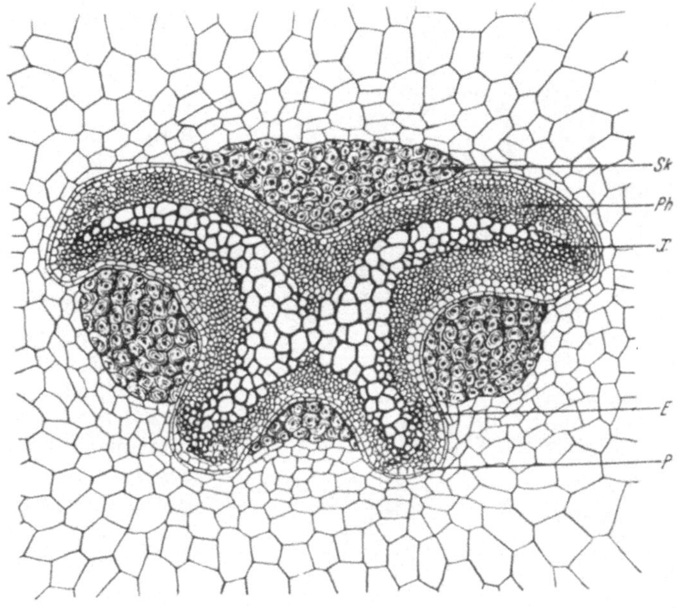

Abb. 194. *Phyllitis scolopendrium*

Die *Phloemprimanen* entstehen demgegenüber nicht in getrennten Gruppen, sondern sind im fertigen Gefäßbündel, in dem der Holzkörper allseitig
von kleinzelligem Phloem (Ph) umgeben ist, mehr oder weniger deutlich
gleichmäßig verteilt am äußeren Rand desselben zu finden. Das Phloem
wird als zusammenhängendes Ganzes angelegt.

Der *Siebteil* ist nach außen umschlossen von einer oder stellenweise
einigen Reihen lückenlos aneinandergrenzender parenchymatischer Zellen
(P), (auch „*Perizykel*" genannt) die ihrerseits noch einmal von einer interzellularenfreien Zellage umgeben sind, deren Radialwände teilweise verdickt und verholzt sind. Man bezeichnet diese Zellschichte als *Endodermis*
(E). (Näheres S. 177.) In den 4 konkaven Einbuchtungen des Gefäßbündels
liegen dickwandige, schwarzbraun gefärbte *Sklerenchymstränge* (Sk.). Abb. 194.

Pteridium aquilinum, Adlerfarn *(Polypodiaceae)* : Blattstiel, quer.

Fast kosmopolitisch verbreitet. — Die Herstellung des Querschnittes durch
den harten Blattstiel bereitet einige Schwierigkeit, da im Grundgewebe,
und zwar vor allem in einem geschlossenen Ring unterhalb der Epidermis,

zahlreiche dickwandige Sklerenchymfasern eingelagert sind. Am Stengelquerschnitt sehen wir eine große Zahl *hadrozentrischer* Gefäßbündel. Sie ähneln in ihrer Anordnung, besonders wenn man den Blattstiel schräg durchschneidet, mit einiger Phantasie betrachtet, einem Wappenadler. Der *Holzteil* besteht vor allem aus weitlumigen Gefäßen (T), die wir schon im Längsschnitt als behöft getüpfelte Treppen- oder Leitergefäße kennengelernt haben (vgl. Abb. 117). Gelegentlich ist auch im Querschnitt noch ein Stück einer schräg getroffenen, treppenförmig verdickten Zellwand zu sehen. Kleinzellige, zartwandige Xylemprimanen (Xpr) kann man hier inmitten des Holzteiles finden. Die Entwicklung des Xylems geht strahlenförmig von den Erstlingen nach allen Seiten vor sich. Dies steht im Gegensatz zu den Angiospermen, bei denen die Entwicklung der Holzanteile stets nur zentrifugal, von den Xylemprimanen nach außen in Richtung auf das Phloem zu, erfolgt.

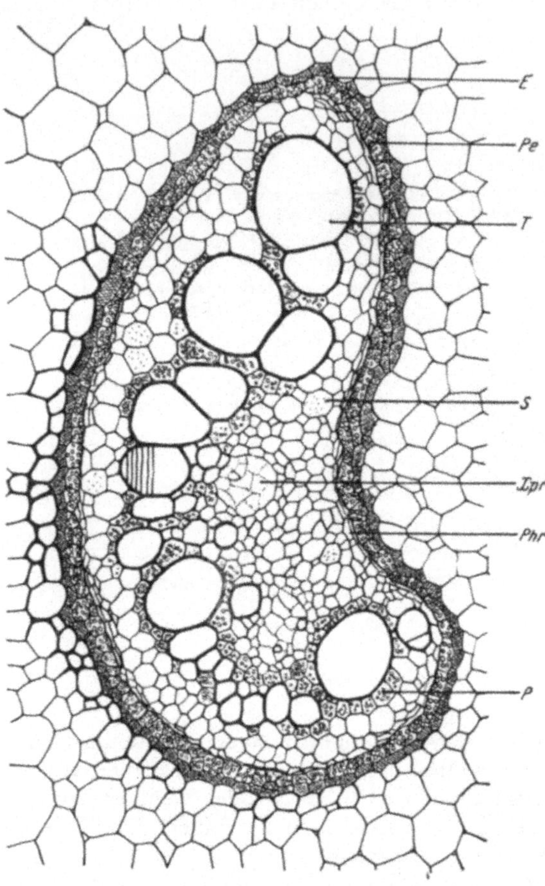

Abb. 195. *Pteridium aquilinum*

Im zentral gelegenen Holzteil sehen wir die Gefäße in kleinzelligem Holzparenchym eingebettet liegen. Um dieses lagert sich das *Phloem* mit weitlumigen Siebzellen und zahlreichen Parenchymzellen. An seiner Peripherie sind stellenweise verquollene Phloemprimanen (Phr) zu beobachten. Das ganze Gefäßbündel ist umgeben von einer stärkereichen parenchymatischen, als *Perizykel* (Pe) bezeichneten Zellschichte. Diese wiederum ist umschlossen von der, ähnlich wie bei der Hirschzunge gebauten *Endodermis* (E), an die sich das Grundgewebe anschließt. Abb. 195.

Anstatt des Blattstieles können auch Querschnitte durch das *Rhizom* des Farnes verwendet werden.

Acorus calamus, Kalmus *(Araceae)* : Rhizom, quer.

Verbreitung nördlich extratropisch. In Europa eingeschleppt. — Im Querschnitt des Wurzelstockes liegen in unregelmäßiger Verteilung konzen-

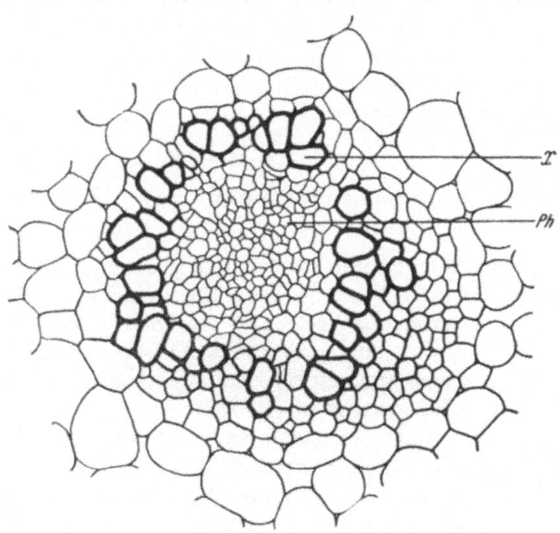

Abb. 196. *Acorus calamus*

trische Bündel, in denen der Siebteil vom Holzteil umschlossen ist *(leptozentrisch)*. Besonders deutlich sichtbar wird die Lage der Xylemanteile nach Ausführung einer Holzreaktion (vgl. S. 110). Ein geschlossener Ring dickwandiger Tracheen und Tracheiden (X = Xylem) umgibt einen dünnwandigen, kleinzelligen Siebteil (Ph). Abb. 196.

Dieser relativ seltene Gefäßbündeltypus ist hauptsächlich in *Rhizomen verschiedener Monokotyledonen* zu finden, besonders schön auch bei **Convallaria majalis,** Maiglöckchen *(Liliaceae)*, **Iris**-Arten *(Iridaceae)* oder **Paris quadrifolia,** Einbeere *(Liliaceae)*.

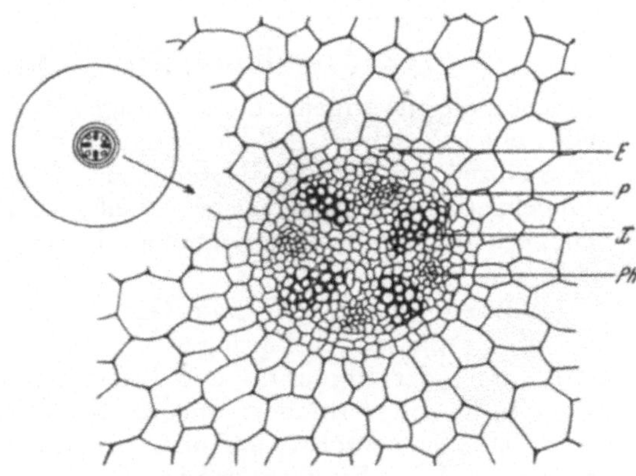

Abb. 197. *Aucuba japonica*

Aucuba japonica, Aukube *(Cornaceae)* : Wurzel, quer.

Heimisch in Ost- und Südostasien. — Querschnitte durch die Wurzel zeigen, besonders schön nach Anwendung einer Holzreaktion, eine abwechselnd *radiäre* Anordnung von Phloem (Ph) und Xylem (X). Innerhalb dieser liegt dünnwandiges Markparenchym. Die einzelnen Holz- und Bastteile werden in ihrer Gesamtheit als „*radiäres Gefäßbündel*" bezeichnet, entsprechen jedoch dem gesamten Leitstrangsystem des Sprosses. Sie sind von dem nach außen angrenzenden *Rindenparenchym* durch den Zellkranz des *Perizykels* (P) und die daranschließende *Endodermis* (E) abgegrenzt. Abb. 197.

Linum usitatissimum, Lein, Flachs *(Linaceae)* : Bastfasern aus einem Leinengewebe.

Wir zupfen aus einem Leinengewebe (Taschentuch) einige Fasern heraus. Die Leinfasern (Bastfasern) zeigen zarte, die Zellwand durchziehende „*Bruchlinien*" und sind stellenweise knotenförmig aufgetrieben. Die *Knoten* entstehen erst durch die mechanischen Angriffe bei der Gewinnung und Verarbeitung der Flachsfasern. Es treten dabei auch Stauchungen der Zellwandschichten (Schräglagerung der Micelle in einer elliptischen Schnittzone) auf, und zwar oft nur in einer so schmalen Zone, daß man von „*Verschiebungslinien*" (V) spricht. Abb. 198.

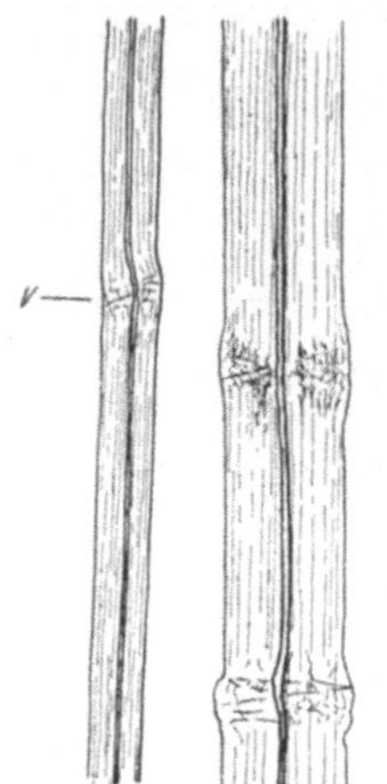
Abb. 198. *Linum usitatissimum*

Die *unveränderten Lein-Bastzellen*, die man durch Kochen des Flachsstrohes in Wasser und Abziehen der Rinde vom Stengel leicht herauspräparieren kann, erscheinen demgegenüber, abgesehen von einer Andeutung von Schichtung, fast strukturlos. Die Bastzellen sind mehrere Zentimeter lang, ihr Lumen ist sehr eng.

2. Anordnung der Festigungsgewebe

Schon die bisherigen Untersuchungen an Stengel- und Blattquerschnitten ließen uns beobachten, daß die festigenden Elemente, die Kollenchymzellen, die Steinzellen oder die Sklerenchym-, Bast- und Libriformfasern, nicht unregelmäßig im Grundgewebe verteilt, sondern in einer ganz bestimmten, den mechanischen Anforderungen am besten genügenden Weise angeordnet sind.

Im *Stamm* ist das festigende Gewebe meist kreisförmig peripher angelegt oder verläuft in vorspringenden Stengelkanten. In *Blättern* finden wir es oft unter der Epidermis und besonders am Blattrand ausgebildet, wo es ein Einreißen verhindert. In den druckfest gebauten *Samen* baut es die dicke, harte Samenschale auf und in den auf Zugfestigkeit beanspruchten Organen, z. B. in *Fruchtstielen* oder *Wurzeln*, ist es in einem zentralen Strang vereint.

Das *Grundprinzip der pflanzlichen Bauweise* ist das gleiche, wie wir es in der Technik aufstellen: *größte Festigkeit bei geringstem Materialaufwand.*

SCHWENDENER und HABERLANDT führten die Anordnung der mechanischen Elemente in der Pflanze weitgehend auf die Konstruktionsidee des

I-Trägers zurück, wie sie von der Technik, z. B. beim Bau einer Brücke, verwirklicht ist. Den beiden Horizontalstrichen des I entsprechen die aus festem Material bestehenden *Gurtungen*, die bei einem Druck von oben am stärksten beansprucht werden, während die durch den senkrechten Strich dargestellte *Füllung* geringerer Beanspruchung ausgesetzt ist und daher aus weniger festem Material bestehen kann. In der Pflanze sind die Gurtungen aus Kollenchym, Sklerenchym oder Bastfasern gebildet, während als Füllung das Grundgewebe oder ein Gefäßbündel dienen kann. Die Kollenchymstränge in den vier Stengelkanten einer Labiate würden den Gurtungen zweier gekreuzter I-Träger entsprechen, während ein Verdickungsring oder ein allseitig biegungsfester hohler Stengel als eine Vereinigung der Gurtungen einer großen Zahl derartiger radiär angeordneter I-Träger anzusehen wäre. Die Mannigfaltigkeit der Anordnung der mechanischen Elemente ist im einzelnen sehr groß.

Nicht in allen Fällen läßt sich jedoch die Lage der festigenden Elemente in so einfacher Weise auf dieses Trägerprinzip zurückführen. RASDORSKI sucht daher eine andere technische Parallele und vergleicht den mechanischen Bau der Pflanze mit dem sogenannten *Verbundbau* der Eisenbetontechnik. Die festigenden Elemente und Gewebszüge entsprechen der *Armierung* oder dem Eisengerüst und sind, wie jenes im Zement, in die Grundmasse des dünnwandigen Parenchyms eingebettet. Dadurch, daß das Grundgewebe fest mit dem Stranggewebe verwachsen ist, hält es die „Armierung" in ihrer Lage fest und hat so selbst wieder bedeutenden Anteil an der Festigung des betreffenden Pflanzenorgans. Dadurch, daß die pflanzlichen Materialien wesentlich dehnungsfähiger sind als Zement, Metall oder Stein, übertrifft die Biegungsfestigkeit der „pflanzlichen Bauwerke" auch bei weitem die der menschlichen Technik.

Schon SCHWENDENER hat festgestellt, daß Bastzellen bei Belastungen bis zur Elastizitätsgrenze, nach deren Überschreitung eine Rückkehr zur urprünglichen Länge nicht mehr möglich ist, oft ein Tragvermögen besitzen, das dem von Schmiedeeisen und Stahl gleichkommt. Während jedoch Metallstreifen in derartigen Zerreißversuchen jenseits der Elastizitätsgrenze noch beträchtliche weitere Belastungen bis zum Zerreißen ertragen, liegen beim Bast Elastizitätsgrenze und absolutes Tragvermögen nahe beisammen. Die Natur hat offenbar ihre ganze Sorgfalt auf ein hohes Tragvermögen innerhalb der Elastizitätsgrenze verwendet.

Objekte

Prunus avium, Vogelkirsche *(Rosaceae)* : Samenschale, Fläche.

An einem Kirschkern wird mit einem scharfen Messer eine ebene Fläche vorbereitet, von der mit der Rasierklinge dünne, flache Schnittchen hergestellt werden. Das Gewölbe der Kernschale ist durchwegs aus dickwandigen, von *Tüpfelkanälen* durchzogenen Sklerenchymzellen aufgebaut. Die senkrecht ins Lumen mündenden Tüpfelkanäle erscheinen als kleine Löcher.

Aus ähnlichem Sklerenchymgewebe ist auch die Samenschale von **Cocos nucifera,** Kokospalme *(Palmae)* gebildet. Abb. 199.

Malus domestica, Apfelbaum *(Rosaceae)* : Kerngehäuse, Fläche.

Aus den Wandungen des Kerngehäuses (Endokarp) eines Apfels werden Flächenschnitte hergestellt. Sie sind aufgebaut aus schräg übereinandergelagerten Schichten lang gestreckter, schmaler, dickwandiger, von Tüpfelkanälen durchzogener Sklerenchymfasern. Die Zellbegrenzungen sind oft nur schwer zu erkennen. Dieses biegsame, zähe Gewebe bezeichnet man vielfach auch als *„Filzgewebe"*. Abb. 200.

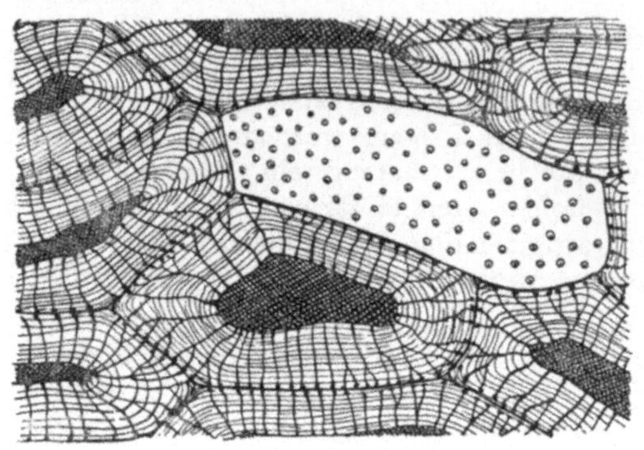

Abb. 199. *Cocos nucifera*

Lupinus luteus, Gelbe Lupine *(Papilionaceae)* : Samenschale, quer.

Südeuropa, vielfach kultiviert. — Wir schneiden einen der seitlich zusammengedrückten, schwach nierenförmigen Samen quer durch und stellen von der Schnittfläche dünne Querschnitte durch die Samenschale oder Testa her. Sie ist von einer dicken *Cuticula* bedeckt. Darunter folgt eine Reihe hoher, schmaler, *palisadenförmiger Epidermiszellen,* die in ihrem oberen Drittel eine quer verlaufende *„Lichtlinie"* (L) zeigen. Diese ist physikalisch durch Farblosigkeit, starkes Lichtbrechungsvermögen und Glanz ausgezeichnet. Man hat verschiedene chemische und physikalische Momente, wie Aufbau aus besonders reiner Zellulose, Fehlen von Pigmenteinlagerungen oder dichte Lagerung der Moleküle infolge geringen Wassergehalts zu ihrer Deutung herangezogen.

Abb. 200. *Malus domestica*

Eine voll befriedigende Erklärung wurde nicht gefunden. Die schmalen Palisadenzellen sind meist in ihrer unteren Hälfte etwas abgeknickt, von wo ab sich ihr Lumen ein wenig erweitert. Unterhalb der Palisadenzellen liegt eine zweite auffallende Schichte, die aus ziemlich gleichartig verdickten, *sanduhrförmigen Zellen* (S) mit weitem Lumen aufgebaut ist. An diese schließen sich nach innen zu noch einige Schichten nicht besonders differenzierter, zusammengepreßter und verquetschter Zellen an. Abb. 201.

Der Bau der Samenschalen anderer Lupinus-Arten zeigt geringfügige Abweichungen: Bei **Lupinus albus** sind die *Palisadenzellen* geradegestreckt, bei **Lupinus hirsutus** neigen sich die *Palisadenzellen* kegelförmig zueinander, sodaß dazwischen große Hohlräume entstehen, die teilweise von der *Cuticula* überspannt sind, teilweise aber auch offen liegen. Dies bedingt eine unebene, *irisierende Oberfläche*. Zudem verläuft bei diesem Samen unterhalb der ersten *Lichtlinie* noch eine zweite.

Astrantia major, Große Sterndolde *(Umbelliferae)*: Stengel, quer.

In Europa heimisch. — Der hohle Stengel zeigt im Querschnitt *zwei* festigende *Verdickungsringe*: einen unmittelbar unter der Epidermis, gebildet aus Kollenchymzellen (K) und einen zweiten

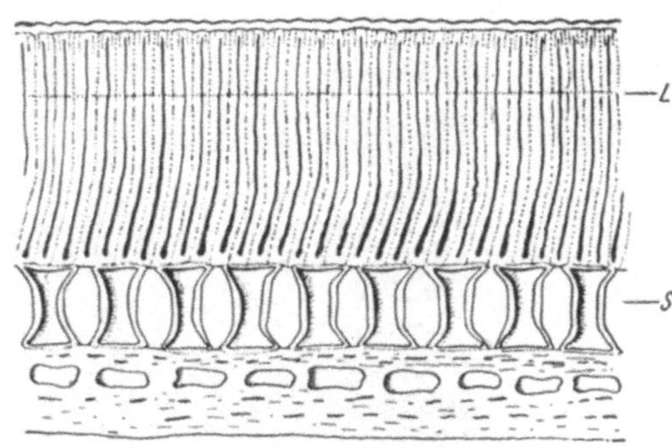

Abb. 201. *Lupinus luteus*

geschlossenen Ring (Sk), der von den einzelnen Gefäßbündeln (X = Xylem, Ph = Phloem, B = Bastfasern)

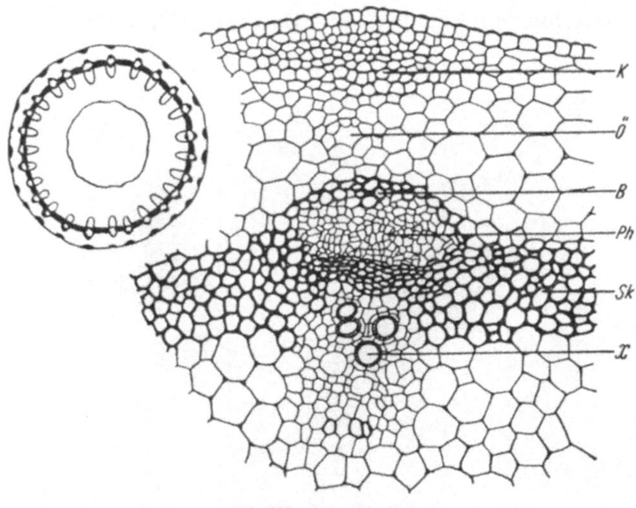

Abb. 202. *Astrantia major*

unterbrochen ist. An der Außenseite der Gefäßbündel verlaufen im Rindenparenchym Ölgänge (= Ö, typisch für Umbelliferen!). Abb. 202.

Populus tremula, Zitterpappel, Espe *(Salicaceae)*: Blattstiel, quer.

In Europa verbreitet. — Wir stellen zwischen Holundermark von einem der schmalen, normal zur Blattfläche zusammengedrückten Blattstiele dünne Querschnitte her. Die Gefäßbündel liegen in charakteristischer Weise im Parenchym (P) in drei oder vier Gruppen angeordnet, wobei in jeder Gruppe die Gefäßbündel zwei einander zugekehrte Halbkreise bilden.

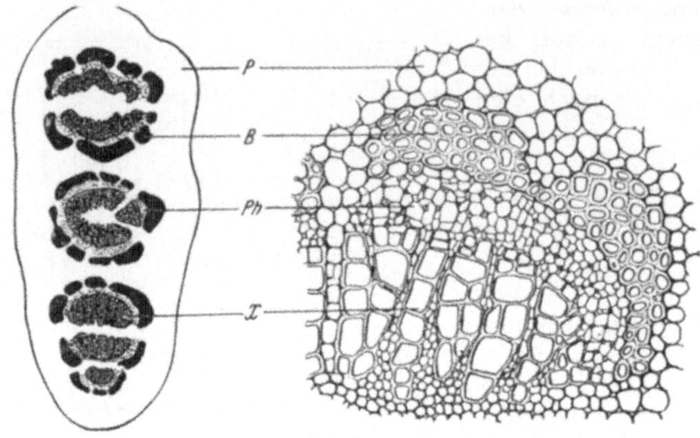

Abb. 203. *Populus tremula*

Die Holzteile (X) befinden sich innen und sind nach außen vom Phloem (Ph) und weiterhin von einem dicken Bastfaserbelag (B) umgeben. Dieser

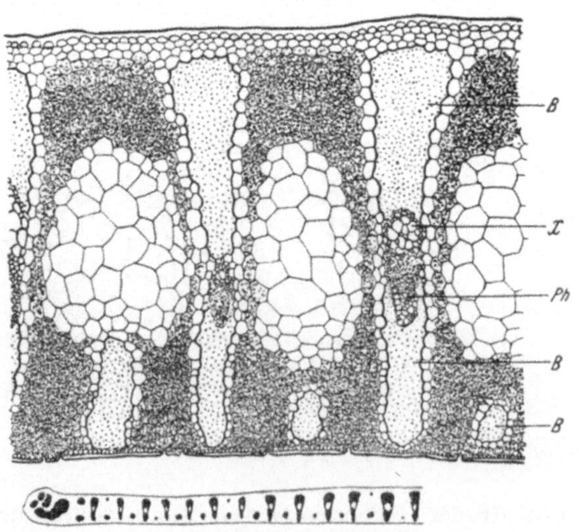

Abb. 204. *Phormium tenax*

Bastfaserbelag, aber auch Bast- und Holzteil selbst können durch schmale Parenchymstreifen mehrfach zerteilt sein. Abb. 203.

Phormium tenax, Neuseeländischer Flachs *(Liliaceae)* : Blatt, quer.

Neuseeland. Der Bast wird als Textilfaser verwendet. — Zwischen Holundermark hergestellte Blattquerschnitte zeigen die festigenden Elemente in typischer *I-Trägerform* angeordnet. Mächtige Bastbeläge (B) schließen nach oben und unten als „*Gurtungen*" an die in der Mitte der Blattdicke verlaufenden, als „*Füllungen*" dienenden Gefäßbündel (X, Ph). Gefäßbündel samt Bastbelägen sind von einer chlorophyllfreien, parenchymatischen Gefäßbündelscheide umgeben. Zwischen jedem dieser „Träger" befindet sich in der Mitte des Blattes ein großlumiges, dünnwandiges, chlorophyllfreies Parenchym. Unter diesem verlaufen sehr häufig kleine, nur nach unten zu von einem Bastfaserbelag begleitete Gefäßbündel oder sogar nur von einer Gefäßbündelscheide umgebene Bastbündel (B). Reine Bastbündel finden sich auch gelegentlich oberhalb dieses großzelligen Parenchymgewebes. Abb. 204.

Die **Verteilung der mechanischen Elemente** in den verschiedenen Pflanzenorganen ist außerordentlich *mannigfaltig*. Abb. 205, a—i bringt an einer Reihe von Stengel-, Blatt- und Fruchtstielquerschnitten Beispiele für diese verschiedenartige Anordnung der festigenden Gewebe (mechanische Elemente schwarz):

a) **Lamium purpureum,** Rote Taubnessel *(Labiatae)* : Stengel, quer.

Europa, Nordafrika, Asien. — Der Stengel ist hohl (I = Interzellulare). Durch die vier Kanten des Stengels ziehen vier große Gefäßbündel (X = Xylem, Ph = Phloem), zwischen denen wesentlich kleinere Gefäßbündel liegen. Sämtliche Gefäßbündel sind durch einen Ring verholzter Zellen miteinander verbunden. Die Kanten selber sind von einem dicken Strang kollenchymatischen Gewebes (K) versteift.

b) **Urtica dioica,** Große Brennessel *(Urticaceae)* : Älterer Stengel, quer.

Kosmopolit. — An die zentral gelegene Interzellulare (I) des hohlen Stengels schließt nach außen ein mächtiger Kranz von Xylemelementen (X) und ein geschlossener Ring von Phloem (Ph). Darauf folgt das Rindenparenchym mit verstreuten Bastfactionsträngen (B) und ganz außen schließlich ein Ring von Kollenchym (K).

c) **Agropyrum repens,** Gemeine Quecke *(Gramineae)* : Halm, quer.

Europa, Asien, Amerika. — In dem die große Interzellulare (I) des hohlen Stengels umgebenden Grundgewebe liegt ein Kranz von größeren Gefäßbündeln (G), auf die ein geschlossener Bastring (B) folgt, der z. T. bis an die Epidermis reicht und kleinere Gefäßbündel und Inseln von Assimilationsgewebe (As) einschließt.

d) **Mahonia ilicifolia,** Mahonie *(Berberidaceae)* : Blattstiel, quer.

Mexiko, Zierpflanze in Gärten. — Eine große Zahl von fast lückenlos aneinanderschließenden Gefäßbündeln (X, Ph) ist außen von einem dicken Bastring (B) umgeben.

Lamium purpureum
Urtica dioica
Agropyrum repens
Mahonia ilicifolia
Phaseolus vulgaris
Pirus malus
Ficus elastica
Chamaerops humilis
Iris germanica

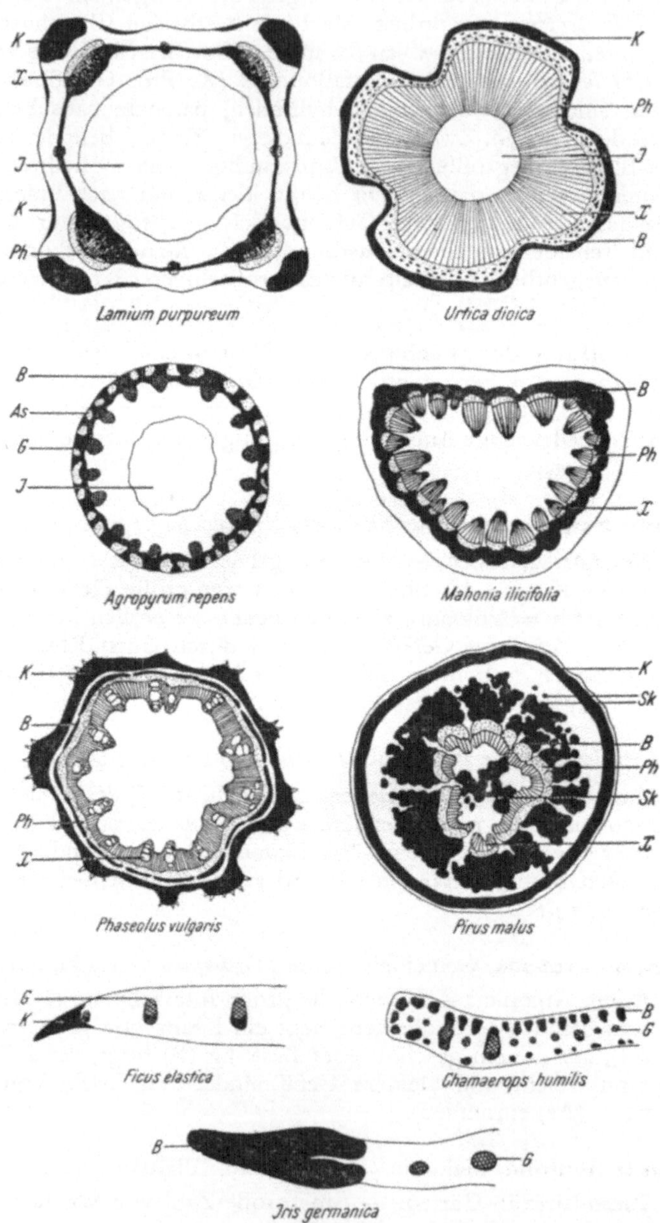

Abb. 205

e) **Phaseolus vulgaris,** Gemeine Bohne *(Papilionaceae)* : Älterer Stengel, quer. Kultiviert. — Das Mark ist umgeben von einem geschlossenen Ring von Xylem- (X) und Phloemelementen (Ph). Anschließend folgen plattige Baststränge (B), darauf das Rindenparenchym und schließlich ein dicker Ring von Kollenchym (K).

f) **Malus domestica** (= **Pirus malus**), Apfelbaum *(Rosaceae)* : Fruchtstiel, quer. Kultiviert. — Der Fruchtstielquerschnitt zeigt, entsprechend seiner hohen mechanischen Beanspruchung, eine große Zahl von festigenden Elementen, die über den ganzen Querschnitt verteilt sind. Sklerenchymfasern (Sk) finden sich bereits im Mark. Dem Gefäßbündelring (X, Ph) liegt nach außen eine dicke Schichte mehr oder minder miteinander vereinter sklerenchymatischer Elemente (Sk) an, die schließlich noch einmal von einem dicken Kollenchymring (K) umschlossen sind.

g) **Ficus elastica,** Gummibaum *(Moraceae)* : Blattrand, quer. Ostindien, Malaiischer Archipel. — Junge Pflanzen als Zierpflanzen kultiviert. — Ein Querschnitt durch den Blattrand zeigt mechanische Elemente (Bastfasern) an den Gefäßbündeln (G). Der Rand selbst ist zur Gänze von mechanischem Gewebe (K) gebildet.

h) **Chamaerops humilis,** Zwergpalme *(Palmae)* : Blattrand, quer. Westliche Mittelmeerländer. Häufige Palme unserer Gewächshäuser. Die Bastfasern liefern das meiste „Vegetabilische Roßhaar" (crin d'Afrique). — Bastfaserbeläge (B) liegen unmittelbar an den Gefäßbündeln (G) und finden sich auch als selbständige Stränge ober- und unterseits nahe der Blattoberfläche (korrespondierend als I-Träger) und in verstärktem Maße am Blattrand.

i) **Iris germanica,** Deutsche Schwertlilie *(Iridaceae)* : Blattrand, quer. Mittelmeergebiet, Zierpflanze. — Der Blattrand ist zur Gänze von mechanischen Elementen (Sklerenchymfasern, B) erfüllt. Die anschließenden Gefäßbündel (G) zeigen dagegen keine besonderen Bastbeläge.

C. Die Organe

Wie die einzelnen *Zellen* zu *Geweben* zusammengefügt sind, so bauen wiederum die Gewebe in hochentwickelter Arbeitsteilung die *Organe* auf, die schließlich in harmonischem Zusammenspiel ihrer Funktionen das einheitliche Ganze des *Organismus* bilden.

An die *Zellenlehre* (Cytologie) und die *Gewebelehre* (Histologie) reiht sich somit als dritter Abschnitt anatomischer Betrachtung die *Anatomie der Organe*. Sie untersucht die Art und Anordnung der Gewebe in den einzelnen Organen und beschreibt als „Vergleichende Pflanzenanatomie" den oft sehr verschiedenartigen Bau einander entsprechender Organe bei verschiedenen Pflanzen. Die über die Mannigfaltigkeit der Lebensbedingungen weit hinausgehende Vielgestaltigkeit der Organbildungen läßt sich jedoch meist unschwer auf einige wenige Grundorgane zurückführen, und zwar auf das *Lager* (Thallom) bei den Algen, Pilzen und Flechten, oder bei höher entwickelten Pflanzen auf die *Wurzel* (Rhizikom), den *Stamm* (Caulom) und das *Blatt* (Phyllom).

I. Der Thallus

Die *Thallophyten* oder *Lagerpflanzen* zeigen noch keine Gliederung ihres Vegetationskörpers in Wurzel, Stamm und Blatt. Die wurzelähnlichen Saug- und Haftorgane bestehen aus einer oder mehreren, dann jedoch wenig differenzierten Zellen. Man bezeichnet sie als *Rhizoiden*.

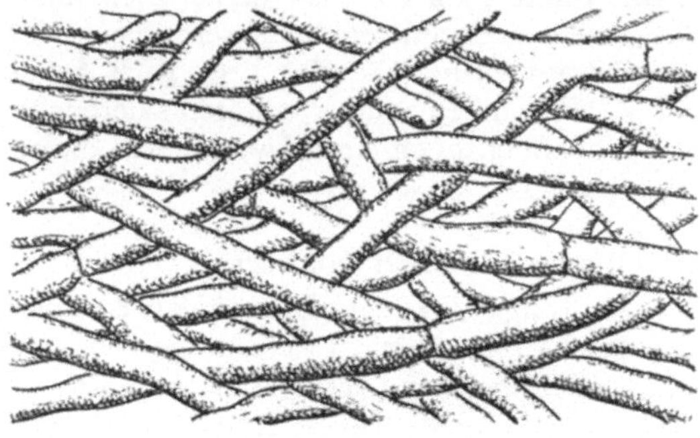

Abb. 206. *Boletus satanas*

Die **Algen** sind ein- oder vielzellig und können fädige, flächige oder räumliche Thallome besitzen. Ihr anatomischer Aufbau ist jedoch stets ziemlich einfach. Auch die Gewebe der mächtigen Braunalgen werden im wesentlichen aus Parenchymzellen und hyphenartigen Schlauchzellen gebildet. Ebenso sind für den Aufbau der meisten **Pilze** fadenförmige Hyphenzellen charakteristisch. Sind diese ineinander verschlungen und verflochten, so spricht man von einem *Filzgewebe* oder *Plektenchym* (z. B. Fruchtkörperstiele von Hutpilzen). Verwachsen sie innig miteinander und teilen sie sich weiterhin durch Querwände, so entsteht ein dem Parenchym höherer Pflanzen ähnliches *Pseudoparenchym* (z. B. Sklerotium von *Claviceps purpurea*).

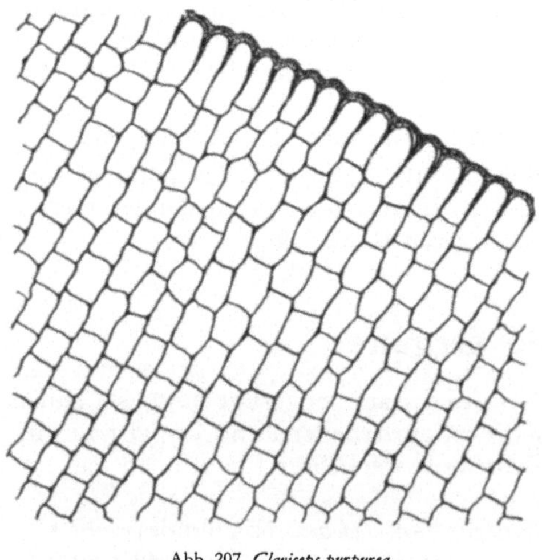

Abb. 207. *Claviceps purpurea*

Objekte

Boletus satanas, Satanspilz *(Basidiomycetes)* : Fruchtstiel, längs.

Mit dem Rasiermesser hergestellte Längsschnitte von diesem und anderen Boletusarten zeigen ein aus eng ineinander verflochtenen fadenförmigen Zellen (Hyphen) bestehendes *Filzgewebe* oder *Plektenchym*. Abb. 206.

Claviceps purpurea, Mutterkornpilz *(Ascomycetes)* : Sklerotium, quer.

Wir fertigen Querschnitte durch eines der schwarzviolett gefärbten Sklerotien des Mutterkornpilzes („Secale cornutum") an. Dieses zur Überwinterung im Boden bestimmte Dauermycel besteht aus einem mit Reservestoffen gefüllten, innig verwachsenen, durch Querwände geteilten Hyphengeflecht *(Pseudoparenchym)*. Abb. 207.

II. Die Wurzel

Im Gegensatz zu den **Rhizoiden** der Thallophyten, der Moose (vgl. S. 96) und der Vorkeime der Farne, die nur aus gleichartigen Zellen oder oft nur aus Teilen von solchen bestehen, sind die echten **Wurzeln** der Farnsporophyten und der Blütenpflanzen aus Haut-, Grund- und Stranggewebe aufgebaut und an ihrer Spitze von einer Wurzelhaube (vgl. S. 116) bedeckt. Weitere Kennzeichen der echten Wurzeln sind endogene Verzweigung, Fehlen von Blattbildungen, Besitz von Wurzelhaaren und eines *radiären Gefäßbündels* (vgl. S. 158). Nach der Zahl der Xylemstränge werden die Wurzeln, bzw. die Leitbündelstränge als diarch, triarch, tetrarch, pentarch, oder polyarch bezeichnet.

Der Zentralzylinder wird abgeschlossen durch den *Perizykel,* aus dem die Seitenwurzeln entspringen. Dieser ist umgeben von der *Endodermis,* die die innerste Schichte der Wurzelrinde darstellt.

Die Endodermis besteht *primär* aus dünnwandigen parenchymatischen Zellen, deren radiale Längs- und Querwände z. T. durch Wellung und chemische Veränderungen (Verholzung, Verkorkung) verdickt sind. Diesen veränderten Teil der Zellwand bezeichnet man als *Casparyschen Streifen.* Ein *sekundäres* Stadium der Endodermis ist durch allseitige Verkorkung ihrer Zellwände gekennzeichnet, während als *tertiäre* Endodermen solche verstanden werden, die außerdem noch starke Zellwandverdickungen erfahren haben. Sie finden sich besonders häufig bei Monokotylenwurzeln. Diese Zellwandauflagerungen können allseitig *(O-Scheiden)* oder hauptsächlich an der Innenseite *(C-Scheiden)* ausgebildet sein. Zwischen den lückenlos aneinandergrenzenden Endodermiszellen liegen dem Stoffdurchtritt dienende dünnwandige *Durchlaßzellen.*

Nach außen zu ist das Rindenparenchym durch eine ähnlich gebaute, manchmal auch mehrschichtige *Exodermis* und eine, im späteren Entwicklungsstadium meist fehlende, *Epidermis* (= Rhizodermis) abgeschlossen.

Sekundäres Dickenwachstum zeigen die Wurzeln vieler Gymnospermen und Dikotylen. Dabei bildet sich unter den Phloemen ein Kambium aus, das seitlich die Xyleme übergreift, sodaß schließlich ein geschlossener *Kambiumring* entsteht, der nach innen Xylem und nach außen Phloem bildet. Es können dadurch ähnliche Jahresringe entstehen wie wir sie später beim Dickenwachstum der Stämme von Gymnospermen und Dikotylen kennen lernen werden. Durch dieses Dickenwachstum werden die Gewebe der Wurzelrinde zerdrückt, aufgerissen und schließlich abgestoßen. Gleichzeitig bildet aber der Perizykel ein *Korkgewebe* (Periderm) aus, das dann den Abschluß der Wurzel nach außen bildet.

Funktionen der Wurzel: Wurzeln können außer der Wasser- und Nährsalz-versorgung der Pflanze und ihrer Verankerung im Substrat auch andere Funktionen übernehmen. Diesen entsprechend ist dann ihr Bau abgeändert. Verdickte Wurzeln dienen der Nährstoffspeicherung, Saug-wurzeln finden wir von parasitischen Pflanzen ausgebildet. Haftwurzeln sehen wir bei Kletterpflanzen, mit Aeren-

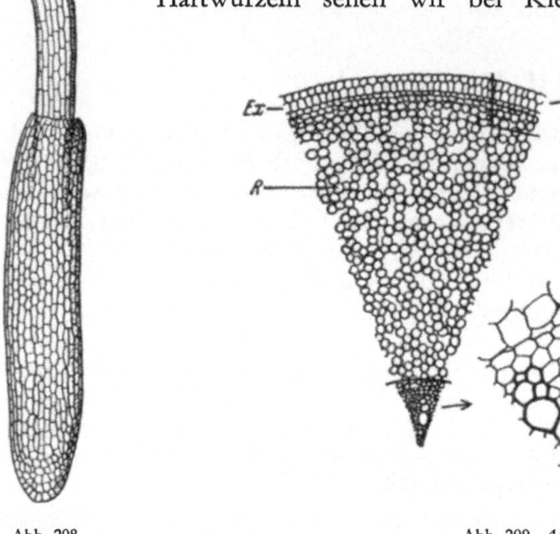

Abb. 208.
Lemna minor

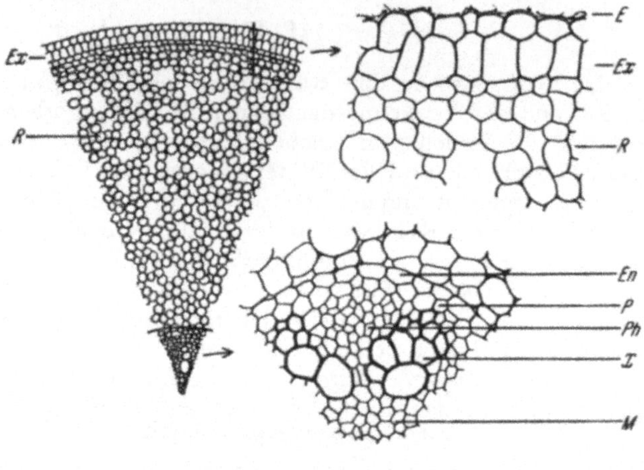

Abb. 209. *Acorus calamus*

chymen ausgestattete Wurzeln bei manchen Sumpfpflanzen und chloro-phyllhaltige, von Wassergeweben (Velamen radicum) umhüllte Luft-wurzeln bei vielen tropischen Epiphyten. Nur wenigen höheren Pflanzen fehlen Wurzeln, z. B. *Salvinia, Wolffia, Ceratophyllum, Utricularia.* Es sind dies durchwegs Wasserpflanzen.

Objekte

Lemna minor, Gemeine Wasserlinse *(Lemnaceae)* : Wurzel.

In Europa verbreitete Wasserpflanze. — Wir schneiden die einzige Wurzel des auf dem Wasser schwimmenden, linsenförmigen Pflänzchens etwa ½ cm hinter der Spitze ab und betrachten sie unter dem Mikroskop. Die Wurzelspitze steckt in einer auffallenden Kappe, die aus einer die Wurzel-spitze umgebenden Hülle von Sproßgewebe besteht. Man bezeichnet sie im Gegensatz zur normalen Wurzelhaube als *Wurzeltasche.* Abb. 208.
Gleiches zeigen auch andere *Lemna*-Arten.

Acorus calamus, Kalmus *(Araceae)* : Wurzel, quer.

Der Wurzelquerschnitt zeigt Mark (M), radiär angeordnete Xylem- (X) und Phloemstränge (Ph), Perizykel (P), Endodermis (En), lockeres Rinden-parenchym (R), zweischichtige Exodermis (Ex) und Reste der Epidermis (E). Die Endodermiszellen sind dünnwandig und zeigen an den Radial-wänden den Caspary'schen Streifen *(„Primäre Endodermis").* Abb. 209.

Clivia nobilis, Clivie *(Amaryllidaceae) :* Wurzel quer.

Heimat: Kapland. — Von einer der dicken, am Stamm oberhalb des Bodens
entspringenden Wurzeln, die sich später meist in die Erde einbohren, wird
ein Querschnitt hergestellt. Außerhalb der Exodermis finden sich meist
einige Zellschichten eines „*Velamen radicum*" (vgl. S. 181). Im übrigen ähnelt

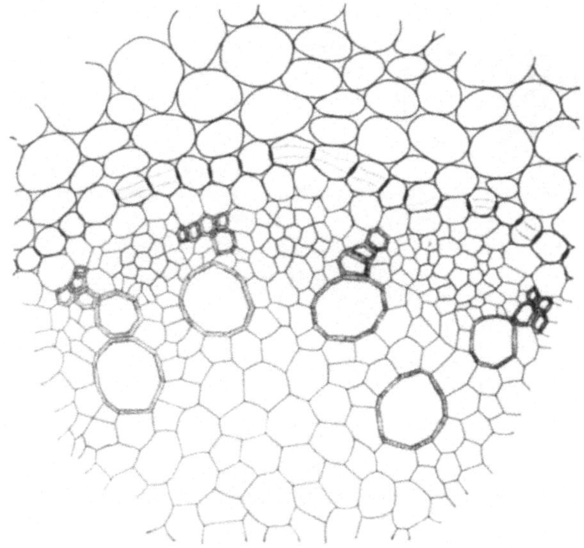

Abb. 210. *Clivia nobilis*

der Bau der Wurzel jenem bei *Acorus.* Auch die *Clivia*-Wurzel besitzt eine
primäre Endodermis, in der die Protoplaste fest am Caspary'schen Streifen
haften, sodaß sie sich im Tode oder bei Plasmolyse ähnlich einem Band durch
die Zellen hindurchspannen *(„Bandplasmolyse").* Nach innen zu an die Endodermis anschließend liegt die geschlossene Zellreihe des Perizykels und
innerhalb dieses sehen wir in radiärer Anordnung abwechselnd Xyleme und
Phloeme. Abb. 210.

Ähnlich gebaute, dauernd *primäre Endodermen* sind auch zu beobachten
in den Wurzeln von **Elodea, Hydrocharis, Crinum, Arum, Haemanthus**
u. a. m.

Iris florentina, Florentiner Schwertlilie *(Iridaceae) :* Wurzel, quer.

Der Wurzelquerschnitt zeigt von innen nach außen: Das Markparenchym,
die radiär angeordneten Xylem- und Phloemteile (X, Ph), um diese den
einschichtigen Perizykel (P), von dem die Seitenwurzeln ausgehen und die
lückenlose Zellreihe der Endodermis (En). Zwischen den C-förmig verdickten Endodermiszellen („tertiäre Endodermis") liegen — stets vor einem
Holzteil — dünnwandige Durchlaßzellen (D). Daran schließt nach außen der
dicke Mantel der aus parenchymatischen Zellen bestehenden Wurzelrinde,

die schließlich von der etwas verdickten und verkorkten, zweischichtigen
Exodermis (Ex) und der meist nur mehr in Resten vorhandenen Epidermis
(E) umschlossen ist. Abb. 211.

Tertiäre Endodermen sind in den meisten Monokotylenwurzeln entwickelt,

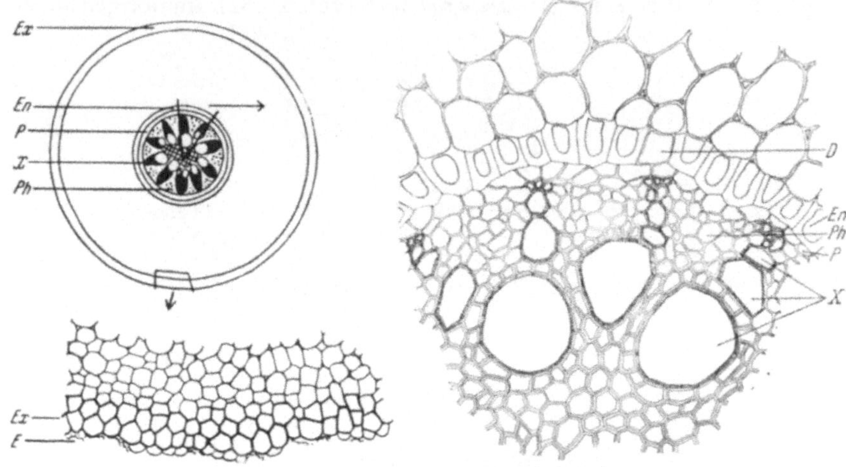

Abb. 211. *Iris florentina*

z. B. in den Luftwurzeln von **Orchideen** (**Acampe,** O-Scheiden!) oder
Bromeliaceen.

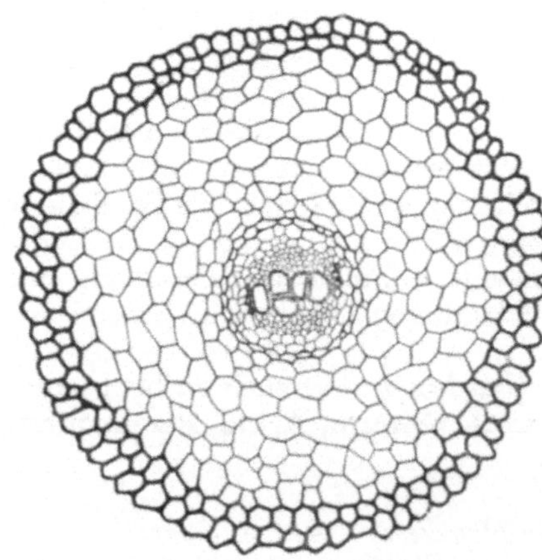

Abb. 212. *Dryopteris dilatata*

Dryopteris dilatata, Breitwedel
Dornfarn *(Polypodiaceae)* : Wurzel, quer.

Das im Wurzelquerschnitt zentral
gelegene hadrozentrische Gefäßbündel ist von einer allseitig verkorkten, aber nicht stark verdickten *sekundären* Endodermis umgeben. Auf sie folgt das Rindenparenchym, das nach außen zu
von einer zweischichtigen Exodermis umschlossen ist. Abb. 212.

Sekundäre Endodermen finden
sich als Dauerzustand regelmäßig
in Wurzel und Blatt der **Pterido-**
phyten, in den Wurzeln der Gym-
nospermen, häufig in Wurzeln von Dikotyledonen, seltener in solchen von
Monokotyledonen.

Pisum sativum, Saaterbse *(Papilionaceae)* : Wurzel, quer.

Aus der Zone einer jungen Wurzel, in der *Seitenwurzeln* hervorbrechen, stellen wir zwischen Holundermark mit dem Rasiermesser oder dem Mikrotom Querschnitte her. Wir sehen ein triarches Gefäßbündel (X = Xylem, Ph = Phloem) und die aus dem Perizykel hervorgehende und das Rindenparenchym durchbrechende Seitenwurzel (N). Der Perizykel ist wieder umschlossen von der Endodermis (En). Abb. 213.

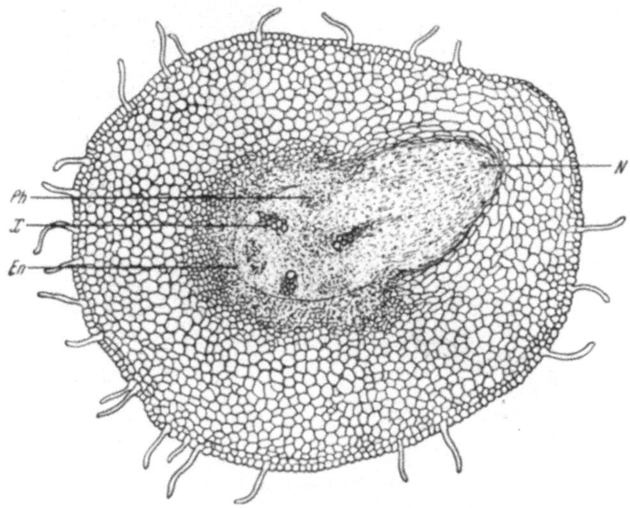

Abb. 213. *Pisum sativum*

Oncidium microchilum, Schmetterlingsorchidee, *(Orchidaceae)* : Luftwurzel, quer.

Im tropischen Amerika heimisch. Als Schnittpflanze in Glashäusern gezogen. — Ein Querschnitt durch eine *Luftwurzel* zeigt bei sonst normalem Wurzelbau als Besonderheit außerhalb der Exodermis noch eine aus dünnwandigen, parenchymatischen Zellen bestehende Wurzelhülle *(Velamen radicum)*. Sie entspricht einer vielschichtigen Epidermis. Ihre Zellen sind tot, häufig schraubig oder netzig verdickt und an den Wänden von Löchern durchbrochen. Sind die Luftwurzeln trocken, so sind sie infolge ihrer luftgefüllten Wurzelhülle schneeweiß. Bei Niederschlägen saugen sich die Zellen voll Wasser, das chlorophyllhaltige Rindengewebe schimmert durch und die Wurzeln erscheinen grünlich. Auch das großzellige Rindenparenchym enthält bei *Oncidium* zahlreiche schraubig oder netzig verdickte wasserspeichernde Tracheiden.

Wir sehen am Schnitt: das Markparenchym, radiär angeordnet Xylem und Phloem (X, Ph), Perizykel (P), Endodermis (En) mit Durchlaßzellen (D), Rindenparenchym mit Speichertracheiden (S), Exodermis (Ex), Velamen radicum (V). Abb. 214.

Derartige wasserspeichernde, aus 2—18 Zellschichten bestehende Wurzelhüllen finden sich auch an Luftwurzeln vieler anderer epiphytisch lebender Orchidaceen, sowie an Luftwurzeln von Araceen (z. B. **Anthurium**-Arten), die einen ähnlichen Aufbau zeigen.

Phaseolus coccineus, Feuerbohne *(Papilionaceae)* : Wurzel, quer.

Um das *Dickenwachstum* einer Wurzel in seinem Anfangsstadium zu beobachten, wählen wir nebeneinander eine junge und eine ältere Wurzel der

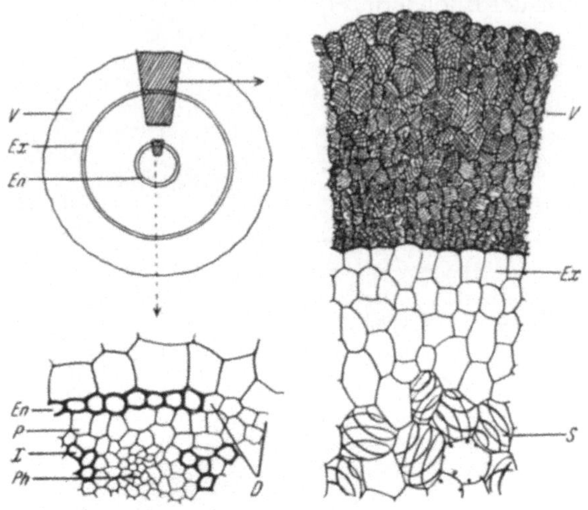

Abb. 214. *Oncidium microchilum*

Feuerbohne und stellen zwischen Holundermark Querschnitte her. Die junge
Wurzel zeigt den uns schon bekannten Bau mit einem tetrarchen Leitbündel.
In der älterem Wurzel können wir unter den Phloemteilen die Ausbildung
eines Kambiums beobachten, das sich, wellig über die Xylemteile hinweg-
greifend, zu einem geschlossenen Ring zu vereinen trachtet.

Silene acaulis, Stengelloses Leimkraut *(Cariophyllaceae)* : Ältere Wurzel,
quer.

Alpen, Hochgebirge der nördl. Halbkugel. — Eine ältere Wurzel, die schon
in das Stadium des sekundären Dickenwachstums getreten ist, wird quer
geschnitten. Sie läßt unterscheiden: einen zentral gelegenen *Holzteil* (H),
den geschlossenen *Kambiumring* (K), den sekundären *Bastteil* (B) und außen
die vom Perizykel gebildete *Peridermschichte* (P). Endodermis, Rindenparenchym, Exo- und Epidermis sind bereits abgestoßen. Abb. 215.

Beta vulgaris, Runkelrübe *(Chenopodiaceae)* : Wurzel, quer.

Das *Dickenwachstum* der Wurzeln in den Familien der *Chenopodiaceen,
Amaranthaceen, Nyctaginaceen,* in der Gattung *Mesembryanthemum* und *Phytolacca*
geht *grundlegend anders* vor sich. Hier kommt es nicht zur Entwicklung eines
einzigen, ständig teilungsfähigen Kambialringes (K), sondern zur aufeinanderfolgenden Bildung von mehreren solchen.

Wir schneiden die Wurzel einer Futter-, Zucker- oder Roten Rübe quer
durch. Wir sehen 6—8 konzentrische Kreise. Fertigen wir vom Rübenrand

her durch einige derselben einen Querschnitt an, so erkennen wir sie bei mikroskopischer Betrachtung als einzelne Kambialzonen, die an bestimmten

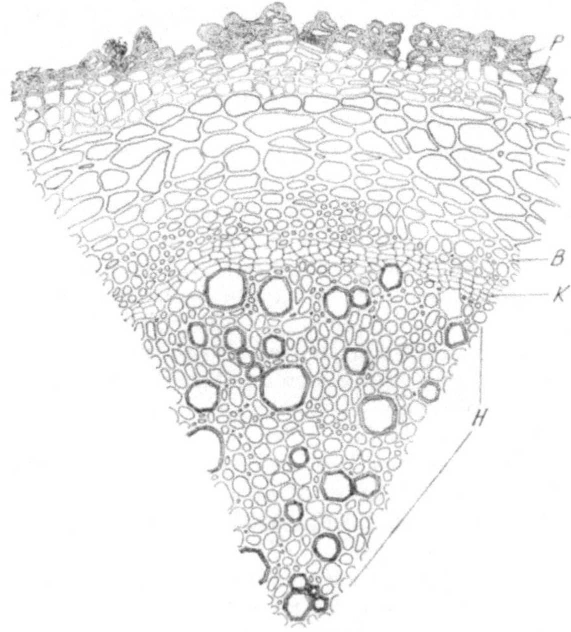

Abb. 215. *Silene acaulis*

Stellen nach innen Xylem (X) und nach außen Phloem (Ph) bilden. Bei der Roten Rübe enthalten die Parenchymzellen durch Anthocyan rot gefärbte Zellsäfte, während die in Tätigkeit befindlichen *Kambialringe* sowie die Zellen der Gefäßbündel ungefärbt sind und daher deutlich hervortreten. Jeder dieser Ringe ist nur eine zeitlang teilungsfähig. Bevor aber noch die Tätigkeit des zuletzt angelegten Ringes erlischt, bildet sich außerhalb der äußersten

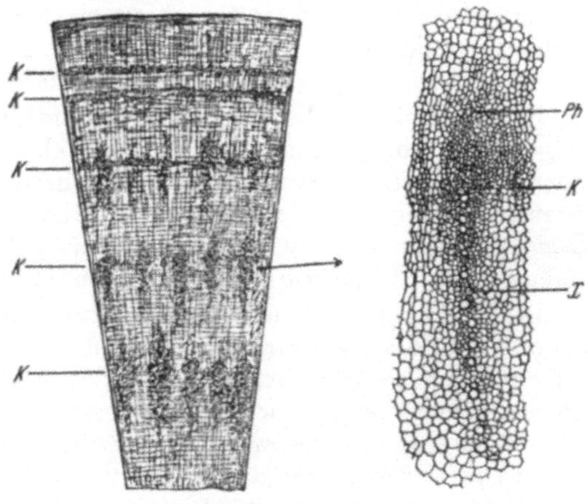

Abb. 216. *Beta vulgaris*

Bastzone schon wieder ein neuer. Das zwischen den Gefäßbündelringen gelegene Gewebe wird jeweils von den beiden letzten Kambialringen teils nach außen, teils nach innen abgegeben. Abb. 216.

III. Das Blatt

Durch die Mannigfaltigkeit seiner Formen und Vielseitigkeit seiner Funktionen zählt das Blatt zu den morphologisch und anatomisch interessantesten pflanzlichen Organen. Flächige, blattähnliche Assimilationsorgane treten schon bei manchen Thallophyten auf, echte Blätter finden sich aber erst an den Gametophyten der Moose und mit zunehmender Differenzierung bei Farnen und Blütenpflanzen. Sie werden als seitliche Höcker oder Wülste an den Vegetationspunkten der Sprosse exogen angelegt (vgl. *Hippuris*, S. 114, *Elodea* S. 115).

Bei den Blütenpflanzen unterscheidet man *Keimblätter*, die schon im Samen gebildet werden, einfach gestaltete, an unterirdischen Sprossen manchmal Reservestoff speichernde oder als Knospenschutz dienende *Niederblätter*, ferner durch Form und Farbe auffallende *Hochblätter* in der Blütenregion, die *Blütenblätter* selbst und schließlich die Hauptmasse der nach ihrer Funktion oft recht verschieden ausgebildeten *Laubblätter*.

Wir beschränken uns im folgenden auf die Behandlung der **Anatomie assimilierender Laubblätter.**

Einfachst gebaute Laubblätter finden wir bei den foliosen *Lebermoosen* (vgl. S. 70) und manchen *Laubmoosen* (*Hookeria*), wo das Blatt aus einer einzigen, gleichmäßig ausgebildeten Zellfläche besteht. Andere Laubmoose bilden, bei gleichfalls noch einschichtigen Blattflächen, eine aus langgestreckten Zellen bestehende Mittelrippe aus (*Mnium*, *Bryum*) oder vergrößern ihre assimilierende Oberfläche durch aufgesetzte Zelleisten (*Polytrichum*). Wieder andere besitzen für Assimilation und für Wasserspeicherung verschiedenartige Zellen (*Sphagnum*, *Leucobryum*).

Die *Farnblätter* sind bereits durch den Besitz von Gefäßbündeln und einer Epidermis mit zweizelligen Spaltöffnungen ausgezeichnet, wobei bemerkenswert ist, daß im Gegensatz zu den Blütenpflanzen auch sämtliche Epidermiszellen chlorophyllführend sind. Der Bau des Grundgewebes ist bei den Farnen hingegen noch weniger differenziert als bei jenen.

Die Laubblätter der *Blütenpflanzen* sind zumeist *dorsiventral* gebaut und zeigen dann eine deutliche Scheidung des chlorophyllhaltigen Grundgewebes oder Mesophylls in ein oberseitiges Palisaden- und ein darunterliegendes Schwammparenchym. Seltener sind in ihrem anatomischen Bau symmetrische *isolaterale* oder allseitig gleichmäßig ausgebildete *radiäre* Blätter (z. B. *Allium*-Arten, *Sansevieria cylindrica*, annähernd auch *Pinus*-Arten).

In Abhängigkeit von Licht, Feuchtigkeit, Salzgehalt des Bodens und anderen ökologischen Standortfaktoren ist der anatomische Bau der Blätter im einzelnen recht verschieden. Die Summe der für Pflanzen trockener, mittelfeuchter oder feuchter Standorte kennzeichnenden Baumerkmale bezeichnet man als *xeromorph*, *mesomorph* und *hygromorph*. Der Einfluß des Lichtes wirkt sich in der Bildung von *Sonnen-* und *Schattenblättern* aus, wobei die ersten durch größere Dicke, ein besonders mächtiges Palisadengewebe und dichtes Gefäßbündelnetz ausgezeichnet sind, während die Schattenblätter dünner sind, kürzere und breitere Palisadenzellen und größere Schwammparenchymzellen, sowie ein lockeres Leitbündelnetz besitzen. Wasserpflanzen haben in ihren *Schwimmblättern* häufig das Mesophyll nach

Art eines Aerenchyms ausgebildet (z. B. *Nymphaea*). Die Blätter mancher submerser Wasser-Blütenpflanzen schließlich können auch einen ganz einfachen Bau besitzen. So bestehen z. B. die Blätter der *Elodea* nur aus zwei Schichten von Chlorophyllparenchym, das von einer mehrschichtigen Blattrippe durchzogen ist (vgl. S. 22).

Nicht selten ist zwischen Epidermis und Mesophyll noch ein als *Hypoderma* bezeichnetes Gewebe eingeschaltet, das entweder aus dickwandigen, sklerenchymatischen Zellen besteht, wie bei Nadelhölzern, Gräsern und xeromorph gebauten Pflanzen trockener Standorte oder aus großen, dünnwandigen, wasserspeichernden parenchymatischen Zellen gebildet ist, wie es uns in Blättern von Pflanzen nur zeitweise trockener Standorte entgegentritt (z. B. *Peperomia*, verschiedene Epiphyten). Auch die Epidermis selbst kann als Wasserspeicher dienen. In diesem Fall ist sie zwei- oder mehrschichtig (z. B. *Ficus elastica*, *Begonia*, *Tradescantia*). Sukkulent gebaute Blätter bilden häufig ein *inneres Wassergewebe* aus, das dann von einem chlorophyllreichen Assimilationsparenchym umgeben ist (z. B. *Suaeda*, *Aloe*).

Die Blattflächen sind zur Festigung, Wasser- und Nährstoffversorgung, sowie zur Ableitung der Assimilate von Gefäßbündeln durchzogen *(Nervatur)*. Die aus dem Stamm in die Blätter abzweigenden Bündel bezeichnet man als *Blattspurbündel*. Mit Ausnahme konzentrischer Bündel bei den Farnen sind sie stets kollateral gebaut, wobei in dorsiventralen Blättern das Xylem oberseits und das Phloem unterseits liegt. Man unterscheidet zwei Haupttypen der Blattnervatur:

1. die *getrenntläufige* Nervatur, bei der die Gefäßbündel in der Längsrichtung der Blattfläche verlaufen, und zwar entweder ohne sich zu verzweigen (Coniferen, Cycadeen) oder mit gabel- oder fiederförmigen Verzweigungen (die meisten Farne, *Ginkgo*), in beiden Fällen aber ohne Queranastomosen zwischen sich auszubilden, und

2. die *vereintläufige* Nervatur, in der die einzelnen, die Blattfläche durchziehenden Nerven durch feine Queranastomosen miteinander in Verbindung stehen. Bei Monokotylen finden wir sie meist als *streifige* Nervatur ausgebildet, bei der eine große Zahl von Hauptnerven parallel oder bogig von der Blattbasis zur Spitze verlaufen und hier allmählich miteinander verschmelzen. Für fast sämtliche dikotyle Pflanzen ist hingegen die *netzadrige* Nervatur bezeichnend, in der sich die Blattnerven vielfach verzweigen und ein kompliziertes Maschenwerk bilden. Die letzten Verzweigungen an den Blatträndern können dann entweder im Bogen miteinander verbunden sein oder blind endigen.

In der Regel ist die Blattfläche oder *Spreite* durch einen *Blattstiel* mit dem Sproß verbunden. In diesem sind die Gefäßbündel zumeist in einem nach oben offenen Bogen angeordnet. Der Blattstiel hat die Aufgabe, die Blattspreite zu tragen und in eine günstige Lichtlage zu bringen.

Objekte

Mnium punctatum, Sternmoos *(Mniaceae)* : Blatt, Fläche und quer.

Wir legen mehrere Blättchen übereinander, klemmen sie zwischen Holundermark und stellen mit dem Rasiermesser feine Querschnitte her. Diese und ein ganzes Blättchen beobachten wir unter dem Deckglas in Wasser. Die *einschichtige Blattfläche* ist von einer *mehrschichtigen Mittelrippe* durch-

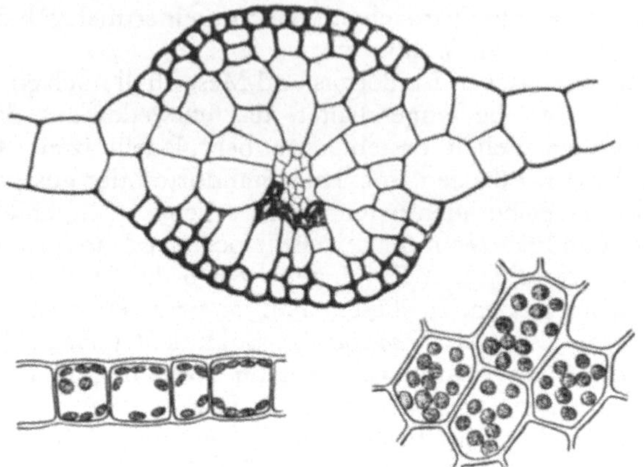

Abb. 217. *Mnium punctatum*

zogen. Am Querschnitt zeigt diese einen zentralen Strang kleiner, zum Teil stark verdickter Zellen, die vor allem der Stoffleitung dienen, und gleichfalls verdickte, die Mittelrippe festigende Randzellen. Die Chloroplasten (vgl. S. 50) wurden schon früher untersucht. Abb. 217; Mitte: Querschnitt durch die Mittelrippe; links: Blattfläche, quer; rechts: Aufsicht auf die Blattfläche.

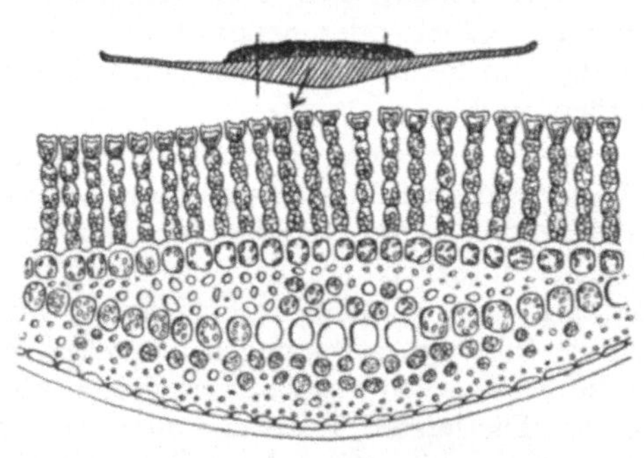

Abb. 218. *Polytrichum commune*

Polytrichum commune, Haar-mützenmoos *(Polytrichaceae)*: Blatt, quer.

Wie bei Mnium werden mehrere Blättchen gleichzeitig zwischen Holundermark geschnitten. Sie zeigen bei den verschiedenen Polytrichum-Arten einen recht komplizierten Aufbau. Während die Blattfläche an den Rändern auch nur aus einer einzelnen Zellschichte besteht, sind auf ihr nach innen zu zahlreiche längs verlaufende, einschichtige chlorophyllreiche *Zellamellen* aufgesetzt, die der Vergrößerung der assimilierenden Oberfläche dienen. Gleichzeitig nimmt auch die Blattfläche selbst nach innen an Dicke zu und wird von kleineren und größeren, stark verdickten, zum Teil chlorophyllhaltigen Zellen gebildet. Die Außenwand der die Blattunterseite bildenden Zellen ist gleichfalls sehr stark verdickt. Abb. 218.

Sphagnum sp., Torfmoos *(Sphagnaceae)*: Blatt, Fläche und quer.

Die Flächenansicht eines vom Stamm abgetrennten Blättchens läßt uns dieses als ganzrandig, einschichtig und aus zweierlei Zellen aufgebaut erkennen. Schmale, lebende, chlorophyllhaltige Zellen *(Chlorophyllzellen* oder *Chlorozysten* = Ch) bilden ein Netz, dessen Maschen durch große, sackförmige ring- oder schraubenartig verdickte, häufig von offenen Poren durchbrochene, tote Zellen ausgefüllt sind *(Kapillarzellen* oder *Leukozysten* = K). Die grünen Zellen dienen der Assimilation, die Kapillarzellen der Wasserspeicherung. Zwischen Holundermark hergestellte Blattquerschnitte zeigen die abwechselnde Lage von Chlorophyll- und Kapillarzellen. Gelegentlich sind auch Poren (P) im Querschnitt getroffen. Abb. 219 a, b.

Leucobryum glaucum, Weißmoos *(Leucobryaceae)* : Blatt, quer.

Mit dem Rasiermesser zwischen Holundermark oder mit dem Mikrotom nach Einbettung in Paraffin (vgl. S. 40) stellen wir Querschnitte durch die kleinen Moosblättchen her. Wir finden, ähnlich wie bei *Sphagnum,* das Blattgewebe aus chlorophyllhaltigen Zellen *(Chlorozysten)* und aus toten, farblosen Zellen *(Leukozysten)* aufgebaut. Auch hier dienen die grünen, in der Mitte des Blattes längs gelagerten Zellen (Ch) der Assimilation, die farblosen toten (K), mit großen offenen Poren (P) versehenen, hingegen der Wasserspeicherung. Abb. 220.

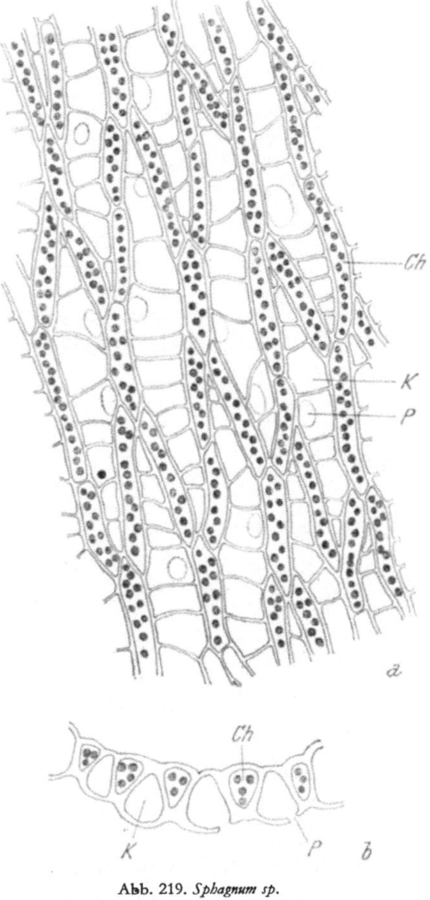

Abb. 219. *Sphagnum sp.*

Phyllitis scolopendrium, Hirschzunge *(Polypodiaceae)* : Blatt, quer.

In Europa heimisch. — Wir schneiden parallel zu den Blattnerven einige schmale Streifen aus dem Blatt, legen sie übereinander, klemmen sie zwischen Holundermark und stellen mit dem Rasiermesser Querschnitte her. Wir finden ein lockeres, interzellularenreiches, über den ganzen Querschnitt ziemlich gleichartig ausgebildetes Mesophyll, das ober- und unterseits durch eine Epidermis begrenzt ist. Auch die Epidermiszellen führen Chlorophyll. In die untere Epidermis sind *Spaltöffnungen* eingelassen (vgl. S. 117), an die sich nach innen eine große Atemhöhle anschließt. Wo Gefäßbündel im Querschnitt getroffen sind, sind sie als hadrozentrisch zu erkennen. Abb. 221.

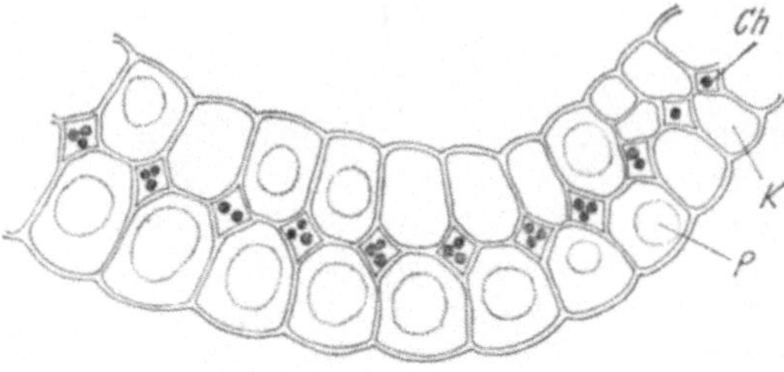

Abb. 220. *Leucobryum glaucum*

Helleborus niger, Schwarze Nießwurz, Schneerose *(Ranunculaceae)* : Blatt, quer.

Europa (nur auf Kalk). — Querschnitte zeigen uns den einfachsten Typus des *dorsiventralen*, dikotylen Laubblattes: Oberseits verhältnismäßig große Epidermiszellen, darunter ein einschichtiges Palisadenparenchym, auf das ein interzellularenreiches Schwammparenchym folgt. Dieses wird von der kleinerzelligen Epidermis der Blattunterseite begrenzt. Abb. 222.

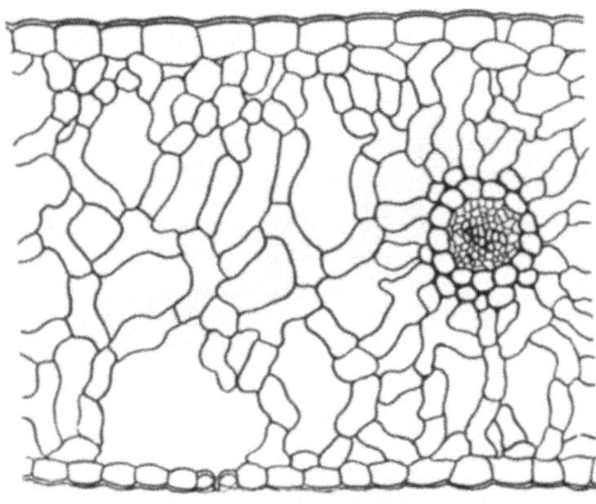

Abb. 221. *Phyllitis scolopendrium*

Iris germanica, Deutsche Schwertlilie *(Iridaceae)* : Blatt, quer.

An diesem Objekt wurden schon früher die Spaltöffnungen (S. 121) und die Styloide (S. 76) untersucht. Die senkrecht stehenden Blätter zeigen in den oberen Teilen einen symmetrischen Bau, der ein isolaterales Blatt vortäuscht. Dieser Blattbau kommt dadurch zustande, daß die reitenden Blätter in den oberen Teilen miteinander verwachsen. Es geht dies auch aus der Lage und Orientierung der Leitbündel hervor. Die Siebteile liegen nach außen, die Holzteile nach innen. Gegen die Blattaußenfläche zu sind die Gefäßbündel von Sklerenchymfasern belegt. Die Epidermis ist auf beiden Seiten gleich ausgebildet und mit Spaltöffnungen versehen. Die Grundgewebszellen nehmen gegen die Blattmitte an Größe zu. Sie enthalten reichlich Chlorophyllkörner und gelegentlich Kalziumoxalatkristalle (quergeschnittene Styloide). Abb. 223.

Isolateral gebaut sind die Blätter vom **Kopfsalat** von **Kohl** und **Kraut,** von manchen **Gräsern** u. a. m.

Peperomia incana, Pfefferkraut *(Piperaceae)* : Blatt, quer.

In Brasilien heimisch. — Die obere Epidermis setzt sich in ein vielschichtiges, hypodermales, chlorophyllfreies *Wassergewebe* (W) fort, das nach unten zu durch einen schmalen Streifen von Palisadenparenchym (P) begrenzt wird.

Dieses besteht aus zwei bis drei Schichten von kurzen, zylindrischen, eng aneinanderliegenden, chlorophyllreichen Palisadenzellen, an die das aus

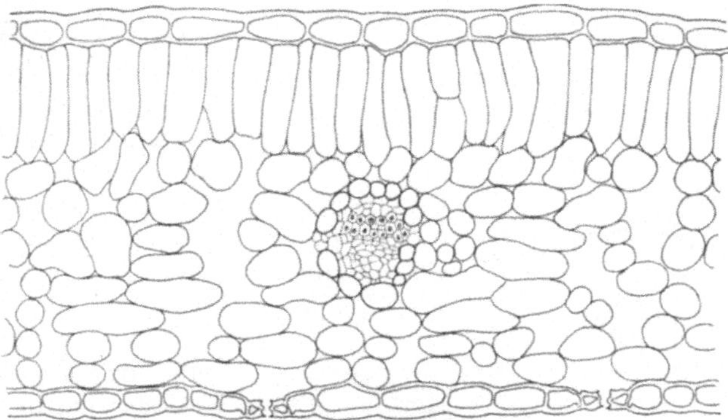

Abb. 222. *Helleborus niger*

rundlichen Zellen aufgebaute Schwammparenchym (Sch) anschließt. Auf dieses folgt schließlich die untere, Spaltöffnungen führende Epidermis. Die Gefäßbündel liegen im Schwammparenchym und sind kollateral gebaut. Abb. 224.

Einen ähnlichen Aufbau zeigt das Blatt von **Peperomia magnoliifolia.**

Das chlorophyllreiche Gewebe (P) zwischen Wassergewebe und Schwammparenchym besteht aus einer Reihe von Palisadenzellen, auf die wenige Reihen von rundlichen Zellen folgen. Die untere Epidermis zeigt neben den Spaltöffnungen (S) kurze, tief eingesenkte Drüsenhaare (D). Abb. 225.

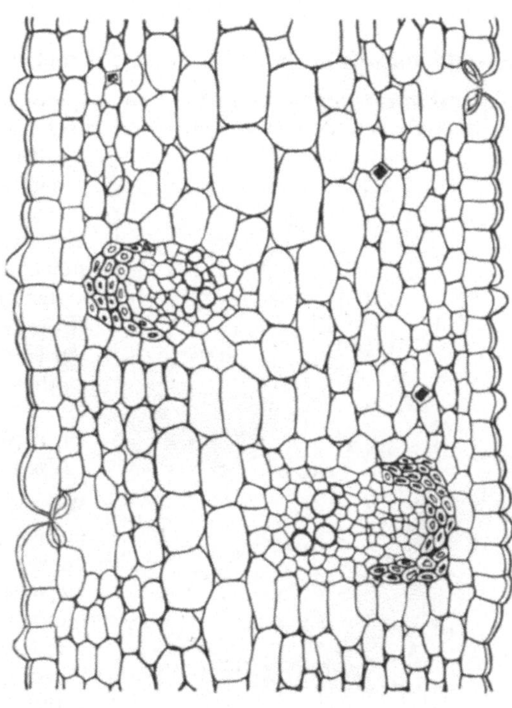

Abb. 223. *Iris germanica*

Coelogyne flaccida, Hohlnarbe *(Orchidaceae)* : Blatt, quer. Himalaya.

Häufig kultivierte Glashauspflanze. — Wie auch die Blätter vieler anderer Orchideen zeigen die Blattquerschnitte von *Coelogyne* ein hypodermales

Wassergewebe, und zwar ober- und unterseits. Zwischen Epidermis und Mesophyll schiebt sich je 1 Reihe großer, tonnenförmiger Zellen, die ähn-

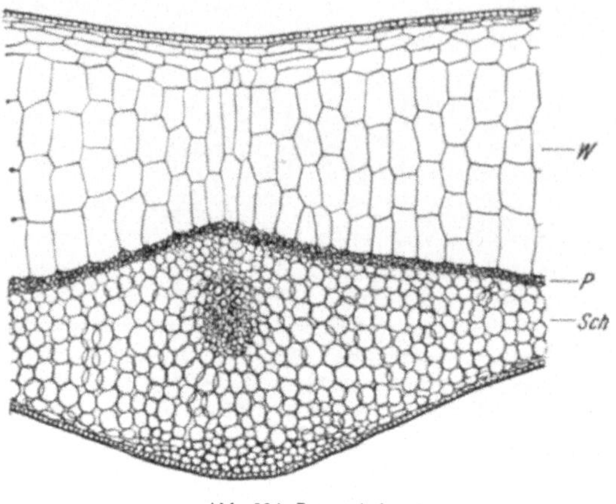

Abb. 224. *Peperomia incana*

liche Spiralbänder zeigen, wie wir sie in den wasserspeichernden Tracheiden der Luftwurzeln von Orchideen, besonders im Velamen radicum (S. 181), gefunden haben. Genauere Beobachtungen zeigen aber, daß hier nicht die Spiralbänder verdickt sind, sondern die dazwischen liegenden Wandteile. Die Spiralen und Ringe sind also bei diesen „*Hypodermtracheiden*" unverdickte Stellen in einer allgemein dicken Zellwand. Abb. 226.

Suaeda maritima, Sode, Strand-, Salzmelde *(Chenopodiaceae)* : Blatt, quer.

Meeresküsten und Salzsteppen. — Blattquerschnitte durch die stark sukkulenten, walzlichen Blätter zeigen einen allseits annähernd gleichmäßigen Bau.

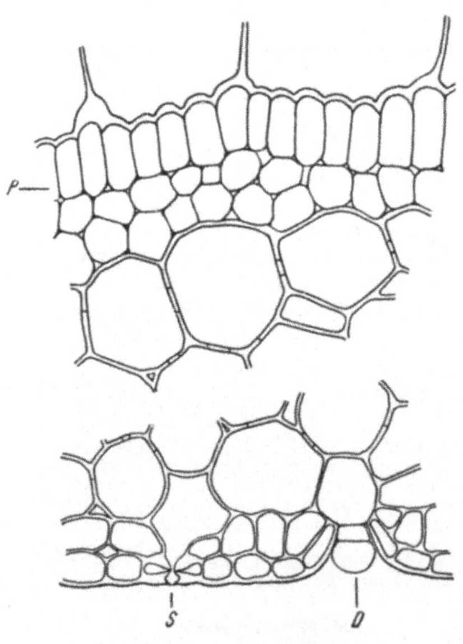

Abb. 225. *Peperomia magnoliifolia*

Spaltöffnungen sind gleichmäßig über die gesamte Oberfläche verteilt. Nach innen zu schließt an die Epidermis ein zwei- bis dreireihiges Palisadengewebe, das ein dünnwandiges, fast vollständig chlorophyllfreies *inneres Wassergewebe* umgibt. Die Gefäßbündel sind hufeisenförmig an der Grenze dieser beiden Gewebe gelagert.

Nymphaea alba, Weiße Seerose *(Nymphaeaceae)* : Blatt, quer.

Wir schneiden aus einem großen Schwimmblatt parallel zu den Blattnerven schmale Streifen und stellen zwischen Holundermark Querschnitte her. Die kleinzellige, dünnwandige, obere Epidermis enthält Schließzellen. Darunter liegt ein mehrreihiges, chlorophyllreiches, eng zusammengefügtes palisadenähnliches Gewebe und an dieses schließt, etwa ¾ des Blattquerschnittes einnehmend und unten

wieder von einer kleinzelligen Epidermis abgeschlossen, ein von großen Interzellularen durchsetztes *Aerenchym*. Auffallend sind die im ganzen Blattquerschnitt auftretenden „*Grundgewebshaare*" (vgl. S. 154), die sich im oberseits gelegenen chlorophyllreichen Assimilationsgewebe zwischen die engen Interzellularen hindurchzwängen. Abb. 227.

Cyperus alternifolius, Zypergras *(Cyperaceae)* : Blatt, quer.

Heimat: Madagaskar. — Das Blatt ist über der Mittelrippe scharf eingefaltet. Wir beobachten den Querschnitt an dieser Stelle und finden hier die Epidermiszellen zu großen „*Fächerzellen*" entwickelt. Die untere Epidermis ist gleichmäßig kleinzellig. Der Mittelnerv ist wesentlich stärker entwickelt

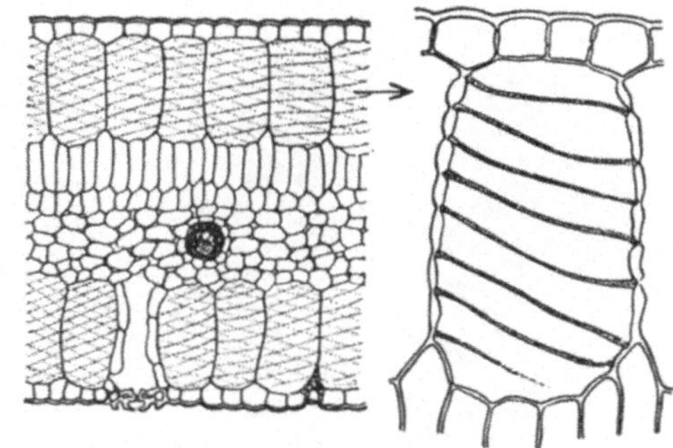

Abb. 226. *Coelogyne flaccida*

als die parallel zu ihm verlaufenden Gefäßbündel der Blattfläche. Im Anschluß an die Gefäßbündel oder unabhängig von ihnen ziehen Sklerenchymfaserbündel der Länge nach durch das Blatt. Im Grundgewebe finden sich außerdem große, längsverlaufende Interzellulargänge.

Stipa tenacissima, Pfriemengras, Esparto, Halfa *(Gramineae)* : Blatt quer.

Spanien, Nordafrika. Als „falsches Roßhaar" im Handel, wurde auch in den altösterreichischen Virginiazigarren als Luftkanalfüllung verwendet. — Das Blatt zeigt extrem *xeromorphen Bau.* Im Querschnitt sieht man

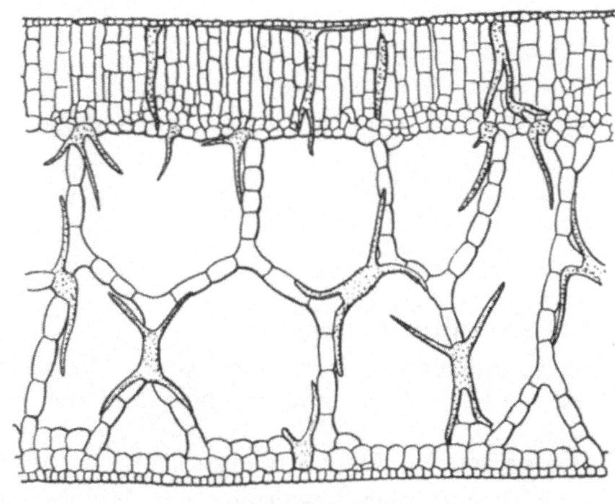

Abb. 227. *Nymphaea alba*

von der gegen die Mitte zusammengefalteten Oberseite tiefe, verzweigte Buchten und Kanäle in das Blatt einschneiden, in welche die Spaltöffnungen (Sp) ausmünden und zahlreiche einzellige, dickwandige Haare hineinragen. Den größten Teil des Blattgewebes bilden sklerenchymatische Zellen (Sk), die das dunkel erscheinende, chlorophyllführende interzellularenreiche Assimilationsparenchym (A) fast zur Gänze umschließen. Die Gefäßbündel (G) verlaufen in den zwischen den schmalen Einbuchtungen emporragenden Rippen. Abb. 228.

Heimische Wiesengräser: Blätter, quer.

Blatt- und Stengelquerschnitte sind für einzelne Arten von Cyperaceen und Gramineen ganz charakteristisch. In der landwirtschaftlichen Botanik ist bei der Untersuchung von Heuproben der anatomische Bau der Blätter oft der einzige Anhaltspunkt für die Artbestimmungen von Gräsern. Aus der Form der *Epidermiszellen*, der Verteilung und Größe der *Fächerzellen* (auch „*Gelenkzellen*" genannt), der Verteilung der *mechanischen Elemente*, dem Bau und der Anordnung der *Gefäßbündel*, der Ausbildung des *Blattrandes* und der *Behaarung* und vielen anderen Merkmalen lassen sich Gräser an Blattquerschnitten bestimmen. Diese große Mannigfaltigkeit des anatomischen Baues sollen Querschnitte einiger *heimischer Wiesengräser* zeigen: Abb. 229, die mechanischen Elemente sind schwarz, die Gefäßbündel schraffiert und die Mestombündel als einfache Ringe gezeichnet.

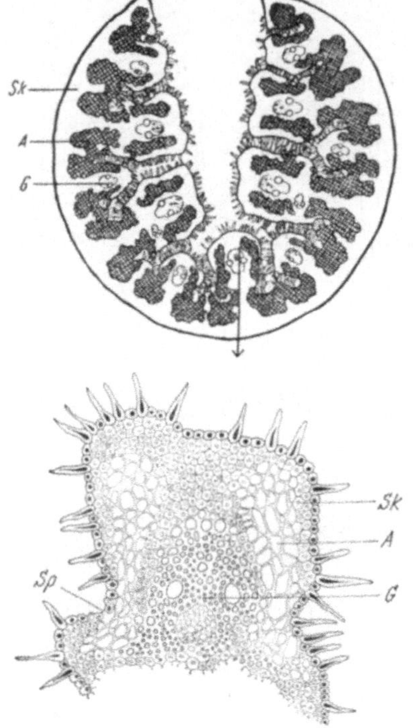

Abb. 228. *Stipa tenacissima*

a) Festuca ovina, Schafschwingel.
Stark gefaltetes Blatt (xeromorpher Bau!) mit vielen Rinnen. Ein Basthalbring umgibt die ganze Blattunterseite.

b) Festuca rubra, Rotschwingel.
Stark zusammengefaltetes Blatt wie a). Die zu den 5 Mestombündeln gehörenden Baststränge sind rundlich und niemals miteinander verbunden.

c) Poa pratensis, Wiesenrispengras.
Gelenkzellengruppen beiderseits der Mittelrippe. Typisch sind auch die nach unten keilförmig auseinandergehenden Bastbündel.

d) Dactylis glomerata, Knäuelgras.
Über der sehr stark gekielten Mittelrippe befindet sich eine einzige große Gelenkzellengruppe. Das Blatt erscheint über den Gefäß- und Mestombündeln eingeschnürt.

e) Arrhenatherum elatius, Glatthafer, Französisches Raygras.
An der Unterseite der Mittelrippe verläuft ein breites Bastbündel. Über dem Gefäßbündel der Mittelrippe liegt ein Wassergewebe, das kleinzelliger

werdend bis an die obere Epidermis reicht. Zwischen den einzelnen Gefäß-
bündel- und Mestomsträngen an der Blattoberseite liegen Gelenkzell-
gruppen.

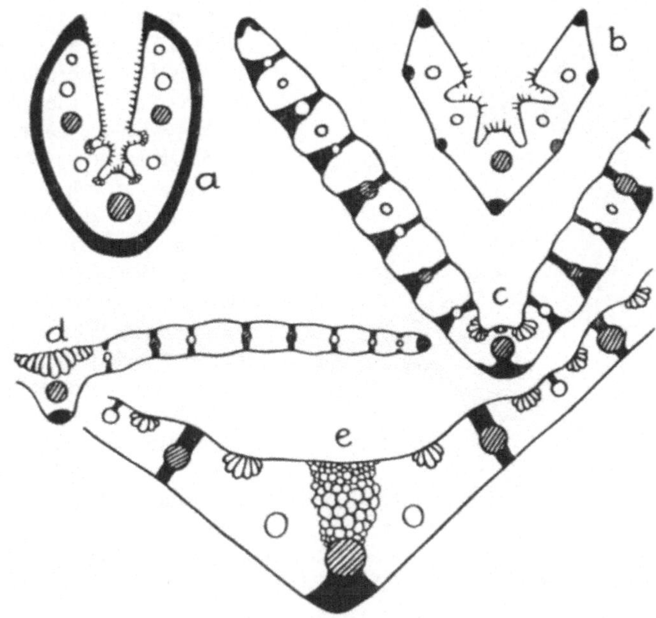

Abb. 229. Heimische Wiesengräser
a) Festuca ovina, b) Festuca rubra, c) Poa pratensis, d) Dactylis glomerata, e) Arrhenatherum elatius

Calluna vulgaris, Besenheide *(Ericaceae)* : Blatt, quer.

In den Gebirgen und im Norden Europas, in N-Afrika, W-Sibirien und
N-Amerika. Lichte Wälder, Heiden. — Wir klemmen eines der etwa 2 mm
langen Blättchen zwischen Holundermark und stellen mit Rasiermesser
oder Mikrotom dünne Querschnitte her. Ihr Umriß ähnelt einem Trapez.
Dem xeromorphen Bau des Blattes entsprechend liegen die Spaltöffnungen
(Sp) in einer von Haaren versperrten Rinne der Blattunterseite. Knapp
darüber verläuft das einzige Gefäßbündel. Das Mesophyll ist locker gebaut
und begrenzt von Epidermiszellen mit verdickten und verschleimenden
Außenwänden. Abb. 230.

Taxus baccata, Eibe *(Taxaceae)* : Blatt, quer.

In Europa und im extratropischen Südwestasien heimisch. — Zwischen
Holundermark oder Kork werden von einem Nadelblatt mit dem Rasiermesser oder dem Mikrotom dünne Querschnitte hergestellt. Das Blatt der
Eibe ist unter unseren heimischen Coniferen das *einfachst* gebaute. Die winter-
grünen Coniferenblätter dürfen nicht stark transpirieren. Wir finden sie
daher zur Nadelform reduziert, sehen die Epidermis von einer dicken Cuti-

cula bedeckt, die bei der Eibe an der Blattunterseite vielfach zackige Vorsprünge ausbildet und finden die *Spaltöffnungen* tief in die Epidermis eingesenkt (Sp). Bei der Eibe liegen sie in großer Zahl in zwei Reihen an der Unterseite des Blattes. Etwa das obere Drittel des Blattquerschnittes wird durch ein mehrschichtiges *Palisadengewebe*, die übrigen zwei Drittel von einem lockeren *Schwammparenchym* eingenommen. Durch die Mitte des nadelförmigen Blattes verläuft ein großes *Gefäßbündel*. Man bezeichnet einen solchen Bau als *haploxyl*. Wie bei den Laubblättern liegt auch bei den Nadelblättern oberseits der Xylemteil (X) und gegen die Blattunterseite zu der Phloemteil (Ph) des Gefäßbündels, das von einem kleinzelligen *Trans-*

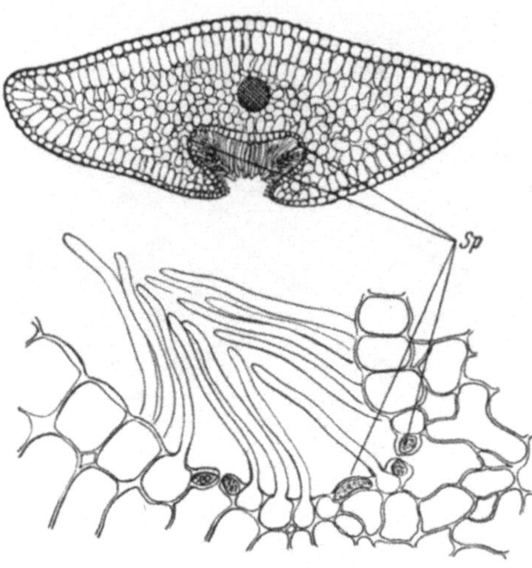

Abb. 230. *Calluna vulgaris*

fusionsgewebe und dieses wieder von einer etwas dickerwandigen *Gefäßbündelscheide* umgeben ist. Harzgänge, die sonst für Coniferenblätter kennzeichnend sind, fehlen der Eibe. Abb. 231.

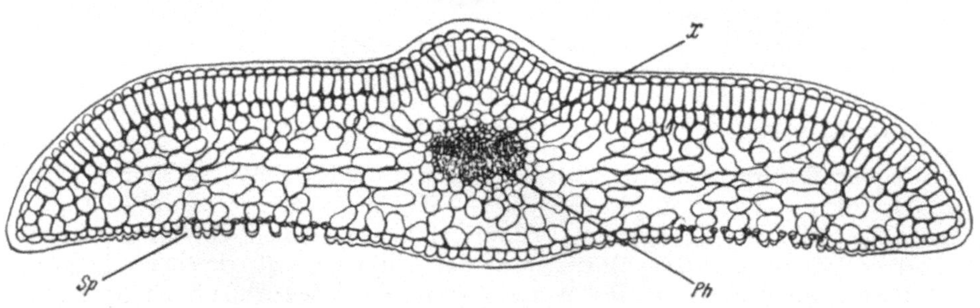

Abb. 231. *Taxus baccata*

Abies alba, Weißtanne *(Pinaceae)* : Blatt, quer.

Mittel- und Südeuropa. — Die Blattquerschnitte werden wie bei der Eibe hergestellt. Das auf den ersten Blick ähnlich gebaute Blatt unterscheidet sich in folgendem von der Eibe: es ist durchzogen von zwei eng aneinanderliegenden, parallel verlaufenden *Gefäßbündeln* (Xylem = X, Phloem = Ph), hat also *diploxylen* Bau. Es besitzt beiderseits je einen, die Länge des Blattes durchlaufenden, von dünnwandigen Sekretzellen ausgekleideten *Harzgang* (Hg) und zeigt unterhalb der Epidermis stellenweise eine schmale, sklerenchymatische *Hypoderma* (H). Das Transfusionsgewebe (Tr) um den Doppelnerv besteht wie bei der Eibe aus parenchymatischen Tracheiden und ist gleichfalls von einer Gefäßbündelscheide (Sch) umgeben. Das Chlorophyllparenchym ist oberseits wieder längsgestreckt und palisadenähnlich. Die Spaltöffnungen (Sp) sind bei der Tanne zum Großteil mit *Wachs* verstopft,

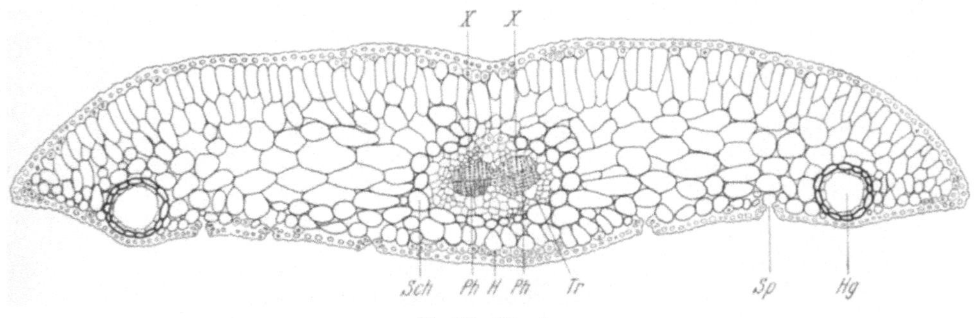

Abb. 232. *Abies alba*

was schon makroskopisch an den zwei Wachsstreifen der Blattunterseite zu sehen ist. Abb. 232.

Juniperus communis, Wacholder *(Cupressaceae)* : Blatt, quer.

Verbreitet in der nördlichen extratropischen Zone. — Das Wacholderblatt ist im Querschnitt annähernd dreieckig. Der Mittelnerv wird, ähnlich wie bei der Eibe, von einem großen Gefäßbündel gebildet. Die sklerenchymatische Hypoderma ist gut entwickelt. Nur ein Harzgang.

Pinus silvestris, Gemeine Föhre, Rotföhre *(Pinaceae)* : Blatt, quer.

Europa und Nordasien. — Die Querschnitte werden in der üblichen Weise zwischen Holundermark oder Kork hergestellt. Die Föhre besitzt unter den heimischen Coniferen den *kompliziertesten* Blattbau. Der halbkreisförmige Blattquerschnitt läßt im *Übersichtsbild* von außen nach innen unterscheiden: Epidermis (E) mit Spaltöffnungen (Sp), eine sklerenchymatische Hypoderma (H), das Chlorophyllparenchym (Cl) mit eingebetteten Harzgängen (Hg), die an der flachen Oberseite des Blattes fehlen, weiters die Endodermis die als lückenlose Scheide (Sch) das Transfusionsgewebe (Tr) und zwei zentral gelegene parallel laufende Gefäßbündel (Xylem = X, Phloem = Ph) umgibt.
    Eine *starke Vergrößerung* des Blattrandes (auf unserer Abbildung links unten) zeigt die überaus stark verdickten *Epidermiszellen* (E), die ein- bis dreischichtige sklerenchymatische *Hypoderma* (H), tief eingesenkte Spaltöffnungen mit nach innen anschließenden Atemhöhlen und chlorophyllreiche Grundgewebszellen. Ihre Zellwände erscheinen durch Zellwandleisten nach innen gefaltet. Da dadurch eine den vielen Längswänden der Palisadenzellen der Angiospermen analoge Oberflächenvergrößerung geschaffen wird, die einer größeren Anzahl von Chloroplasten Platz bietet, bezeichnet man diese Zellen als *Armpalisadenzellen* (A).
    Das *Transfusionsgewebe* (auf unserer Abbildung rechts oben) vermittelt anstelle der fehlenden Seitennerven die Zu- und Abfuhr von Wasser und

Assimilaten zwischen den Leitbündeln und dem Mesophyll. Dünnwandige, getüpfelte, tote *Transfusions-Tracheiden* dienen der Wasserleitung. Die Assimilate werden in inhaltsreichen, lebenden *Transfusions-Parenchymzellen* ge-

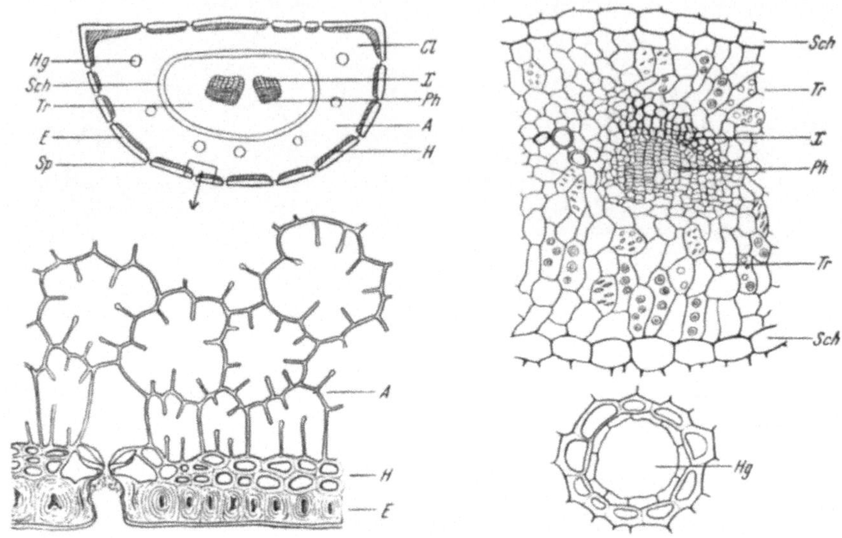

Abb. 233. *Pinus silvestris*

leitet. Die *Gefäßbündelscheide* (Sch) besteht aus dickwandigen parenchymatischen Zellen.

Die *Harzgänge* (auf unserer Abbildung rechts unten) sind von einem dünnwandigen, das Harz sezernierenden Epithel und einer dickwandigen Scheide gebildet. Abb. 233.

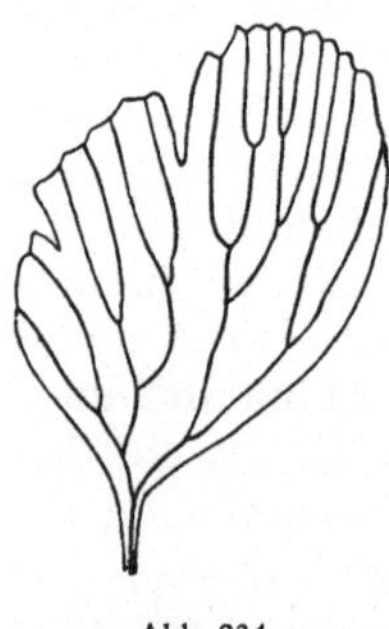

Abb. 234.
Adiantum capillus veneris

Pinus montana, Legföhre und **Pinus nigra,** Schwarzföhre zeigen einen ähnlichen Nadelbau, nur besitzt die Schwarzföhre stets auch an der flachen Blattoberseite Harzgänge. **Pinus cembra,** Zirbelkiefer und **Pinus strobus,** Weymouthskiefer, die im Gegensatz zu den erstgenannten nicht zwei, sondern meist fünf Nadeln auf einem kurzen Stielchen vereint tragen, haben im Querschnitt annähernd dreieckige Blätter mit wenigen (meist drei) Harzgängen und nur einem, zentral verlaufenden, von einer Gefäßbündelscheide umgebenen Gefäßbündel.

Adiantum capillus-veneris, Frauenhaarfarn *(Polypodiaceae)* : Blatt, Fläche.

Tropen der Alten Welt, Mediterrangebiet. — Ein Fiederblättchen in einem Tropfen Wasser unter dem Deckglas untersucht, läßt ohne weitere Präparation die für die meisten Farne typische *getrenntläufige Nervatur* erkennen.

Die Gefäßbündel verzweigen sich wohl in der Blattfläche, stehen aber untereinander nicht durch Queranastomosen in Verbindung. Aufhellung mit Eau de Javelle (vgl. S. 79) erleichtert die Beobachtung. Abb. 234.

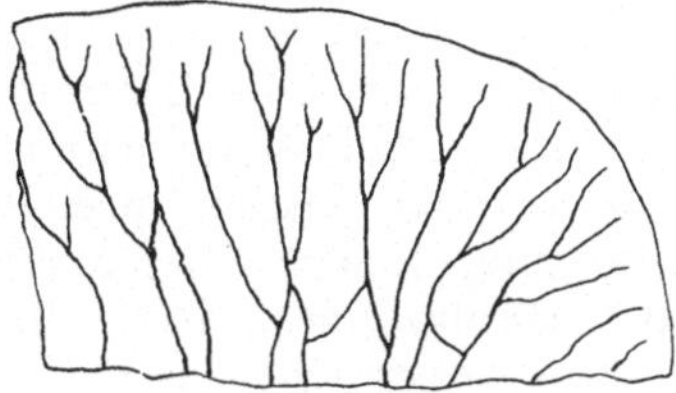

Abb. 235. *Verbascum thapsiforme*

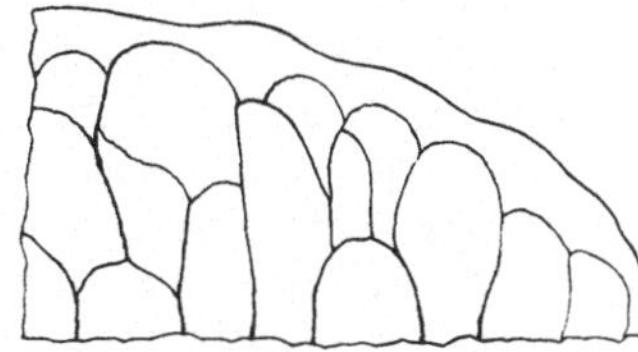

Abb. 236. *Impatiens balsamina*

Verbascum thapsiforme, Großblumige Königskerze *(Scrophulariaceae)* : Blütenblatt, Fläche.

Die *Nervatur* des Blütenblattes dieser Pflanze ist durch frei endigende Verzweigungen der Gefäßbündel gekennzeichnet. Zwischen den einzelnen Leitbündeln finden sich jedoch, im Gegensatz zu dem Blatt von *Adiantum*, Querverbindungen. Zur besseren Sichtbarmachung empfiehlt sich ein längeres Einlegen in Alkohol oder nach kurzer Abtötung in Alkohol eine etwa $\frac{1}{2}$- bis 1stündige Behandlung in Eau de Javelle (vgl. S. 79). Abb. 235.

Impatiens balsamina, Balsamine *(Balsaminaceae)* : Blütenblatt, Fläche.

Wir kennen das Objekt schon von der Untersuchung der Raphiden-Idioblasten (S. 76). Auch hier erleichtert eine vorhergehende Behandlung mit Alkohol oder Eau de Javelle die Beobachtung. Die verzweigten und netzig miteinander in Verbindung stehenden *Blattnerven* enden am Blattrand in geschlossenen Schlingen. Abb. 236.

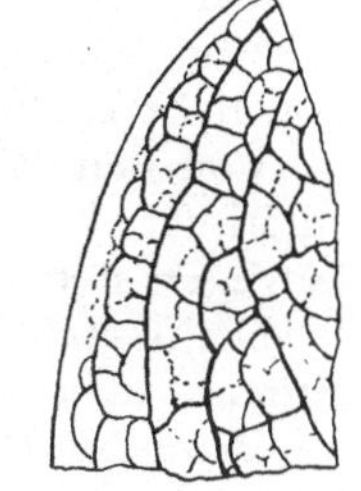

Abb. 237. *Cornus mas*

Cornus mas, Kornelkirsche *(Cornaceae)* : Blatt, Fläche.

Wir schneiden vom Rand eines Laubblattes eine kleine Fläche heraus, töten sie durch Einlegen in Alkohol ab und bringen sie zur Entfernung des Chlorophylls und zur Aufhellung für etwa 1 Stunde in Eau de Javelle. Es zeigt sich der gleiche, bogig geschlossene Typ der *Blattnervenendigungen* wie im Blütenblatt von *Impatiens*. Abb. 237.

IV. Der Stamm

1. Bau bei Moosen, Farnen und Blütenpflanzen

Die ersten blättertragenden Stämmchen finden sich bei den **Bryophyten** (Leber- und Laubmoose). Ihr Aufbau ist noch sehr einfach. An der Peripherie liegen im allgemeinen festigende, dickwandige, längsgestreckte Zellen, an die sich nach innen zu ein dünnwandiges Rindenparenchym anschließt.

Zentral verläuft ein Strang prosenchymatischer Zellen, die der Stoffleitung dienen. Gefäße sind nicht vorhanden.

Gefäße treten in der Entwicklungsreihe erstmalig bei den **Pteridophyten** (Farne, Schachtelhalme, Bärlappe) auf. Im einzelnen ist der Stammbau bei verschiedenen Ordnungen der Pteridophyten sehr verschieden. Bei den *Farnen (Filicales)* haben wir im einfachsten Fall die leitenden Elemente in Form eines Zentralstranges *(Hymenophyllum)*, eines geschlossenen Hohlzylinders *(Marsilia)* oder eines Bündelrohres angeordnet, dessen einzelne Leitstränge untereinander in netzartiger Verbindung stehen *(Dryopteris filix-mas)*. Schmale Spalten („Blattlücken") des Hohlzylinders, bzw. die Maschen des Leitbündelnetzes entsprechen den Ansatzstellen der abzweigenden Blätter. Meist schließen die Blattspurstränge gleich am Rand dieser Blattlücken an die stammeigenen Bündel an. Vom Bündelrohr abzweigende, aber vor Eintritt in die Blätter noch einige Zeit im Stamm verlaufende Bündel können am Querschnitt mehrere Kreise von Gefäßbündeln vortäuschen. Der Bau des einzelnen Farngefäßbündels ist uns schon bekannt (S. 164).

In der Ordnung der *Schachtelhalme (Equisetales)* ist die Anordnung der Bündel kreisförmig, ähnlich wie bei den Dikotylen. Die Bündel sind annähernd kollateral gebaut und entweder einzeln oder in ihrer Gesamtheit von einer Endodermis umschlossen.

Von den *Bärlappgewächsen (Lycopodiinae)* führen die *Selaginellae* mehrere elliptische Bündel im Stengelquerschnitt, die Gattung *Lycopodium* besitzt hingegen stets nur *ein* axiles Strangsystem.

Die Gefäßbündel der **Monokotylen** laufen stets auf lange Strecken getrennt nebeneinander her. In der Regel sind alle Bündel Blattspurstränge. Sie dringen von den Blättern kommend verschieden tief in den Stamm ein und wenden sich stammabwärts wieder bogig gegen die Peripherie. Dadurch erscheinen die Gefäßbündel am Stammquerschnitt unregelmäßig verteilt (vgl. *Zea mays*, S. 160).

Da die monokotylen Pflanzen geschlossene Gefäßbündel besitzen, ist ein *Dickenwachstum* durch ein Kambium nicht möglich. Meist geht ihnen daher, wie auch vielen Pteridophyten, ein sekundäres Dickenwachstum überhaupt ab, bzw. erfolgt es nur durch Vergrößerung vorhandener Zellen. Ausnahmen stellen die baumförmigen Liliifloren, wie *Dracaena, Yucca, Aloe, Cordyline* und andere dar, bei denen sich um die äußersten Gefäßbündel ein ringförmiges Folgemeristem entwickelt, das laufend nach innen neue Gefäßbündel mit dem dazwischen liegenden Grundgewebe ausbildet.

Für die **Dikotylen** ist die am Stammquerschnitt ringförmige Anordnung der Gefäßbündel kennzeichnend (vgl. *Ranunculus repens*, S. 162). Die Blattspurstränge legen sich entweder ungeteilt oder nach vorhergehender Spaltung an benachbarte Bündel des Stammes an. Das innerhalb des Gefäßbündelringes gelegene Grundgewebe bezeichnet man als *Mark*, das außerhalb befindliche als *primäre Rinde* und das zwischen den Gefäßbündeln verlaufende als *Markstrahlen*.

Das sekundäre *Dickenwachstum* vollzieht sich bei mehrjährigen Pflanzen entweder in der Weise, daß die Kambien der einzelnen Gefäßbündel durch *„Interfaszicularkambien"* miteinander in Verbindung treten und so einen geschlossenen Ring von Bildungsgewebe entstehen lassen, der Jahr für Jahr nach innen Xylem und nach außen Phloem abscheidet. Dabei kann es, wie bei den meisten Bäumen, zur Bildung eines einheitlichen Holzkörpers kommen. Es kann aber auch die Holz- und Bastbildung nur im Anschluß an die primären Gefäßbündel erfolgen, während das Interfascikularkambium nur Parenchymzellen erzeugt, so daß man in diesen Fällen dauernd die Lage der ursprünglichen Leitbündel erkennen kann (z. B. *Aristolochia macrophylla*, S. 204). In wieder anderen Fällen entwickelt das Interfascikularkambium nur Sklerenchymfasern, so daß wohl ein geschlossener Holzring entsteht, in dem aber die Gefäßelemente nur in der Fortsetzung der primären Gefäßbündel zu finden sind.

Es gibt anderseits aber auch sehr viele Pflanzen, bei denen die Gefäße und Siebröhren von vorneherein in einem geschlossenen Kreis angelegt werden. Hier entwickelte sich das Kambium schon vom Prokambium her als *geschlossener Ring*, so daß von Anfang an ein gleichmäßiges Dickenwachstum des Stengels erfolgen kann. Es ist nur bei einjährigen Pflanzen entsprechend geringer als bei mehrjährigen (z. B. *Galium aparine*, S. 204).

Bemerkenswert sind einige, die Regel verlassende Gefäßbündelanordnungen, wie die verhältnismäßig häufigen „*markständigen Bündel*“, die entweder tief in den Stamm eindringende Blattspurstränge (z. B. Piperaceen) oder stammeigene Gefäßbündel (z. B. Melastomataceen) sein können oder die selteneren „*rindenständigen Bündel*“, die außerhalb des normalen Gefäßbündelkreises liegen, wie dies z. B. bei verschiedenen *Centaurea*-Arten zu beobachten ist. Auffallend sind auch die außerhalb des Gefäßbündelringes in den *Flügelleisten* von *Centradenia* verlaufenden Gefäßbündel.

<h2 align="center">Objekte</h2>

Mnium undulatum, Welliges Sternmoos *(Mniaceae)* : Stämmchen, quer.

In Europa verbreitet. — Zwischen Holundermark werden dünne Querschnitte durch das Stämmchen einer Mniumart hergestellt. Die *peripheren Zellschichten* sind den mechanischen Anforderungen entsprechend prosenchymatisch, dickwandig, kleinlumig und meist gelblich bis dunkelrotbraun gefärbt. Aus einzelnen Zellen der Oberfläche wachsen lange, verzweigte oder unverzweigte Zellfäden (Rhizoiden) hervor, deren Zellwände stets schräg gestellt sind. Nach innen geht diese *Rindenschichte* allmählich in weiterlumiges, chlorophyllhaltiges Gewebe über. Die Mitte des Schnittes nimmt ein Zylinder aus englumigen, dünnwandigen Zellen ein. Dieser das Stämmchen der Länge nach durchziehende „*Zentralzylinder*“ ist als sehr einfach gebautes Leitbündel anzusehen. Nahe der Oberfläche sehen wir quer getroffene Stränge ähnlicher dünnwandiger Zellen. Es sind die aus den Blättern eintretenden „Leitbündel!“, die bei *Mnium* blind in der Stengelrinde endigen.

Polytrichum commune, Haarmützenmoos *(Polytrichaceae)* : Stämmchen, quer.

Einen ähnlichen Bau wie *Mnium*, jedoch mit schon etwas stärker differenzierten Elementen zeigt das *Polytrichum*-Stämmchen. Am Querschnitt sehen wir, deutlich vom umgebenden Rindengewebe herausgehoben, den der Stoffleitung dienenden *Zentralstrang.* Seine Mitte nehmen stark verdickte hadromartige Elemente (H) ein, auf die zarterwandige, ebenfalls hadrom-

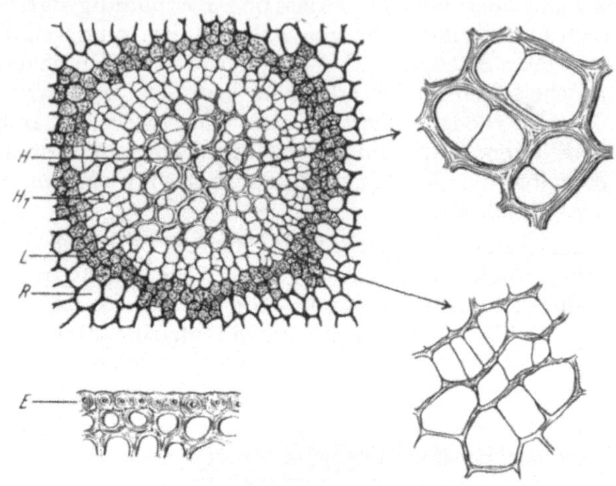

Abb. 238. *Polytrichum commune*

artige Elemente (H_1) folgen, an die sich eine schmale Zone von zartwandigen leptoiden Zellen (L) anschließt. Das folgende *Rindengewebe* (R) hat verhältnismäßig große, verdickte Zellen, die, gegen die Peripherie zu sich verkleinernd, durch eine äußerst dickwandige, englumige *Epidermis* (E) abgeschlossen werden. Abb. 238.

Sphagnum squarrosum, Torfmoos *(Sphagnaceae)* : Stamm, quer.

In der nördlichen extratropischen Zone verbreitete Torfmoospflanze. — Der Querschnitt zeigt zentral gelegen einen mächtigen Gewebezylinder, dessen Randpartien aus dickwandigen, gelblichbraunen, langgestreckten, prosenchymatischen Zellen *(Stereiden)* bestehen, die in ihrer Gesamtheit als *Stereom* (St) bezeichnet werden. Sie gehen nach innen zu in weiterlumige, dünnwandige *Parenchymzellen* (P) über. Dieser Gewebezylinder ist von einem großzelligen, meist dreischichtigen, dünnwandigen Gewebemantel (Epidermis = E) umgeben. Seine Zellen sind tot und enthalten große kreisrunde bis ovale offene Poren. In diesen Zellen kann, ähnlich wie in den Blättern von *Sphagnum* (vgl. S. 187), Wasser kapillar festgehalten werden. Abb. 239.

Lycopodium clavatum, Bärlapp *(Lycopodiaceae)* : Liegendes Stämmchen, quer.

Verbreitet in Europa, Asien, Amerika, Afrika. — Bei einem ähnlichen peripheren Stammbau (M = Festigungsgewebe) wie bei *Polytrichum* oder *Mnium* zeigt der *Zentralzylinder* von *Lycopodium* schon eine deutliche Differenzierung in *Xylem-* und *Phloemanteil,* die von meist zwei endodermisähnlichen Zellreihen umgeben sind (E), welche als *Scheide* den Zentralzylinder umhüllen. Das *Xylem* (X) besteht aus einer Anzahl Platten, die an den peripheren Kanten aus engen Tracheiden, im inneren Teil hingegen aus weiterlumigen Treppentracheiden gebildet werden. Die flachen Seiten der Xylemplatten verlaufen in den niederliegenden Hauptsprossen parallel

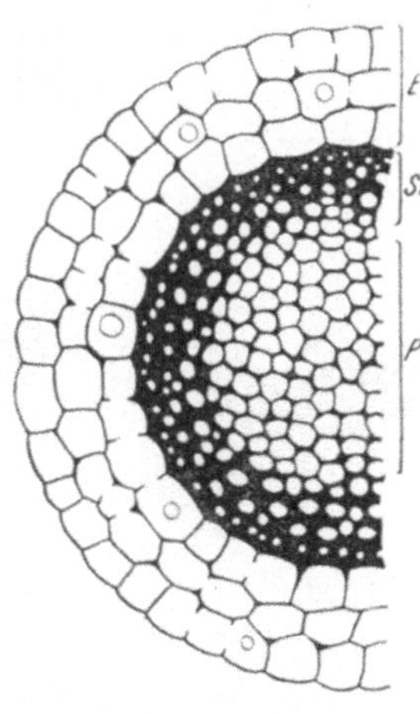

Abb. 239. *Sphagnum squarrosum*

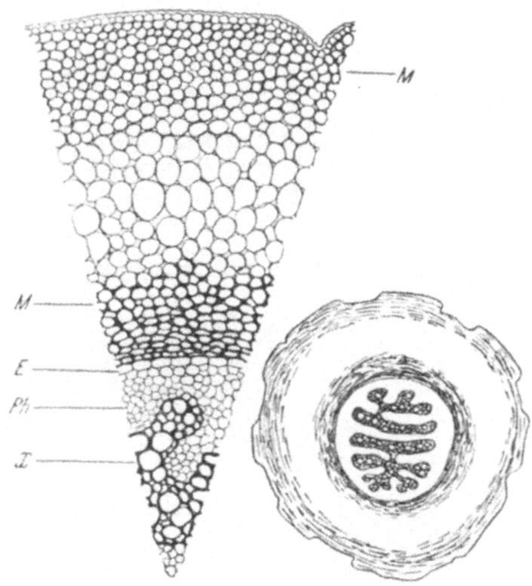

Abb. 240. *Lycopodium clavatum*

zum Boden. Die Randplatten sind vielfach nach außen strahlig verzweigt. Die Zwischenräume zwischen den Gefäßplatten und weiterhin bis zur „Endodermis" sind von Zellen des Phloems, bzw. diesem dem Bau nach sehr ähnlichen Parenchymzellen erfüllt. Das *Phloem* (Ph) setzt sich zusammen aus gestreckten prismatischen Parenchymzellen und aus Siebzellen. Abb. 240.

Equisetum palustre, Sumpfschachtelhalm *(Equisetaceae)* : Jüngeres Stämmchen, quer.

Auf der nördlichen Halbkugel verbreitete Pflanze versumpfter Stellen. — Wir fertigen Querschnitte durch den sterilen, kantigen hohlen Stengel an. Von außen nach innen beobachten wir: Die *Epidermis*, in die Spaltöffnungen (Sch = Schließzelle, N = Nebenzelle) eingelassen sind, unter den vorspringenden Rippen *(carina)* besonders starke und unter den Eintiefungen *(vallecula)* schwächere Ansammlungen von *mechanischem Gewebe* (M) und daran anschließend chlorophyllführendes Parenchym. Zwischen den einzelnen Stengelrippen liegen große Interzellularen *(Vallecularhöhlen* = J_1). Etwa in der Höhe des unteren Randes dieser Interzellularen, jeweils unter einer Stengelrippe, finden wir ein *Gefäßbündel* (G) (H = Hadromelemente, L = Leptomelemente), an welches sich nach innen zu wieder je ein kleinerer Interzellularraum *(Carinalhöhle* = J_2) anschließt. Das parenchymatische Gewebe zwischen den Vallecularhöhlen und zwischen und unterhalb der Gefäßbündel ist dünnwandig, interzellularenreich und chlorophyllarm *(Aerenchym)*. Der Gefäßbündelring ist gegen die Rinde durch eine *Endodermis* (E) abgetrennt. Bei anderen Arten ist jedes Gefäßbündel gesondert von einer Scheide umgeben. Das *Mark* ist im Zentrum durch Zerreißen der Zellen ausgehöhlt. Diese Markhöhle (J_3) ist vielfach mit Wasser gefüllt. Abb. 241.

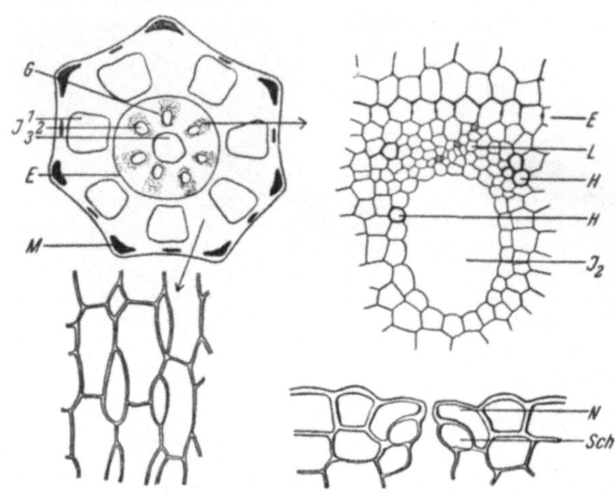

Abb. 241. *Equisetum palustre*

Melissa officinalis, Zitronen-Melisse *(Labiatae)* : Älterer Stengel, quer.

Häufig wegen ihres Wohlgeruches gebaut. — Der vierkantige Stengel zeigt an den Kanten mächtig entwickeltes kollenchymatisches Gewebe. Drunter liegt je ein großes Gefäßbündel mit einer Bastfaserauflage (B) nach außen. Zwischen diesen großen Bündeln findet sich je ein kleineres von ähnlichem Bau. Sämtliche Gefäßbündel sind in älteren Stämmchen durch einen Holzring miteinander verbunden. (Abb. 242, K = Kollenchym, R = Rindenparenchym, Ph = Phloem, X = Xylem, B = Bastfasern, M = Markparenchym.)

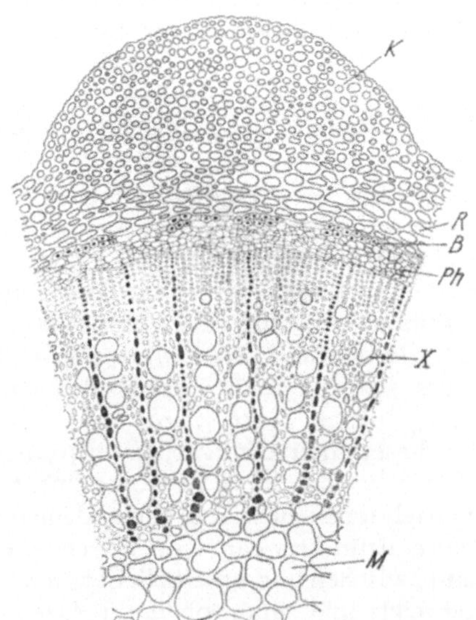

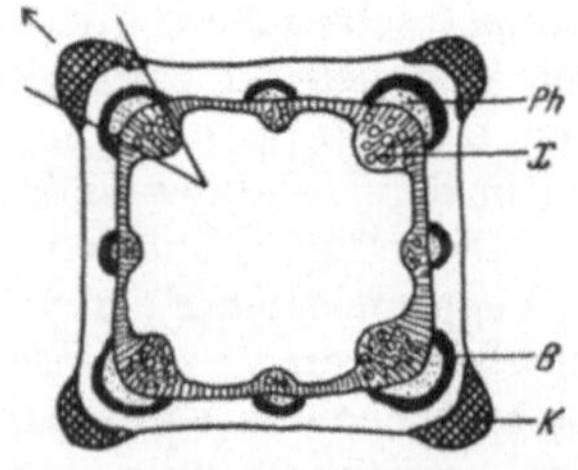

Abb. 242. *Melissa officinalis*

Piper macrophyllum, Großblättriger Pfeffer *(Piperaceae)* : Stamm, quer.

Tropenländer der Alten und Neuen Welt. — Fast sämtliche Piperaceen zeigen am Stengelquerschnitt, abweichend vom typischen Bau des Dikotylenstengels (vgl. *Ranunculus repens,* S. 162) innerhalb des Hauptgefäßbündelringes zwei, seltener mehrere Reihen „*markständiger Bündel*". Das Zentrum des Stengels nimmt eine kleine Markhöhle ein. Im Rindenparenchym liegen jeweils über den Gefäßbündeln Stränge von Bast- bzw. Sklerenchymfasern, die schon in jungen Stämmchen einen geschlossenen Ring mechanischen Gewebes bilden. Abb. 243.

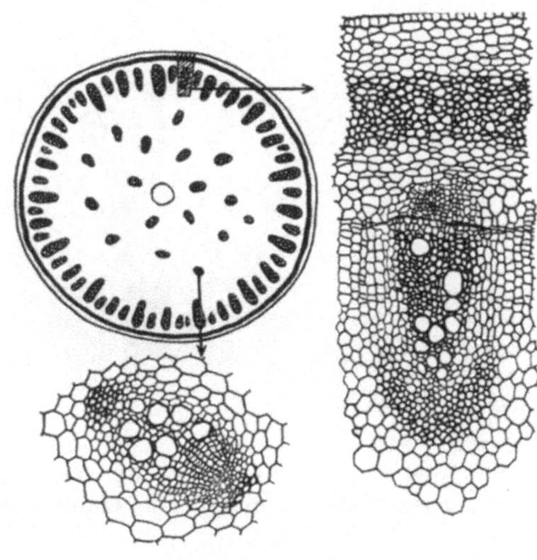

Abb. 243. *Piper macrophyllum*

Centaurea scabiosa, Skabiosenartige Flockenblume *(Compositae)* : Stengel, quer.

In Europa häufig. Hauptverbreitung der *Centaurea*-Arten in Südeuropa und Mittelmeergebiet, sowie W-Asien bis zum Altai. — Der Stengelquerschnitt zeigt einen welligen Umriß. An der Innenseite der vorspringenden Stengel-

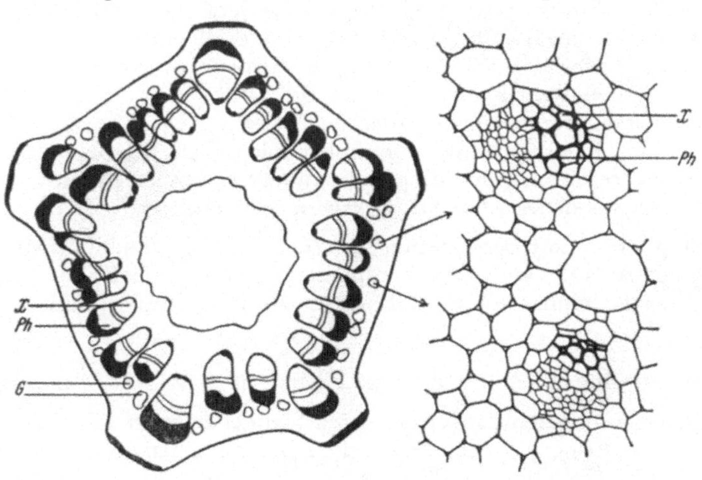

Abb. 244. *Centaurea scabiosa*

rippen verlaufen Stränge mechanischer Elemente. Jedes Gefäßbündel des Hauptgefäßbündelringes ist rindenwärts von einem mächtigen Bastfaserstrang begleitet. Bemerkenswert sind bei dieser Pflanze zahlreiche kleine „*rindenständige Bündel*" (G), die im Gegensatz zu den Hauptbündeln meist das Xylem (X) außen und das Phloem (Ph) innen führen. Abb. 244.

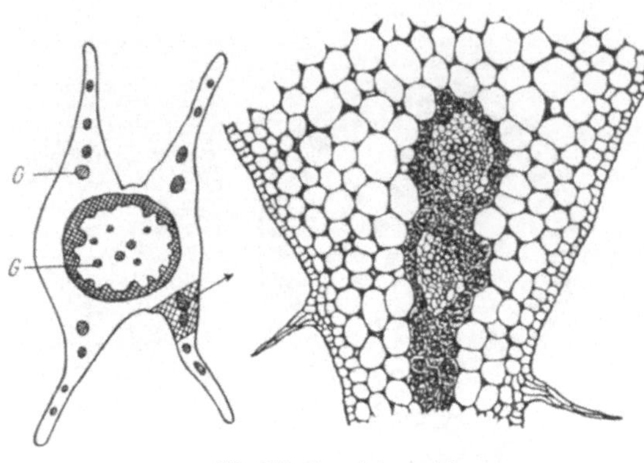

Abb. 245. *Centradenia grandiflora*

Centradenia grandiflora, Centradenie *(Melastomataceae)* : Stengel, quer.

Tropisch. Als Zierpflanze gezogen. — Der Stengel ist durch vier mächtige *Flügelleisten* ausgezeichnet. Am Querschnitt ist zu erkennen, daß außer dem geschlossenen Gefäßbündelring auch im Mark und in jeder der Flügelleisten einige kleine, von Stärkescheiden umgebene Gefäßbündel (G) liegen. Wir finden also hier „*mark-*" und „*rindenständige*" Bündel. Das Grundgewebe der Flügelleisten ist durch Ecken- und Lückenkollenchym ausgezeichnet. Abb. 245.

Aristolochia macrophylla, Pfeifenwinde, *(Aristolochiaceae)* : Älterer Stengel, quer.

Atlantisches Nordamerika. In Europa kultiviert. — Dünne Stengelquerschnitte zeigen uns das Rindenparenchym von einem geschlossenen Ring mechanischen Gewebes (Sklerenchym) durchzogen. An älteren Stengelquerschnitten finden wir als Beginn eines für Dikotylen typischen *sekundären Dickenwachstums* die parenchymatischen Markstrahlen (Mst) zwischen den einzelnen im Kreis angeordneten kollateralen Gefäßbündeln (G) in der Höhe von deren Kambium durch ein sekundäres, durch Teilung von Dauergeweben entstandenes „*Interfascikularkambium*" überbrückt. Abb. 246a, b.

Gute Objekte zur Beobachtung des Interfascikularkambiums sind ferner Stengelquerschnitte von **Urtica dioica, Begonia fuchsifolia** oder ältere Stengel der Keimpflanze von **Helianthus annuus,** Sonnenblume.

Galium aparine, Kletten-Labkraut, Klebkraut *(Rubiaceae)* : Stengel quer.

Der Querschnitt durch den vierkantigen Stengel zeigt an den Kanten dicke Lagen von Kollenchymzellen (K) und im Inneren einen geschlossenen Ring von Xylem (X) und Phloem (Ph) der von einer Endodermis (E) umgeben ist. Ein Kambium ist in dieser einjährigen Pflanze nicht erhalten. Im Zentrum ist der Stengel hohl. Abb. 247 a, b.

Ähnlich ist auch der Stengelbau von **Galium mollugo.**

Dracaena draco, Drachenblutbaum *(Liliaceae)* : Stamm, quer.

Heimisch auf den Kanaren. Häufig kultivierte Blattpflanze. — Der Stammquerschnitt zeigt die für *monokotyle* Pflanzen charakteristische unregelmäßige

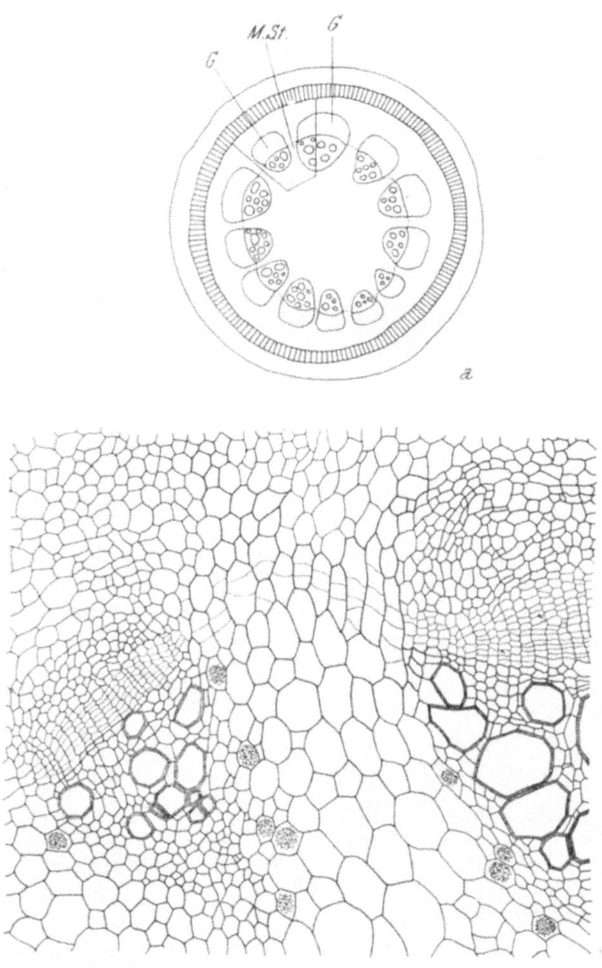

Abb. 246. *Aristolochia macrophylla*

Verteilung der (hier leptozentrischen) Gefäßbündel (G). Sieb- und Holzteil sind von einer sklerenchymatischen Scheide (Sk) umschlossen. Nach außen zu nehmen sie an Größe ab und die Durchführung einer Holzreaktion (vgl. S. 110) zeigt, daß die Holzsubstanz in den äußersten, jüngsten Gefäßbündeln (G_1) noch kaum ausgebildet ist. Sie entstehen hier, als ein besonderer Fall von sekundärem Dickenwachstum bei Monokotylen, ständig neu aus einer meristematischen *Verjüngungsschichte* (K). An diese schließt nach außen ein chlorophyllhaltiges Rindenparenchym (R) an, das mit einem Phellogen abschließt, welches mehrere Korkschichten (P) ausbildet, die schließlich von einer Epidermis (E) umschlossen sind. In der Rinde, also außerhalb der Verjüngungsschichte, finden wir quergeschnittene Raphidenbündel von oxalsaurem Kalk. Abb. 248.

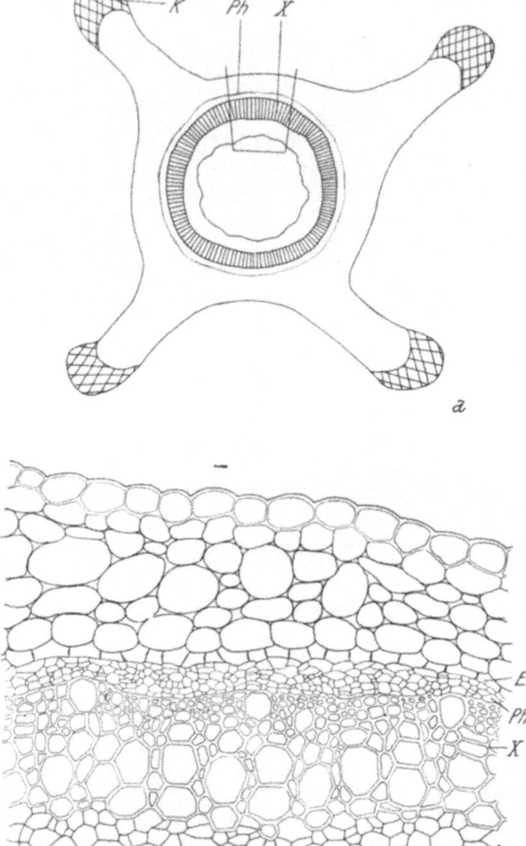

Abb. 247. *Galium aparine*

2. Das Holz

Das *sekundäre Dickenwachstum* mehrjähriger Gymnospermen und dikotyler Angiospermen führt zur Bildung eines *geschlossenen Holzkörpers*, der durch das meristematische Gewebe des Kambiums von dem umhüllenden Bast bzw. der Rinde getrennt ist. Klimatische Schwankungen, in erster Linie Feuchtigkeitsunterschiede, bedingen eine verschieden intensive Teilungstätigkeit des Kambiums und eine verschiedenartige Ausbildung der Holzelemente. In unseren Gegenden unterbricht der Winter, in anderen Klimaten eine alljährliche Trockenperiode vollständig die Kambialtätigkeit. Das *Frühholz*, unseren Jahreszeiten entsprechend das *Frühjahrsholz*, ist in Übereinstimmung mit den hohen Anforderungen an die Saftleitung weiterlumig als das *Spät-* oder *Sommerholz*. Auf diese Weise entstehen rhythmische, als *Jahresringe* bezeichnete Zuwächse. In immerfeuchten Tropengebieten geht das Wachstum gleichmäßig vor sich, so daß die Grenzen einzelner Jahresringe oft kaum zu erkennen sind. Aus der Breite der einzelnen Jahresringe lassen sich an einer Stammscheibe rückschauend Zeiten großer Feuchtigkeit oder Trockenheit ablesen.

Die Elemente des Holzes haben eine beschränkte Lebensdauer. Sie sterben nach innen zu ab. An der Leitung des aufsteigenden Saftstromes sind immer nur die jüngsten Jahresringe beteiligt. Die Zahl der funktions-

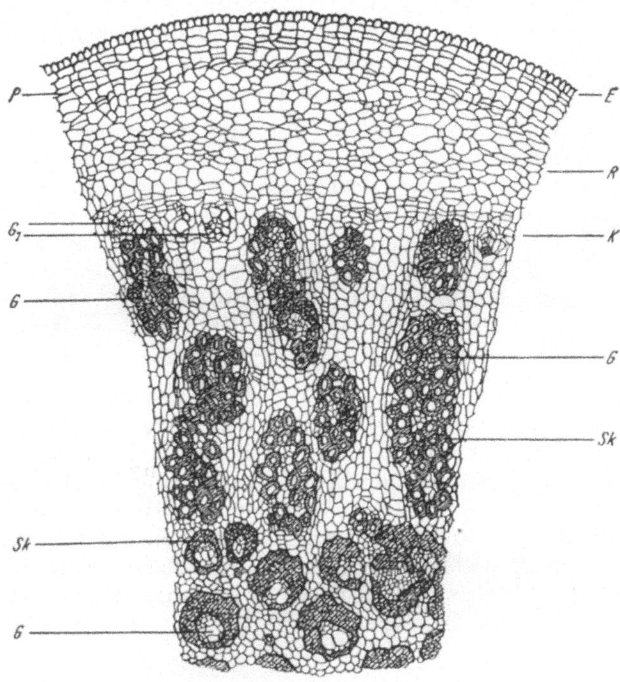

Abb. 248. *Dracaena draco*

fähigen Jahresringe ist bei den „*ringporigen*" Laubhölzern (Eiche, Esche, Robinie), bei denen im Frühholz besonders weite und leistungsfähige Gefäße angelegt werden, kleiner als bei den „*zerstreutporigen*" (Buche, Linde, Erle), die während des ganzen Jahres ähnlich geformte, jedoch nicht so weite Gefäße ausbilden.

Das alternde und absterbende Holz färbt sich häufig durch Einlagerung verschiedener Stoffe wie Gummi, Harze, Gerbstoffe oder besonders bei manchen tropischen „Farbhölzern" auch Farbstoffe (Hämatoxylin, Brasilin, Santalin) dunkel. Es unterscheidet sich dadurch als „*Kernholz*" von dem lichten, lebenden, wasserleitenden „*Splintholz*". Der träger werdende Saftstrom führt im Kernholz auch zu reichlichen Ablagerungen von Mineralsalzen, besonders von $CaCO_3$ (vgl. S. 79) und SiO_2. Bei manchen Bäumen (Robinie, Ulme) werden die Gefäße im Alter durch blasenartiges Hineinwachsen von Holzparenchymzellen (Thyllen) verstopft und so leitungsunfähig. Kernholz bilden z. B. Eiche, Goldregen, Eibe. Verändert der absterbende und wasserärmer werdende Kern seine Farbe nicht, so bezeichnet man ihn als *Reifholz*, wie z. B. bei Linde, Ahorn und Hainbuche.

Der Holzkörper eines Baumes hat *drei Aufgaben* zu erfüllen: Wasser- und Nährstoffleitung aus der Wurzel, Festigung gegen Druck oder Biegung und Speicherung von organischen Reservestoffen. In einem aus allen Elementen des Xylems (vgl. S. 159) zusammengesetzten Holz dienen der *Leitung* die Tracheen und Tracheiden, der *Festigung* neben den verholzten leitenden Elementen die Holz- oder Libriformfasern und der *Speicherung* die Holzparenchymzellen.

Wie die Untersuchung einzelner Holzarten zeigen wird, müssen nicht immer alle Holzelemente, die sich im einzelnen auch in der Art ihrer Ausbildung unterscheiden können, vorhanden sein. Tracheiden, die sich durch Zellform, Wandverdickung und Tüpfelung den Holzfasern nähern oder Übergänge zu diesen darstellen, bezeichnet man als *Fasertracheiden* (z. B. Tracheiden der Nadelhölzer). Unterbleiben bei der Bildung der Holzparenchymzellen aus den längsgestreckten Kambiumzellen die Querteilungen, so nennt man die hiedurch entstehenden prosenchymatischen, dem Holzparenchym funktionell entsprechenden Zellen, *Ersatzfasern*.

Bei allen typischen Hölzern finden sich in radialer Richtung, ähnlich Speichen übereinanderliegender Räder, *Markstrahlen*. Die Markstrahlzellen sind meist quergestreckt und dienen wie die ihnen ähnlichen Holzparenchymzellen neben der Nährstoffleitung in radialer Richtung des Holzkörpers vor allem der Speicherung. Radial verlaufende Interzellularen erlauben auch einen Gasaustausch auf dem Wege der Markstrahlen. Neben den quergestreckten *liegenden* Strahlzellen finden sich bei manchen Hölzern (z. B. Weiden), bei denen diese nur auf die mittleren Lagen des Strahles beschränkt sind, ober- und unterhalb davon auch Reihen von vertikal gestreckten *stehenden* Strahlzellen.

Die *primären Markstrahlen* verbinden das Mark mit der Rinde. Bei zunehmendem Dickenwachstum des Stammes werden immer wieder neue, dann gleichfalls bis zur Rinde weiterlaufende *sekundäre Strahlen* angelegt, so daß die an Umfang zunehmende Stammscheibe stets in annähernd gleichen Entfernungen von Strahlen durchzogen ist. Auf diese Weise können die im Bast abwärts fließenden Assimilate zu den lebenden Zellen des Holzes gelangen und in den Strahl- und Holzparenchymzellen gespeichert werden. Diese sekundären Strahlen, die das Mark nicht erreichen, nennt man daher heute häufig nicht mehr Markstrahlen, sondern bezeichnet sie, soweit sie im Holzteil liegen als *Holzstrahlen* und sofern sie in der Rinde gelegen sind als *Rindenstrahlen*.

Das schmale Gewebeband eines Markstrahls kann aus einer Zellschichte oder aus deren mehreren gebildet sein. Danach unterscheidet man *einreihige* und *mehrreihige* Markstrahlen. Sind die Markstrahlen am Quer- oder Radialschnitt des Holzes schon mit freiem Auge zu erkennen, so pflegt man sie als *kenntliche* Markstrahlen, sind sie erst mit einer Lupe oder dem Mikroskop zu sehen, als *unkenntliche* Markstrahlen zu bezeichnen.

Die Praxis nennt den Querschnitt durch ein Holz „*Hirnschnitt*", den Radialschnitt „*Spiegelschnitt*" und den Tangentialschnitt „*Fladerschnitt*".

Nadelhölzer

Das Holz der *Nadelhölzer*, auch *weiches Holz* genannt, zeigt einen viel einfacheren Aufbau als das *harte Holz der Laubbäume*. Das Nadelholz ist fast ausschließlich aus *Tracheiden* aufgebaut. Diese bilden etwa 90% seiner Holzmasse. Dazu kommen noch die *Markstrahlen*, sowie *Holzparenchymzellen* und *Harzgänge*. Die beiden letzten Elemente können jedoch auch fehlen. Die Hoftüpfel der Tracheiden finden sich in den meisten Fällen ausschließlich an den Radialwänden und sind dann nur in Radialschnitten in der Aufsicht zu sehen. Tangential- und Querschnitt zeigen sie durchschnitten.

Ein einfacher Schlüssel erlaubt die Bestimmung der wichtigsten, bei uns heimischen oder gepflanzten Nadelhölzer.

Bestimmungsschlüssel der Nadelhölzer

I. Tracheiden mit schraubigen Verdickungsleisten

    A) ohne Harzgänge .... **Taxus baccata**

    B) mit Harzgängen .... **Pseudotsuga douglasii**

II. Tracheiden ohne schraubige Verdickungsleisten

    A) ohne Harzgänge

        1. mit auffälligem, braun gefärbtem reichlichem Parenchym im Spätholz .... **Juniperus communis**

        2. Parenchym nicht auffällig und spärlich .. **Abies alba**

    B) mit Harzgängen

        1. Epithelzellen der Harzgänge dickwandig

        a) Tracheiden im Stammholz häufig mit nebeneinander liegenden Hoftüpfelpaaren .... **Larix decidua**

        b) Hoftüpfel der Tracheiden im Stammholz nur in einer Reihe .... **Picea abies**

        2. Epithelzellen der Harzgänge dünnwandig

        a) Wandungen der Markstrahltracheiden gezackt....................... **Pinus silvestris**

        b) Wandungen der Markstrahltracheiden glatt .... **Pinus cembra**

(Aus E. Schmidt, Mikrophotographischer Atlas der mitteleuropäischen Hölzer. J. Neumann, Neudamm.)

Brauchbare Schnitte von Hölzern mit dem Rasiermesser herzustellen ist schwer. Besser ist es *Mikrotomschnitte* zu verwenden. Aber auch hier bereitet die Härte des Holzes oft große Schwierigkeiten. Man sägt oder schneidet mit einem starken Messer zuerst den drei anatomischen Hauptschnitten entsprechend orientierte Klötzchen zu und bewahrt diese in 75%igem Alkohol auf. Besonders für hartes Holz empfiehlt es sich, diese Klötzchen vor dem Schneiden einige Zeit in einer wäßrigen *Glyzerinlösung*, etwa 1:2 mit Wasser verdünnt, zu kochen.

Selbst die härtesten Hölzer lassen sich aber mit dem Mikrotom leicht schneiden, wenn man dies unter ständiger Einwirkung eines *Wasserdampf-*

strahles auf die Schnittfläche tut. Diesen erzeugt man, nach KISSER am einfachsten in der Weise, daß man einen Erlmeyerkolben etwa zur Hälfte mit Wasser füllt, ihn mit einem der Länge nach durchbohrten Kork, durch dessen Bohrung ein Glasröhrchen eingeführt ist, verschließt, das Ende des Röhrchens mit einem langen Gummischlauch verbindet, in dessen anderes Ende wieder ein Glasröhrchen gesteckt wird, das mit einer ausgezogenen, verengten Öffnung endet. Wird das Wasser im Kolben über der Flamme eines Bunsenbrenners oder auf einer elektrischen Kochplatte erhitzt, so strömt der entstehende Wasserdampf mit scharfem Strahl aus der engen Öffnung des Glasröhrchens am Ende des Schlauches aus. Das Schlauchende kann mittels einer Stativklemme so neben dem Mikrotom angebracht werden, daß der Dampfstrahl während des Schneidens ständig auf die Schnittfläche des im Mikrotom eingespannten Holzklötzchens auftrifft. Mit dieser Vorrichtung lassen sich sogar Hölzer von der Härte des Ebenholzes mühelos schneiden.

Objekte

Pinus silvestris, Gemeine Föhre, Rotföhre *(Pinaceae)* : Holz, quer, radial, tangential.

Qerschnitt: Die Bildung der Tracheiden, die die Hauptmasse des Gewebes einnehmen, setzt im *Frühjahrsholz* (FH) mit großen, weitlumigen Zellen ein, die mit fortschreitender Jahreszeit an Größe ab und an Wanddicke zunehmen (HH = Spätholz). An ihren Radialwänden sehen wir quergetroffene *Hoftüpfel* (Ht). In radialer Richtung ist der Schnitt von *ein-*, sel-

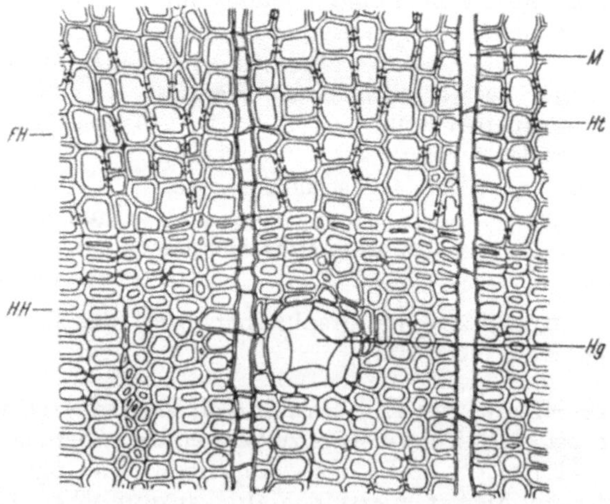

Abb. 249. *Pinus silvestris,* Querschnitt

tener *mehrreihigen Markstrahlen* (M) durchzogen. Sekundäre Markstrahlen nehmen häufig mitten in einem Jahresring ihren Anfang. *Holzparenchymzellen* finden sich nur in der Umgebung der *Harzgänge* (Hg), deren zartwandige Epithelzellen Harz in den Interzellulargang (Harzgang) abscheiden.

Abb. 249. *Radialschnitt:* Die längsverlaufenden Tracheiden zeigen an ihren Radialwänden *Hoftüpfel* in Form zweier konzentrischer Kreise in der Aufsicht. Die *Jahresringgrenzen* sind an dem plötzlichen Übergang enger und

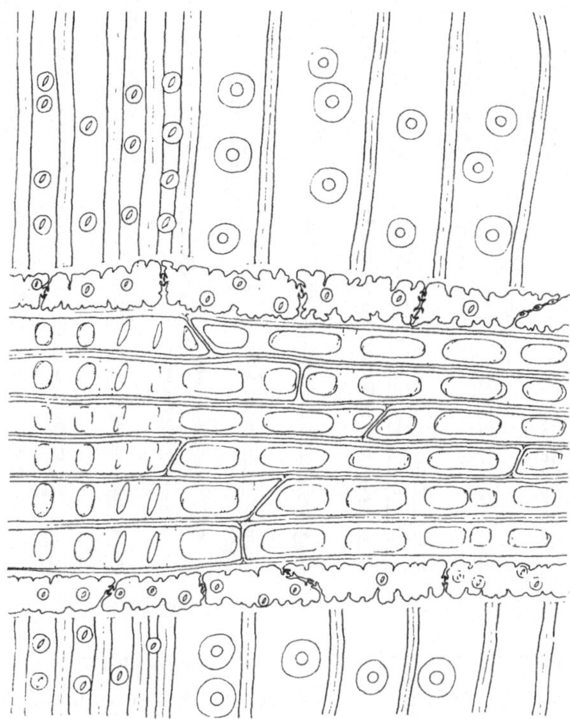

Abb. 250. *Pinus silvestris*, Radialschnitt

dickwandiger Tracheiden in weite, dünnwandige zu erkennen. Quer zur Tracheidenrichtung laufen die *Markstrahlen*, die sich in diesem Schnitt als schmale Bänder darstellen. Die mittleren Reihen derselben sind von Parenchymzellen gebildet, deren jede im „Kreuzungsfeld" mit den Tracheiden einen, seltener zwei große Tüpfel trägt. Nach oben und unten sind die Markstrahlen von ein bis drei Reihen nach innen zackig verdickter, toter, quergestreckter Markstrahltracheiden begrenzt. Abb. 250.

Tangentialschnitt: Die *Markstrahlen* sind nunmehr quer getroffen. Da ihre Zellen gegen oben und unten zu kleiner werden, erscheint ihr Umriß spindelförmig. An den Markstrahlparenchymzellen sind die unverdickten Wände ihrer Tüpfel gut zu erkennen. Die *Interzellulargänge*, die die Markstrahlen begleiten, erscheinen als kleine Lücken beiderseits der Parenchymzellen, jeweils zwischen ihren Ecken. Die Höhe der Markstrahlen schwankt zwischen drei und etwa 20 Zellen. Meist sind sie einreihig, gelegentlich jedoch in ihrem Mittelteil mehrreihig und dann von einem in der Richtung der Markstrahlen verlaufenden *Harzgang* durchsetzt. Die *Hoftüpfel* an den Radial-

wänden sind durchschnitten und zeigen im Tangentialschnitt das gleiche
Bild wie im Querschnitt. Abb. 251.

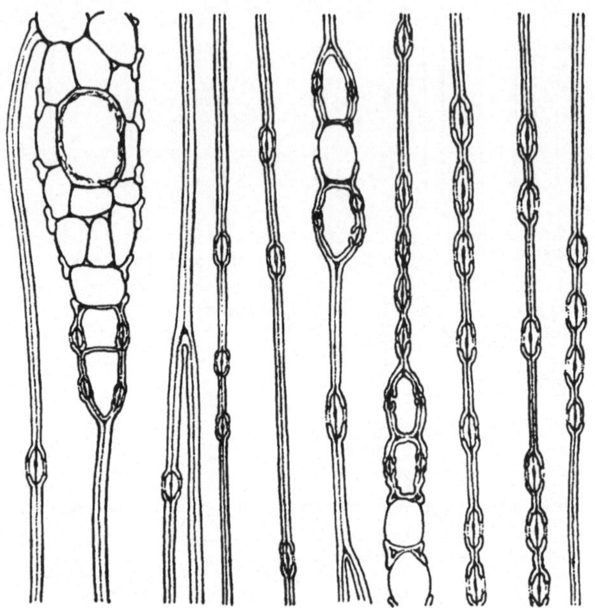

Abb. 251. *Pinus silvestris*, Tangentialschnitt

Picea abies, Fichte *(Pinaceae)* : Holz, quer, radial, tangential.

Bei grundsätzlich ähnlichem Bau wie bei der Föhre unterscheidet sich das
Fichtenholz im Querschnitt durch die *dickwandigen* sezernierenden Zellen
seiner Harzgänge und die im Radialschnitt in den „Kreuzungsfeldern" in
den Markstrahlzellen vorhandenen 1—6 behöften *Tüpfel*, sowie die nur
wellig konturierten *Markstrahltracheiden.* Der Tangentialschnitt läßt wieder
einen ein- oder mehrreihigen Aufbau der Markstrahlen erkennen. Die mehrreihigen Markstrahlen sind wie bei *Pinus* von einem horizontal laufenden
Harzgang durchzogen. Holzparenchymzellen fehlen. Abb. 252, Radialschnitt.

Larix decidua, Lärche *(Pinaceae)* : Holz, quer, radial, tangential.

Der Aufbau des Holzes ähnelt weitgehend dem der Fichte, nur zeigt der
Radialschnitt durch das Stammholz sehr häufig zwei parallel laufende *Hof-
tüpfelreihen* an den Radialwänden der Tracheiden.

Abies alba, Weißtanne *(Pinaceae)* : Holz, quer, radial, tangential.

Das Tannenholz gehört zu den *einfachst* gebauten Coniferenhölzern. Auch
hier tragen Tracheiden an ihren Radialwänden Hoftüpfel. Die Markstrahlen
sind durchwegs einreihig und zur Gänze aus Markstrahlparenchymzellen

aufgebaut. Diese sind an den Radialwänden einfach, an den Tangentialwänden behöft getüpfelt. Holzparenchymzellen finden sich spärlich an den
Jahresringgrenzen. Harzgänge
fehlen. Abb. 253, Tangential
schnitt.

Taxus baccata, Eibe *(Taxaceae)* : Holz, quer, radial, tangential.

Im Querschnitt erscheinen die
Jahresringgrenzen meist fein
wellig. Die Längsschnitte zeigen als auffallendstes Merkmal
des Eibenholzes *spiralige Verdickungsleisten* in den Tracheiden. Holzparenchymzellen fehlen. Die Markstrahlen sind, wie
der Tangentialschnitt zeigt, einreihig und wie im Radialschnitt
zu sehen ist nur aus Mark-
strahlparenchym aufgebaut.
Harzgänge fehlen. Abb. 254.

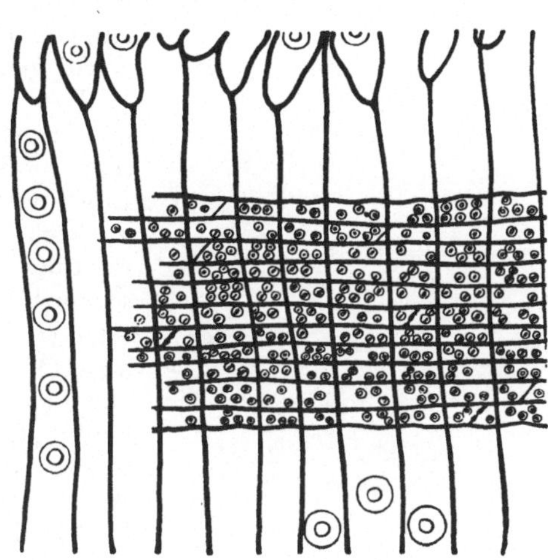

Abb. 252. *Picea excelsa*, Radialschnitt

Laubhölzer

Das Holz der Laubbäume („hartes Holz") ist den Nadelhölzern gegenüber
wesentlich komplizierter aufgebaut. Im allgemeinen sind alle Xylemelemente
vorhanden: Tracheen, Trache-
iden, Libriform- oder Holzfasern und Holzparenchymzellen.

Die Querwände der *Gefäße*
oder *Tracheen* sind in den meisten Laubhölzern mehr oder
weniger vollständig aufgelöst,
bei einfacher gebauten Hölzern
(*Alnus, Betula, Corylus, Fagus,
Vitis vinifera, Liriodendron* u. a.)
können jedoch noch Querlei-
sten erhalten bleiben. Die
schräggestellten Querwände erscheinen dann als leiterförmig
durchbrochen. Zwischen den
einzelnen Gefäßen finden sich
stets behöfte Tüpfel, meist alternierend, manchmal bienen-
wabenartig angeordnet, an den

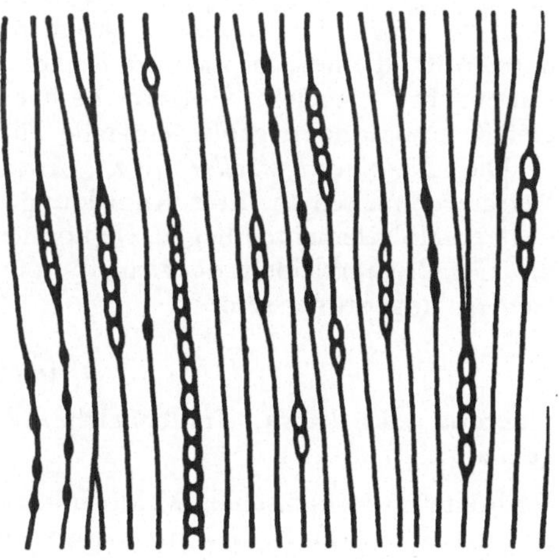

Abb. 253. *Abies alba*, Tangentialschnitt

Wänden von den Gefäßen zu Markstrahl- oder Holzparenchymzellen hingegen im allgemeinen einfache Tüpfel. Wesentlich häufiger als bei den Tra-

cheiden der Nadelhölzer sehen wir spiralige oder auch netzartige und leiterförmige Verdickungsleisten. Nach der Verteilung der Gefäße über den Jahresring unterscheidet man, wie schon erwähnt, *ringporige* und *zerstreutporige* Hölzer. Die Thyllenbildung in älteren Gefäßen ist für viele Laubhölzer charakteristisch.

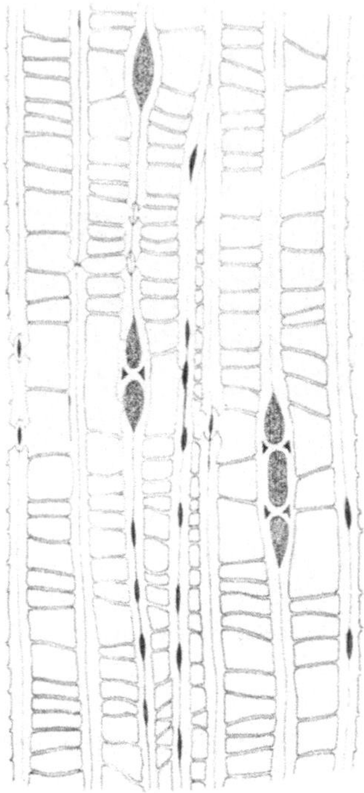
Abb. 254. *Taxus baccata*, Tangentialschnitt

Die *Holz-* oder *Libriformfasern* zeigen im Frühjahrs- und Spätholz meist nicht sehr große Dickenunterschiede. Sind die Libriformfasern und die Tracheiden gerade gestreckt, so ist das Holz in seiner Längsrichtung leicht spaltbar, sind sie gebogen, so wird dadurch die Spaltbarkeit herabgesetzt (z. B. *Fagus silvatica*, *Elaeagnus argentea*). Die Libriformfasern sind sowohl an den Radial- wie an den Tangentialwänden betüpfelt, u. zw. fast immer durch einfache, schräg gestellte, spaltenförmige Tüpfel. Auch beim Laubholz finden sich, wie beim Nadelholz, Übergänge von Tracheiden über behöft getüpfelte Fasertracheiden zu den echten Libriformfasern.

Die *Markstrahlen* können bei verschiedenen Holzarten ein- bis über zwanzigreihig sein. Wie bei den Nadelhölzern kann man neben durchwegs aus liegenden, rechteckigen Parenchymzellen aufgebauten *homogenen* Markstrahlen auch *heterogene* Markstrahlen unterscheiden, die am oberen und unteren Rand eine oder mehrere Reihen hochstehender prismatischer Zellen führen. Bei manchen Hölzern besitzen die Markstrahlzellen gegen die Gefäße zu besonders große, einfache Tüpfel.

Die *Holzparenchymzellen* zeigen, besonders bei tropischen Bäumen, große Verschiedenheiten in ihrer Anordnung. Sie können einzeln zwischen den übrigen Holzelementen liegen, sie können Längsstränge bilden, als Scheiden die Gefäße umkleiden oder auch in ein- oder merreihigen Tangentialbändern angeordnet sein.

Objekte

Quercus sessiliflora, Traubeneiche *(Fagaceae)* : Holz, quer, radial, tangential.

Verbreiteter europäischer Waldbaum. — Wir schneiden, bzw. sägen, aus einem größeren Holzstück einen etwa 1 cm hohen Keil oder ein Prisma heraus, dessen Seiten quer, bzw. annähernd genau radial und tangential verlaufen. Zur Untersuchung verwenden wir nach Tunlichkeit wieder unter dem Dampfstrahl angefertigte Mikrotomschnitte.

Querschnitt: Die großen, 100—160 μ weiten Gefäße (G) finden sich nur im

Frühjahrsholz (FH). Das Eichenholz ist *ringporig*. In den älteren Jahresringen sind die Gefäße durch *Thyllen* verstopft. In einigem Abstand folgen diesen Frühjahrsgefäßen die zahlreichen engeren, oft nur 20 μ weiten

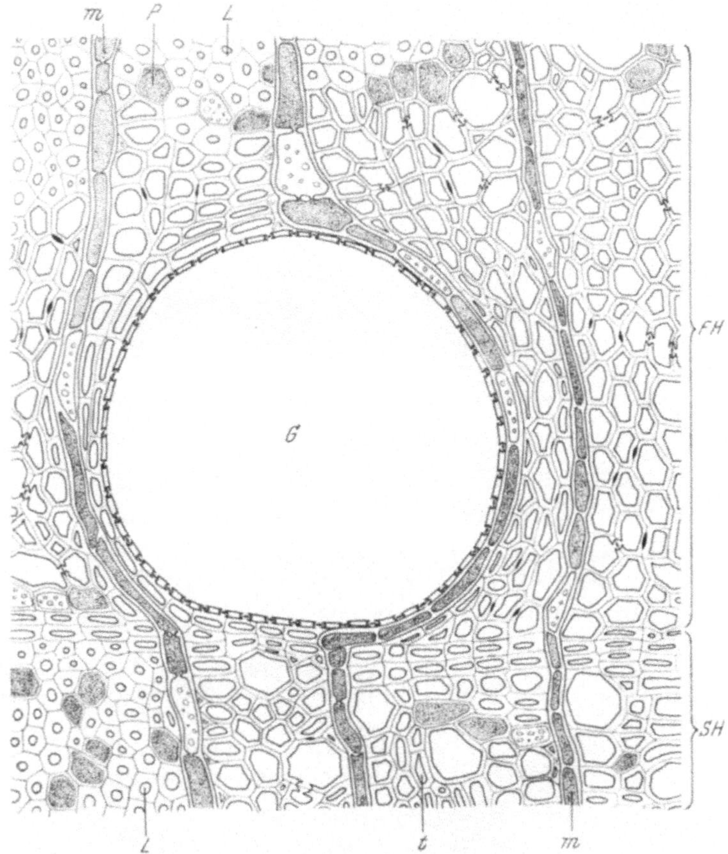

Abb. 255. *Quercus sessiliflora*, Querschnitt

Gefäße des Spätholzes (SH). Die Holzfasern (L) sind an ihren dicken Wänden zu erkennen. Die Markstrahlen sind einreihig (m) oder bis über 20 Zellen dick. Die stärkereichen Holzparenchymzellen (P) finden sich in zahlreichen, unregelmäßigen, meist einschichtigen tangentialen Reihen. Abb. 255.

Radialschnitt: Wir beobachten die verschieden weiten, durchlaufenden Röhren der Tracheen und die zelligen Tracheiden (t), die entweder kurz und dick mit ihrer behöften Tüpfelung den Tracheen ähneln oder stark verlängert, scharf zugespitzt und ineinander verzahnt als „*Fasertracheiden*" sich in ihrer Form den Libriformfasern (L) nähern. Dazwischen liegen längsgestreckte, meist stärkereiche Holzparenchymzellen (P). Die Markstrahlen (m) sind einheitlich aus liegenden Parenchymzellen aufgebaut. Abb. 256.

Tangentialschnitt: Hier fallen neben den niedrigen einreihigen Markstrahlen

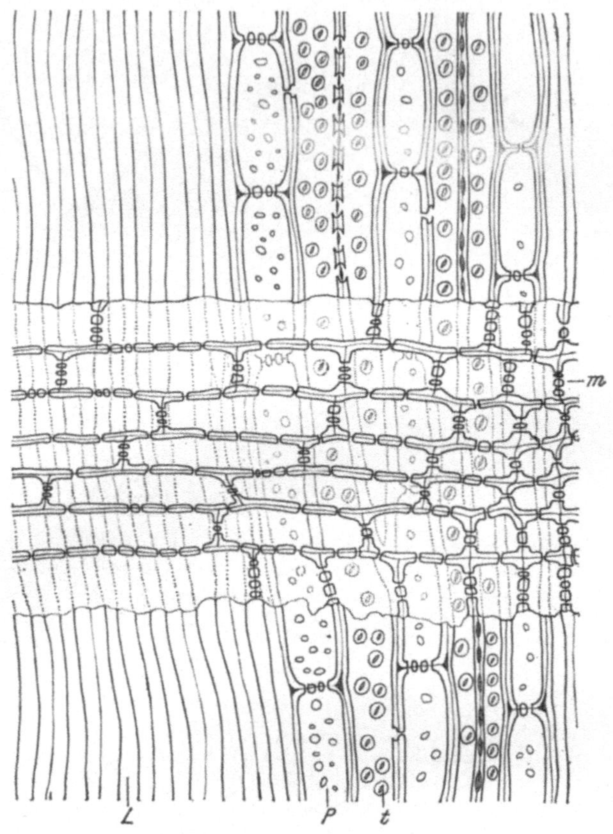

Abb. 256. *Quercus sessiliflora*, Radialschnitt

(m) besonders die dicken und oft mehrere Zentimeter hohen *mehrreihigen* Markstrahlbänder (M) auf. Besonders diese dicken Markstrahlen sind häufig an einer Seite von Reihen von Holzparenchymzellen (P) begleitet. Das Bild der Tracheen und Tracheiden („Fasertracheiden" = F) gleicht dem im Radialschnitt. Abb. 257.

Tilia cordata, Winterlinde *(Tiliaceae)* : Holz, quer, rad., tang.

In Europa verbreitet. — Herstellung der Präparate wie bei der Eiche. Im Querschnitt erweist sich das Lindenholz als *zerstreutporig.* Seine Gefäße erreichen nur bis 70 μ im Durchmesser und liegen einzeln oder in Paaren, vielfach in kurzen radialen Reihen oder in Nestern über den ganzen Jahresring verstreut. Die Markstrahlen sind eine bis sehs Zellreihen dick und, wie der Radialschnitt zeigt, homogen aus liegenden Markstrahlparenchymzellen aufgebaut. Am Radial- wie auch am Tangentialschnitt sieht man, daß die

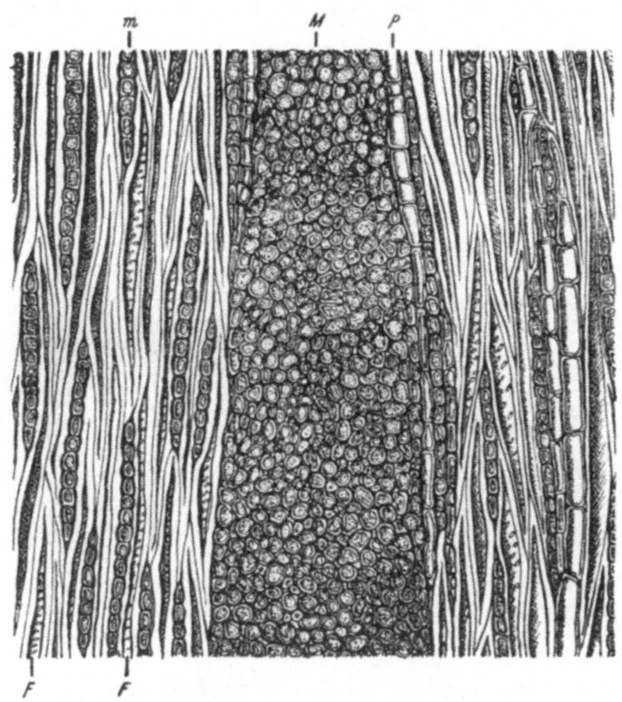

Abb. 257. *Quercus sessiliflora*, Tangentialschnitt

Markstrahlen gelegentlich bis 2 mm hoch werden können. Holzparenchym ist reichlich vorhanden und in Längsreihen angeordnet. Ein gutes Merkmal des Lindenholzes sind die *spiraligen Verdickungen* der Gefäße.

Einen Tangentialschnitt von **Tilia platyphyllos,** die ganz ähnlichen Bau aufweist, zeigt die Abb. 258.

Robinia pseudacacia, Robinie *(Papilionaceae)* : Holz, quer, rad., tang.

Aus Nordamerika stammend, in Europa vielfach heimisch geworden. — Der Querschnitt zeigt *Ringporigkeit*. Die Frühjahrsgefäße liegen in zwei bis drei Reihen und erreichen einen Durchmesser bis 250 μ. Die Spätholzgefäße sind eng und in dichten Gruppen oft zu schrägen Bändern gelagert. Die Gefäße der älteren Jahresringe sind mit *Thyllen* erfüllt. Holzparenchym (P) reichlich um die Gefäße (G). Die Markstrahlen (M) sind homogen, meist drei- bis vierreihig und wie Radial- und Tangentialschnitte zeigen, nur von geringer Höhe. (Abb. 259, Querschnitt, Gefäß mit Thyllen, Abb. 260, Tangentialschnitt.)

Fagus silvatica, Rotbuche *(Fagaceae)* : Holz, quer, rad., tang.

Verbreiteter Waldbaum Euiopas. — Der Querschnitt zeigt typische *Zerstreutporigkeit.* Die Gefäße (G) sind eng, höchstens 75 μ im Durchmesser.

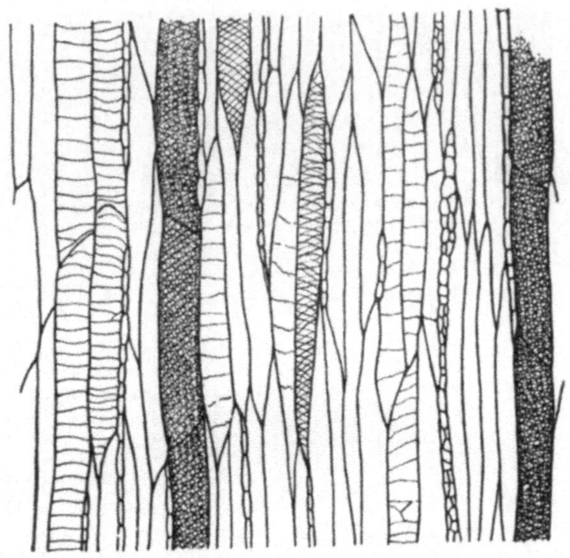

Abb. 258. *Tilia pletyphyllos,* Tangentialschnitt

Zwischen den Gefäßen liegen dickwandige Holzfasern (L) und zwischen diesen verstreut reichlich Holzpaienchymzellen (P). Die Längsschnitte zeigen die Gefäße meist mit einfachen Durchbrechungen, in einigen Fällen, besonders im Spätholz aber auch mit *leiterförmig* durchbrochenen Querwänden (G₁). Die Markstrahlen (M) sind aus 1—25 Reihen gleichartiger Zellen aufgebaut. Abb. 261, Radialschnitt und Abb. 262, Querschnitt.

Betula pendula, Weißbirke *(Betulaceae)* : Holz, rad.

Europa, Kleinasien. — Am Radialschnitt sind die durchwegs vorhandenen *leiterförmigen* Gefäßdurchbrechungen zu erkennen, die bis zu 20 einfache oder verzweigte Sprossen aufweisen können. Die Tracheen besitzen zahlreiche kleine, mit gekreuzten

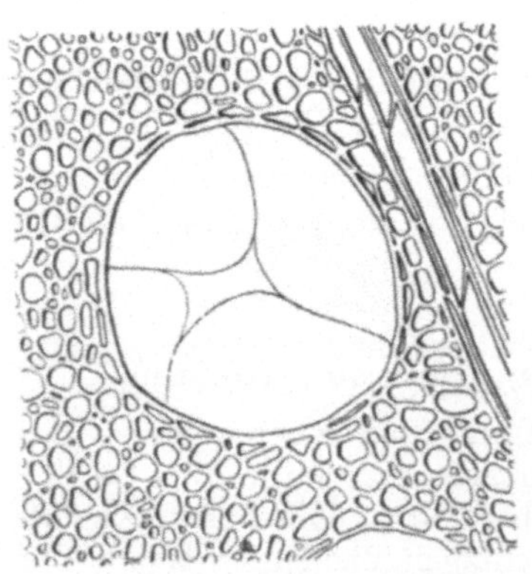

Abb. 259. *Robinia pseudacacia,* Querschnitt

Spalten versehene, alternierend angeordnete *Hoftüpfel.* Die Markstrahlen sind homogen und 1—4reihig aufgebaut. Die Markstrahlzellen sind dicht betüpfelt und können Ca-Oxalatkristalle enthalten.

Ähnliche leiterförmige Durchbrechungen finden sich auch im Holz von **Liriodendron tulipifera** *(Magnoliaceae)*, einem aus N-Amerika stammenden häufigen Parkbaum.

3. Rinde und Borke

Primäre Rinde nennt man die vor Eintritt eines sekundären Dikkenwachstums außerhalb der Gefäßbündel gelegenen Gewebe, d. i. Rindenparenchym und Epidermis. Als **sekundäre Rinde** bezeichnet man alle Gewebe außerhalb des Verdickungsringes einschließlich den vom Kambium gebildeten Zellschichten, also die jährlich gebildeten Phloemanteile, das Rindenparenchym und das in diesem Stadium meist schon entwickelte Periderm. Unter **Borke** versteht man schließlich jene älteren Rindenbildungen, in denen es durch Auftreten tiefer gelegener Peridermschichten zu einem Absterben der außerhalb davon befindlichen Gewebe kommt, die dann von dem sich verdickenden Stamm, je nach der Anlage der trennenden Korkschichten, als *Schuppen-*, *Ringel-*, *Faser-*, *Netz-* oder *Papierborke* abgestoßen werden können.

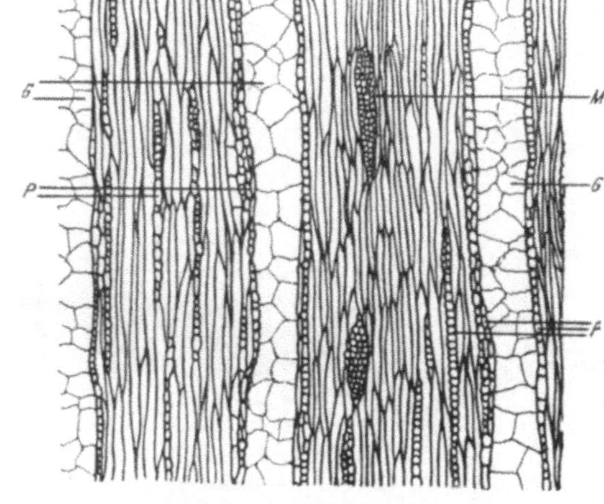

Abb. 260. *Robinia pseudacacia*, Tangentialschnitt

Daß trotz jährlicher Bildung von Elementen des Bastteiles die *sekundäre Rinde* keine ähnliche Dicke erreicht wie der Holzkörper, liegt daran, daß die dünnwandigen, unverholzten, bei den meisten einheimischen Bäumen schon nach einer einzigen Vegetationsperiode funktionslos werdenden Siebröhren und auch andere Elemente des Siebteils nicht wie die des Holzes in ihrer ursprünglichen Form und Größe erhalten bleiben, sondern zusammengepreßt und zer-

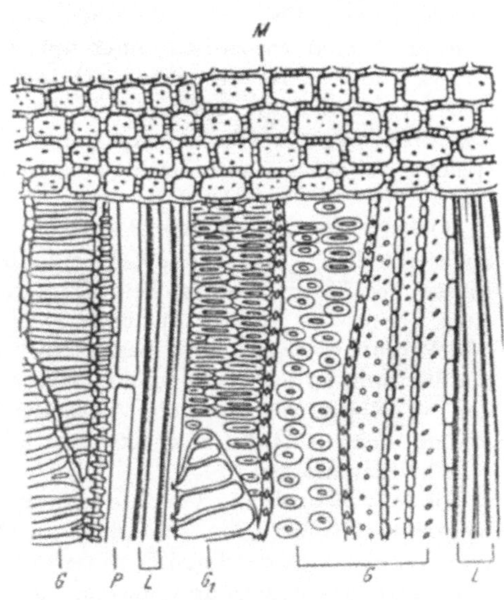

Abb. 261. *Fagus silvatica*, Radialschnitt

quetscht in der Rinde aufgehen. Bei Ausbildung der Borke können sie
nach außen abgeschülfert werden. In späterem Alter sind aus diesem Grund
auch die Anteile der primären Rinde meist nicht mehr vorhanden.

An den gleichen Stellen, wo der beim sekundären Dickenwachstum geschlossene Kambiumring nach innen Holz bildet, entwickelt er nach außen Phloem. In Fortsetzung der Markstrahlen finden wir in der sekundären Rinde oder kurz im *„Bast"* gleichfalls *Markstrahlparenchymzellen*. Sie unterscheiden sich von denen des Holzkörpers durch dünnere, durchwegs unverholzte Zellwände und ihren häufigen Gehalt an Chloroplasten. Die *Siebröhren* sind im Querschnitt meist schon an ihrem größeren Durchmesser und ihrem

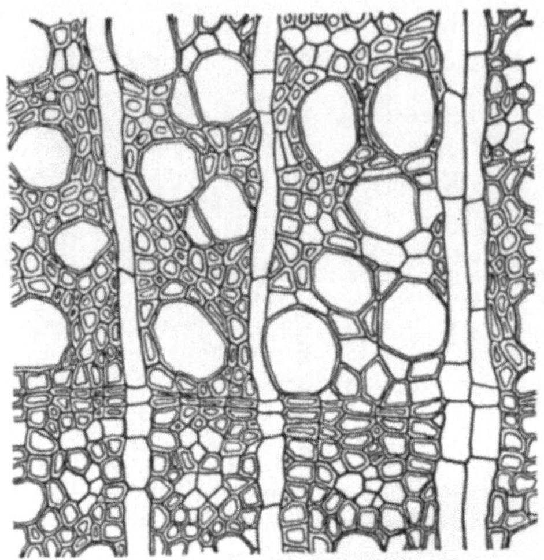

Abb. 262. *Fagus silvatica*, Querschnitt

fast stets stärkefreien Zellinhalt von den übrigen Elementen des Bastes zu
unterscheiden. Die außer bei den Gymnospermen immer vorhandenen
Geleitzellen sind wesentlich enger und von dichtem, eiweißreichem Inhalt
erfüllt. Die *Bastfasern* besitzen stark verdickte Zellwände, sind meist unverholzt, fast stets tot und können bei vielen Pflanzen auch fehlen. Die
Bastparenchymzellen sind im Gegensatz zum Holzparenchym unverholzt,
speichern aber wie dieses Stärke. Gelegentlich können sie auch Chloroplasten
enthalten.

Die *jährlichen Zuwächse des Bastteiles* sind bei fast allen Bäumen als deutlich
abgesetzte Ringe zu erkennen, die jedoch nicht immer den einzelnen Jahresringen des Holzes entsprechen. Es kann bei starkem Zuwachs innerhalb
eines Jahres zur Anlage mehrerer wechselnder Schichten von Siebröhren
und Parenchymzellen, bzw. Bastfasern kommen. Sind *Frühbast* und *Spätbast*
deutlich ausgeprägt, so sind im Frühbast weite und viele Siebröhren (bei
den Nadelhölzern Siebzellen) vorhanden, während diese im Spätbast enger
und geringer an Zahl sind. In der Regel wird der Jahresring durch Parenchymzellen abgeschlossen.

Bilden Siebröhren, Geleitzellen und Bastparenchymzellen zusammenhängende Gruppen, so sind diese im Rindenquerschnitt als *„Weichbast"*
von dem aus dickwandigen Bastfaserbündeln bestehenden *„Hartbast"* scharf
unterschieden. Weich- und Hartbast sind dabei oft abwechselnd in tangential
verlaufenden Bändern ausgebildet, die in radialer Richtung von den Markstrahlen (Rindenstrahlen) unterbrochen werden (z. B. *Tilia*, Abb. 265).

Die *sekundäre Rinde* enthält häufig in ihren Zellen große Mengen von
Gerbstoffen, derentwegen auch Rinden verschiedener Bäume zum Gerben

des Leders verwendet werden. Die Gerbstoffe und ihre dunkelfarbigen Umwandlungsprodukte, die *Phlobaphene*, bedingen eine gegen die Angriffe des Wetters schützende Imprägnierung, wie auch einen Schutz gegen Tierfraß und Einwirkung von Mikroorganismen. Manche Rinden enthalten *Harzgänge* und *Milchröhren* und der Gehalt an verschiedenen *Alkaloiden*, wie z. B. Chinin bei den Cinchona-Arten, macht viele Rinden pharmazeutisch bedeutungsvoll. Es handelt sich dabei um Exkrete, also Endprodukte des abbauenden Stoffwechsels. Daneben finden sich aber fast stets auch reichlich feste *anorganische Ausscheidungsprodukte*, die mit der wässerigen Nährlösung aus dem Boden aufgenommen wurden, aber ohne assimiliert und in den Stoffwechsel einbezogen worden zu sein, wiederum von der Pflanze als Einlagerung in den Zellwänden oder in Form von Kristallen ausgefällt wurden. Für derartige Stoffe wurde der Ausdruck „*Rekrete*" geprägt. In manchen Geweben kommt es zu einer mit dem Alter zunehmenden Mineralisation der Zellwände, z. B. durch Kalk-, Kieselsäure- oder Kalziumoxalateinlagerungen.

Zusammenhängende Kalziumoxalatkristalle führende Zellreihen, die durch mehrere Querteilungen aus einer Kambiumzelle hervorgegangen sind, bezeichnet man als „*Kristallfasern*". Sie sind an der Grenze zweier benachbarter Gewebe zu finden, wie in den Gefäßbündelscheiden, an der Grenze zwischen Phloem und Markstrahlen in der sekundären Rinde oder in der äußeren Abgrenzung des Phloems zur primären Rinde. Sie werden von manchen Autoren als eine Fällungszone zwischen zwei Geweben aufgefaßt, von denen das eine Kalziumionen führt, das andere dagegen Oxalationen produziert. Es ist jedoch andererseits feststehend, daß die Pflanze aktiv in der Lage ist, diese überschüssigen Aschenbestandteile besonders in solchen Geweben abzusetzen, die funktionslos geworden sind (Mark, Holz) oder die gelegentlich von ihr abgestoßen werden, wie in Blättern, deren sie sich durch den Laubfall entledigt oder eben in der Rinde, die durch die Borkenbildung von außen her allmählich abgetragen wird.

In *alternden Rinden* kommt es sehr häufig zu Veränderungen von Bastparenchym- oder von Markstrahlzellen, die einzeln, in kleinen Gruppen oder ganzen Schichten Verdickungen ihrer Zellwände erfahren, verholzen und den Charakter von *Sklerenchymzellen* annehmen. Die durch das Dickenwachstum des Stammes

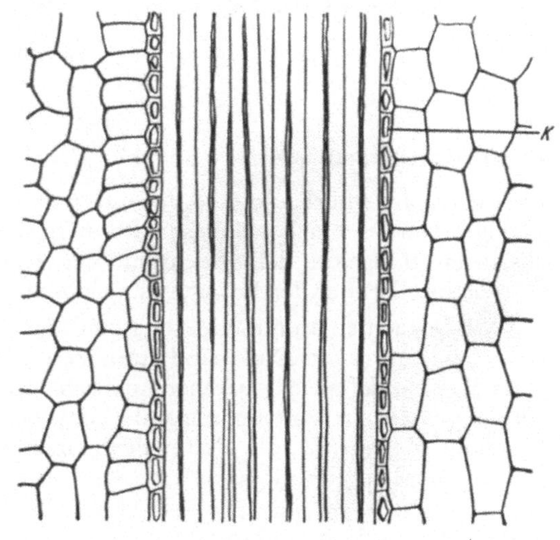

Abb. 263. *Populus italica*

auf die Gewebe außerhalb des Kambiummantels ausgeübte Spannung wird zum Teil durch ein sekundäres tangentiales Vergrößerungswachstum *(Dilatation)* von Dauergewebszellen der Rinde ausgeglichen.

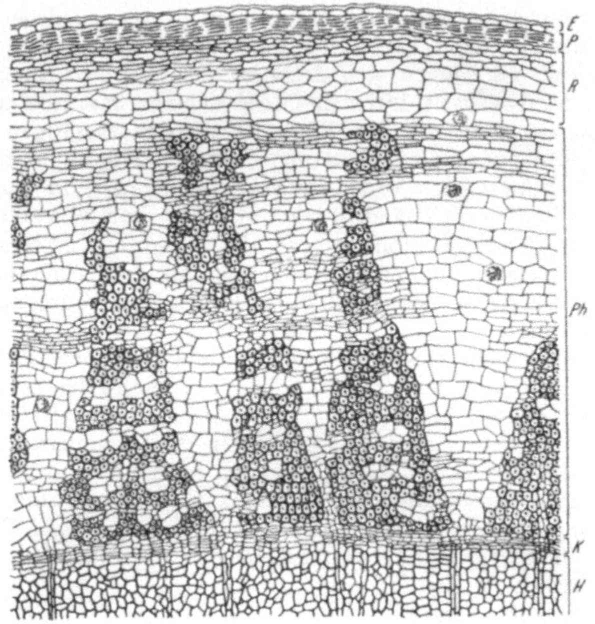

Abb. 264. *Tilia platyphyllos,* Übersicht

Objekte

Populus italica, Pyramidenpappel *(Salicaceae)* : Junges Stämmchen, längs.

In Europa als Alleebaum u. dgl. kultiviert. — Von der Rinde eines jungen Zweiges werden Flächenlängsschnitte hergestellt; man kann auch die Rinde abschälen und von der Innenseite der Rinde die wegstehenden Fäden (= Bastbündel) mit der Pinzette herauslösen.

Wir betrachten an diesen Längsschnitten oder an den herauspräparierten Fäden die *Bastzellen.* Diese sind stark verdickt und sehr langgestreckt. Wo diese Bastbündel an das parenchymatische Rindengewebe angrenzen, sehen wir lange Reihen von übereinander liegenden zarten, kleinen und dünnwandigen Zellen (K), die als Inhalt je einen *Kalziumoxalatkristall* aufweisen („Kristallfasern"). Abb. 263.

Tilia platyphyllos, Sommerlinde *(Tiliaceae)* : Junge Rinde, quer.

Haben wir beim Querschnitt durch das Lindenholz (vgl. S. 216) einen ganzen Zweig quer durchschnitten, so kann das gleiche Präparat auch zur Untersuchung der Rinde benützt werden. Bemerkenswert ist hier die *Langlebigkeit* der Siebröhren, die durch mehrere Jahre funktionsfähig bleiben. Ein Zu-

sammenpressen des aus Siebröhren, Geleitzellen und stärkeführendem Bast-
parenchym bestehenden „*Weichbastes*" wird durch schichtenweise Zwischenlagerung von aus Bastfasern gebildetem „*Hartbast*" verhindert. Jährlich
werden im allgemeinen zwei derartige Bastfaserstreifen angelegt. Die Mark-

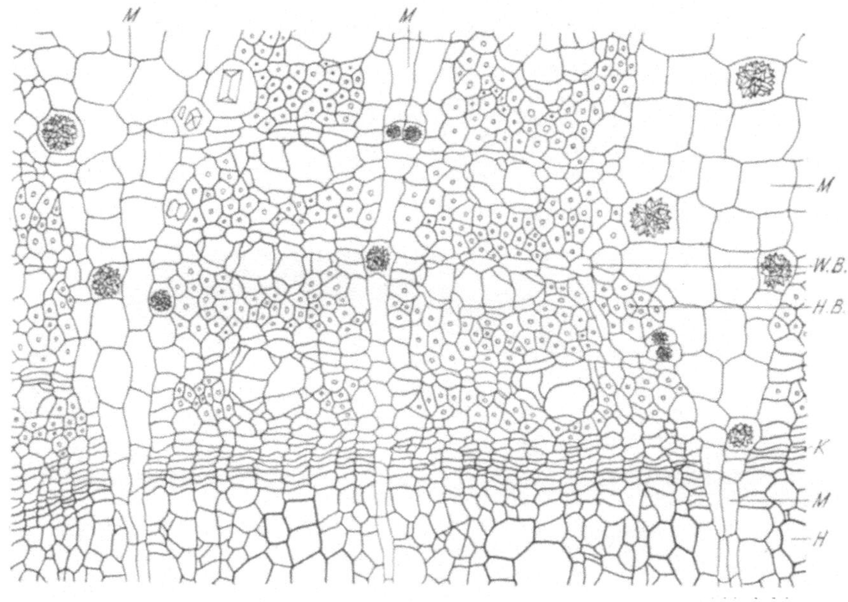

Abb. 265. *Tilia platyphyllos*, Detail

strahlen lassen sich bis tief in den Bast hinein verfolgen. Die primären und
einzelne sekundäre Markstrahlen verbreitern sich in der Rinde deltaförmig,
wodurch die dazwischenliegenden Bastteile zu spitzen Zungen eingeengt
werden. Die Parenchymzellen der primären Rinde und die der verbreiterten
Markstrahlen enthalten häufig *Kalkoxalatdrusen*. Nach außen zu ist durch
viele Jahre die glatte Rinde durch eine dicke Peridermschichte abgeschlossen.
Erst im Alter kommt es auch bei der Linde in tieferen Gewebeschichten
der Rinde zur Anlage von sekundären Peridermstreifen, die zu einem Ab-
sterben der darüberliegenden Zellschichten und unter Rissigwerden der
Rinde zu einer Abstoßung äußerer Teile derselben führt. (Abb. 264, 265,
E = Epidermis, P = Periderm, R = Rindenparenchym, Ph = Phloem,
K = Kambium, H = Holzteil, M = Markstrahl, H.B. = Hartbast,
W.B. = Weichbast.)

Sonderungen der einzelnen Bastelemente in *Weich- und Hartbast* sind
auch bei der Edelkastanie (**Castanea vesca**), dem Weinstock (**Vitis vinifera**),
der Ulme (**Ulmus effusa**) u. a. zu finden.

Betula pendula, Gemeine Birke *(Betulaceae)* : Junge Rinde, quer, rad.

In Europa und Asien verbreitet. — Mit dem Rasiermesser oder dem Mikrotom stellen wir Quer- und radiale Längsschnitte durch einen jungen Zweig her.

Am *Querschnitt* (Abb. 266) erkennen wir, daß, wie bei den meisten heimischen Bäumen, nur der in der letzten Vegetationsperiode angelegte Bastring großlumige, funktionstüchtige *Siebröhren* (S) besitzt. Man bezeichnet diesen

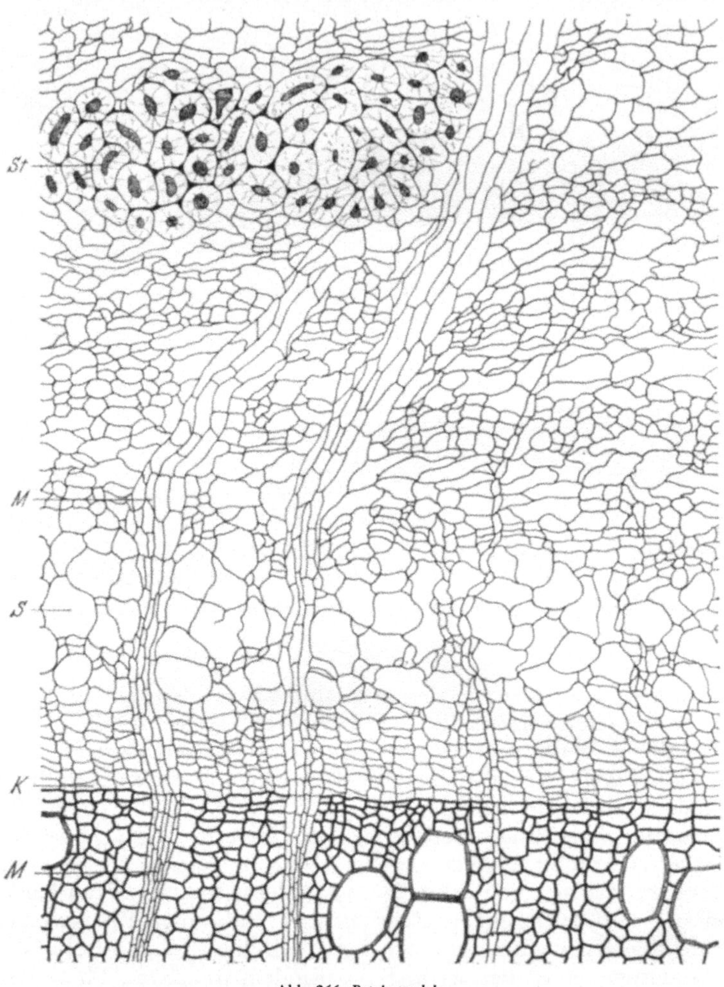

Abb. 266. *Betula pendula*

Teil der Rinde auch als *Safthaut*. Weiter nach außen sind die Elemente des Bastteils zusammengedrückt und nur die Querschnitte der erst in späteren Jahren aus Parenchymzellen entstandenen Steinzellen (St) sind unverändert erkennbar. Die Markstrahlen (M) ziehen in gleicher Breite vom Holz her durch das Kambium (K) bis tief in die Rinde.
Der *Radialschnitt* zeigt unmittelbar anschließend an die langgestreckten, plasmareichen Kambiumzellen die Siebröhren mit sehr schräg gestellten Querwänden, die nicht gleichmäßig perforiert, sondern in übereinander

liegenden „*Siebfeldern*" durchbrochen sind. Begleitet sind die Siebröhren von inhaltgefüllten Geleitzellen. Die Markstrahlen erscheinen wie im Holz als mehrreihige Bänder.

Betula pendula, Gemeine Birke *(Betulaceae)* : Äußerer Rindenteil, quer.

Der Querschnitt durch eine ältere Rinde zeigt außen eine große Zahl in kleinen Abständen parallel übereinanderliegender, dick- und dünnwandiger Peridermstreifen, die ein papierdünnes Abblättern der jeweils äußersten toten Zellschichten ermöglichen. Man bezeichnet sie daher auch als „*Papierborke*". Abb. 267. Die Lentizellen bleiben dabei erhalten.

Die *weiße Farbe* der Korkschichten der Rinde geht auf deren Gehalt an *Betulin* (ein Triterpen, $C_{30}H_{50}O_2$) zurück, das in den Korkzellen in Form feinster Körnchen abgelagert wird und deren Lumen vollständig erfüllen kann. Das Licht wird daran so stark reflektiert, daß das Korkgewebe weiß erscheint.

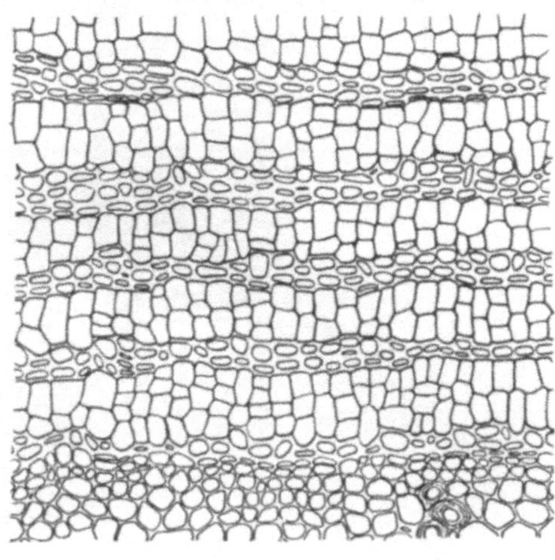

Abb. 267. *Betula pendula*

Zur Ausbildung einer dunkel verfärbten und rissigen *Borke* kommt es erst im späteren Alter des Baumes, und zwar beginnend an den unteren Teilen des Stammes.

Quercus robur, Stieleiche *(Fagaceae)* : Borke, quer.

In Europa, Kleinasien, Kaukasus verbreitet. — Nach außen zu sehen wir den Schnitt meist von einer Schichte von *Korkzellen* (Pd) begrenzt. Es kann bei einer jungen Rinde das ursprüngliche sekundäre Hautgewebe sein, es kann aber auch schon eine der tiefer angelegten Peridermlagen sein, die sich meist schräg nach abwärts steigend, an eine vorher ausgebildete Schichte von Korkzellen anschließen. Es werden dadurch *schuppenförmig* Teile der Rinde unterfaßt und durch Absperrung vom Nahrungsstrom aus dem Inneren zum Absterben gebracht. Diese toten Teile vermögen dann dem weiteren Dickenwachstum des Stammes nicht mehr zu folgen, sie werden abgesprengt, bzw. sie zerreißen. Man bezeichnet eine solche Borke als „*Schuppenborke*". Die einzelnen toten Schuppen können aber auch lange miteinander verbunden bleiben, wodurch die Borke im Alter oft eine Dicke von mehreren Zentimetern erreicht. Ist noch *Rindenparenchym* (R) vorhanden, so finden wir in diesem häufig Kalziumoxalatdrusen (Kr) und eingestreute Nester von Steinzellen (St). Die tieferen Schichten sind gebildet aus zusammengepreßten Elementen des *Phloems* und den *Markstrahlen,* sowie kurzen Bändern quer getroffener *Bastfasern* (B). Abb. 268, weitere Bezeichnungen: K = Kambium, H = Holzteil.

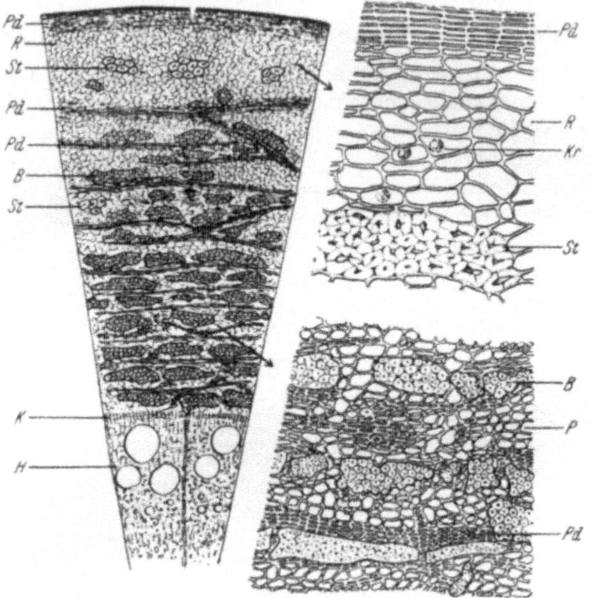

Abb. 268. *Quercus robur*

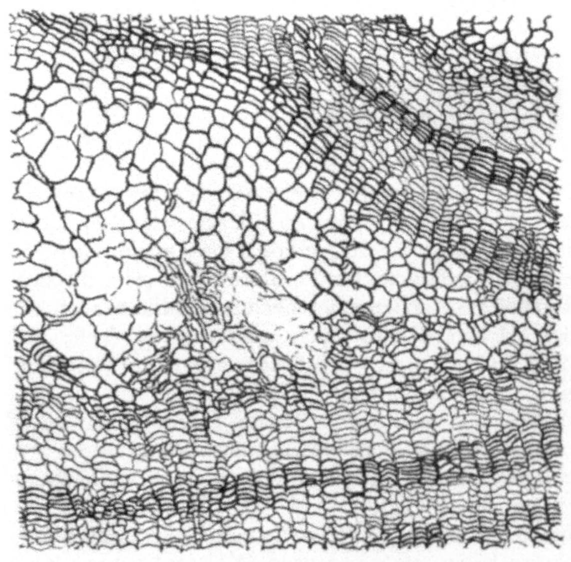

Abb. 269. *Pinus silvestris* (Übersicht)

Pinus silvestris, Gemeine Föhre *(Pinaceae)* : Borke, quer.

Das Bild der Föhrenborke ist im wesentlichen ähnlich, nur ist hier noch eine größere Zahl übereinander liegender dünner, rötlich gefärbter *Borkenschuppen* zu erkennen. Die einzelnen *Peridermlamellen* bestehen jeweils aus einigen dünnwandigen und einigen dickerwandigen Zellschichten, an deren Grenze es in den äußeren Teilen der Borke leicht zu einem Zerreißen und einem Ablösen der einzelnen Borkenschuppen kommt. Abb. 269.

Bei starker Vergrößerung kann man an einer *Peridermlamelle* von innen nach außen erkennen: Eine bei älteren Borken oft nur mehr schwer unterscheidbare innerste Reihe von *Phellodermzellen*, an diese anschließend zwei

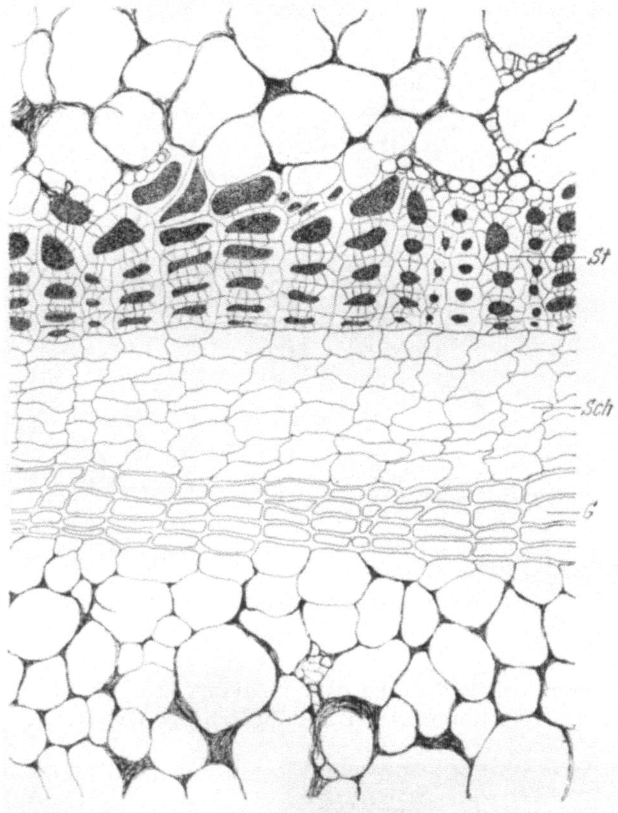

Abb. 270. *Pinus silvestris* (Detail)

bis drei Reihen von rotbraunem *Gerbstoff-* oder *Phlobaphenkork* (G), darauf einen mehrschichtigen, dünnwandigen *Schwammkork* (Sch) und nach außen zu schließlich mehrere Reihen eines dickwandigen *Steinzellenkorkes* (St). Abb. 270.

Clematis vitalba, Waldrebe *(Ranunculaceae)* : Borke, quer.

Häufigste europäische Liane. — In kurzen Arkaden angelegte Peridermlagen (P) in verschiedenen Tiefen der sekundären Rinde, sowie bogenförmige Anordnungen von Bastfaserschichten (B) bedingen bei der Waldrebe eine faserige Loslösung der abgestorbenen Rindenteile. Man bezeichnet diese Art der Borke als „*Faserborke*". Abb. 271.

Fagus silvatica, Rotbuche *(Fagaceae)* : Rinde, quer.

Häufiger Waldbaum Mitteleuropas. — Nur bei wenigen Holzpflanzen, zu denen auch die Buche zählt, bleibt das *Periderm* (P) erhalten. Die Rinde der

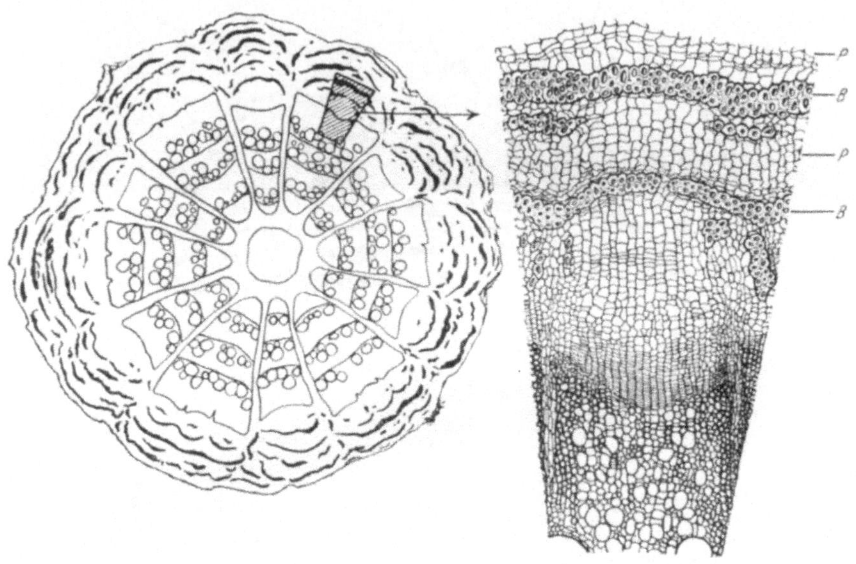

Abb. 271. *Clematis vitalba*

Äste und Stämme behält dadurch dauernd ihre glatte Oberfläche. Die Bildung einer toten, abschuppenden Borke unterbleibt fast immer. Abb. 269.

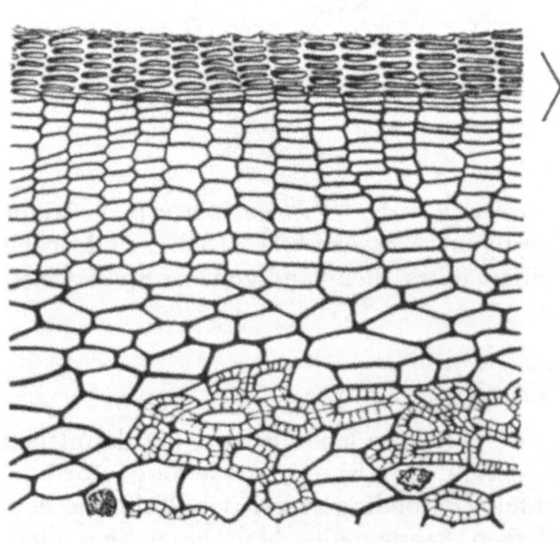

Abb. 272. *Fagus silvatica*

In den äußersten Rindenteilen bilden große, porenreiche *Steinzellen* Nester oder Gürtel. Meist erst weiter nach innen zu finden sich Gruppen quergeschnittener, gelblicher, englumiger *Bastfasern*. Der beim Dickenwachstum des Stammes nötigen Vergrößerung der Rinde wird durch Zwischenschalten neuer Zellreihen im Periderm (vgl. Abb. 272, rechts oben) bzw. durch Vergrößerung *(Dilatation)* von Rinden- und Markstrahlparenchymzellen Rechnung getragen.

Anhang

Paläohistologie

Die Pflanzenanatomie beschränkt sich nicht allein auf die Untersuchung der Gewebe **rezenter** Pflanzen, sondern zieht auch die Reste **fossiler** Pflanzen in den Bereich ihrer Forschung. Die Erhaltung einzelner Pflanzenteile, vor allem in Braun- und Steinkohlen, ist oft so vorzüglich, daß man an Dünnschliffen oder in anderer Weise präparierten Objekten alle Feinheiten ihres anatomischen Baues erkennen kann.

Alle Zellformen, Wandstrukturen und Gewebearten, die wir im Verlauf unseres Praktikums kennengelernt haben, sind auch schon in fossilen Pflanzenresten zu finden. Je weiter wir allerdings in der erdgeschichtlichen Entwicklung zurückgehen, umso einfacher werden die Pflanzenformen und die sie aufbauenden Gewebe, umso geringer wird ihre Differenzierung und umso kleiner die Zahl der verschiedenen Zellsorten.

Die *Angiospermen*, die heute in größter Formenmannigfaltigkeit die Hauptmasse der Pflanzenwelt bilden, besiedeln die Erde erst seit der unteren Kreide. Sie zeigen den kompliziertesten Aufbau und die weitest fortgeschrittene Zelldifferenzierung mit bis zu 76 verschiedenen Zellsorten. Die ältesten Samenpflanzen reichen mit ihren Vorläufern bis ins obere Devon zurück, treten aber in größerer Menge, und zwar vertreten durch die *Gymnospermen*, erst im Karbon auf. Bei ihnen erreicht die Zahl der verschiedenen Zellsorten schon nur mehr etwa 50. *Bryophyten* und *Pteridophyten* mit bis zu 27 verschieden geformten Zellen sind seit dem Devon bekannt und die ersten Landpflanzen, in Form der wiederum verschwundenen *Psilophyten* mit etwa 8—11 verschiedenen Zelltypen, wurden im oberen Silur gefunden. Noch älter sind *Tange* und *Fadenalgen*, deren fossile Reste nur mehr 2—4 Zelltypen unterscheiden lassen. Die ältesten derartigen Funde reichen bis ins Kambrium, ja sogar bis in vorkambrische Zeiten zurück.

E. Hofmann hat in ihrer „*Paläohistologie der Pflanze*" (Springer-Verlag, Wien 1934) erstmalig eine zusammenfassende Gewebelehre fossiler Pflanzen geschaffen, der wir als Abschluß eine Tabelle entnehmen, die das Auftreten und teilweise auch Wiederverschwinden der wichtigsten Zellformen, Zellskulpturen, Zellfusionen und Gewebe bei den Sproßpflanzen im Verlauf der einzelnen Erdepochen darstellt.

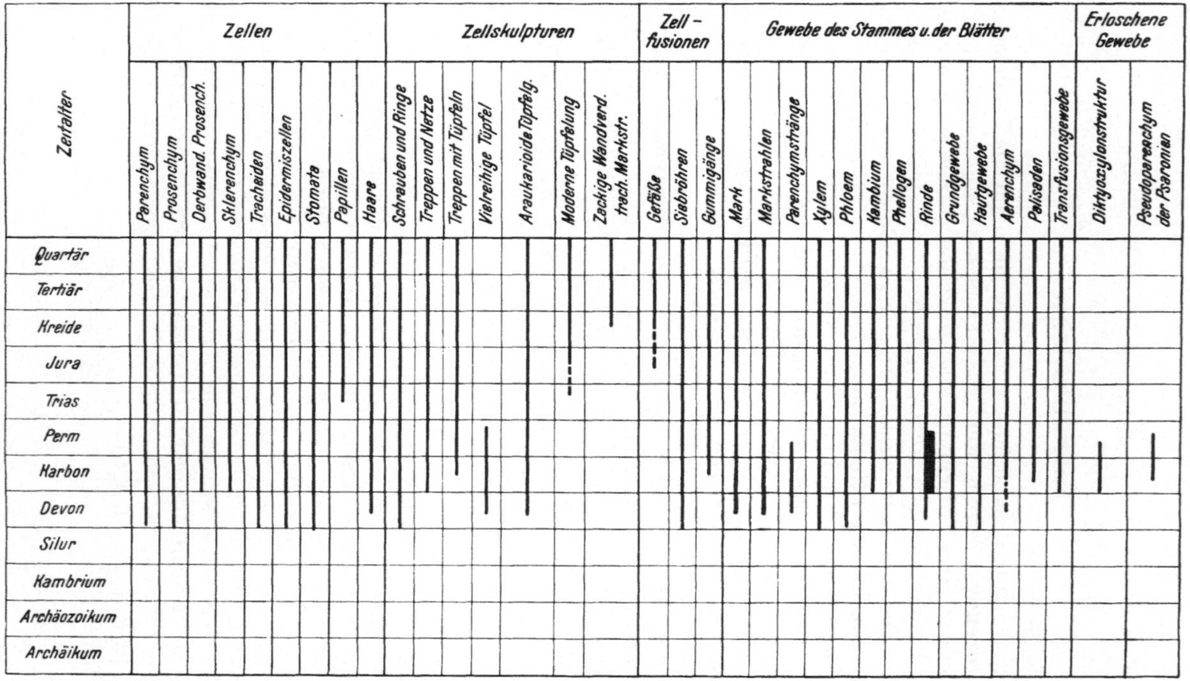

Zeitalter	Zellen									Zellskulpturen							Zell-fusionen			Gewebe des Stammes u. der Blätter													Erloschene Gewebe	
	Parenchym	Prosenchym	Derbwand. Prosench.	Sklerenchym	Tracheiden	Epidermiszellen	Stomata	Papillen	Haare	Schrauben und Ringe	Treppen und Netze	Treppen mit Tüpfeln	Vielreihige Tüpfel	Araukarioide Tüpfelg.	Moderne Tüpfelung	Zackige Wandverd. trach. Markstr.	Gefäße	Siebröhren	Gummigänge	Mark	Markstrahlen	Parenchymstränge	Xylem	Phloem	Kambium	Phellogen	Rinde	Grundgewebe	Hautgewebe	Aerenchym	Palisaden	Transfusionsgewebe	Diktyoxylonstruktur	Pseudoparenchym der Psaronien
Quartär																																		
Tertiär																																		
Kreide																																		
Jura																																		
Trias																																		
Perm																																		
Karbon																																		
Devon																																		
Silur																																		
Kambrium																																		
Archäozoikum																																		
Archäikum																																		

Geologisches Alter der Zellen, Zellskulpturen, Zellformen und Gewebe (nach E. Hofmann)

Die Linien deuten das Alter an. Strichlierte Linien bedeuten vereinzeltes Vorkommen. Die in Karbon und Perm verdickten Linien der Rinde weisen auf die mächtig entwickelten Rindengewebe der Lepidophyten hin

Sachverzeichnis

I. Mikrotechnik (Methoden und Reagenzien)

II. Anatomie und Objekte

(Seitenzahlen in Schrägdruck weisen auf Angaben im verbindenden Text hin.)